新能源电力系统随机特性分析与优化运行

张 靖 何 宇 韩 松 范璐钦 著

科 学 出 版 社

北 京

内 容 简 介

本书从新能源电力系统预测、新能源电力系统随机特性分析以及新能源电力系统运行与控制相结合的角度讨论了新能源电力系统随机特性分析与优化运行。本书基于作者的研究成果，同时为了兼顾全面性，本书也引用了部分有代表性的其他文献，或对其模型提出了局部改进，或采用了更有效的计算方法，或对某些观点进行了补充论述。全书内容力图全面，包含新能源发电预测、负荷预测、负荷特征识别、概率潮流、概率稳定性评估、概率风险评估、最优调度、需求响应、微电网运行控制、人工智能方法等。

本书可供高等学校电气类、自动化类等专业师生参考使用，也可供新能源电力系统相关科研人员阅读。

图书在版编目(CIP)数据

新能源电力系统随机特性分析与优化运行 / 张靖等著. —北京：科学出版社，2024.3（2024.12 重印）
ISBN 978-7-03-078189-5

Ⅰ. ①新… Ⅱ. ①张… Ⅲ. ①新能源–电力系统–随机过程–研究 Ⅳ. ①TM7

中国国家版本馆 CIP 数据核字（2024）第 050742 号

责任编辑：华宗琪 / 责任校对：彭 映
责任印制：罗 科 / 封面设计：义和文创

科学出版社 出版
北京东黄城根北街16号
邮政编码：100717
http://www.sciencep.com

四川青于蓝文化传播有限责任公司 印刷
科学出版社发行 各地新华书店经销

*

2024 年 3 月第 一 版 开本：787×1092 1/16
2024 年 12 月第二次印刷 印张：17 1/2
字数：415 000

定价：159.00 元

（如有印装质量问题，我社负责调换）

前　言

中央财经委员会第九次会议上提出构建以新能源为主体的新型电力系统，是绿色发展背景下党中央对电力系统发展作出的重大决策。实现绿色发展需要在能源供给侧构建多元化清洁能源供应体系，大力发展非化石能源，重点是加大风电、光伏等新能源发电的开发利用。

新能源具有可再生利用与清洁低碳的优点，由于其能量密度低，供能过程具有随机性和间歇性。新能源的大规模接入对电力系统有较大的影响，在能源产业当前可接受的经济性条件下，新能源尚难以单独承担起连续供能和跟随用户需求、灵活调节供能的任务。

目前，分别介绍预测方法和技术、电力系统特性以及电力系统运行与控制的专著，国内外已有为数不多的几本，但是这些专著都只是强调了其中的某一个方面。本书是从新能源电力系统预测、新能源电力系统随机特性分析以及新能源电力系统运行与控制相结合的角度来讨论新能源电力系统随机特性分析与优化运行。除了该领域的基本知识，作者的研究成果也作为本书的主要内容，因此不少观点是本书所特有的。同时为了全面性，本书也引用了部分有代表性的其他文献，或对其模型提出了局部改进，或采用了更有效的计算方法，或对某些观点进行补充论述。全书内容力图全面，包含新能源发电预测、负荷预测、负荷特征识别、概率潮流、概率稳定性评估、概率风险评估、最优调度、需求响应、微电网运行控制、人工智能方法等，全书自始至终不脱离新能源电力系统随机特性分析与优化运行这一主线索。

需要指出的是：一方面，由于国内外的长期研究，新能源电力系统随机特性分析与优化运行的理论和实践都已经有了丰富的内容；另一方面，由于新的现象和问题仍在不断出现，还有许多方面需要不断完善，有待进一步探索。因此，从历史发展的角度，本书不过是历史进程中的一个点，读者通过阅读此书，在扩大该领域知识面的同时能开拓研究思路，那么本书的目的就达到了。

全书由张靖、何宇、韩松、范璐钦撰写。李博文、谭真奇、张义坤等在攻读硕士研究生期间参与了第 1～3 章的研究工作，王超、张友骞、陈朝宽等在攻读硕士研究生期间参与了第 4～10 章的研究工作，范璐钦、张恒、秦典、石国宜、李兴莘、王杨等在攻读硕士研究生期间参与了第 11～16 章的研究工作。

由于作者水平有限，书中不足之处在所难免，敬请读者批评指正。

目　录

上篇　新能源电力系统预测与特征识别

中篇 新能源电力系统随机特性分析

下篇　新能源电力系统运行与控制

上篇

新能源电力系统预测与特征识别

能源与环境问题的逐渐突出，对可再生能源的研究和利用成为全社会广泛关注的热点问题，但是以风、光为代表的新能源发电以及负荷需求具有不确定性和非平稳性的特点，其随机出力会给电力系统生产、运行、规划带来极大的影响。本篇针对新能源电力系统预测与特征识别进行分析研究，主要包含如下三章内容。

第 1 章为基于灰色理论的风电功率预测，介绍风电功率预测方法[小波分解及重构、ADF（augmented Dickey-Fuller，增广迪基-富勒）检验、灰色理论、马尔可夫链]的基本原理，采用小波分解法对风电功率时间序列进行前置处理，并建立降低风电功率时间序列非平稳性的基于灰色理论的风电功率点预测模型和基于小波二阶灰色神经网络-马尔可夫链的风电功率区间预测模型，通过具体算例论证模型的预测效果。

第 2 章为基于 Stacking 融合模型的负荷预测，介绍负荷预测相关技术[支持向量机（support vecor machine，SVM）和轻量级梯度提升机器学习（light gradient boosting machine，LightGBM）算法、改进人工鱼群算法、堆叠（Stacking）集成学习]的基本原理，提出基于 SVM 的 Stacking 融合模型以及改进的 Stacking 融合模型，解决 SVM 核函数选取以及单一模型学习性能不足的问题，同时研究 Stacking 集成学习中促进基模型之间融合互补的改进方法。构建 LightGBM 与 SVM 融合的 Stacking 集成学习方法，结合改进人工鱼群算法、余弦相似度算法以及 K 折交叉验证法，训练得到精度较高的预测模型。

第 3 章为基于数据挖掘技术的负荷特征识别，介绍负荷特征识别方法（奇异值分解、聚类及 Shapelet 等）的基本原理，提出基于奇异值分解和集成簇内和簇间距离的加权 K 均值聚类（K-means）算法的负荷曲线聚类方法，以及基于时序轨迹特征的无监督有监督结合分类方法，研究分析数据的降维处理、负荷分类质量和分类效率，并通过实际用户数据实验验证所提方法的有效性。

第1章　基于灰色理论的风电功率预测

在能源与环境问题逐渐突出的背景之下，对可再生能源的研究和利用成为全社会广泛关注的热点问题。风力发电作为安全可靠、无污染、不需消耗燃料、可并网运行的重要可再生能源之一，具有大规模商业开发的技术和经济条件[1]，近年来在世界范围内得到了突飞猛进的发展。由于风具有不确定性和非平稳性的特点，风力发电的随机出力会给电力系统安全稳定和电能质量造成威胁。通过对风电场输出功率的预测，可以降低不确定性风险。准确的风力发电预测有利于解决风电输出功率控制、电网安全经济调度以及电力市场环境下风电竞价交易等问题。

目前，风力发电预测主要包括风电功率点预测、风电功率区间预测，以及风电爬坡事件预测。

风电功率点预测，根据预测的时间尺度不同，可以分为长期预测（年预测）、中期预测（周预测、月预测）、短期预测（30min～72h）和超短期预测（不超过30min）；根据输入变量的类型不同，可以分为物理方法和统计方法。其中，物理方法是以气象因素和地理信息为依据进行预测，它需要丰富的气象知识和相应的平台，比较适合气象专业人员使用。统计方法是以历史风电功率数据为依据，用合适的算法建模来预测未来的风电功率[2]，统计方法包括前置处理法和灰色系统。目前常用的前置处理法包括小波分解（wavelet decomposition，WD）法、小波包分析[3]（wavelet packet decomposition，WPD）法、经验模态分解[4,5]（empirical mode decomposition，EMD）法、原子稀疏分解[6]（atomic sparse decomposition，ASD）法等。文献[7]研究了小波基函数的选择方法；文献[8]则讨论了预测过程中各小波分量组合以及不同步长对预测效果的影响。灰色理论的特点是利用灰色数学来处理不确定量并且使之量化，充分利用已知数据寻求系统规律。文献[9]提出了灰色神经网络优化组合的短期风力发电预测模型，通过灰色模型和神经网络模型预测结果误差来确定两个模型在组合中的权重，从而实现组合的优化。文献[10]提出了小波分解，混沌时间序列和GM（1,1）的结合模型，对小波分解后得到的基频序列用 GM（1,1）模型进行预测，并判断高频序列是否是混沌时间序列，若是混沌时间序列，则用加权秩局部区域法进行预测，反之则用GM（1,1）模型进行预测。

风电功率区间预测是指对下一时刻点风电功率变化区间的预测，可以更好地克服风电功率序列的不确定性。目前主流的风电功率区间预测方法主要有两种，一种是基于启发式算法的区间预测方法，另一种是基于统计学原理的区间预测方法。文献[11]提出了一种基于小波神经网络和多目标优化的风电功率区间预测模型，提高了风电功率区间预测的可靠性。文献[12]先利用人工神经网络预测风速、风向，得到风电功率预测值，再基于预测误差分布特性统计分析估计非参数置信区间。

对风电功率序列中的突变量进行预测的风电爬坡事件预测是目前较新的研究方向，但由于风电爬坡事件随机性很强，预测较难，目前国内外关于该领域的研究成果较少。

本章主要介绍基于灰色理论的风电功率预测方法。

1.1 风电功率预测相关技术

1.1.1 小波分解及重构

为了降低风电功率时间序列的非平稳性，提高预测精度，采取分解灵活、计算简单的小波分解对风电功率进行前置处理。

1. 小波分解

小波变换是通过缩放和平移得到的一系列函数代替傅里叶变换的正弦波。连续小波变换的表达式为

$$\mathrm{WT}_x(b,a)=\frac{1}{\sqrt{a}}\int_{-\infty}^{+\infty}x(t)\psi^*\left(\frac{t-b}{a}\right)\mathrm{d}t \tag{1-1}$$

式中，$x(t)$ 为风速时间序列；a 为尺度函数；b 为平移参数；$\psi^*\left(\frac{t-b}{a}\right)$ 为小波基函数；$\mathrm{WT}_x(b,a)$ 为小波积分变换函数。

由 $\mathrm{WT}_x(b,a)$ 恢复原始信号 $x(t)$，即小波逆变换的表达式为

$$x(t)=C_\varphi^{-1}\int_{-\infty}^{+\infty}\int_{-\infty}^{+\infty}\frac{\mathrm{d}a\mathrm{d}b}{a^2}\mathrm{WT}_x(b,a)\psi^*\left(\frac{t-b}{a}\right) \tag{1-2}$$

式中，C_φ 为基函数。

令 $a=\frac{1}{2^j}$，$b=\frac{k}{2^j}$，j、k 为整数，得离散小波变换基函数为

$$\psi_{j,k}(n)=\frac{1}{\sqrt{2^j}}\psi\left(\frac{n-2^jk}{2^j}\right) \tag{1-3}$$

如式(1-4)所示，第 j 水平分解得到的多分辨率小波系数可以通过逐渐迭代得到：

$$\begin{cases} a_{j+1,k}=\sum\limits_{m=-\infty}^{+\infty}H(m-2k)\cdot a_{j,k} \\ d_{j+1,k}=\sum\limits_{m=-\infty}^{+\infty}G(m-2k)\cdot a_{j,k} \end{cases} \tag{1-4}$$

式中，$a_{j+1,k}$ 和 $d_{j+1,k}$ 分别为分解到 $j+1$ 水平的基频系数和高频系数；$H(\cdot)$ 和 $G(\cdot)$ 分别为低频分解函数和高频分解函数。

2. 小波重构

小波重构或合成是把通过分解得到的系数进行还原处理，使之还原为原始信号，其公式为[13]

$$a_{j+1,k}=\sum_{m=-\infty}^{+\infty}\left[H^*(m-2k)a_{j,k}+G^*(m-2k)a_{j,k}\right] \tag{1-5}$$

式中，$H^*(\cdot)$和$G^*(\cdot)$为重构的滤波器。

在信号分解与合成的过程中，有抽取与插值的处理，故会出现信号频率混叠的情况，需要在分解与重构时选择合适的滤波器。基于多分辨率分析提出的计算离散正交小波变换的 Mallat（马拉特）算法被认为是最适合离散小波变换和重构的滤波器。如图 1-1 所示，将时间序列当作信号投影到尺度空间和小波子空间，得到逼近信号和细节信号。

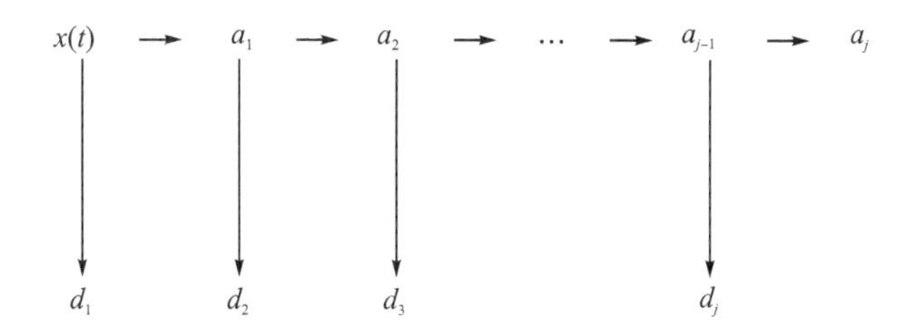

图 1-1　Mallat 算法

上述分解过程可以表示为

$$\begin{cases}a_{j+1}=H(a_j)\\ d_{j+1}=G(d_j)\end{cases} \tag{1-6}$$

式中，$H(\cdot)$ 和 $G(\cdot)$ 分别相当于低通滤波器和高通滤波器；j 为 Mallat 分解层数。

数据序列分解后，对信号进行二插值重构：

$$\begin{cases}A_j=(H^*)^j a_j\\ D_j=(H^*)^{j-1}G^*d_j\end{cases} \tag{1-7}$$

式中，H^* 为 H 的对偶算子；G^* 为 G 的对偶算子。

对 d_1、d_2、…、d_j 和 a_j 重构后的信号表示为

$$x(t)=\sum_{i=1}^{j}D_i(t)+A_j(t) \tag{1-8}$$

式中，$A_j(t)$ 为逼近分量，即基频分量；$D_i(t)$ 为细节分量，即高频分量。

1.1.2　ADF 检验

单位根检验被用于检验时间序列的平稳性，单位根存在表明序列是非平稳序列，可通过一些变换消除单位根，得到平稳序列。

ADF 检验作为最常用的单位根检验方法，是增项 DF（Dickey-Fuller，迪基-富勒）单位根检验的简称，其相较于基础的 DF 检验，加入原序列的若干差分滞后项，可消除误差项的自相关，能运用于更为复杂的模型。

对于单位根过程：

$$y_t = \alpha + \beta_1 y_{t-1} + \beta_2 y_{t-2} + \cdots + \beta_p y_{t-p} + \xi_t, \quad t = 1,2,\cdots \tag{1-9}$$

式(1-9)两端减去 y_{t-1}，通过加项、减项的变换得

$$y_t = \alpha + \beta y_{t-1} + \sum_{i=1}^{p-1} \eta_i \Delta y_{t-i} + \xi_t, \quad t = 1,2,\cdots \tag{1-10}$$

式中，$\beta = \sum_{i=1}^{p} \beta_i$，$\eta_i = -\sum_{j=i+1}^{p} \beta_j$

原假设为 $H_0: \beta = 1$，$H_1: \beta < 1$，其中 β 可以用最小二乘法估计。$t = (\beta - 1)/\mathrm{std}(\beta)$，$t$ 统计量并不服从 t 分布，而是服从 DF 分布。根据模型的选定，分别查 DF 分布表，对应临界值判断是否存在单位根。单位根检验和 ADF 检验具体原理及公式推导详见文献[14]。ADF 检验可用来检验小波分解后得到的各个分量是否达到平稳，并且以此为依据来选择最佳的小波分解层数。

1.1.3 灰色理论

灰色理论是利用灰色数学来处理不确定量并且使之量化，充分利用已知数据寻求系统规律。该理论通过对原始数据的挖掘处理，形成新序列，进而发现隐藏在数据中的趋势，且一切灰色序列被认为都可以通过某种数据变换，弱化其随机性，显示它的规律。该理论最主要的任务是根据数据的特征，找出不同系统变量之间，或者变量自身的数学关系和变化规律。基于灰色理论的预测模型结构简单、需要的历史数据少、预测精度高、不需要考虑分布规律。

灰色模型 GM(N,M)是通过对数据序列建立微分方程来拟合给定的时间序列，其中，GM 表示灰色模型，N 表示微分方程的阶数，M 表示变量的个数。

假设历史风速(用上标“(0)”表示)时间序列进行小波分解后的分量序列如下：

$$X^{(0)} = \left[x^{(0)}(1), x^{(0)}(2), \cdots, x^{(0)}(n)\right] \tag{1-11}$$

式中，n 为序列个数。

对此序列做一级叠加得到新序列，用上标“(1)”表示，记为 1-AGO：

$$X^{(1)} = \left[x^{(1)}(1), x^{(1)}(2), \cdots, x^{(1)}(n)\right] \tag{1-12}$$

式中，

$$x^{(1)}(t) = \sum_{i=1}^{t} x^{(0)}(i), \quad t = 1,2,\cdots,n \tag{1-13}$$

建立一阶灰色模型 GM(1,1)的二阶白化方程为

$$\frac{\mathrm{d}x^{(1)}}{\mathrm{d}t} + ax^{(1)} = b \tag{1-14}$$

得到方程解为

$$x^{(1)}(t) = \left(x^{(0)}(0) - \frac{b}{a}\right)\mathrm{e}^{-at} + \frac{b}{a} \tag{1-15}$$

最后用 $x^{(1)}(t)$ 累减得到最终预测结果：

$$x^{(0)}(t)=x^{(1)}(t)-x^{(1)}(t-1) \tag{1-16}$$

由于 GM(1,1) 仅包含一个指数分量且只有一个特征根，难以模拟波动较大具有振荡特征的时间序列，故可构建具有两个特征根、对小波分解后的逼近分量和具有显著振荡特性的高频分量均能很好模拟的二阶灰色模型 GM(2,1)，其二阶白化方程为

$$\frac{\mathrm{d}^2 x^{(1)}}{\mathrm{d}t^2}+a_1\frac{\mathrm{d}x^{(1)}}{\mathrm{d}t}+a_2x^{(1)}=b \tag{1-17}$$

得到方程的解为

$$x^{(1)}(t)=C_1\mathrm{e}^{\lambda_1 t}+C_2\mathrm{e}^{\lambda_2 t}+\frac{b}{a_2} \tag{1-18}$$

其中，a_1、a_2、C_1、C_2 为模型参数。式(1-18)为预测值的解析表达式，λ_1、λ_2 为方程 $\lambda^2+a_1\lambda+a_2=0$ 的特征根。最后用式(1-16)累减得到最终预测结果。

1.1.4　马尔可夫链

马尔可夫基本理论是指对于任意一个随机过程，当在某一时刻所处的状态已知时，此后的状态只与该时刻的状态有关，而与该时刻以前的状态无关。

假设有随机过程 $\{x(t_n)\}$ 和状态集合 S，如果随机系统在时刻 t_i 处于状态 $S_i(S_i\in S,\ i\leqslant n)$，且在时刻 $t_{i+1}(t_{i+1}>t_i)$ 所处状态与时刻 t_i 以前所处的状态无关，有如下公式成立：

$$p\{x(t_{i+1})=S_{i+1}\,|\,x(t_1)=S_1,\cdots,x(t_i)=S_i\}=p\{x(t_{i+1})=S_{i+1}\,|\,x(t_i)=S_i\} \tag{1-19}$$

式(1-19)称为 $\{x(t_n)\}$ 马尔可夫过程，其状态转移概率记为

$$P_{ij(k)}=\frac{M_{ij(k)}}{M_i} \tag{1-20}$$

式中，$M_{ij(k)}$ 表示从状态 S_i 经过 k 步到状态 S_j，且只能到状态 S_j 的数据个数；M_i 表示处于状态 S_i 的原始数据个数。构成相应的 k 步状态转移矩阵：

$$\boldsymbol{P}=\begin{bmatrix} P_{11(k)} & P_{12(k)} & \cdots & P_{1n(k)} \\ P_{21(k)} & P_{22(k)} & \cdots & P_{2n(k)} \\ \vdots & \vdots & & \vdots \\ P_{n1(k)} & P_{n2(k)} & \cdots & P_{nn(k)} \end{bmatrix} \tag{1-21}$$

式(1-21)满足：① $P_{ij(k)}\geqslant 0,\ i,j\in n$；② $\sum\limits_{j\in n}P_{ij(k)}=1, i\in n$。本部分 k 取 1。

在马尔可夫链状态转移矩阵的求解过程中，状态的分级直接影响着预测模型的精确度，十分重要，状态的分级有两种方法。

1. 样本均值-标准差分级法

样本均值-标准差分级法分别计算样本均值 $\overline{e}$ 与样本标准差 σ，根据计算结果和中心

极限定理可得误差的变化区间为$\left(-\infty,\overline{e}-\sigma\right)$，$\left(\overline{e}-\sigma,\overline{e}-0.5\sigma\right)$，$\left(\overline{e}-0.5\sigma,\overline{e}+0.5\sigma\right)$，$\left(\overline{e}+0.5\sigma,\overline{e}+\sigma\right)$，$\left(\overline{e}+\sigma,\infty\right)$。

$$\overline{e}=\frac{1}{n}\left(e_1+e_2+\cdots+e_n\right) \tag{1-22}$$

$$\sigma=\sqrt{\frac{1}{n-1}\sum_{i=1}^{n}\left(e_i-\overline{e}\right)^2} \tag{1-23}$$

2. 聚类分析法

聚类分析中的 K 均值聚类法可以根据数据特性选择划分的类别数[15]，其基本思想就是假设样本可以划分为 K 类，K 必须是整数。如果类别数 K 不能确定，可以采用作图法近似求出。对 K 从小到大应用 K 均值聚类法进行分类，得到不同 K 值对应的 J 值，做 J-K 曲线，曲线上拐点对应的类别数就是最佳类别数。

1.2 风电功率时间序列的前置处理

1.2.1 基于 ADF 检验的小波分解实现

分解层数越多，对预测精度越有利(高频分量有固定的振荡频率与幅值便于预测，而基频分量会更趋于平稳)，然而随着分解层数增加，预测分量增多而导致还原时累积误差增大，反而会降低预测精度。因此，需要在小波分解层数和小波分量平稳性之间寻找平衡。

为了在小波分解层数和小波分量平稳性之间寻找平衡，采用 ADF 检验来评估小波分解后各个分量的平稳性，并以此为依据确定最佳分解层数。本节采用 ADF 检验确定最佳小波分解层数的方法步骤为：

(1) 令 $j=1$；

(2) 对原始序列进行 j 层小波分解；

(3) 对分解得到的基频分量和高频分量进行 ADF 检验；

(4) 若每个分量结果都是平稳的，则此时的 j 为最佳分解层数；若有非平稳分量，则令 $j=j+1$，返回步骤(2)。

此时既能够保证序列平稳性便于预测模型建立，又解决了分解层数过多而导致预测累积误差增加的问题[16]。

1.2.2 分解结果分析

以 2015 年我国西南地区三个不同风电场连续 1056 个风速实测数据作为研究对象，每个数据点间隔为 15min，选取样本中前 960 个实测数据作为训练样本，对训练样本进行分析，得到最优小波分解层数，再用后 1 天即 96 个实测数据进行验证。由于文章篇幅限制，本节只列出风电场 1 的分解效果，未列出风电场 2 和风电场 3 的分解效果。风电场 1 的风速时间序列如图 1-2 所示，其训练样本的小波分解结果如图 1-3 所示，各分量均是平稳的。

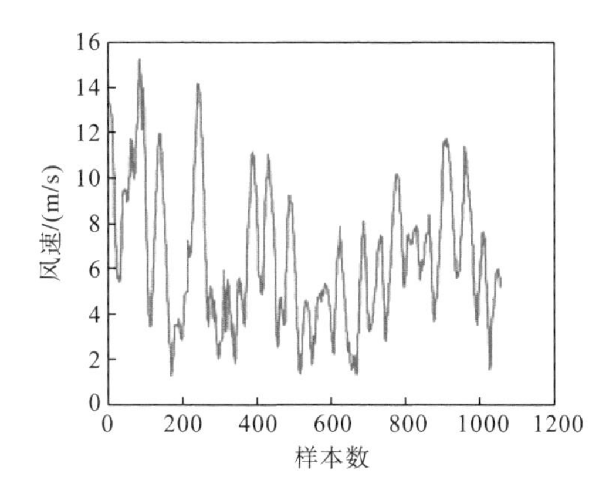

图 1-2　风电场 1 的风速时间序列(点数据的时间间隔为 15min，后同)

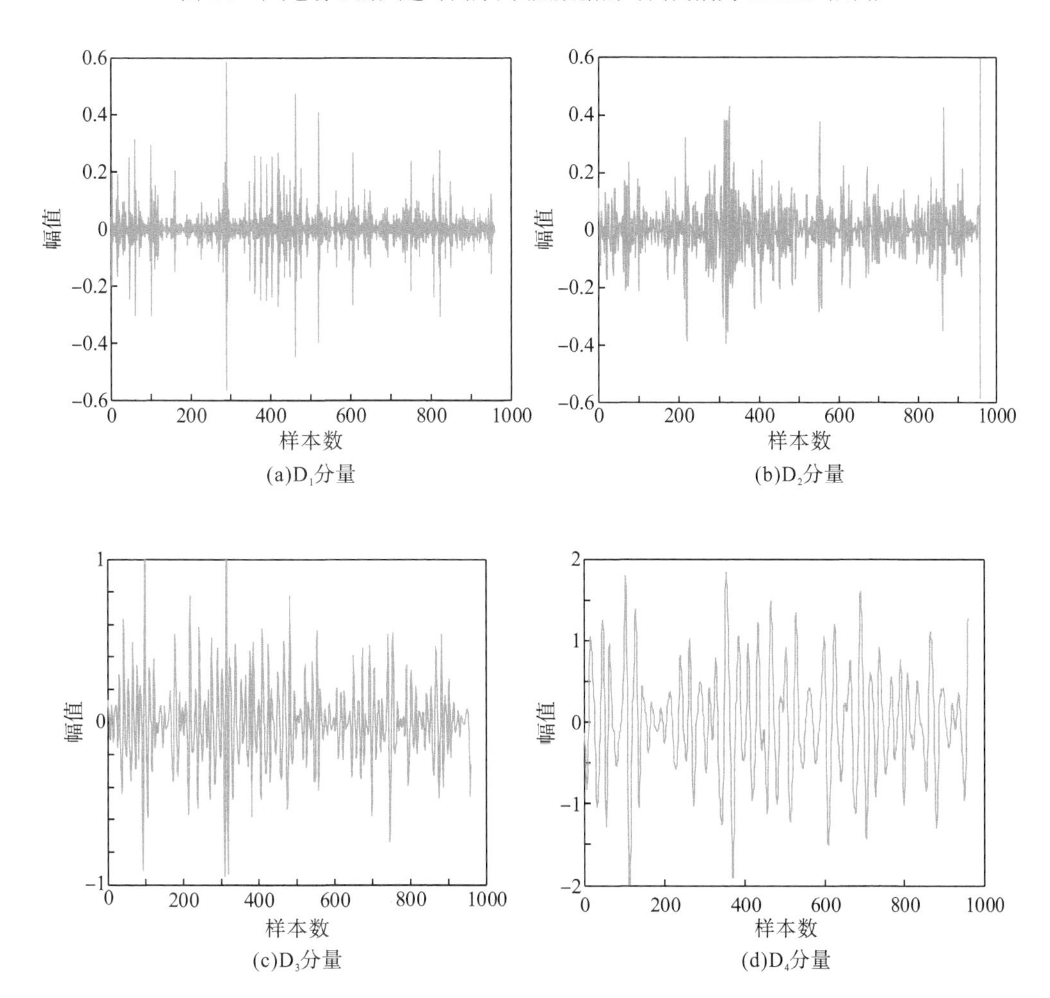

(a)D_1分量　(b)D_2分量

(c)D_3分量　(d)D_4分量

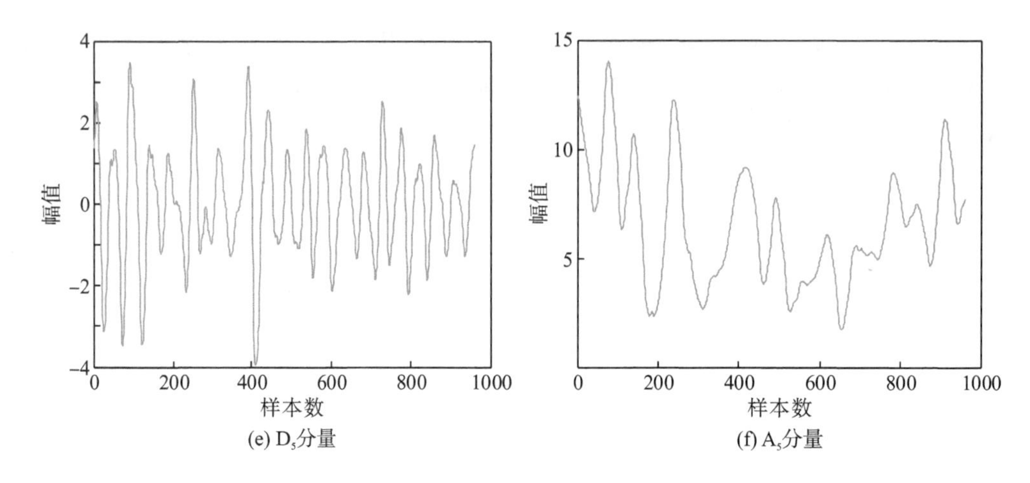

(e) D_5分量　(f) A_5分量

图 1-3　风电场 1 的小波分解结果

为了证明基于 ADF 检验确定小波分解最佳层数的有效性，表 1-1 给出了 1～9 层小波分解的 ADF 检验结果(理论上利用小波分析对数据长度为 N 的离散序列作分解重构，分解层数不能超过 $\log 2N$ [17]，结合本部分数据长度可知，本算例至多分解 9 层)。表 1-2 和表 1-3 分别给出了风电场 2 和风电场 3 的 ADF 检验平稳性结果。

表 1-1～表 1-3 中，“0”代表有单位根，即非平稳序列；“1”代表无单位根，即平稳序列。由表 1-1 的 ADF 检验结果可知，当分解层数为 1 时，A_1 为非平稳分量，D_1 为平稳分量，对 A_1 继续分解，得到分解层数为 2 的小波分解结果，A_2 仍为非平稳分量，不断对 A_j 进行分解，直到 5 层分解开始，各个分量都变为平稳序列。高频分量都是按照一定频率、一定的幅值范围，围绕横坐标轴上下波动的，有一定的规律性，因此高频分量都是平稳序列。由表 1-2 的 ADF 检验结果可知，风电场 2 的最佳分解层数也是 5 层；而由表 1-3 的 ADF 检验结果可知，风电场 3 的最佳分解层数是 6 层。

表 1-1　ADF 检验结果(风电场 1)

分量	分解层数 j								
	j=1	j=2	j=3	j=4	j=5	j=6	j=7	j=8	j=9
A_j	0	0	0	0	1	1	1	1	1
D_1	1	1	1	1	1	1	1	1	1
D_2	—	1	1	1	1	1	1	1	1
D_3	—	—	1	1	1	1	1	1	1
D_4	—	—	—	1	1	1	1	1	1
D_5	—	—	—	—	1	1	1	1	1
D_6	—	—	—	—	—	1	1	1	1
D_7	—	—	—	—	—	—	1	1	1
D_8	—	—	—	—	—	—	—	1	1
D_9	—	—	—	—	—	—	—	—	1

表 1-2　ADF 检验结果(风电场 2)

分量	分解层数 j								
	j=1	j=2	j=3	j=4	j=5	j=6	j=7	j=8	j=9
A_j	0	0	0	0	1	1	1	1	1
D_1	1	1	1	1	1	1	1	1	1
D_2	—	1	1	1	1	1	1	1	1
D_3	—	—	1	1	1	1	1	1	1
D_4	—	—	—	1	1	1	1	1	1
D_5	—	—	—	—	1	1	1	1	1
D_6	—	—	—	—	—	1	1	1	1
D_7	—	—	—	—	—	—	1	1	1
D_8	—	—	—	—	—	—	—	1	1
D_9	—	—	—	—	—	—	—	—	1

表 1-3　ADF 检验结果(风电场 3)

分量	分解层数 j								
	j=1	j=2	j=3	j=4	j=5	j=6	j=7	j=8	j=9
A_j	0	0	0	0	0	1	1	1	1
D_1	1	1	1	1	1	1	1	1	1
D_2	—	1	1	1	1	1	1	1	1
D_3	—	—	1	1	1	1	1	1	1
D_4	—	—	—	1	1	1	1	1	1
D_5	—	—	—	—	1	1	1	1	1
D_6	—	—	—	—	—	1	1	1	1
D_7	—	—	—	—	—	—	1	1	1
D_8	—	—	—	—	—	—	—	1	1
D_9	—	—	—	—	—	—	—	—	1

1.3　基于小波二阶灰色神经网络-马尔可夫链模型的风电功率区间预测

1.3.1　二阶灰色模型的参数优化

灰色模型参数一般采用最小二乘估计求解，需要不停地更新计算，计算量大，且不能保证其为最优解，一定程度上影响了预测精度。因此，本节建立灰色神经网络模型以选取最优初值。

1. 二阶灰色神经网络模型

对式(1-18)进行以下变换：

$$\begin{aligned}x^{(1)}(t)&=C_1\mathrm{e}^{\lambda_1 t}+C_2\mathrm{e}^{\lambda_2 t}+\frac{b}{a_2}\\&=\left(\frac{C_1\mathrm{e}^{\lambda_1 t}}{1+\mathrm{e}^{\lambda_1 t}}+\frac{b}{a_2}\cdot\frac{1}{1+\mathrm{e}^{\lambda_1 t}}\right)\left(1+\mathrm{e}^{\lambda_1 t}\right)+\frac{C_2\mathrm{e}^{\lambda_2 t}}{1+\mathrm{e}^{\lambda_2 t}}\left(1+\mathrm{e}^{\lambda_2 t}\right)\\&=\left[\frac{C_1}{1+\mathrm{e}^{-\lambda_1 t}}+\frac{b}{a_2}\cdot\left(1-\frac{1}{1+\mathrm{e}^{-\lambda_1 t}}\right)\right]\left(1+\mathrm{e}^{\lambda_1 t}\right)+\frac{C_2}{1+\mathrm{e}^{-\lambda_2 t}}\left(1+\mathrm{e}^{\lambda_2 t}\right)\\&=\left(\frac{C_1}{1+\mathrm{e}^{-\lambda_1 t}}-\frac{b}{a_2}\cdot\frac{1}{1+\mathrm{e}^{-\lambda_1 t}}\right)\left(1+\mathrm{e}^{\lambda_1 t}\right)+\frac{C_2}{1+\mathrm{e}^{-\lambda_2 t}}\left(1+\mathrm{e}^{\lambda_2 t}\right)-\left[-\frac{b}{a_2}\left(1+\mathrm{e}^{\lambda_1 t}\right)\right]\end{aligned}\tag{1-24}$$

根据式(1-24)，可以构造二阶灰色神经网络映射图如图 1-4 所示。

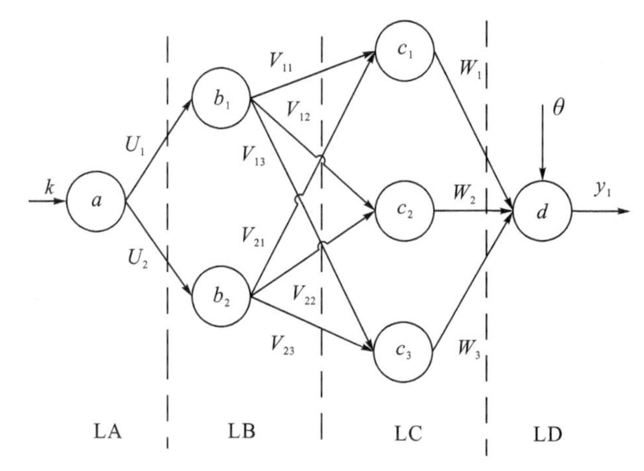

图 1-4 二阶灰色神经网络映射图

LA、LB、LC、LD 仅为每层神经网络的字母简便示意，可理解为第一层神经网络、第二层神经网络、第三层神经网络、第四层神经网络

训练图 1-4 所示的神经网络映射图，即可得到二阶灰色预测模型[式(1-17)]的最佳参数集。神经网络学习步骤如下[18]。

(1)输入网络初始权值和初始阈值(**U**、**V**、**W** 为神经网络各节点的权重(权值)参数矩阵)：

$$\boldsymbol{U}=\begin{bmatrix}U_1 & U_2\end{bmatrix}=\begin{bmatrix}\lambda_1 & \lambda_2\end{bmatrix}\tag{1-25}$$

$$\boldsymbol{V}=\begin{bmatrix}V_{11} & V_{12} & V_{13}\\ V_{21} & V_{22} & V_{23}\end{bmatrix}=\begin{bmatrix}C_1 & -\dfrac{b}{a_2} & 0\\ 0 & 0 & C_2\end{bmatrix}\tag{1-26}$$

$$\begin{aligned}\boldsymbol{W}&=\begin{bmatrix}W_1 & W_2 & W_3\end{bmatrix}^{\mathrm{T}}\\&=\begin{bmatrix}1+\mathrm{e}^{U_1 t} & 1+\mathrm{e}^{U_1 t} & 1+\mathrm{e}^{U_2 t}\end{bmatrix}^{\mathrm{T}}\\&=\begin{bmatrix}1+\mathrm{e}^{\lambda_1 t} & 1+\mathrm{e}^{\lambda_1 t} & 1+\mathrm{e}^{\lambda_2 t}\end{bmatrix}^{\mathrm{T}}\end{aligned}\tag{1-27}$$

LD 层阈值为

$$\theta=-\frac{b}{a_2}(1+\mathrm{e}^{\lambda_1 t}) \tag{1-28}$$

(2) 计算各层输出。

LB 层神经元输出：

$$\begin{cases} b_1(t)=\dfrac{1}{1+\mathrm{e}^{-\lambda_1 t}} \\ b_2(t)=\dfrac{1}{1+\mathrm{e}^{-\lambda_2 t}} \end{cases} \tag{1-29}$$

LC 层神经元输出：

$$\begin{cases} c_1(t)=V_{11}b_1(t) \\ c_2(t)=V_{12}b_1(t) \\ c_3(t)=V_{23}b_2(t) \end{cases} \tag{1-30}$$

LD 层神经元输出：

$$d(t)=y_1(t)=W_1c_1(t)+W_2c_2(t)+W_3c_3(t) \tag{1-31}$$

(3) 计算反向误差。

LD 层误差：

$$\delta_d=y(t)-y_1(t)$$

式中，$y(t)$为序列实际值。

LC 层误差：

$$\begin{cases} \delta_{c_1}=\delta_d W_1 \\ \delta_{c_2}=\delta_d W_2 \\ \delta_{c_3}=\delta_d W_3 \end{cases} \tag{1-32}$$

LB 层误差：

$$\delta_{b_1}=\frac{1}{1+\mathrm{e}^{-\lambda_1 t}}\left(1-\frac{1}{1+\mathrm{e}^{-\lambda_1 t}}\right)\left(\delta_{c_1}V_1+\delta_{c_2}V_2\right) \tag{1-33a}$$

$$\delta_{b_2}=\frac{1}{1+\mathrm{e}^{-\lambda_2 t}}\left(1-\frac{1}{1+\mathrm{e}^{-\lambda_2 t}}\right)\delta_{c_3}V_3 \tag{1-33b}$$

(4) 修正阈值和权值。

设 $\Delta\boldsymbol{U}$ 和 $\Delta\boldsymbol{V}$ 分别为 $\boldsymbol{U}$ 和 $\boldsymbol{V}$ 的权值修正量，η 为学习速率，μ 为惯性系数，则有

$$\Delta U_1(s)=\mu\Delta U_1(s-1)+\eta\delta_{b_1}t \tag{1-34a}$$

$$\Delta U_2(s)=\mu\Delta U_2(s-1)+\eta\delta_{b_2}t \tag{1-34b}$$

$$\Delta V_1(s)=\mu\Delta V_1(s-1)+\eta\delta_{c_1}t \tag{1-35a}$$

$$\Delta V_2(s)=\mu\Delta V_2(s-1)+\eta\delta_{c_2}t \tag{1-35b}$$

$$\Delta V_3(s)=\mu\Delta V_3(s-1)+\eta\delta_{c_2}t \tag{1-35c}$$

若矩阵 $\boldsymbol{V}$ 其余修正量为 0，s 代表第 s 次训练，则修正后有

$$\boldsymbol{U}(s+1)=\boldsymbol{U}(s)+\Delta\boldsymbol{U}(s) \tag{1-36}$$

$$\boldsymbol{V}(s+1)=\boldsymbol{V}(s)+\Delta\boldsymbol{V}(s) \tag{1-37}$$

修正后的矩阵 $\boldsymbol{W}$ 中，

$$W_1 = W_2 = 1 + \mathrm{e}^{U_1 t} \tag{1-38a}$$

$$W_3 = 1 + \mathrm{e}^{U_2 t} \tag{1-38b}$$

(5)重复步骤(2)～(4)，直至达到收敛条件。

2. 模型初值的确定

为了加快灰色神经网络的训练速度，利用以下计算公式得出式(1-17)中的参数 a_1、a_2、b，即灰色神经网络初始权值：

$$\boldsymbol{A} = \begin{bmatrix} a_1 & a_2 & b \end{bmatrix}^{\mathrm{T}} = (\boldsymbol{B}_N^{\mathrm{T}} \boldsymbol{B}_N)^{-1} \boldsymbol{B}_N^{\mathrm{T}} \boldsymbol{Y}_N \tag{1-39}$$

式中

$$\boldsymbol{B}_N = \begin{bmatrix} -x^{(0)}(2) & -z^{(1)}(2) & 1 \\ -x^{(0)}(3) & -z^{(1)}(3) & 1 \\ \vdots & \vdots & \vdots \\ -x^{(0)}(n) & -z^{(1)}(n) & 1 \end{bmatrix}$$

$$\boldsymbol{Y}_N = \begin{bmatrix} x^{(0)}(2) - x^{(0)}(1) \\ x^{(0)}(3) - x^{(0)}(2) \\ \vdots \\ x^{(0)}(n) - x^{(0)}(n-1) \end{bmatrix}$$

$$z^{(1)}(t) = 0.5x^{(1)}(t) + 0.5x^{(1)}(t-1)$$

$$t = 2, 3, \cdots, n$$

其中，$\boldsymbol{A}$ 求网络初始权值矩阵，$\boldsymbol{B}$ 和 $\boldsymbol{Y}$ 构建的矩阵和向量用来估计模型网络权值。参数 C_1 和 C_2 [式(1-18)中]可以通过求解方程求得。利用一阶差商代替积分项，即

$$\frac{\mathrm{d}x^{(1)}}{\mathrm{d}t} = x^{(1)}(t) - x^{(1)}(t-1) = x^{(0)}(t) \tag{1-40}$$

对式(1-18)两边求导有

$$\frac{\mathrm{d}x^{(1)}}{\mathrm{d}t} = C_1 \lambda_1 \mathrm{e}^{\lambda_1 t} + C_2 \lambda_2 \mathrm{e}^{\lambda_2 t} \tag{1-41}$$

将式(1-39)代入式(1-38a)和式(1-38b)，有

$$x^{(0)}(t) = C_1 \lambda_1 \mathrm{e}^{\lambda_1 t} + C_2 \lambda_2 \mathrm{e}^{\lambda_2 t} \tag{1-42}$$

联立式(1-18)和式(1-40)就可求出参数 C_1 和 C_2。

1.3.2 小波二阶灰色神经网络-马尔可夫链模型的建立

首先将前文提到的小波分解与二阶灰色模型利用神经网络来优化参数结合起来，简称小波二阶灰色神经网络模型[WD-GNNM(2,1)]，用其对风电功率序列 $x(t_i)$ 进行预测，得到拟合数据，并计算拟合数据与实际数据的误差绝对值序列 $\{e_1, e_2, \cdots, e_n\}$，其中 $e_i = |x(t_i) - \hat{x}(t_i)|$，$\hat{x}(t_i)$ 为 i 时刻实际值，$x(t_i)$ 为拟合值。对预测得到的误差绝对值序列进

行分析，根据数值分布情况进行状态划分。

然后根据数据构造一步状态转移矩阵，并根据矩阵计算各个状态下一步误差绝对值马尔可夫概率期望，计算公式如下：

$$B_i = \sum_{j=1}^{K} p_{ij(k)} \cdot S_j \tag{1-43}$$

式中，B_i 为第 i 个状态下一步的误差绝对值转移期望；K 为马尔可夫状态划分的类别数；$p_{ij(k)}$ 为第 i 个状态经过 k 步(本部分 k 取 1)转变到第 j 个状态的概率；S_j 为第 j 个误差绝对值状态区间内的某一误差数值。

最后得到下一时刻的预测区间 $\left[x(t_i)-B_i, x(t_i)+B_i\right]$，再将得到的风速区间预测结果转化为风电功率区间预测结果。

1.3.3　风电功率区间预测仿真结果

以前文中的风电场 1 数据继续研究，用连续 2596 个风速实测数据点作为研究对象，每个数据点间隔为 15min，选取样本中前 960 个实测数据作为训练样本，中间 1540 个实测数据作为拟合统计样本(因为该样本用于统计转移概率，因此样本数尽量多)，用最后 1 天即 96 个实测数据作为测试数据。由于篇幅限制，本节只用 1 个算例进行仿真分析。

考虑到转移概率可以反映随机因素的影响情况，适用于随机波动较大的动态过程，对模型预测结果可进行马尔可夫链预测。模型拟合误差绝对值分布如图 1-5 所示。由图可知，本节所提出的点预测模型拟合误差大多都在 0.5m/s 以下，少部分误差绝对值点位于 0.5～1.0m/s，只有 13 个点误差超过 1m/s，且风速值越大，预测得到的误差分布越分散。用 K 均值聚类法对误差序列进行分类，并作出 J-K 曲线，确定最佳类别数。J-K 曲线如图 1-6 所示。

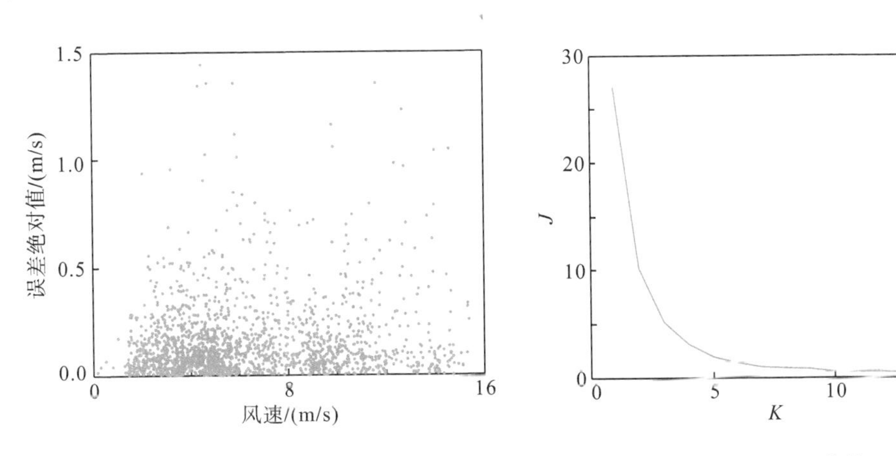

图 1-5　WD-GNNM(2,1)模型风速拟合误差绝对值分布　　图 1-6　J-K 曲线

根据图 1-6，以及对 J-K 曲线求二阶导数可知，曲线拐点对应的 K 值为 9，即最佳分类数为 9。进行 K 均值聚类法分类后得到的状态划分结果如下：

$S=\{S_1, S_2, \cdots, S_9\}=\{(0, 0.0454], (0.0454, 0.0914], (0.0914, 0.145], (0.145, 0.2149], (0.2149, 0.3034], (0.3034, 0.4188], (0.4188, 0.5887], (0.5887, 0.9051], (0.9051, \infty)\}$。

为了分析和比较本节所提方法的预测结果，本节采用预测区间覆盖率(prediction interval coverage probability，PICP)与预测区间归一化平均带宽(prediction interval normalized average width，PINAW)作为预测效果的评价指标，其定义如下：

$$\mathrm{PICP}=\frac{1}{N}\sum_{i=1}^{N}A_i \tag{1-44}$$

$$\mathrm{PINAW}=\frac{1}{N}\sum_{i=1}^{N}(U_i-L_i) \tag{1-45}$$

式(1-44)中，A_i为布尔量，即当第i个目标值落在预测区间内A_i为1，否则为0。式(1-45)中，U_i为预测上限；L_i为预测下限；N为预测点个数。

用小波二阶灰色神经网络模型对风速时间序列进行提前1h的短期预测，即进行4步的滚动预测。风速确定性预测结果如图1-7所示。由图可知，WD-GNNM(2,1)模型有较高的预测精度。

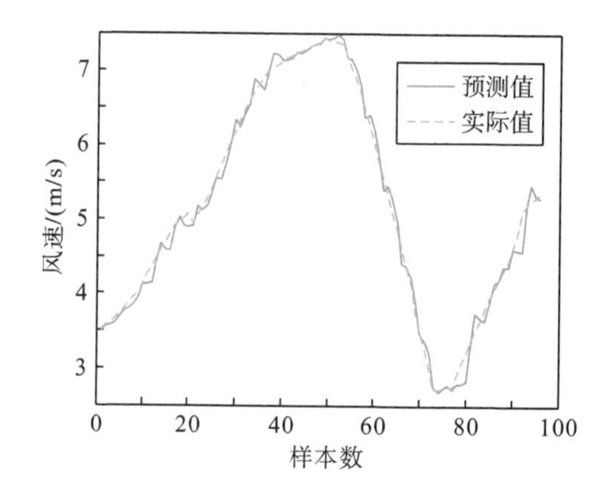

图1-7 WD-GNNM(2,1)模型风速确定性预测结果

为了验证本节方法的区间预测性能，将本节所提出的区间预测模型预测结果与核密度估计法进行对比。核密度估计法的基本原理是根据误差概率密度分布确定预测区间[19]。本算例中的S_j取区间的最大值，由于S上限为∞，所以S_9的取值为出现在这个状态下最大拟合误差，核密度估计法的置信度选择为95%，两种区间预测结果分别如图1-8和图1-9所示。

由图1-8和图1-9可知，本节提出的模型风速预测区间最宽处为0.51m/s，最窄处为0.37m/s。相较于核密度估计法最宽处为1.3m/s，最窄处为0.79m/s，本节所用的方法预测区间宽度较窄。又由图可知，当风速序列波动较大时，风速确定性预测的误差也比较大，本节提出的模型预测区间也会随之增大，但是最大区间宽度仍比核密度估计法得到的区间窄。而当风速序列波动较小时，由于此时风速确定性预测的误差较低，本节提出的模型预测区间宽度较窄，因此该预测模型预测区间归一化平均带宽较窄，说明该模型可以更好地与风速准确性预测模型相配合。

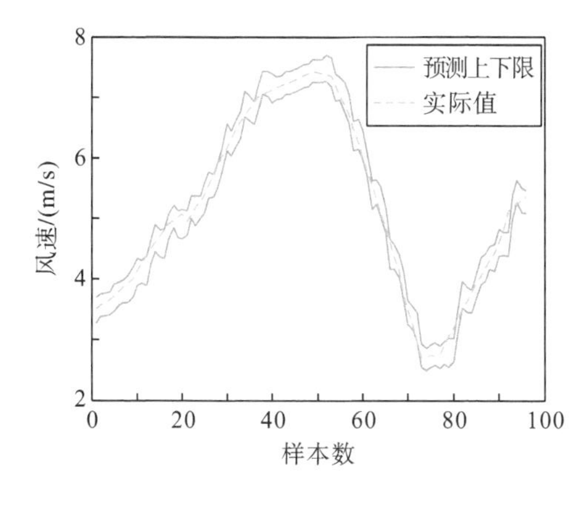

图 1-8　基于 WD-GNNM(2,1)-马尔可夫链模型的风速区间预测结果

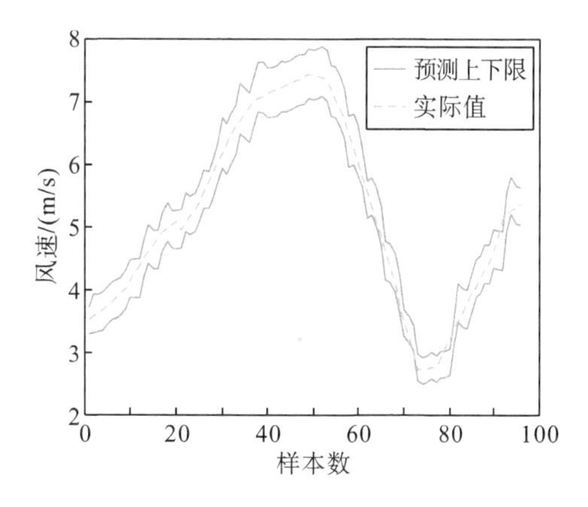

图 1-9　基于核密度估计法的风速区间预测结果

此外，预测区间覆盖率和预测区间归一化平均带宽计算结果如表 1-4 所示。由表可以看出，与核密度估计法相比，本节提出的方法预测区间覆盖率较高，为 94.79%，并且预测区间归一化平均带宽较窄，为 0.43m/s，两项指标都明显优于核密度估计法得到的预测结果。因此，本节所提出的 WD-GNNM(2,1)-马尔可夫链模型可以实现对风速区间进行精确度较高的预测。总体来说，该模型在预测区间宽度较窄的情况下，保证了预测区间覆盖率准确性高，只有少部分数据点没落入区间中，这在实际情况中是可以接受的。

表 1-4　基于不同模型的预测指标

方法	PICP/%	PINAW/(m/s)
WD-GNNM(2,1)-马尔可夫链模型	94.79	0.43
核密度估计法	93.75	0.94

另外，由于本节中 S_j 的取值对风速区间的预测结果将有很大的影响，本节分别以区间最大值、区间平均值和区间最小值最有代表性的 S_j 取值分别计算风速误差绝对值转移期望，并在此基础上进行风速区间预测。基于不同 S_j 取值的预测区间覆盖率和预测区间归一化平均带宽如表 1-5 所示，基于不同 S_j 取值的预测效果如图 1-10 所示。由表 1-5 可以得出，S_j 值越小，预测区间归一化平均带宽就越小，预测区间覆盖率也越小，反之亦然。因此 S_j 的选取还需根据具体情况确定，如果希望得到的风速预测结果更加全面地反映预测风速的信息，则应选取较大的 S_j 值。

表 1-5　基于不同 S_j 的 WD-GNNM(2,1)-马尔可夫链模型风速区间预测结果指标

S_j	PICP/%	PINAW/(m/s)
区间最大值	94.79	0.43
区间平均值	79.17	0.33
区间最小值	61.46	0.27

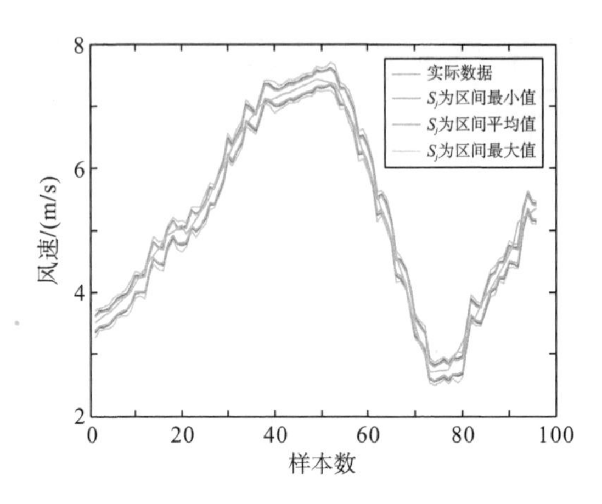

图 1-10 基于不同 S_j 的 WD-GNNM(2,1)-马尔可夫链模型风速区间预测结果

由图 1-10 和表 1-5 结果可知，当 S_j 取区间最小值时，预测区间归一化平均带宽最窄，仅有 0.27m/s，预测区间覆盖率最低，只有 61.46%；而 S_j 取区间最大值时则相反，预测区间归一化平均带宽最宽，达到 0.43m/s，预测区间覆盖率也达到了最大 94.79%；S_j 取区间平均值时，预测效果介于 S_j 取区间最大值和区间最小值之间。经过对比也可以看出，三个预测结果的预测区间归一化平均带宽差别不大，但是预测区间覆盖率的差距较为明显，因此本节提出的 S_j 取区间最大值对应的预测结果更符合工程实际的需求。从整体效果分析，S_j 取值越大，得到的预测区间归一化平均带宽越宽，区间覆盖率也越高，区间的准确度也就越高，但是区间宽度大带来的变化范围大，也会给实际应用带来不利影响，因此 S_j 的取值还是应该根据实际工程具体要求来定。

马尔可夫链状态划分，对预测精度影响很大，因此本节对比基于不同马尔可夫链状态划分方法预测效果。由于预测误差没有统一的划分准则，也没有参照的模拟值，本节选用前文提到的样本均值-标准差分级法作为对比，计算出样本均值为 0.2041m/s，方差为 0.1642m/s，计算马尔可夫概率期望时 S_j 取区间最大值，对比结果如图 1-11 和表 1-6 所示。

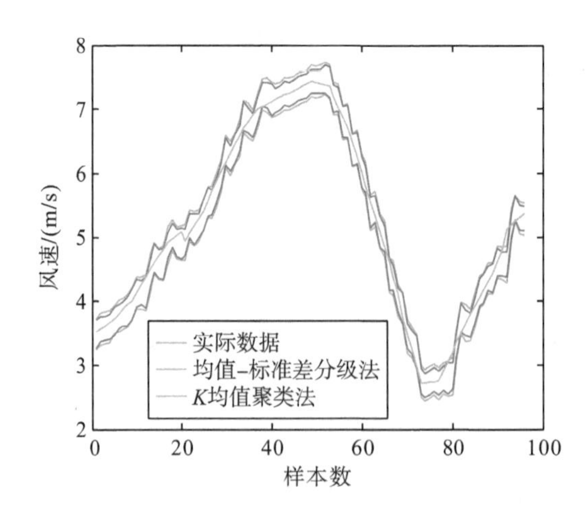

图 1-11 基于不同马尔可夫链状态划分的风速区间预测结果

表 1-6　基于不同马尔可夫链状态划分的预测指标

方法	PICP/%	PINAW/(m/s)
K 均值聚类法	94.79	0.43
均值-标准差分级法	94.79	0.52

由图 1-11 和表 1-6 结果可知，基于两种不同状态划分得到的预测区间覆盖率相同，但是基于均值-标准差得到的预测区间归一化平均带宽要宽一些。这主要是因为，在预测过程中得到绝对误差很大的情况比较少，而根据均值-标准差分级法所划分的区间结果来看，绝对误差较大值所对应的区间很宽，这样导致转移到该区间的概率较大，因此计算出来的期望值也较大。

将图 1-8 风速区间预测结果换算为风电功率区间预测结果，如图 1-12 所示。转化为风电功率区间后，区间覆盖率为 95.83%，比风速区间多覆盖一个点，平均区间宽度为 0.0742MW。可知，特殊风速段的风速区间转换为风电功率区间时，某些区间宽度可能会下降甚至会变为零，一些原本不在区间内的点也会变到区间内，而已经在区间内的点则不受影响。

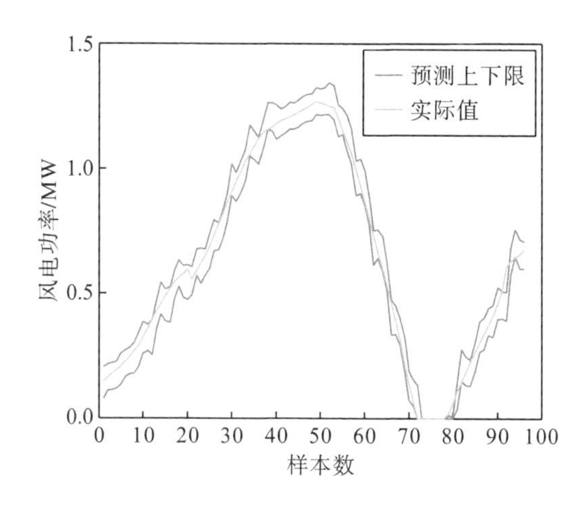

图 1-12　基于 WD-GNNM(2,1)-马尔可夫链模型的风电功率区间预测结果

算例结果表明，本节提出的风电功率区间预测方法有较好的预测效果，用状态转移期望值估计风电功率预测区间，可以根据具体问题得到更灵活全面的风电功率信息。经过实际风电场数据仿真分析验证该方法区间覆盖率高，且预测区间归一化平均带宽窄，更具实用性。

1.4　本 章 小 结

本章将 ADF 检验作为小波分解后各个分量平稳性的指标，有效地选取了最佳小波分解层数；基于灰色理论，对小波分解后的各分量进行二阶灰色预测模型建立，解决了高频分量波动性大且难以预测的问题；同时采用神经网络映射的方法构建了二阶灰色神经网络，将二阶灰色模型的最优参数求解问题转换为灰色神经网络的训练问题，从而获得二阶灰色预测模型的最佳参数；并以最小二乘估计求解灰色模型参数作为初值，保证模型训练更快收敛；提出基于马尔可夫概率期望的区间预测模型，充分考虑了风电功率预测误差的各种可能性。算例结果表明，本章提出的风电功率区间预测方法有较好的预测效果，用状态转移期望值估计风电功率预测区间，可以根据具体问题得到更灵活全面的风电功率信息。

第2章　基于Stacking融合模型的负荷预测

负荷预测一直以来影响着电力系统的运行、控制和计划全过程。精准的电力负荷预测可以经济合理地安排电力系统发电机组启停，对保持电网运行的安全稳定、保持社会的正常生产和生活、有效降低发电成本有着重要的作用[20-22]。

近年来，伴随着各类数学模型的提出以及人工智能的飞速发展，涌现了许多新型的负荷预测方法，大致可以分为两类：一类是经典的数理统计预测方法；另一类是人工智能类的新型预测方法。

经典的数理统计预测方法主要有回归分析法、灰色预测法和时间序列法等。

(1) 回归分析法。该方法是一种经典统计学上分析数据的方法，通过统计归纳和分析，总结了历史负荷数据，并在预测输入变量和影响负荷变量之间寻找某种线性或非线性关系，并以此建立了数学模型，实现对未来负荷的基本预测。

(2) 灰色预测法。该方法中的灰色预测模型通过不断的累加生成变换来预处理系统的行为序列，使生成序列表现出更明显的呈指数增长的规律，然后构建差分方程和微分方程进行建模，用以模仿和预测系统的行为序列。

(3) 时间序列法。该方法是按照时间先后顺序对历史负荷的变化规律进行排序，并以时间为纵轴展示负荷的发展规律，研究这种时间与负荷的对应关系，可以得到过去时间所发生的一系列负荷变化规律，以此作为未来负荷变化的预测依据。

人工智能类的新型预测方法主要有专家系统法、人工神经网络、卡尔曼滤波、随机森林、支持向量机和集成学习等方法。

(1) 专家系统法。专家系统法实质上是一种复杂的计算机编程系统，它将计算机模仿成人类专家进行负荷预测，通过历史负荷变化规律的知识数据库，收集人工经验，并智能地使用计算机来处理负荷数据，根据专家水平来判断和预测工作。

(2) 人工神经网络。人工神经网络通过学习样本得到最佳参数，处理输入与预测输出之间复杂非线性关系，它适用于分析和处理非线性问题和具有随机性的不确定问题。由于人工神经网络具有强大的学习能力，可以在预测过程中选取新的样本来训练模型达到优化模型参数的目的，从而对样本中模糊性和非结构性的规律有一定程度的适应能力，可以有效避免复杂的数学建模。

(3) 卡尔曼滤波。卡尔曼滤波的中心思想是在保证估计误差方差达到最小的前提下，使用观测方程和状态方程来表述整个系统的观测模型和动态模型。卡尔曼滤波的适用条件需要有整个系统的噪声统计特性以及数学模型的先验知识。

(4) 随机森林(random forest，RF)。随机森林在保证快速(不提高计算量)的同时提高了预测的准确率。随机森林对多重共线性数据不敏感，同时可以处理数据缺失或不平衡的样本，保证其结果受到的影响较小[23-28]。

(5) 支持向量机。支持向量机(SVM)采取结构风险最小化(structure risk minimization，SRM)的归纳原则，大大增强了泛化能力。理论上，SVM 的训练过程等效于处理线性约束二次规划问题，因此必然存在一个最优解，并且会是全局最优解。在线性约束问题的基础上引入不敏感损失函数之后，SVM 从处理简单的线性回归估计的问题变成处理复杂的非线性回归问题，即支持向量回归(support vector regression，SVR)。将各种不确定性负荷影响因素作为特征放到训练集输入模型中，建立训练集的输入空间和样本空间，通过映射函数将低维空间中非线性数据集映射到高维空间中变得线性可拟合，映射函数可以巧妙处理升维后复杂的高维计算问题，构建 SVM 的目标函数，最后训练得到的 SVM 模型可以用于预测电力系统中的负荷数据。

(6) 集成学习(ensemble learning)。该方法是一种用于解决有监督机器学习任务的方法，其思想是基于多个机器学习算法的集成来改善预测结果。集成学习每次训练的过程就是将多个假设空间放在一起以形成更好的解决方案。从理论上讲，集成学习相较于原始学习器可以在训练集上具备更好的拟合能力，并且某些集成学习方法也可以更好地降低过拟合的问题。

本章主要介绍基于 Stacking 融合模型的负荷预测方法。

2.1 负荷预测相关技术

2.1.1 SVM 基本原理

SVM 示意图如图 2-1 所示。图中，f 为回归模型；$\boldsymbol{x}$ 为样本集中的每个样本；$\boldsymbol{b}$ 为偏移矩阵；ε为不敏感函数，是边界矩阵。

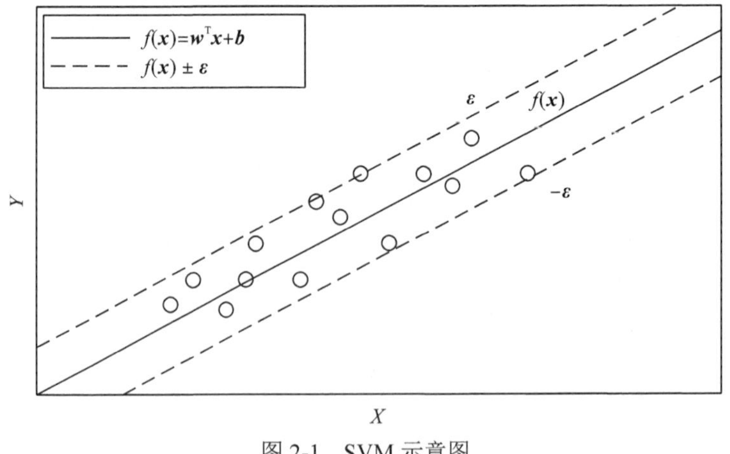

图 2-1 SVM 示意图

式(2-1)为目标函数，即空间所包含样本到超平面最短距离的最大间隔，约束条件为空间最远样本到超平面的距离不超过$\boldsymbol{\varepsilon}$。

$$\max_{\boldsymbol{w},\boldsymbol{b}} \min_{x_i, i=1,2,\cdots,N} \frac{1}{\|\boldsymbol{w}\|}\left|\boldsymbol{w}^{\mathrm{T}}\boldsymbol{x}_i+\boldsymbol{b}\right| \tag{2-1}$$

$$\text{s.t.} \begin{cases} 0<\boldsymbol{w}^{\mathrm{T}}\boldsymbol{x}_i+\boldsymbol{b}<\varepsilon, & \boldsymbol{y}=\boldsymbol{\varepsilon} \\ -\boldsymbol{\varepsilon}<\boldsymbol{w}^{\mathrm{T}}\boldsymbol{x}_i+\boldsymbol{b}<0, & \boldsymbol{y}=-\boldsymbol{\varepsilon} \end{cases} \tag{2-2}$$

经过简化可得到如下凸二次优化公式：

$$\begin{cases} \min\limits_{\boldsymbol{w},\boldsymbol{b}} \dfrac{1}{2}\|\boldsymbol{w}\|^2 \\ \text{s.t.}\left|\boldsymbol{y}_i-(\boldsymbol{w}^{\mathrm{T}}\boldsymbol{x}_i+\boldsymbol{b})\right| \leqslant \boldsymbol{\varepsilon}, \forall i \end{cases} \tag{2-3}$$

SVM 的线性回归模型如下：

$$f(\boldsymbol{x})=\sum_{i=1}^{m}(\hat{\alpha}_i-\alpha_i)\boldsymbol{x}_i^{\mathrm{T}}\boldsymbol{x}+\boldsymbol{b} \tag{2-4}$$

$$\boldsymbol{b}=\boldsymbol{y}_i+\boldsymbol{\varepsilon}-\sum_{i=1}^{m}(\hat{\alpha}_i-\alpha_i)\boldsymbol{x}_i^{\mathrm{T}}\boldsymbol{x} \tag{2-5}$$

SVM 核函数的多样性导致核函数的选取没有通用的标准，并且一旦增加样本的规模，其训练时间将延长，计算复杂度也会呈指数增长，因电网负荷数据呈现非线性特征，故本节主要讨论非线性情况。

当输入 SVM 时，引入一个非线性映射函数$\boldsymbol{\varphi}(\cdot)$将训练样本$\boldsymbol{x}$映射到更高维的特征空间中，使整个样本集呈线性分布，此时 SVM 的工作方式如下：

$$f(\boldsymbol{x})=\sum_{i=1}^{m}(\hat{\alpha}_i-\alpha_i)\boldsymbol{\varphi}^{\mathrm{T}}(\boldsymbol{x}_i)\boldsymbol{\varphi}(\boldsymbol{x})+\boldsymbol{b} \tag{2-6}$$

式(2-6)与式(2-4)相似，$\boldsymbol{x}_i^{\mathrm{T}}\boldsymbol{x}$由映射函数$\boldsymbol{\varphi}(\cdot)$转变成了$\boldsymbol{\varphi}^{\mathrm{T}}(\boldsymbol{x}_i)\boldsymbol{\varphi}(\boldsymbol{x})$，此时可以引入核函数去处理映射过程中高阶维度的复杂运算，常用的核函数有以下几种。

(1) 线性(Linear)核函数：

$$K(\boldsymbol{x}_1,\boldsymbol{x}_2)=\langle \boldsymbol{x}_1,\boldsymbol{x}_2 \rangle \tag{2-7}$$

(2) 多项式(Poly)核函数：

$$K(\boldsymbol{x}_1,\boldsymbol{x}_2)=(a\boldsymbol{x}_1^{\mathrm{T}}\boldsymbol{x}_2+c)^d \tag{2-8}$$

(3) 径向基核函数(radial basis function，RBF)：

$$K(\boldsymbol{x}_1,\boldsymbol{x}_2)=\exp\left(-\frac{\|\boldsymbol{x}_1-\boldsymbol{x}_2\|^2}{2\sigma^2}\right) \tag{2-9}$$

(4) 多层感知器(Sigmoid)核函数：

$$K(\boldsymbol{x}_1,\boldsymbol{x}_2)=\tanh(\alpha\boldsymbol{x}^{\mathrm{T}}\boldsymbol{x}_2+c) \tag{2-10}$$

非线性样本训练得到的 SVM 回归模型如下：

$$f(\boldsymbol{x})=\sum_{i=1}^{m}(\hat{\alpha}_i-\alpha_i)K(\boldsymbol{x}_i,\boldsymbol{x})+\boldsymbol{b} \tag{2-11}$$

$$\boldsymbol{b}=\boldsymbol{y}_i+\varepsilon-\sum_{i=1}^{m}(\hat{\alpha}_i-\alpha_i)K(\boldsymbol{x}_i,\boldsymbol{x}) \tag{2-12}$$

2.1.2 LightGBM 算法基本原理

LightGBM 算法属于梯度提升决策树(gradient boosting decision tree，GBDT)，一般用于排序、分类、回归等多种机器学习方法的任务，支持高效率的并行训练。如图 2-2 所示，LightGBM 模型使用直方图算法，带深度限制的按叶生长策略显著提高了模型的训练速度，在面对大样本、高维度的数据集时可以具备更快的训练速度。此外，LightGBM 模型使用基于梯度的单边采样(gradient-based one-side sampling，GOSS)方法进行数据采样，使用互斥特征捆绑(exclusive feature bunding，EFB)进行特征采样，在缩短训练时间、提升学习效率的同时，采用 EFB 也大大增强了模型学习的多样性，在模型的泛化性能方面有着极大的提升。

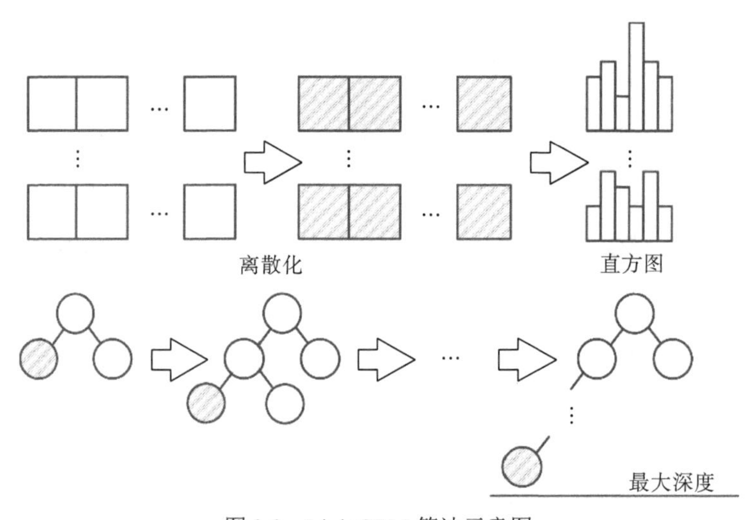

图 2-2 LightGBM 算法示意图

2.1.3 改进人工鱼群算法原理

1. AFSA

人工鱼群算法(artificial fish swarm algorithm，AFSA)定义人工鱼的个体状态为向量 $\boldsymbol{X}=\left(\boldsymbol{x}_1,\boldsymbol{x}_2,\cdots,\boldsymbol{x}_n\right)$，其中 $\boldsymbol{x}_i(i=1,2,\cdots,n)$ 为待寻优的变量，人工鱼当前的食物浓度表示为 $\boldsymbol{Y}=\boldsymbol{f}(\boldsymbol{X})$，其中 $\boldsymbol{Y}$ 为目标函数值。步长为 step，第 i 条人工鱼搜索到的自身最优位置为 $\boldsymbol{P}_i=\left(\boldsymbol{p}_{i1},\boldsymbol{p}_{i2},\cdots,\boldsymbol{p}_{in}\right)$，整个鱼群搜索到的最优位置为 $\boldsymbol{G}=\left(\boldsymbol{g}_1,\boldsymbol{g}_2,\cdots,\boldsymbol{g}_n\right)$，$\delta$ 为拥挤度因子，通过构造人工鱼来模仿鱼群的觅食、聚群及追尾行为，从而实现寻优。

(1) 觅食行为：人工鱼通过视觉感知水中的食物浓度来选择行动方向，在视野范围内随机选取的一个状态向量 $\boldsymbol{X}_j$，分别计算它们的目标值，若 $Y_i < Y_j$，则人工鱼以步长向朝该方向移动，否则重新选取 $\boldsymbol{X}_j$，如果在设定的尝试次数(trynumber)后，依然没有找到优于自身状态的状态，则执行随机行为。

(2) 聚群行为：人工鱼在视野内搜索伙伴数目 n_f 以及中心位置 Y_c，若 $Y_c/n_f > \delta Y_i$，则向伙伴的中心位置移动一步，否则执行觅食行为。

(3) 追尾行为：人工与搜索视野范围内目标值最优伙伴，如果 $Y_j / n_f > \delta Y_i$，则朝此伙伴移动一步，否则执行觅食行为。

(4) 随机行为：人工鱼在视野范围内随机选取的一个状态向量 $\boldsymbol{X}_j$。

此处注意，虽然人工鱼在觅食行为、群聚行为以及追尾行为下的计算公式一致，但是 Y_j 的确定步骤和方式不同。

2. 改进 AFSA

传统 AFSA 的步长参数是一个固定值，步长设置太大容易出现在最优解附近振荡徘徊取不到最优解的情况，设置太小收敛速度慢[29]，因此本节在步长方面进行改进，设置一个速度变量 $\boldsymbol{V}_{i|\text{next}}$ 来替代步长(step)，保证取到全局最优解的同时加快收敛速度，将式(2-17)代入步长即得改进 AFSA。

$$\boldsymbol{V}_{i|\text{next}} = \boldsymbol{V}_i + c_1\zeta(\boldsymbol{P}_i - \boldsymbol{S}_i) + c_2\eta(\boldsymbol{G} - \boldsymbol{S}_i) \tag{2-17}$$

其中，$\boldsymbol{V}_i$ 为第 i 条人工鱼移动速度；c_1 和 c_2 为人工鱼对自身的认识和人工鱼对群体的认识；ζ、η 为 0～1 的随机数。

改进 AFSA 框架流程如图 2-3 所示。

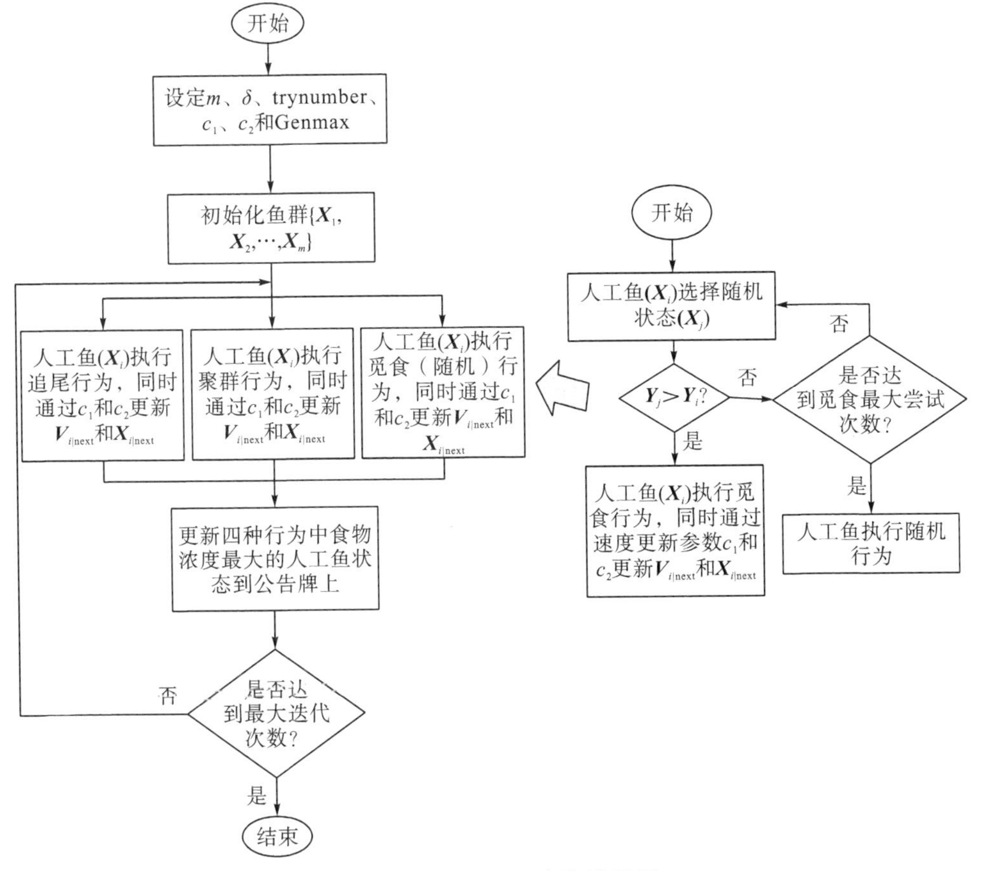

图 2-3　改进 AFSA 框架流程图

使用改进 AFSA 优化集成学习中基模型的超参数，可以有效改善模型的预测精度和训练时间。

2.1.4 Stacking 集成学习原理

Stacking 集成学习[30,31]是一种并行的机器学习方法，因为它通过并行集成异质基模型与元模型来提高负荷预测精度，所以需要研究异质基模型之间的差异来提高预测精度，与 Bagging 集成学习①和 Boosting[32,33]集成学习②不同，在训练集的选取上：Stacking 集成学习使用全部数据集的同时一般采用交叉验证的方式训练基模型，导致每轮基模型中训练集都不同。在模型结构上：Stacking 集成学习采用并行集成方法的同时引入一个学习能力强或泛化能力高的元模型层来提升模型的预测精度。

如图 2-4 所示，Stacking 融合模型结构分为上下两层，上层为基模型层，由多个基模型组成，下层由单独的元模型组成，采用交叉验证的方式训练基模型，得到多个训练模型，再将输出结果用于训练第二层元模型。

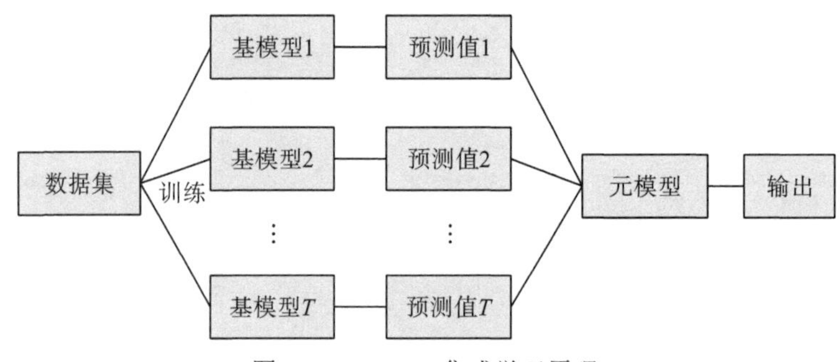

图 2-4 Stacking 集成学习原理

当模型输入为 $\boldsymbol{X}_i$，第一层第 n 个基础模型为 M_n，第二层预测模型为 M，则第一层第 n 个基础模型的输出为 $M_n(\boldsymbol{X}_i)$，并将其作为第二层预测模型的输入，最终预测结果为 $\boldsymbol{y}_i$，如式(2-18)所示：

$$\boldsymbol{y}_i = F[F_1(\boldsymbol{X}_i),\cdots,F_h(\boldsymbol{X}_i),\cdots,F_N(\boldsymbol{X}_i)] \tag{2-18}$$

(1)基于 K 折交叉验证思想，每次的训练集都会与以往不同，在扩大数据集规模的基础上，可有效提高泛化能力。

(2)将第一层得到的基模型预测值 $\left[A_1 A_2 \cdots A_N\right]$ 作为训练集来训练元模型，将第一层得到的测试集的预测值 $\left[B_1 B_2 \cdots B_N\right]$ 作为第二层元模型的测试集，获得最终预测值。

基模型的数量与融合效果强相关，根据文献[34]和文献[35]可知基模型数量为3～5个，经过大量仿真及人工经验，选用 4 个基模型的融合效果最佳，学习效率较高。

① Bagging 集成学习，即套袋法，是一种并行的机器学习算法，一般采用同质弱学习器进行组合，通过并行的方式独立地训练多个弱学习器，最后采用某种结合策略组合多个弱学习器的结果。

② Boosting 集成学习是一种串行的机器学习算法，可用于减少监督学习中的偏差，一般采用同质弱学习器进行组合，是以一种高度自适应的方法顺序地学习这些弱学习器(每个弱学习器与上一个串联的弱学习器都有很强的依赖关系)，最后通过某种确定性的集成学习策略将它们组合起来。

2.2　基于改进 AFSA 的 SVM-Stacking 融合模型

由于 SVM 优异的学习能力，选择多个不同核函数的 SVM 模型作为 Stacking 集成学习预测模型第一层的基模型来克服核函数的 SVM 难以选取的问题，因为 Stacking 集成学习方法本身能够通过融合多个基模型提升整体学习能力，所以这种训练方式还可以解决单一模型存在的自身学习能力上限不足的问题[36]。

Linear 核函数、Poly 核函数、RBF 和 Sigmoid 核函数的 SVM 模型各自的工作方式均存在一定的差异，Linear 核函数、Poly 核函数和 RBF 的 SVM 模型三者在空间维度上完全不同，满足了 Stacking 集成学习基模型之间从不同的数据空间角度学习数据的要求，采用 Sigmoid 核函数的 SVM 没有经过线性处理即可对非线性数据进行学习，满足了 Stacking 集成学习基模型之间从不同的数据结构角度(线性和非线性的区别)学习数据的要求。基于改进 AFSA 的 SVM-Stacking 融合模型具体流程如图 2-5 所示。

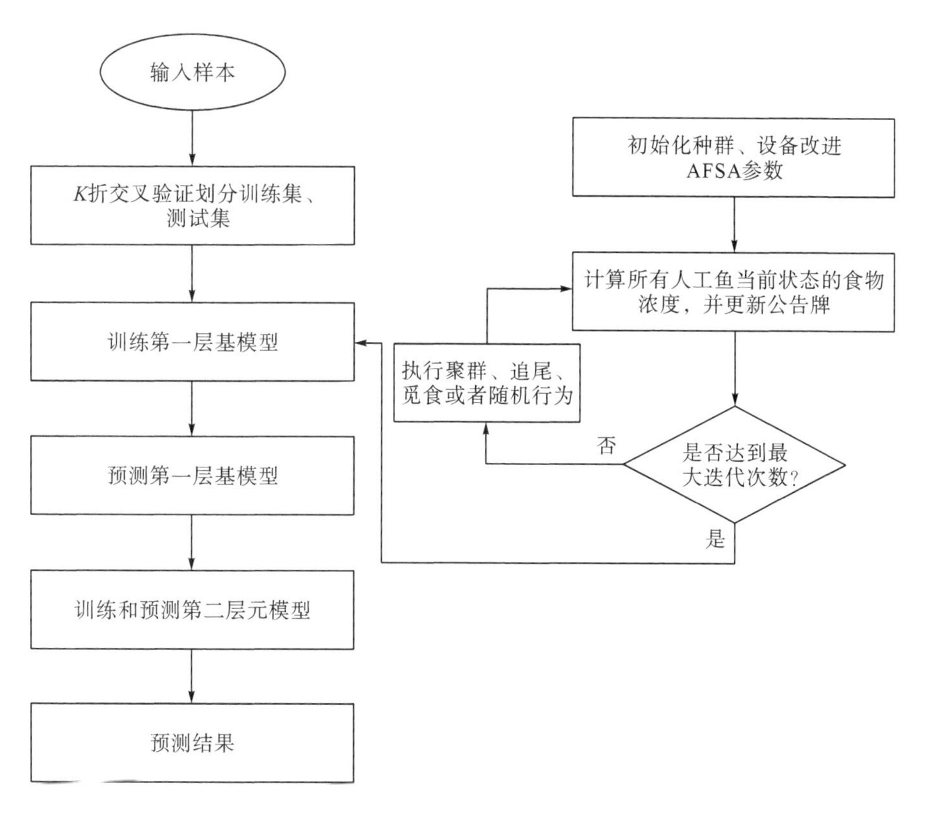

图 2-5　基于改进 AFSA 的 SVM-Stacking 融合模型流程图

2.3 构建 LightGBM 和 SVM-Stacking 融合模型

SVM 已经满足了 Stacking 集成学习基模型选择的第二条规则(学习性能优异)，因此本节对第一条规则(基模型之间的相关性)展开研究。

2.3.1 余弦相似度

余弦相似度[37]是针对变量之间的相似度测量的方法，其取值范围为-1～1，得出的数值越靠近 0，说明个体间相似度越小，相关性越低；反之说明研究的个体间的相似度越大，相关性越高[38]。余弦相似度只注重维度之间的差异，忽略数值上的差异，所以非常适用于解决不同模型预测值的量级都处于同一水平的相关性判定问题。余弦相似度的计算公式如下：

$$\cos\theta = \frac{\sum_{i=1}^{m}(x_i y_i)}{\sqrt{\sum_{i=1}^{m} x_i^2}\sqrt{\sum_{i=1}^{m} y_i^2}} \tag{2-19}$$

2.3.2 不同核函数的 SVM 模型相关性分析

为了研究基模型之间相关性对 Stacking 融合模型预测结果的影响，对于不同核函数的 SVM 模型，采用余弦相似度计算两两模型之间的相关系数，从而判定模型之间的相关性。

通过余弦相似度计算出两模型之间的相关系数，如图 2-6 所示，Poly 核函数的 SVM 模型[SVM(Poly)]与 Linear 核函数的 SVM 模型[SVM(Linear)]、Poly 核函数的 SVM 模型与 RBF 的 SVM 模型[SVM(RBF)]的相关性较高，同时 Linear 核函数的 SVM 模型与 RBF 的 SVM 模型的相关系数要低于以上两种相关系数，证明 Linear 核函数的 SVM 模型、RBF 的 SVM 模型和 Poly 核函数的 SVM 模型三者中是 Poly 核函数的 SVM 模型不利于基模型之间的融合互补学习。

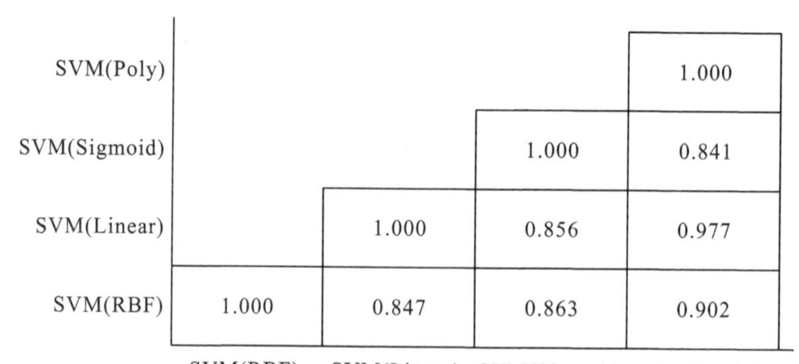

图 2-6 不同核函数的 SVM 模型的相关系数

2.3.3　使用 LightGBM 改进 SVM-Stacking 融合模型

根据 Stacking 集成学习框架下第一层基模型的选取规则，需要舍弃对基模型之间的融合互补产生不利影响的 Poly 核函数的 SVM 模型，同时由于三种 SVM 模型作为基模型数量较少达不到融合互补的效果，基于余弦相似度选取差异性较大的算法作为 Stacking 集成学习框架下的第四种基模型。考虑到原有的基模型同时具备了 SVM 和多层感知机的特点，从算法的原理结构不同出发更易于选取到差异性更大的模型，因此选择 LightGBM、XGBoost、随机森林(RF)SVM(Poly)等多种决策树方法和核岭回归(kernel ridge regression，KRR)分别作为五种基模型，并对其与三种 SVM 模型的相关性展开研究，计算得到的相关系数如图 2-7 所示。

	SVM(RBF)	SVM(Linear)	SVM(Sigmoid)
KRR	0.817	0.822	0.826
RF	0.799	0.812	0.804
XGBoost	0.822	0.831	0.817
SVM(Poly)	0.902	0.977	0.841
LightGBM	0.787	0.793	0.794

图 2-7　替代模型的相关系数

由图 2-7 可以看出，LightGBM 与其他三种 SVM 的相关系数最低，在满足 Stacking 集成学习框架下第一层基模型的选取规则差异性的前提下，采用更利于基模型之间的相互学习和融合互补的 LightGBM 作为第四种基模型构建 SVM-LightGBM 的 Stacking 融合模型，可进一步提高预测精度。

2.4　预测结果对比分析

2.4.1　算例数据与输入

选取 2018 年我国贵州省某地区和 2015 年西班牙瓦伦西亚市的实际负荷数据展开研究，并对负荷数据进行预处理，其中来自西班牙瓦伦西亚市的负荷数据可从 Kaggle 官网检索到，仿真结果通过 Python 平台实现。由图 2-8 可以看出，原始数据存在一定的倾斜，呈现出非正态分布，采用 log1p(·)函数进行修正，将原始数据转换成正态分布样本后倾斜消失，有利于 ML 模型的训练过程，最后通过 expm1 函数[exp(x)-1]逆运算可以得到预测结果。

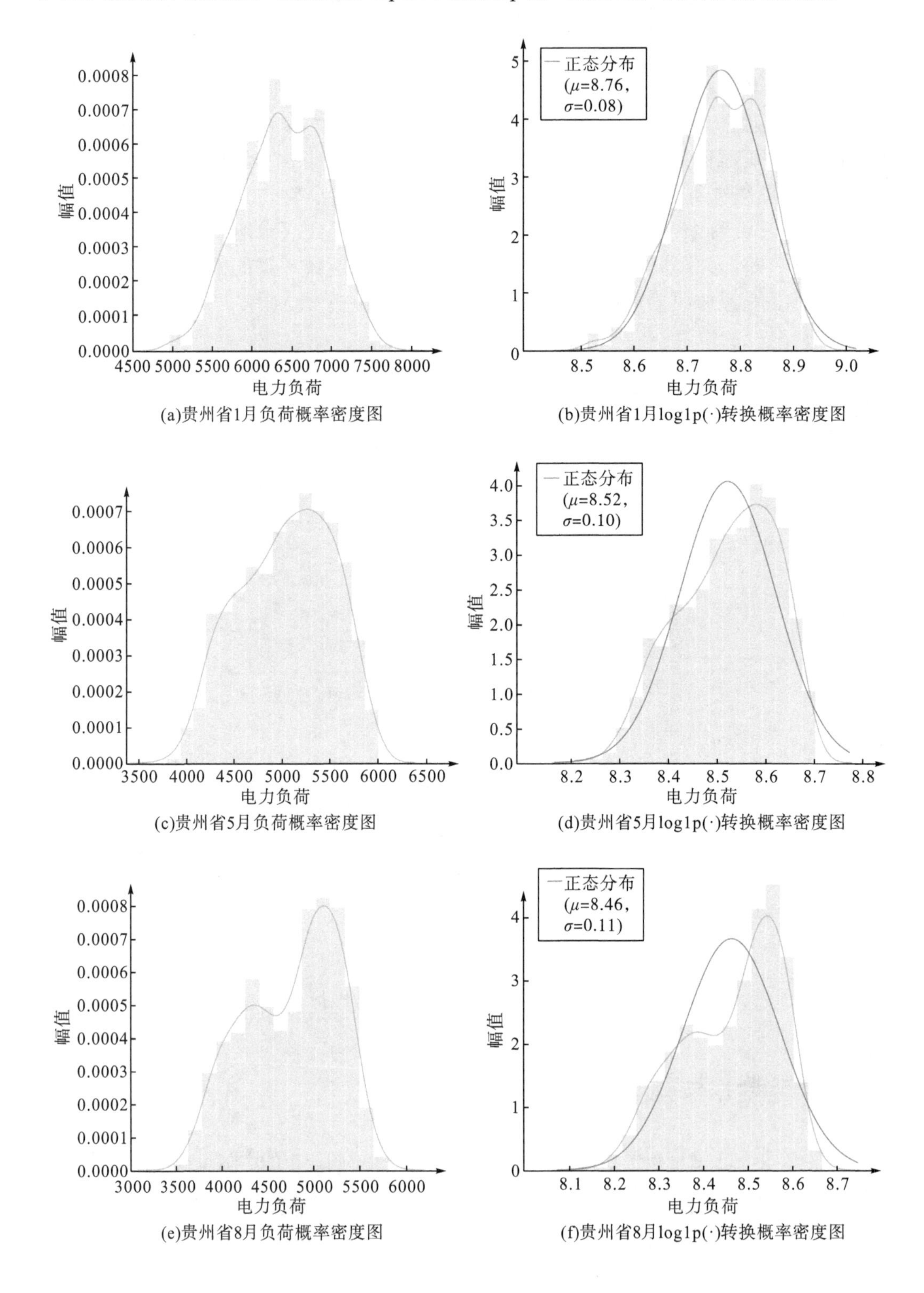

(a)贵州省1月负荷概率密度图

(b)贵州省1月log1p(·)转换概率密度图

(c)贵州省5月负荷概率密度图

(d)贵州省5月log1p(·)转换概率密度图

(e)贵州省8月负荷概率密度图

(f)贵州省8月log1p(·)转换概率密度图

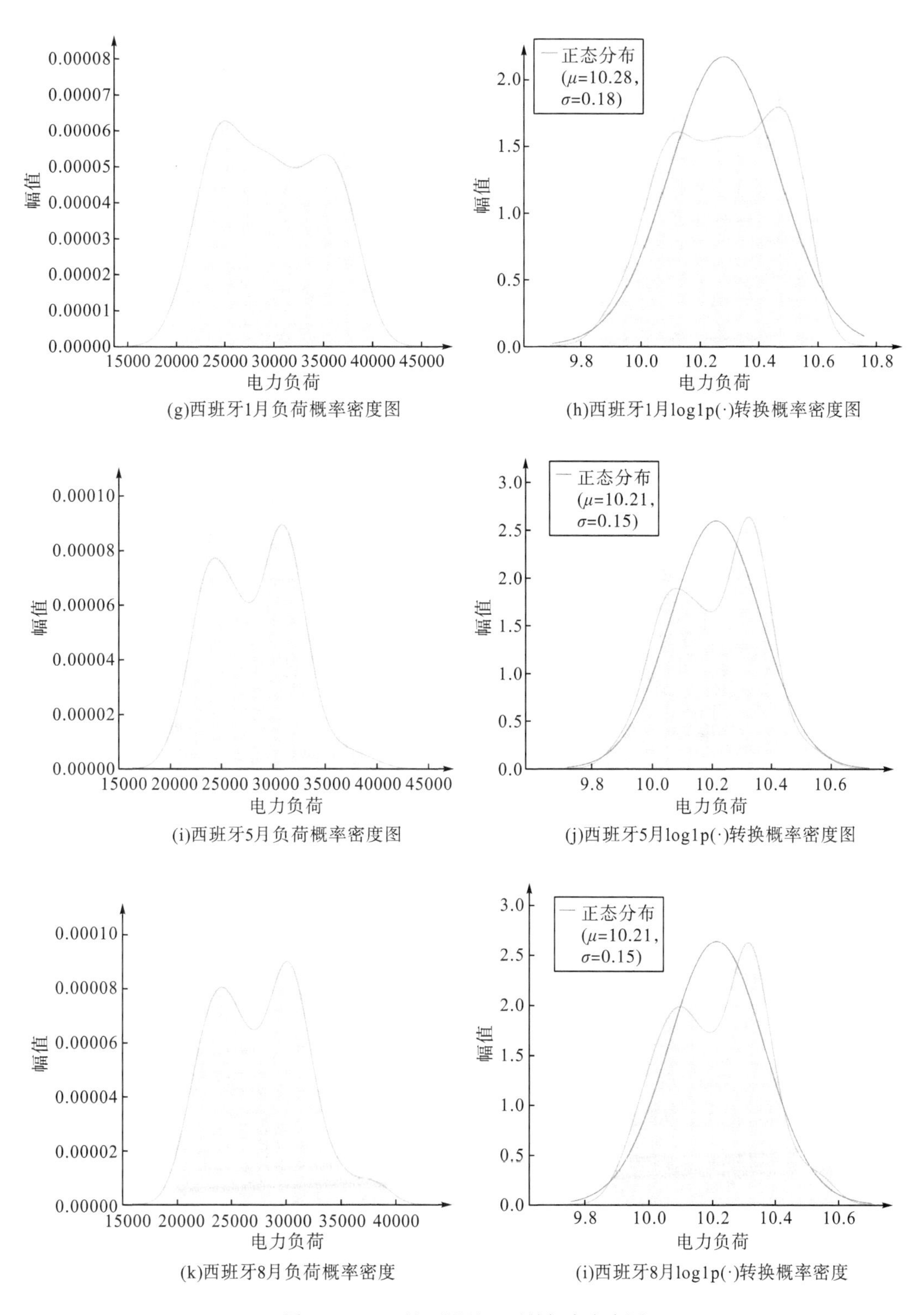

(g)西班牙1月负荷概率密度图

(h)西班牙1月log1p(·)转换概率密度图

(i)西班牙5月负荷概率密度图

(j)西班牙5月log1p(·)转换概率密度图

(k)西班牙8月负荷概率密度

(i)西班牙8月log1p(·)转换概率密度

图 2-8　log1p(·)平滑处理后的概率密度图

对于原始数据中缺失值的处理，选择填充当列的均值来弥补缺失的数据。预测评价指标采用平均绝对百分比误差(mean absolute percentage error，MAPE) e_{MAPE} 和均方根误差(root mean square error，RMSE) e_{RMSE}：

$$e_{\text{MAPE}} = \frac{1}{n}\sum_{i=1}^{n}\left(\left|\frac{x(i)-y(i)}{x(i)}\right|\right)\times 100\% \tag{2-20}$$

$$e_{\text{RMSE}} = \sqrt{\frac{1}{n}\sum_{i=1}^{n}[x(i)-y(i)]^2} \tag{2-21}$$

式中，$x(i)$ 和 $y(i)$ 分别表示 i 时刻的实际值和预测值；n 表示样本数量。

考虑到不同季节、不同月度负荷形态各异，将贵州省与西班牙典型月 1 月、5 月、8 月前 24 天的负荷数据作为训练集，测试集为 1 月、5 月、8 月最后 7 天的负荷数据，检验所提方法的预测效果。在训练第一层基模型时，首先需要确定输入变量，相关性较高的可选输入变量包括历史信息、天气信息以及日历规则等，如表 2-1 所示。

表 2-1 输入变量

编号	特征属性	编号	特征属性
I1	季节	I8	前一小时负荷
I2	月份	I9	前一天负荷
I3	星期	I10	前两天负荷
I4	节假日	I11	前三天负荷
I5	温度	I12	前四天负荷
I6	前一小时温度	I13	前五天负荷
I7	前一天温度	I14	前六天负荷

2.4.2 不同基模型预测结果对比分析

采用 LightGBM 代替 Stacking 融合模型中的 Poly 核函数的 SVM 模型并分别对比加入 XGBoost、RF 和 KRR 代替 Poly 核函数的 SVM 模型，其预测结果对比和短期预测误差对比如图 2-9 和表 2-2 所示。

由图 2-9 可知，三个季节中冬季的用电负荷最高，峰值达到了 40000MW 左右，而 5 月和 8 月分别只达到 33000MW 和 37000MW 左右，这是由于瓦伦西亚市位于西班牙东南部，背靠大海，气候非常适宜，春秋与夏季温度基本维持在 15～20℃，而冬季多处于 0～10℃，适宜的气候也导致了西班牙瓦伦西亚市的用电负荷呈现非常规律的周期性分布。

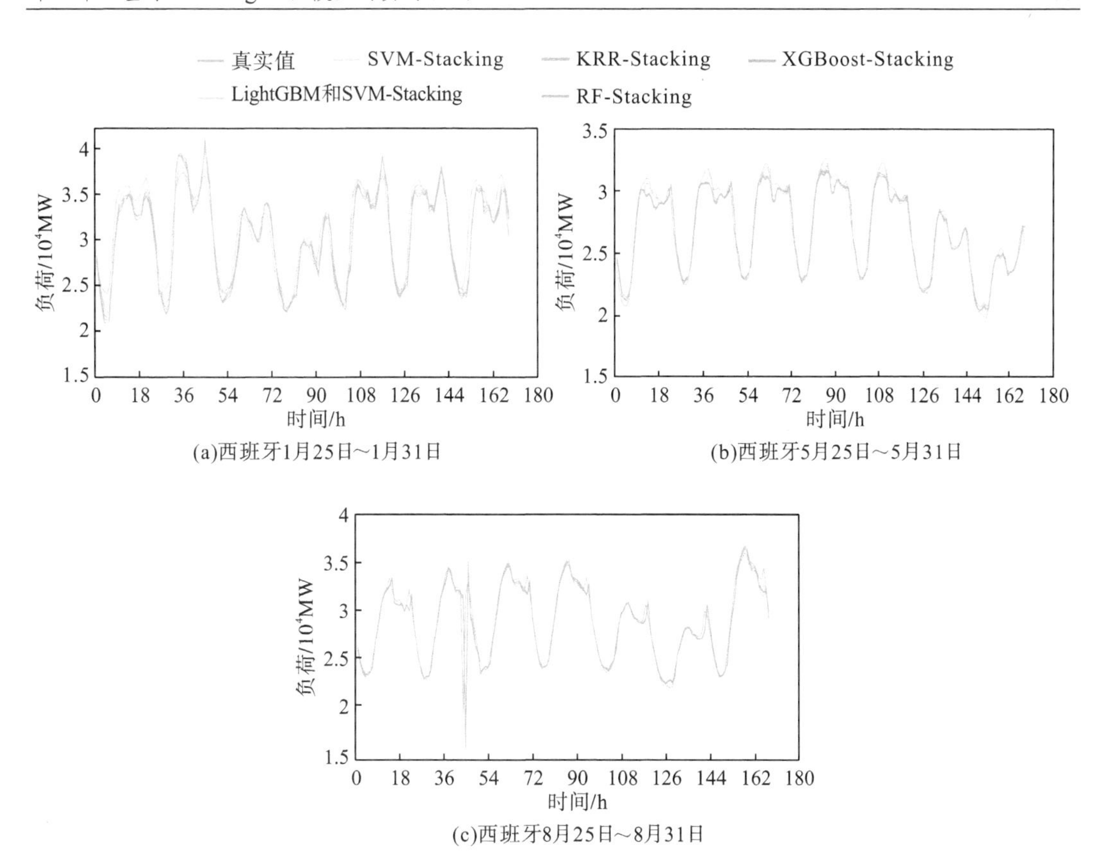

(a)西班牙1月25日～1月31日

(b)西班牙5月25日～5月31日

(c)西班牙8月25日～8月31日

图 2-9　改进模型预测结果对比

表 2-2　改进模型短期预测误差

时间	模型	e_{MAPE}	e_{RMSE}/MW
1 月 25 日～1 月 31 日	XGBoost 和 SVM-Stacking	4.63%	1828.81
	KRR 和 SVM-Stacking	4.34%	1704.34
	RF 和 SVM-Stacking	4.11%	1612.09
	SVM-Stacking	3.80%	1469.21
	LightGBM 和 SVM-Stacking	3.64%	1424.53
5 月 25 日～5 月 31 日	XGBoost 和 SVM-Stacking	2.04%	692.09
	KRR 和 SVM-Stacking	1.92%	675.01
	RF 和 SVM-Stacking	1.78%	637.03
	SVM-Stacking	1.75%	642.77
	LightGBM 和 SVM-Stacking	1.75%	633.80
8 月 25 日～8 月 31 日	XGBoost 和 SVM-Stacking	2.37%	1681.03
	KRR 和 SVM-Stacking	2.25%	1693.79
	RF 和 SVM-Stacking	2.27%	1753.57
	SVM-Stacking	2.34%	1691.13
	LightGBM 和 SVM-Stacking	2.19%	1663.19

对比表 2-2 中各个改进模型的误差指标可以看出，提出的 LightGBM 和 SVM-Stacking 融合模型的 e_{MAPE} 和 e_{RMSE} 优于其余模型，证明了所提改进方法是有效的。

2.4.3 不同方法预测结果对比分析

将本章所提方法 LightGBM 和 SVM-Stacking 融合模型与 SVM、LSTM、KRR-Stacking、XGBoost-Stacking 等方法进行对比，经过训练和预测，可以得到三组不同季节的周负荷预测曲线，如图 2-10 所示。

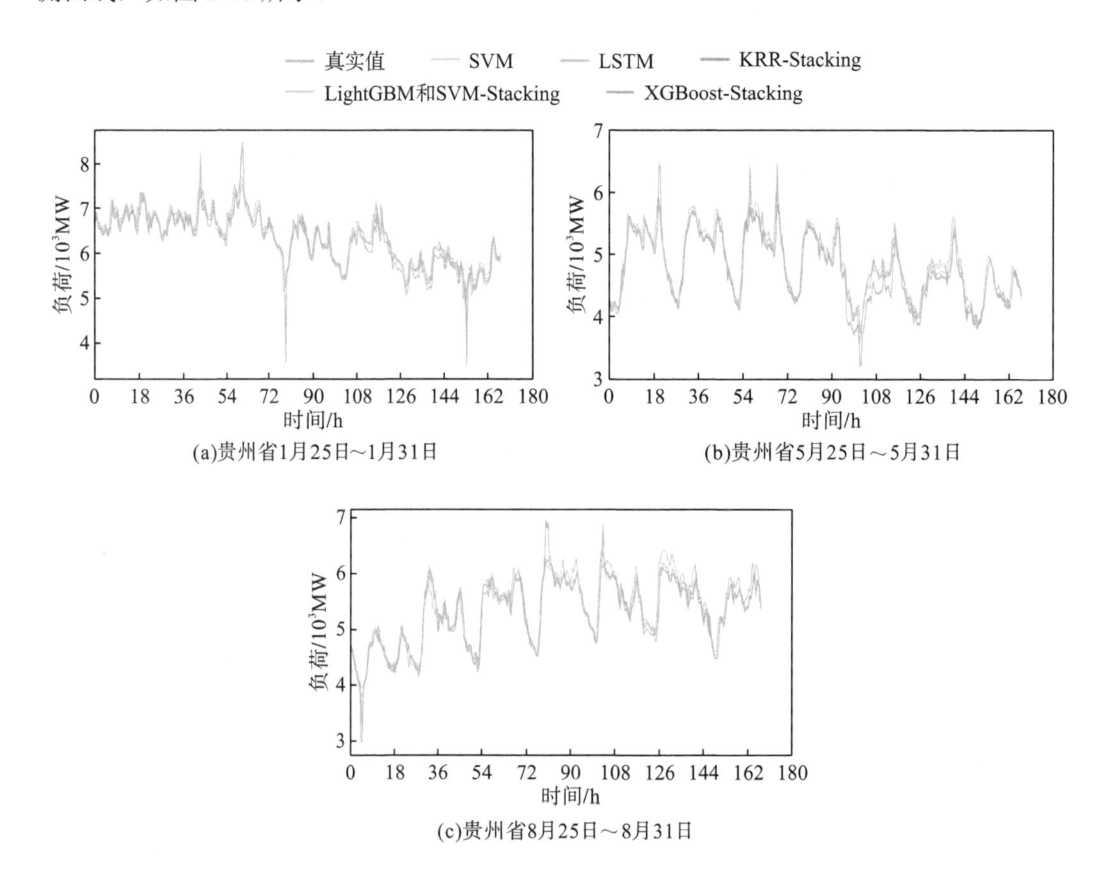

图 2-10 周负荷预测曲线对比结果

通过计算可得到如表 2-3 所示的预测模型误差指标。

表 2-3 不同模型短期预测误差

时间	模型	e_{MAPE}	e_{RMSE}/MW
1 月 25 日～1 月 31 日	SVM(RBF)	3.02%	276.61
	LSTM	2.91%	255.69
	KRR-Stacking	2.87%	253.28
	XGBoost -Stacking	2.60%	257.46
	LightGBM 和 SVM-Stacking	2.37%	200.77

续表

时间	模型	e_{MAPE}	e_{RMSE}/MW
5月25日～ 5月31日	SVM(RBF)	3.69%	234.60
	LSTM	3.58%	227.74
	KRR-Stacking	3.65%	231.16
	XGBoost -Stacking	2.65%	171.52
	LightGBM 和 SVM-Stacking	2.50%	160.61
8月25日～ 8月31日	SVM(RBF)	3.44%	241.92
	LSTM	3.22%	225.35
	KRR-Stacking	3.18%	223.38
	XGBoost-Stacking	3.01%	214.82
	LightGBM 和 SVM-Stacking	2.86%	195.47

由表 2-3 可以看出，提出的 LightGBM 和 SVM-Stacking 融合模型的预测精度要优于其余模型，其 e_{RMSE} 最小达到 160.61MW，最大为 200.77MW，同样优于其余模型。

结合图 2-10 和表 2-3 进行分析，如 8 月底的周负荷预测曲线，每个模型均能在 42～48h 的平稳时段达到较好的预测结果，负荷波动较剧烈时，如 48～72h，其他机器学习模型的预测曲线都存在较大误差，本章提出的 LightGBM 和 SVM-Stacking 融合模型表现出更好的预测结果，对负荷的随机波动也具备更好的拟合效果。

2.5 本 章 小 结

针对 SVM 作为预测模型时选取核函数的不同，本章对于不同的负荷数据会影响负荷预测精度的问题展开研究，分析了不同核函数的 SVM 模型适用数据以及不同核函数的优缺点，结合不同核函数的 SVM 模型特点，提出了一种基于 SVM 的 Stacking 集成学习负荷预测方法，主要贡献如下：

(1)提出将 SVM 与 Stacking 融合的负荷预测方法，通过集成学习方式选取多个不同核函数的 SVM 模型进行融合，克服了 SVM 难以选取合适核函数的问题。

(2)采用 Stacking 集成学习的方法融合多个 SVM，避免了单一预测模型存在的学习能力上限不足的问题。

同时考虑了 Stacking 集成学习基模型的选取规则会影响预测精度的问题。在保证基模型学习性能足够优越的前提下，对基模型之间差异性展开研究，提出了一种改进的 Stacking 集成学习负荷预测方法，进一步提高 Stacking 融合模型的预测精度。所提方法的主要贡献是采用余弦相似度计算基模型之间的相关系数，舍弃相关性较高的 SVM 模型的同时，对比选择了相关性较低的 LightGBM 与 SVM 融合模型来促进基模型之间融合互补的能力，在所提 SVM-Stacking 融合模型的基础上，达到了提高负荷预测精度的目的。

第 3 章　基于数据挖掘技术的负荷特征识别

用户用电过程中会产生大量电力相关数据，包括结构化数据以及非结构化数据[39]。通过结合通信领域的信息获取传输技术以及计算机领域的机器学习和数据挖掘技术等方法，对这些数据展开深入挖掘研究，可以从中获取有益于电网智能化预判和处理的有效信息。随着电力行业的不断发展，用户用电行为逐渐多样化，其用电数据所蕴含的潜在信息更加复杂。日负荷曲线作为电力用户用电过程中产生的主要信息之一，基于用户日负荷曲线和数据挖掘技术对用户用电行为模式识别划分是负荷建模、需求侧响应分析的重要方法，对电网运行和规划具有重要的实际意义[40]。

如何有效获取用户用电特征并利用数据挖掘技术实现精准分类一直是用电模式识别的关键问题，同时，针对海量负荷数据的分析也是目前研究的热点。国内外许多学者对此进行了相关研究，常用的分析方法包含无监督聚类算法和有监督分类算法。

(1) 无监督聚类算法主要采用划分聚类、层次聚类、基于网格的聚类、基于模型的聚类等方法实现负荷曲线的精细划分[41]。无监督聚类算法具有复杂度低、适用性强等特点。聚类的本质是通过计算样本之间的相似度将特征相似的样本聚为同类，相似度相差较大的划分至其他类。通常采用日负荷曲线或者基于负荷曲线提取到的特性指标来计算样本之间的相似度。利用回归方法、聚类算法、模糊算法等进行聚类，包括：*K*-means[42]、*K* 中心点(*K*-medoids)[43]等基于划分的聚类算法；COBWEB、自组织神经网络[44]等基于模型的方法；DBSCAN[45]等基于密度的算法；模糊聚类[46]以及层次聚类算法等。其中 *K*-means 与模糊 *C* 均值聚类(fuzzy *C*-means，FCM) 两种聚类算法以其原理简单、易于实现且效率高的优势被广泛应用。然而，传统聚类算法具有其自身的局限性，在面对高维海量或者异常缺失数据时，其性能表现不佳，常表现为聚类稳定性差、计算时间长、计算资源占用大、易受噪声干扰等问题。文献[47]利用极限学习机针从高位负荷数据中提取低维特征，然后将这些低维特征作为 *K*-means 算法的输入，从而达到避免维数灾难、提升计算效率的目的。文献[48]首先利用信息熵分段聚合近似对原始负荷数据降维处理，然后采用改进谱聚类算法对重表达后的数据进行聚类处理，有效提高了聚类效率和聚类稳定性。文献[49]和文献[50]分别将主成分分析方法或奇异值分解方法与 *K*-means 算法结合，提取日负荷曲线的主要特征，采用基于加权欧氏距离的 *K*-means 算法对日负荷曲线聚类处理，其聚类方法具有良好的准确性和鲁棒性，但是该方法对维度削减的选择较为主观，未考虑削减维度的信息量，对于海量负荷数据不具有普适性。

(2) 有监督分类算法主要利用神经网络、支持向量机、最小距离分类、贝叶斯分类、决策树或随机森林等算法进行负荷分类，取得了良好的效果。朴素贝叶斯分类器是一种基于贝叶斯定理来计算数据集中可能性最大类标签的有监督分类技术，由于其计算实现过程简单，运行时间呈线性，对于复杂或者缺失的数据集表现出较好的分类效果[51,52]。支持向量机在模式识别领域被广泛应用，在解决多分类问题时，主要有一对一和一对多两种分类方式[53]。近年来其计算复杂度高、内存占用大、过拟合等问题不断得到改善[54-56]。文献[57]提出了人工神经网络的概念及其数学模型，文献[58]～文献[62]优化了传统人工神经网络泛化能力差、收敛速度慢的问题。决策树是一种基于实例的归纳学习算法，与其他分类方法相比，决策树的优势在于对噪声的鲁棒性、处理冗余属性的能力较强，通过修剪策略后有较强的泛化能力及较低的计算成本。研究表明[63-65]，与单个强分类器相比，随机森林弱分类器集群具有更好的分类性能。文献[66]采用过采样方法解决原始负荷数据存在的样本不平衡问题，使用随机森林算法构建负荷分类模型以检测负荷过载现象，有效解决了分类过程中易出现的过拟合问题。文献[67]将随机森林实现并行化负荷预测，有效缩短了负荷预测时间，提高了随机森林算法针对大数据的处理能力。

本章主要介绍基于数据挖掘技术的用户负荷特征识别方法。

3.1　负荷特征识别相关理论

3.1.1　奇异值分解

奇异值分解(singular value decomposition，SVD)是在机器学习领域广泛应用的算法，它常用于降维算法中的特征分解，解决海量数据引起的维数灾难和计算效率低的问题。

设一个包含 m 条负荷曲线的 $m\times n$ 阶实矩阵为 $\boldsymbol{X}=[\boldsymbol{X}_1,\boldsymbol{X}_2,\cdots,\boldsymbol{X}_m]$，其中第 i 条负荷曲线表示为 $\boldsymbol{X}_i=[x_{i1},x_{i2},\cdots,x_{in}]$，$n$ 为该条负荷曲线的采样点数目。用于聚类分析的负荷条数 m 一般多于采样点数目 n，故这里令 $m>n$。

SVD 将实矩阵 $\boldsymbol{X}$ 分解成三个矩阵[68] $\boldsymbol{U}$、$\boldsymbol{\varLambda}$、$\boldsymbol{V}^{\mathrm{T}}$ 使得

$$\begin{cases}\boldsymbol{X}=\boldsymbol{U}\boldsymbol{\varLambda}\boldsymbol{V}^{\mathrm{T}}\\ \boldsymbol{\varLambda}=\begin{bmatrix}\boldsymbol{\varLambda}_1\\ 0\end{bmatrix}\end{cases}\tag{3-1}$$

式中，正交矩阵 $\boldsymbol{U}=[\boldsymbol{u}_1,\boldsymbol{u}_2,\cdots,\boldsymbol{u}_m]$ 为 $m\times m$ 阶矩阵，其列向量为相互正交的单位向量，是矩阵 $\boldsymbol{X}\boldsymbol{X}^{\mathrm{T}}$ 的特征向量，称为左奇异向量；正交矩阵 $\boldsymbol{V}=[\boldsymbol{v}_1,\boldsymbol{v}_2,\cdots,\boldsymbol{v}_n]$ 为 $n\times n$ 阶矩阵，其列向量也为相互正交的单位向量，也是矩阵 $\boldsymbol{X}\boldsymbol{X}^{\mathrm{T}}$ 的特征向量，称为右奇异向量；$\boldsymbol{\varLambda}_1=\mathrm{diag}(\lambda_1,\lambda_2,\cdots,\lambda_n)$ 为对角矩阵，其对角元素为矩阵 $\boldsymbol{X}$ 的奇异值依序减小，即 $\lambda_1\geqslant\lambda_2\geqslant\cdots\geqslant\lambda_n$。式(3-1)可展开为

$$\begin{aligned}\boldsymbol{X}&=\boldsymbol{U}\boldsymbol{\varLambda}\boldsymbol{V}^{\mathrm{T}}\\&=[\boldsymbol{u}_1\ \ \boldsymbol{u}_2\ \cdots\ \boldsymbol{u}_m]\begin{bmatrix}\boldsymbol{\varLambda}_1\\0\end{bmatrix}[\boldsymbol{v}_1\ \ \boldsymbol{v}_2\ \cdots\ \boldsymbol{v}_n]^{\mathrm{T}}\\&=[\lambda_1\boldsymbol{u}_1\ \ \lambda_2\boldsymbol{u}_2\ \cdots\ \lambda_n\boldsymbol{u}_n]\begin{bmatrix}\boldsymbol{v}_1^{\mathrm{T}}\\ \boldsymbol{v}_2^{\mathrm{T}}\\ \vdots\\ \boldsymbol{v}_n^{\mathrm{T}}\end{bmatrix}=\sum_{j=1}^{n}\lambda_j\boldsymbol{u}_j\boldsymbol{v}_j^{\mathrm{T}}\end{aligned}\tag{3-2}$$

以矩阵 $\boldsymbol{X}$ 中某条负荷曲线 $\boldsymbol{X}_i$ 为例，由式(3-2)可推导出：

$$\boldsymbol{X}_i=\begin{bmatrix}\lambda_1u_{1i} & \lambda_2u_{2i} & \cdots & \lambda_nu_{ni}\end{bmatrix}\cdot\begin{bmatrix}\boldsymbol{v}_1^{\mathrm{T}} & \boldsymbol{v}_2^{\mathrm{T}} & \cdots & \boldsymbol{v}_n^{\mathrm{T}}\end{bmatrix}^{\mathrm{T}} \tag{3-3}$$

式中，u_{1i} 为向量 $\boldsymbol{u}_1$ 在第一采样点的坐标，u_{2i} 等同理。

简单来说，SVD是以向量 $\boldsymbol{v}_1,\boldsymbol{v}_2,\cdots,\boldsymbol{v}_n$ 为坐标轴构建了一个新正交坐标系，奇异值 λ_j 表示从向量 $\boldsymbol{u}_j$ 到坐标轴 $\boldsymbol{v}_j$ 进行缩放的比例，λ_ju_{ji} 即负荷曲线 $\boldsymbol{X}_i$ 在坐标轴 $\boldsymbol{v}_j$ 上的坐标值。由于奇异值 λ_j 越大，坐标轴 $\boldsymbol{v}_j$ 上的数据离散程度越大，反映的数据方差越大，该坐标轴便更能体现数据的变化方向。由于SVD所得到的奇异值从大到小排列，故可以认为前 q 个奇异值 $\lambda_1,\lambda_2,\cdots,\lambda_q$ 对应的坐标轴 $\boldsymbol{v}_1,\boldsymbol{v}_2,\cdots,\boldsymbol{v}_q$ 是矩阵主要的 q 个变化方向，最能体现原矩阵的主要特征。矩阵和负荷曲线 $\boldsymbol{X}_i$ 可近似表示为

$$\begin{aligned}\boldsymbol{X}&\approx\boldsymbol{Y}\cdot\begin{bmatrix}\boldsymbol{v}_1^{\mathrm{T}} & \boldsymbol{v}_2^{\mathrm{T}} & \cdots & \boldsymbol{v}_q^{\mathrm{T}}\end{bmatrix}^{\mathrm{T}}\\&=\begin{bmatrix}\lambda_1\boldsymbol{u}_1 & \lambda_2\boldsymbol{u}_2 & \cdots & \lambda_q\boldsymbol{u}_q\end{bmatrix}\cdot\begin{bmatrix}\boldsymbol{v}_1^{\mathrm{T}} & \boldsymbol{v}_2^{\mathrm{T}} & \cdots & \boldsymbol{v}_q^{\mathrm{T}}\end{bmatrix}^{\mathrm{T}}\end{aligned} \tag{3-4}$$

$$\begin{aligned}\boldsymbol{X}_i&\approx\boldsymbol{Y}_i\cdot\begin{bmatrix}\boldsymbol{v}_1^{\mathrm{T}} & \boldsymbol{v}_2^{\mathrm{T}} & \cdots & \boldsymbol{v}_q^{\mathrm{T}}\end{bmatrix}^{\mathrm{T}}\\&=\begin{bmatrix}\lambda_1u_{1i} & \lambda_2u_{2i} & \cdots & \lambda_qu_{qi}\end{bmatrix}\cdot\begin{bmatrix}\boldsymbol{v}_1^{\mathrm{T}} & \boldsymbol{v}_2^{\mathrm{T}} & \cdots & \boldsymbol{v}_q^{\mathrm{T}}\end{bmatrix}^{\mathrm{T}}\end{aligned} \tag{3-5}$$

由式(3-4)和式(3-5)可知，通过削减非重要坐标轴，可将负荷曲线 $\boldsymbol{X}_i$ 的主要特征在低维坐标系中表示为 $\boldsymbol{Y}_i=\begin{bmatrix}y_{i1},y_{i2},\cdots,y_{iq}\end{bmatrix}$。

3.1.2 KICIC 算法

传统 K-means 及其衍生算法一般利用类内欧氏距离作为日负荷曲线相似性判断指标，然而在实际应用中，日负荷曲线常常存在类间样本模糊的情况。如图3-1所示，各类边界处的负荷曲线可能误分到其他类中，导致聚类质量偏低，并且由于模糊样本的存在，算法迭代次数增多，降低了计算效率。

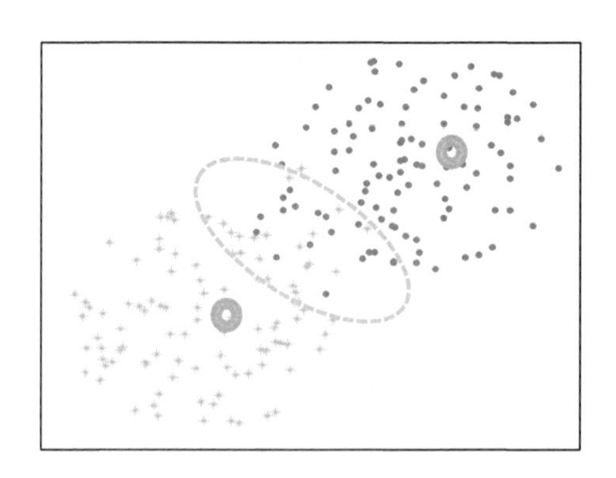

图3-1 类边界模糊样本图

针对此问题，文献[69]提出集成簇内和簇间距离的加权 K-means 方法(KICIC 算法)，针对传统算法仅考虑类内距离的不足，融入了类间距离。由此构建最小化类内距离的同

时最大化类间距离的 KICIC 算法的目标函数：

$$
\begin{aligned}
P &= P(\boldsymbol{U},\boldsymbol{W},\boldsymbol{Z}) \\
&= \sum_{p=1}^{k}\sum_{i=1}^{m}u_{ip}\sum_{j=1}^{n}w_{pj}(x_{ij}-z_{pj})^2 \\
&\quad -\eta\sum_{p=1}^{k}\sum_{i=1}^{m}(1-u_{ip})\sum_{j=1}^{n}w_{pj}(x_{ij}-z_{pj})^2 \\
&\quad +\gamma\sum_{p=1}^{k}\sum_{j=1}^{n}w_{pj}\log w_{pj}
\end{aligned}
\tag{3-6}
$$

约束条件为

$$
\begin{cases}
\sum_{p=1}^{k}u_{ip}=1, \quad u_{ip}\in\{0,1\} \\
\sum_{j=1}^{n}w_{pj}=1, \quad 0\leqslant w_{pj}\leqslant 1
\end{cases}
\tag{3-7}
$$

式(3-6)中，$\boldsymbol{Z}=[\boldsymbol{Z}_1,\boldsymbol{Z}_2,\cdots,\boldsymbol{Z}_k]$为$k$个聚类中心，$\boldsymbol{Z}_p=[z_{p1},z_{p2},\cdots,z_{pq}]$为第$p$个聚类中心；$\boldsymbol{W}=[\boldsymbol{W}_1,\boldsymbol{W}_2,\cdots,\boldsymbol{W}_k]$为$k$个权重向量，$\boldsymbol{W}_p=[w_{p1},w_{p2},\cdots,w_{pn}]$为第$p$类别中各采样点的权重。当第$i$条负荷曲线被分配到第$p$类时，令$u_{ip}=1$，否则$u_{ip}=0$，由此构成$m\times k$阶分配矩阵$\boldsymbol{U}$。

3.1.3　Shapelet

Shapelet 是存在于时间序列中的子序列片段，该子序列可以最大限度地表征所属时间序列的类别信息。通过测量 Shapelet 和每个样本之间的距离作为相似度判据，该距离可以作为分类的时序轨迹特征。因此，通过比对时间序列样本中是否存在相应类别的若干最大区分子序列 Shapelet，就可以对该样本进行类别划分。时序轨迹特征充分考虑了时间序列采样点的先后连续关系，可以提高分类精确性。值得注意的是，通过 Shapelet 提取到的时序轨迹特征往往维度较低，可以有效改善分类效率[70]。

3.1.4　GEM

广义特征向量法(generalized eigenvector method，GEM)是一种先进的特征提取技术，可以寻找使得各类别的映射数据方差之比最大的正交基向量：

$$
\boldsymbol{v}=\arg\max_{\boldsymbol{v}}\frac{\boldsymbol{v}^{\mathrm{T}}\mathrm{Covm}_q\boldsymbol{v}}{\boldsymbol{v}^{\mathrm{T}}\mathrm{Covm}_p\boldsymbol{v}}:\boldsymbol{v}^{\mathrm{T}}\boldsymbol{v}=\text{常量}
\tag{3-8}
$$

式中，Covm_p和Covm_q分别是第p类别和第q类别的协方差矩阵。式(3-8)可进一步表示为

$$
\boldsymbol{v}=\arg\min_{\boldsymbol{v}}\boldsymbol{v}^{\mathrm{T}}\mathrm{Covm}_p\boldsymbol{v}:\boldsymbol{v}^{\mathrm{T}}\mathrm{Covm}_q\boldsymbol{v}=1
\tag{3-9}
$$

GEM 采用两种不同类别的数据集，以其中一类作为参照，在其信息被最大程度保留的前提下，另一类被最大化压缩，因此所获取的特征向量具有判别特性。

3.1.5 随机森林算法

随机森林算法本质是一种使用分类回归树(classification and regression tree，CART)作为基分类器的集成算法，通过有放回重采样的方式获取若干子数据集作为决策树的训练集，再对所有决策树的分类结果采用投票的方式选取众数作为最终分类结果。随机森林算法的分类性能可由泛化误差界的数值大小表示，泛化误差界计算方法如下所示：

$$\mathrm{PE}^* \leqslant \frac{\rho\left(1-s^2\right)}{s^2} \tag{3-10}$$

式中，s 表示每棵决策树的分类性能；ρ 表示不同决策树之间的关联性。由式(3-10)可知，泛化误差界与 s 呈负相关，与 ρ 呈正相关，因此当 s 越大、ρ 越小时，泛化误差界越小，随机森林算法的分类准确度越高。

3.1.6 聚类算法评价指标

本书基于分类结果计算 Ω_{SilM} 和戴维森堡丁指数(Davies-Bouldin index，DBI)评价指标，用于验证类别划分结果的优劣[71,72]。

设 m 条负荷曲线被分为 k 类，对于第 p 类中第 i 个样本，定义样本 i 的轮廓指标 $\Omega_{\mathrm{Sil}}(i)$ 如下：

$$\Omega_{\mathrm{Sil}}(i)=\frac{d_a(i)-d_b(i)}{\max\left[d_a(i),d_b(i)\right]} \tag{3-11}$$

整体聚类质量可通过所有负荷曲线的轮廓指标均值 Ω_{SilM} 进行评价，其值越大表示聚类质量越优，以 Ω_{SilM} 取最大值时对应的聚类数 p 作为最佳聚类数。

Ω_{SilM} 的计算表达式如下：

$$\Omega_{\mathrm{SilM}}=\frac{1}{m}\sum_{i=1}^{m}\Omega_{\mathrm{sil}}(i) \tag{3-12}$$

同时，采用 DBI 对聚类结果进行评价，DBI 表示任意两类类内距离平均值之和与其两聚类中心距离之比的最大值，其值越小表示聚类效果越好，计算方法如下：

$$I_{\mathrm{DB}}=\frac{1}{k}\sum_{a=1}^{k}\max_{a\neq b}\left(\frac{\bar{C}_a+\bar{C}_b}{M_{ab}}\right) \tag{3-13}$$

式中，I_{DB} 为计算 DBI 所得数值；$\bar{C}_a$ 和 $\bar{C}_b$ 分别为两类样本到其所属聚类中心距离之和的平均值；M_{ab} 为两聚类中心之间的距离。

3.2　数据预处理

在负荷数据的采集过程中可能会存在通信设备中断、测量装置故障、环境因素干扰等问题，导致负荷数据存在异常或者缺失，此外，从不同的用户采集到的负荷数据整体幅值也可能存在较大差异，且直接聚类缺少客观准确性。因此，需要先对负荷数据进行数据预处理。

3.2.1　异常或缺失数据的识别与修正

采集到的负荷数据存在异常或者缺失，当缺失量和异常量超过采样个数的 10%(含)时需要剔除此类无效曲线。以某条负荷曲线 $\boldsymbol{X}_i=[x_{i,1},x_{i,2},\cdots,x_{i,n}]$ 的负荷变化率 $\delta_{i,j}$ 为依据进行异常数据判断：

$$\delta_{i,j}=\frac{x_{i,j+1}-x_{i,j}}{x_{i,j}} \tag{3-14}$$

式中，$\delta_{i,j}$ 为负荷曲线 $\boldsymbol{X}_i$ 在第 j 个采样点的负荷变化率，当采样点数目 $n=48$ 时，阈值 ε 通常可取 0.6～0.9，即 $\delta_{i,j}\geqslant\varepsilon$ 时，认为该采样点数据异常。

对于异常数据点采用平滑修正公式进行修正和替换：

$$x_{i,j}^{*}=\frac{\sum_{g=1}^{g_1}x_{i,j-g}+\sum_{h=1}^{h_1}x_{i,j+h}}{g_1+h_1} \tag{3-15}$$

式中，$x_{i,j}^{*}$ 为异常数据点 $x_{i,j}$ 的修正值；g 为向前取值；h 为向后取值，g_1、h_1 可根据实际情况采样点的数目取值，一般可取 4～7。

3.2.2　负荷曲线归一化

本节采用极大值归一化原理对负荷数据进行处理，处理方法为

$$x_{i,j}=\frac{x_{i,j}-\min(\boldsymbol{X}_i)}{\max(\boldsymbol{X}_i)-\min(\boldsymbol{X}_i)} \tag{3-16}$$

式中，$x_{i,j}$ 为采样点 i 归一化后的数据。归一化处理后的负荷曲线作为矩阵 $\boldsymbol{X}$。

3.3　基于 SVD-KICIC 的负荷曲线聚类方法

传统KICIC 算法采用样本的完整信息作为输入，在样本数量大的情况下，计算复杂[73]。本节采用 SVD 降维技术获得负荷特征信息矩阵，并将其作为 KICIC 算法的输入，同时依据 SVD 获取的奇异值，重新定义 KICIC 算法中的权重，改善整体聚类性能。

3.3.1 SVD-KICIC 算法及实现

1. KICIC 算法目标函数的改进

KICIC 算法[式(3-6)]的权重矩阵 $\boldsymbol{W}=[\boldsymbol{W}_1,\boldsymbol{W}_2,\cdots,\boldsymbol{W}_k]$ 为各类别负荷数据独立配置权重向量，w_{pj} 表示第 p 类中第 j 个采样点的权重值，该算法需要求解分配矩阵 $\boldsymbol{U}$、聚类中心矩阵 $\boldsymbol{Z}$ 以及权重矩阵 $\boldsymbol{W}$，占用大量计算资源。

为了提高 KICIC 算法的整体性能，本节将 SVD 获得的特征信息矩阵 $\boldsymbol{Y}$ 作为输入，并以前 q 个奇异值之和为 1 进行归一化处理得到的权重向量 $\boldsymbol{W}'=[w_1',w_2',\cdots,w_q']$ 作为信息矩阵 $\boldsymbol{Y}$ 的各维度权重，提出了 SVD-KICIC 算法。改进后的目标函数如下：

$$\begin{aligned}P&=P(\boldsymbol{U},\boldsymbol{Z})\\&=\sum_{p=1}^{k}\sum_{i=1}^{m}u_{ip}\sum_{j=1}^{q}w_j'(y_{ij}-z_{pj})^2\\&\quad-\eta\sum_{p=1}^{k}\sum_{i=1}^{m}(1-u_{ip})\sum_{j=1}^{q}w_j'(y_{ij}-z_{pj})^2\end{aligned} \tag{3-17}$$

约束条件为

$$\sum_{p=1}^{k}u_{ip}=1,\ u_{ip}\in\lim_{x\to\infty}\{0,1\} \tag{3-18}$$

与式(3-6)相比，本节所提出的 SVD-KICIC 算法的目标函数[式(3-17)]中，由于权重 $\boldsymbol{W}'$ 已知，仅需要通过式(3-20)和式(3-21)求解数据对象分配矩阵 $\boldsymbol{U}$ 和聚类中心矩阵 $\boldsymbol{Z}$，降低了计算复杂度，另外，SVD-KICIC 算法采用特征信息矩阵 $\boldsymbol{Y}$ 作为输入，提升了算法对海量数据的分析能力。

2. 特征信息矩阵维数的确定

特征信息矩阵 $\boldsymbol{Y}$ 的维数对于本节所提方法的有效性有重要的影响。为了确定该维数，定义矩阵 $\boldsymbol{X}$ 包含的信息量为 $F=\lambda_1^2+\lambda_2^2+\cdots+\lambda_n^2$，降维后的矩阵 $\boldsymbol{Y}$ 包含的信息量为 $F_1=\lambda_1^2+\lambda_2^2+\cdots+\lambda_q^2$，特征信息矩阵 $\boldsymbol{Y}$ 占原矩阵信息量比(信息占比)为 $A=F_1/F$。一般当 $A>0.9$ 时，特征信息矩阵 $\boldsymbol{Y}$ 可以有效表达原矩阵 $\boldsymbol{X}$ 所含信息，此时的 q 值即特征信息矩阵维数。

3. 求解分配矩阵

在求解 $\boldsymbol{U}$ 时，目标函数[式(3-17)]可简化为

$$P(\boldsymbol{U},\boldsymbol{Z})=\sum_{p=1}^{k}\sum_{i=1}^{m}u_{ip}\sum_{j=1}^{q}w_j'(y_{ij}-z_{pj})^2 \tag{3-19}$$

优化求解目标函数[式(3-19)]，当且仅当

$$u_{ip}=\begin{cases}1, & \sum_{j=1}^{q}w_j'(y_{ij}-z_{pj})^2\leqslant\sum_{j=1}^{q}w_j'(y_{ij}-z_{p'j})^2\\0, & \text{其他}\end{cases} \tag{3-20}$$

$P(\boldsymbol{U},\boldsymbol{Z})$ 可以最小化。$u_{ip}=1$ 表示第 i 条负荷曲线被分配到第 p 个类中，由此可获取分配矩阵 $\boldsymbol{U}$，具体证明过程可参考文献[69]。设式(3-20)求解得到的分配矩阵 $\boldsymbol{U}$ 固定，优化求解目标函数[式(3-17)]，当且仅当

$$z_{pj}=\frac{(1+\eta)\sum_{i=1}^{m}u_{ip}y_{ij}-\eta\sum_{i=1}^{m}y_{ij}}{(1+\eta)\sum_{i=1}^{m}u_{ip}-\eta m} \tag{3-21}$$

时，$P(\boldsymbol{U},\boldsymbol{Z})$ 可以最小化。式中，z_{pj} 表示第 p 个聚类中心的第 j 维坐标值，由此可获取聚类中心矩阵 $\boldsymbol{Z}$，具体证明过程参考文献[74]和文献[75]。

基于 SVD-KICIC 算法的聚类流程如图 3-2 所示，将矩阵 $\boldsymbol{X}$ 通过奇异值分解得到特征信息矩阵 $\boldsymbol{Y}$ 及权重 $\boldsymbol{W}'$，再通过式(3-20)和式(3-21)迭代求解对象分配矩阵 $\boldsymbol{U}$ 和聚类中心矩阵 $\boldsymbol{Z}$。重复迭代直到目标函数的值不再降低。

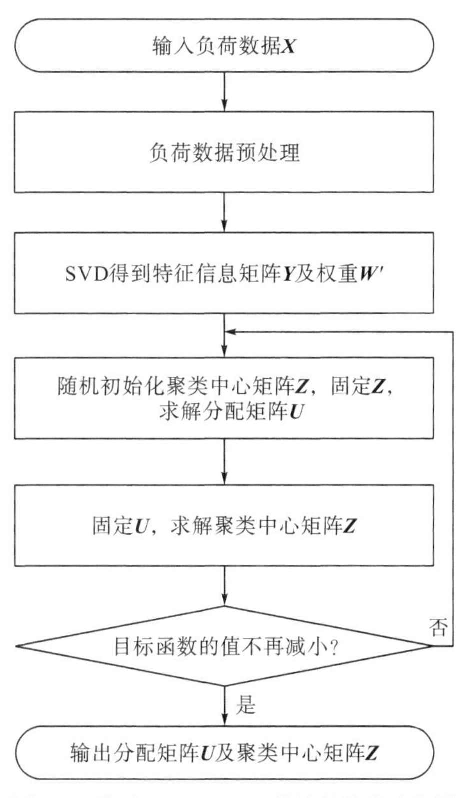

图 3-2 基于 SVD-KICIC 算法的聚类流程图

3.3.2 算例分析

为了验证本节所提方法的准确性和效率，针对某市实际负荷曲线，分别采用传统 *K*-means 算法、SVD 加权 *K*-means 算法、KICIC 算法以及 SVD-KICIC 算法进行研究，并对比分析四种算法所得结果。

本节实验数据来源于某市 5263 条实测日负荷曲线数据，采样间隔为 30min，每条负荷曲线有 48 个采样点。由于部分数据缺失或异常，经数据预处理后，得到 5158 条日负荷曲线，构成 5158×48 阶初始矩阵 $\boldsymbol{X}$。

经过大量仿真，当参数 η 取 0.07 时，聚类结果准确率最高。

对初始矩阵 $\boldsymbol{X}$ 进行奇异值分解得到 48×48 阶特征值矩阵。如图 3-3 所示，随着特征信息矩阵维数的提高，矩阵 $\boldsymbol{Y}$ 的信息占比逐渐增大。当特征信息矩阵维数为 5 时，信息占比 $A=F_1/F\geqslant 0.9$，因此将初始矩阵 $\boldsymbol{X}$ 重新表示为 5158×5 阶矩阵 $\boldsymbol{Y}$，且 5 个维度所对应的权重向量为 $\boldsymbol{W}'=\left[0.542,0.225,0.118,0.096,0.019\right]$。

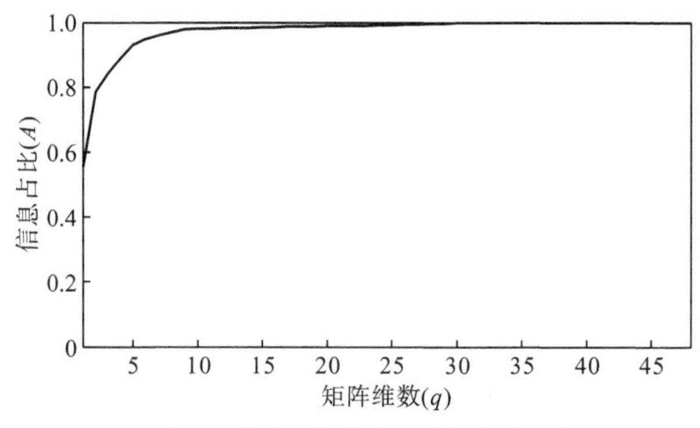

图 3-3 不同矩阵维数对应的信息占比

分别采用传统 K-means 算法、SVD 加权 K-means 算法、KICIC 算法以及 SVD-KICIC 算法对负荷数据进行聚类分析，结果如图 3-4 所示。在设定不同聚类数的情况下，通过有效性检验可以看出，当聚类数为 5 时，四种算法的轮廓指标均值都最大，因此本节选取聚类数 $k=5$。

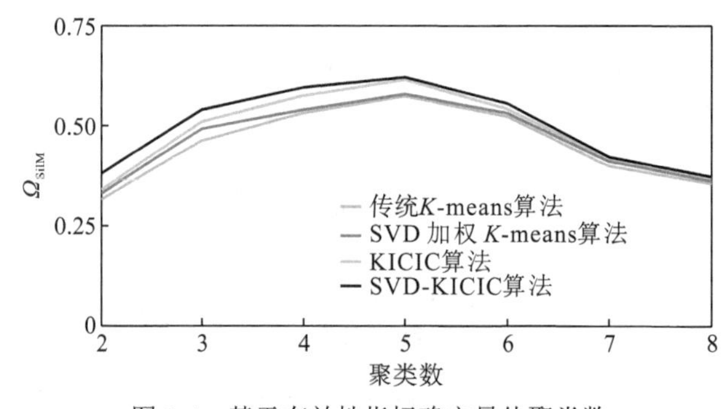

图 3-4 基于有效性指标确定最佳聚类数

基于本节 SVD-KICIC 算法获取到的各类负荷曲线的数目分别为 1582、1038、1269、845、424。对应于 KICIC 算法的各类负荷曲线数目分别为 1618、1022、1237、829、452。SVD 加权 K-means 算法的各类负荷曲线数目分别为 1650、1015、1217、829、447；传统 K-means 算法的各类负荷曲线数目分别为 1691、1026、1258、807、376。由图 3-5 可以看出，四种聚类算法从负荷曲线中提取出 5 种形态相似的典型负荷曲线。存在双峰、平峰、单峰和避峰四种类型。类别 1 在 8:00 和 19:00 处于用电高峰，为家庭用电；类别 2 在 6:00～18:00 持续处于用电高峰，属于平峰型用电；类别 3 与类别 1 同属于双峰负荷类型，不同点在于类别 3 在 23:00～第二天上午 6:00 时段用电量较类别 1 低，类别 3 为小工业用电，用电时间较为规律；类别 4 白天用电量较低，晚上用电量攀升，为典型晚间负荷；类别 5 为避峰负荷。聚类结果反映了 5 种实际用电负荷情况，证明了 SVD-KICIC 算法的实用可靠性。

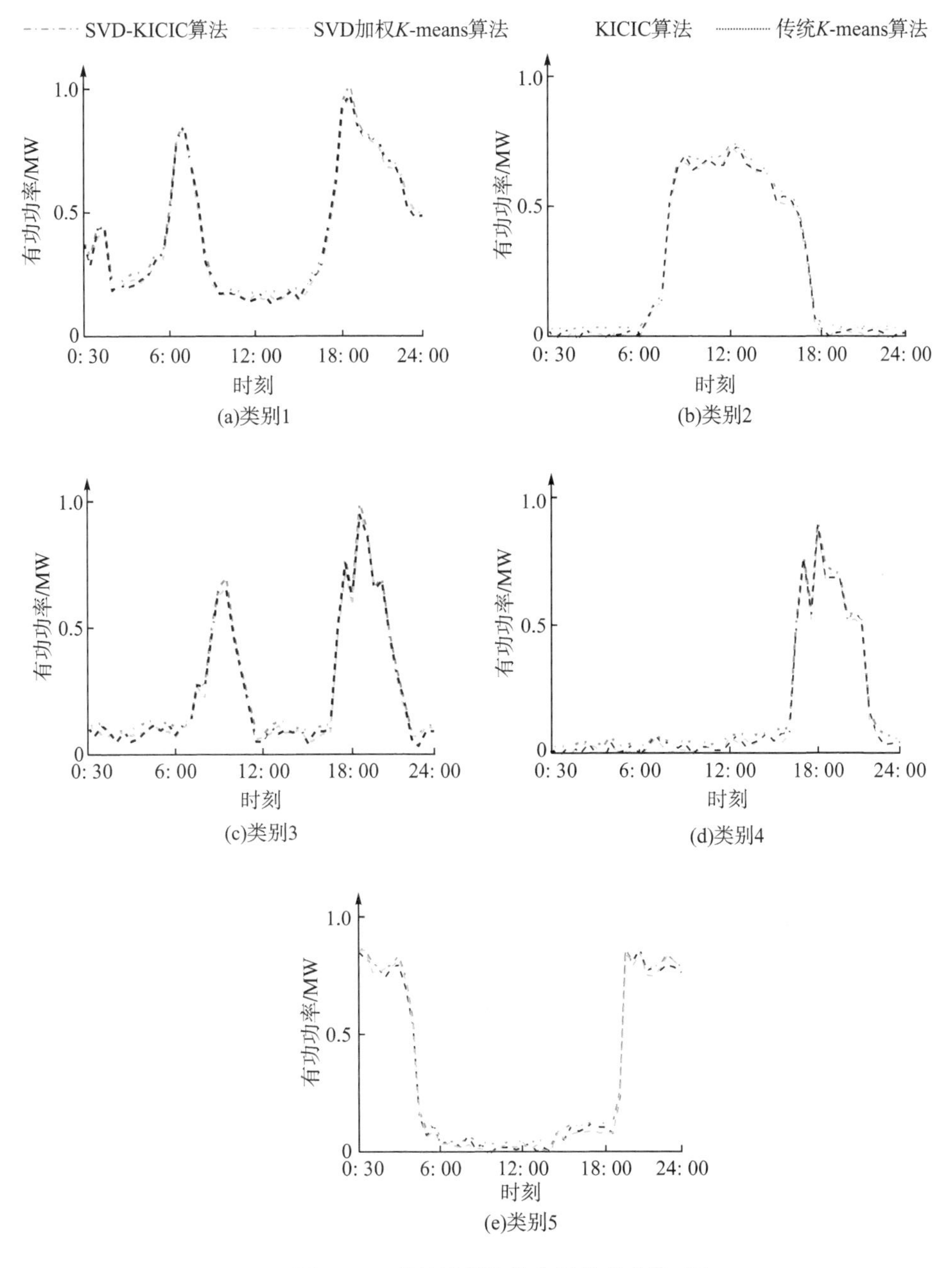

图 3-5　4 种算法提取的典型负荷曲线对比

由表3-1中50次实验所得聚类指标平均值以及运行时间的对比分析可知，SVD-KICIC算法对负荷曲线聚类拥有更好的聚类性能。聚类质量方面，传统*K*-means算法与SVD加权*K*-means算法的质量指标相近，同时在图3-6中体现为两者所得各聚类中心比较接近；KICIC算法和SVD-KICIC算法充分考虑了类内类间距离，使得负荷类内距离最小，类间距离最大，聚类中心与非本类样本相互远离，减小了非本类样本对聚类准确性的影响，具有更好的聚类质量，在图3-6中体现为两者所得各聚类中心比较接近。由于降低了边界样本的误分率，后两者所提取的典型负荷曲线与前两者存在部分区别。聚类效率方面，SVD加权*K*-means算法通过数据降维技术减小运算量，提高了聚类效率；KICIC算法充分考虑了类间距离，降低了边界模糊样本对最佳聚类中心确定过程的干扰，加快了聚类迭代过程，因此运行效率较传统*K*-means算法有所提升；本节算法结合SVD降维技术和类间距离的双重优势，同时避免了权重的迭代计算，因此运行速度较传统*K*-means算法、SVD加权*K*-means算法以及KICIC算法更快。

表3-1 4种算法聚类结果性能对比

算法	最佳聚类数	Ω_{SilM}	DBI	程序运行时间/s
传统*K*-means算法	5	0.574	1.283	61.32
SVD加权*K*-means算法	5	0.579	1.256	24.71
KICIC算法	5	0.615	1.108	45.83
SVD-KICIC算法	5	0.622	1.007	19.35

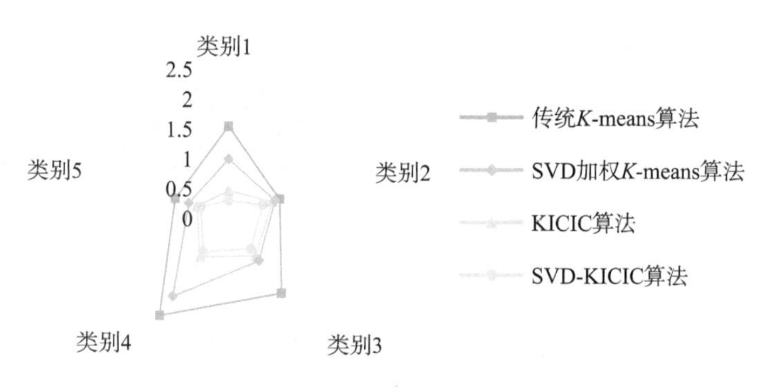

图3-6 4种算法负荷曲线标准差对比

为了进一步验证算法的稳定性，比较4种算法在10次实验中各类负荷曲线数目的标准差均值。由图3-6可知SVD-KICIC算法的标准差均值最小，算法的稳定性最好。

为验证本章算法的抗干扰能力和鲁棒性，选取5000条已知聚类结果的模拟负荷曲线，随机打乱曲线分布重新进行聚类。其中包含八类形态各异的典型负荷曲线，每类各625条负荷曲线。在模拟负荷曲线中加入5%～40%不同程度的噪声干扰，产生8组实验数据，如图 3-7 所示。通过本节所提算法进行负荷数据处理。以最佳聚类数、分类准确率(accuracy，ACC)，以及轮廓指标均值测试分析不同程度噪声对实验结果的影响。不同噪声干扰下本节算法与传统 *K*-means 算法对负荷曲线聚类的对比结果如表 3-2 所示。

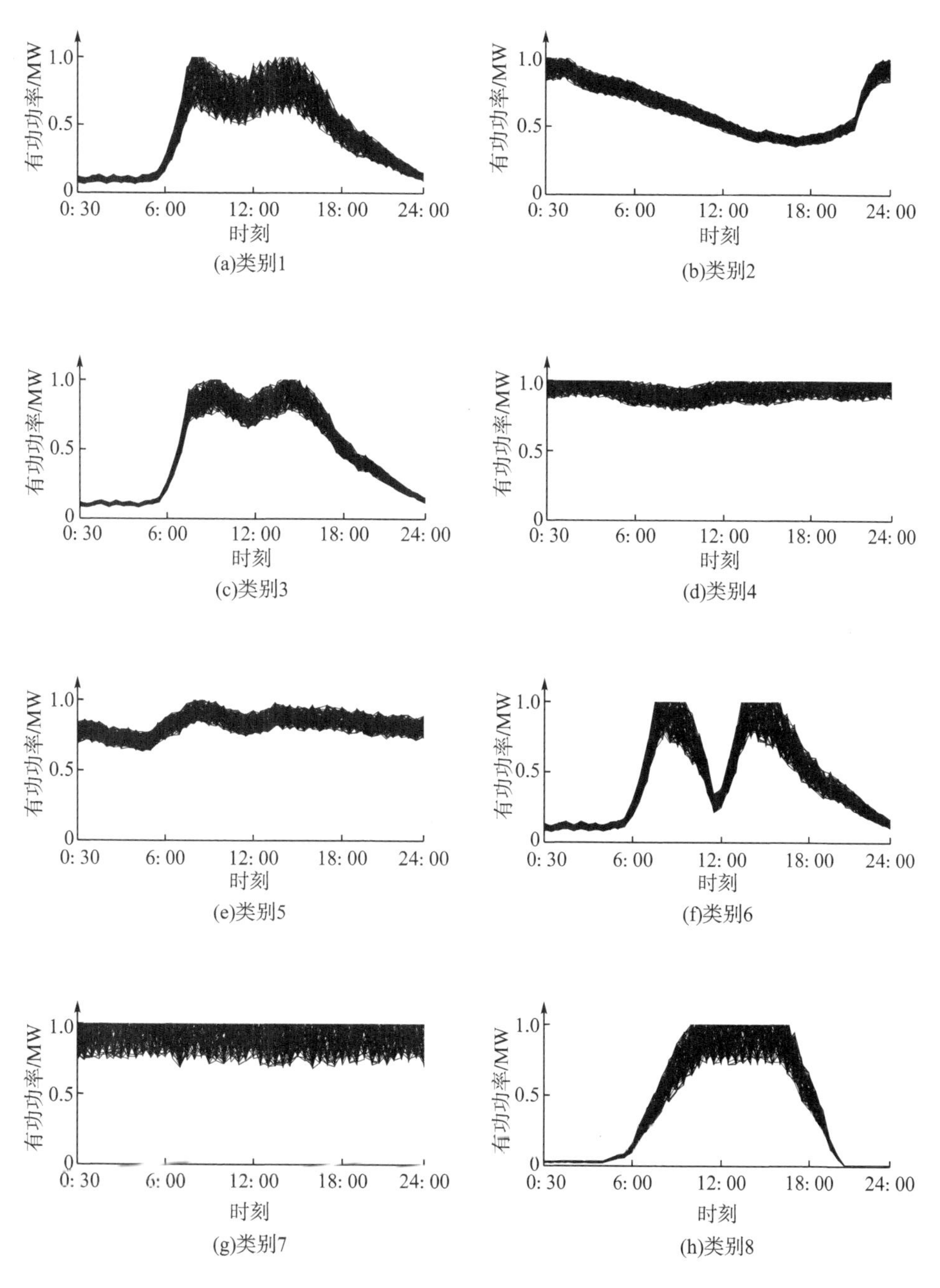

图 3-7　模拟 5000 条典型负荷曲线(噪声比例为 30%)

表 3-2 两种算法鲁棒性比较

噪声比例/%	SVD-KICIC 算法			传统 *K*-means 算法		
	最佳聚类数	Ω_{SilM}	ACC/%	最佳聚类数	Ω_{SilM}	ACC/%
5	8	0.9516	100.00	8	0.9516	100.00
10	8	0.9233	100.00	8	0.9233	100.00
15	8	0.9085	100.00	8	0.8536	94.30
20	8	0.8860	100.00	8	0.8033	91.16
25	8	0.8649	100.00	7	0.7294	89.56
30	8	0.8327	99.85	7	0.6697	88.34
35	7	0.7638	90.63	7	0.6185	80.16
40	7	0.6079	78.41	6	0.5839	69.83

由表 3-2 中 50 次实验所得聚类指标平均值的对比分析可知：对于两种算法，随着噪声比例的增加，最佳聚类数产生偏差，Ω_{SilM}、ACC 均呈下降趋势，表明以上三种指标可以用来检验算法的鲁棒性。

在噪声比例(r)为 5%～20%时，两种算法的最佳聚类数均为 8，且 ACC 等于或非常接近 100%。在噪声比例为 25%～30%时，SVD-KICIC 算法的最佳聚类数一直保持为 8，Ω_{SilM} 大于等于 0.8327，ACC 等于或非常接近 100%；而传统 *K*-means 算法的最佳聚类数变为 7，并且 ACC 和 Ω_{SilM} 产生大幅度地下降。当噪声比例达到 35%～40%时，两类算法的最佳聚类数均不为 8，SVD-KICIC 算法的 ACC 和 Ω_{SilM} 有所下降，但波动相对较小。可以看出 SVD-KICIC 算法与传统 *K*-means 算法相比鲁棒性更好。

3.4 基于时序轨迹特征的无监督有监督结合分类方法

从提高负荷分类质量和分类效率，同时使分类结果具有较强可解释性的角度出发，本节提出一种基于时序轨迹特征学习的负荷曲线分类方法。首先，通过基于 3.3 节所提出的 SVD-KICIC 算法获取并筛选负荷曲线精准类别标签。基于标签数据集提取时序轨迹特征，并构建随机森林(RF)分类器模型，继承 Shapelet 可解释性的同时，实现负荷的精确有效分类，具体流程如图 3-8 所示。

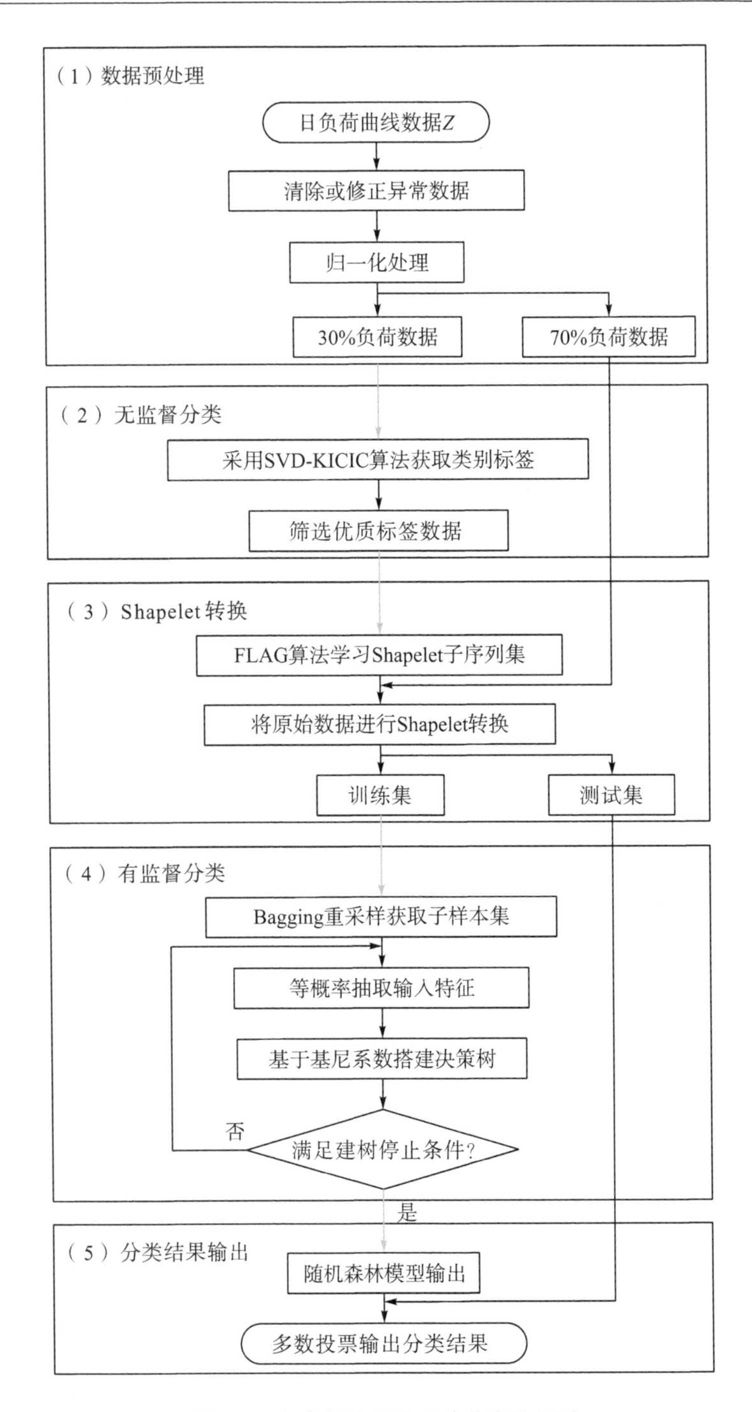

图 3-8　负荷曲线精准有效分类流程图

3.4.1　Shapelet 学习样本的获取

本节采用 SVD-KICIC 算法对局部数据进行聚类以获取标签。为保证用于 Shapelet 学习的负荷数据具有精准有效的类别标签，需要进一步筛选优质标签，剔除劣质标签。

K-mediods 算法是从当前类中选取到类内其他所有负荷曲线距离之和最小的样本作为聚类中心，能够有效降低极端值的影响，具有较强的鲁棒性。故参照 *K*-mediods 算法计算聚类中心的思想，在各类中剔除与类内其他所有负荷曲线距离之和较大的样本，选用剩余具有精准标签的样本进行 Shapelet 学习。

按照 *K*-mediods 聚类中心选取方法计算各类别中每条负荷曲线到其所属类其他曲线的距离之和，并将超过设定阈值的负荷曲线剔除，只保留 m' 条优质标签负荷曲线。如图 3-9 所示，取图中剩余紫色样本作为 Shapelet 学习样本。

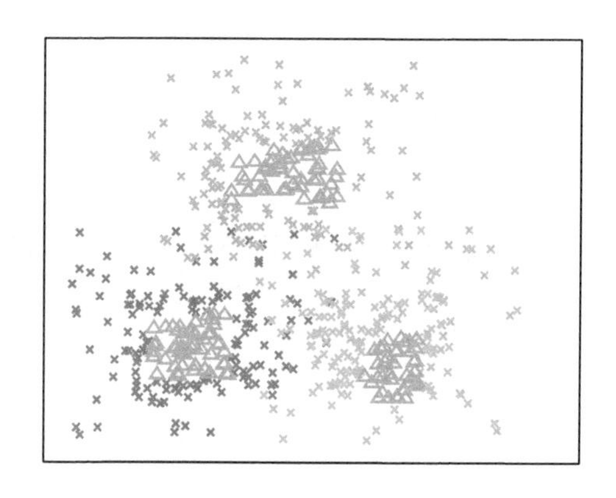

图 3-9 聚类样本择优选取示意图

3.4.2 确定 Shapelet 位置信息

通过用 3.1.4 节介绍的广义特征向量公式提取特征向量 $\boldsymbol{v}$，由于 Shapelet 是时间序列中最能表征样本类别的连续子序列，故为了区分 Shapelet 与可忽略子序列，同时保证 Shapelet 的连续性，需要将特征向量 $\boldsymbol{v}$ 稀疏模块化。

LAsso 回归是一种常用的稀疏建模算法[76]，它使用 L1 范数将变量的系数进行压缩并使某些回归系数变为零，表示该项特征在全局中的作用可以忽略不计，从而达到选取重要特征的作用。负荷曲线是按时间排列的序列，主要特征体现在连续的时间序列中，而不是某个时间节点，传统 LAsso 回归未考虑时序轨迹特征。为了获得连续 Shapelet 指针向量，突出显示重要特征所处范围，构建 TV-LAsso 正则化器：

$$\alpha_1\sum_{j=2}^{n}\left|\boldsymbol{v}_j-\boldsymbol{v}_{j-1}\right|+\alpha_2\left\|\boldsymbol{v}\right\|_1 \tag{3-22}$$

式中，α_1、α_2 为正则化参数；第一项 $\sum_{j=2}^{n}\left|\boldsymbol{v}_j-\boldsymbol{v}_{j-1}\right|$ 为全变分(total variation，TV)模型，可实现连续特征处的参数估计相似[77]；第二项 $\left\|\boldsymbol{v}\right\|_1$ 为特征向量 $\boldsymbol{v}$ 的 L1 范数。

TV-LAsso 正则化器可以进一步简化为

$$\alpha_1\left\|\boldsymbol{D}_v\right\|_1+\alpha_2\left\|\boldsymbol{v}\right\|_1 \tag{3-23}$$

式中，矩阵 $\boldsymbol{D}_v$ 取值为 $D_{i,i}=1$，$D_{i,i+1}=-1$，$D_{i,j}=0$。由于同时使用 TV 模型和 L1 正则化，所以 TV-LAsso 解决方案同时实现模块化和稀疏化[78]。

每一类中的 Shapelet 是最能区分所属类别与其他类别不同的子序列。因此，面对多分类问题，本节采用一对剩余的思想，将其中一类作为主导类 q，其余类别的集合视作类别 p。通过特征向量 $\boldsymbol{v}$ 选取的 Shapelet 可以最大限度地表征所属类别的主要特征，但是对于其他类别主要特征的表征能力却很弱，因此具有极强的辨别性。

通过在广义特征向量公式上添加一个 TV-LAsso 正则化函数并进行求解，可以获得针对 Shapelet 位置的稀疏块状指针向量。优化问题变为

$$\min_{v} \boldsymbol{v}^{\mathrm{T}} \operatorname{Covm}_p \boldsymbol{v} + \alpha_1 \|\boldsymbol{D}_v\|_1 + \alpha_2 \|\boldsymbol{v}\|_1 : \boldsymbol{v}^{\mathrm{T}} \operatorname{Covm}_q V = 1 \tag{3-24}$$

需要注意的是，仅使用 $\|\boldsymbol{v}\|_1$ 正则化器会生成具有较弱块结构的特征向量，无法从中选取子序列片段，而仅使用 $\|\boldsymbol{D}_v\|_1$ 会生成模块化但不稀疏的特征向量，无法区分主要特征和可忽略特征。本节使用 ADMM 求解器对上述目标函数进行优化求解，具体计算过程参考文献[79]。

然后利用指针向量 $\boldsymbol{v}$ 确定 Shapelet 集。当使用类别 k 作为主导类别时，设获得的 Shapelet 指针向量 $\boldsymbol{v}$ 中有 B^k 个非零块，第 t 个非零块从时刻 s_t 开始到 e_t 结束，可表示为 $\boldsymbol{v} = \left[0,\cdots,0,v_{s_1},\cdots,v_{e_1},0,\cdots,0,v_{s_{B^k}},\cdots,v_{e_{B^k}},0,\cdots,0\right]$。将第 k 类中 N^k 个样本的集合表示为 $\left\{\boldsymbol{X}_1^k,\boldsymbol{X}_2^k,\cdots,\boldsymbol{X}_{N^k}^k\right\}$，则按照指针向量 $\boldsymbol{v}$ 所构造的 Shapelet 集为

$$\boldsymbol{S}^k = \left\{\boldsymbol{S}_1^k,\cdots,\boldsymbol{S}_t^k,\cdots,\boldsymbol{S}_{B_k}^k\right\} \tag{3-25}$$

其中，第 t 个模块所指示的 Shapelet 为

$$\boldsymbol{S}_t^k = \left\{\left[\boldsymbol{X}_i^k\right]_{s_t:e_t} : i = 1,2,\cdots,N^k\right\} \tag{3-26}$$

式中，$\left[\boldsymbol{X}_i^k\right]_{s_t:e_t}$ 是第 k 类别中第 i 条负荷曲线 $\boldsymbol{X}_i^k$ 从时刻 s_t 到时刻 e_t 的子序列，第 k 类负荷曲线共产生 $A^k = N^k B^k$ 个 Shapelet，同理，其余各类别分别作为主导类时，可按照上述方法求解得到该类别的 Shapelet。此时，基于数据集 $\boldsymbol{X}'$ 可得 $A = \sum_{k=1}^{K} N^k B^k$ 个 Shapelet。另外，从同类别负荷曲线中获取的 Shapelet 相似度高且均局限于已有负荷曲线，导致整体解释性降低且分类速度下降。针对该问题，本节对基于相同时段提取得到的 Shapelet 取平均值作为最终 Shapelet[56]：

$$\overline{\boldsymbol{S}}_t^k = \frac{\sum_{i=1}^{N^k}\left[\boldsymbol{X}_i^k\right]_{s_t:e_t}}{N^k} \tag{3-27}$$

通过均值处理后，可从第 k 类负荷数据中学习获得 B^k 条 Shapelet：

$$\overline{\boldsymbol{S}}^k = \left\{\overline{\boldsymbol{S}}_1^k,\cdots,\overline{\boldsymbol{S}}_t^k,\cdots,\overline{\boldsymbol{S}}_{B^k}^k\right\} \tag{3-28}$$

从标签负荷数据中学习到的 Shapelet 为各类别 Shapelet 的集合：

$$\mathbb{S} = \left\{\overline{\boldsymbol{S}}^1,\cdots,\overline{\boldsymbol{S}}^k,\cdots,\overline{\boldsymbol{S}}^K\right\} \tag{3-29}$$

为直观展示上述 Shapelet 提取过程，基于已知标签数据的双类别模拟负荷曲线，提取其 Shapelet，如图 3-10 所示，图 3-10(c) 中蓝色虚线为聚类所得典型负荷曲线，红色实线是基于带标签负荷数据所提取到的 Shapelet。

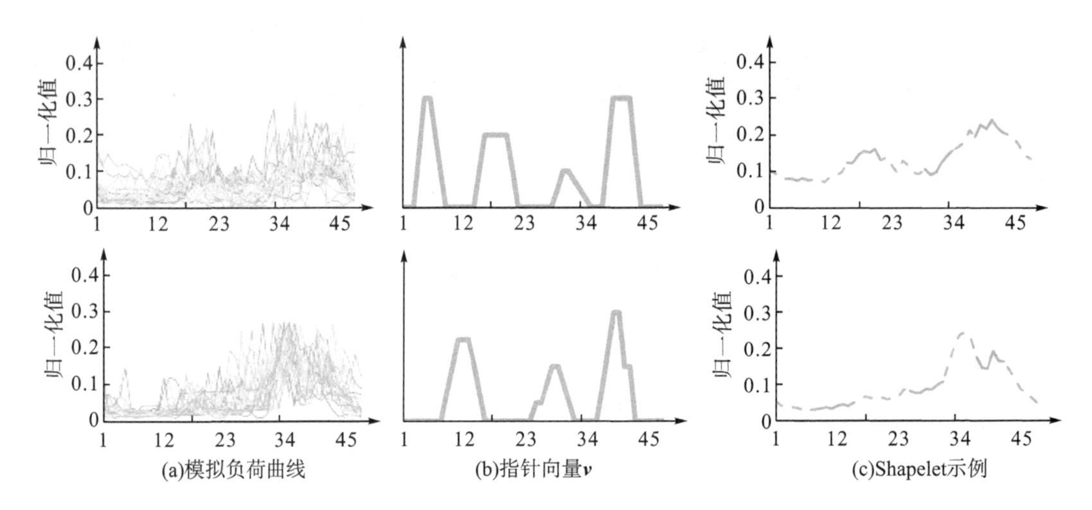

图 3-10 模拟负荷曲线 Shapelet 提取结果

3.4.3 基于时序轨迹特征的随机森林分类模型

完成所有 Shapelet 的提取后，按照最小距离准则计算长度为 l 的 Shapelet 子序列 $\bar{\boldsymbol{S}}^k$ 与负荷曲线中相同长度子序列 $\boldsymbol{X}_i^l$ 之间的欧氏距离：

$$\mathrm{dist}(\bar{\boldsymbol{S}}^k, \boldsymbol{X}_i^l) = \min\left[\sum_{j=1}^{l}(\bar{\boldsymbol{S}}_j^k - \boldsymbol{X}_{ij}^l)\right] \tag{3-30}$$

负荷曲线 $\boldsymbol{X}_i$ 通过 Shapelet 转换获取时序轨迹特征：

$$\boldsymbol{X}_i' = \{\mathrm{dist}(\bar{\boldsymbol{S}}^1, \boldsymbol{X}_i^{l_1}), \cdots, \mathrm{dist}(\bar{\boldsymbol{S}}^k, \boldsymbol{X}_i^{l_k}), \cdots, \mathrm{dist}(\bar{\boldsymbol{S}}^K, \boldsymbol{X}_i^{l_K})\} \tag{3-31}$$

通过这种以 Shapelet 子序列为基准的距离度量方式，原始负荷数据集被量化为时序轨迹特征矩阵：

$$\boldsymbol{X}' = \left\{\boldsymbol{X}_1', \cdots, \boldsymbol{X}_j', \cdots, \boldsymbol{X}_{m'}'\right\} \tag{3-32}$$

基于 Bagging 算法的分类方式，通过有放回随机采样的方式从原始训练样本集 $\boldsymbol{S}$ 中进行 m 次采样，生成 m 个子样本集作为基分类器的训练集，同时需要保证每个子样本集包含的样本数量相同，表示为 $\{\boldsymbol{S}_1, \boldsymbol{S}_2, \cdots, \boldsymbol{S}_m\}$。基于随机重采样得到某子样本集 $\boldsymbol{S}_t(t \in 1,2,\cdots, m)$ 中不含原始样本集中某一样本的概率为

$$p = \left(1 - \frac{1}{m}\right)^m \tag{3-33}$$

当 $m \to \infty$ 时，有

$$\lim_{m\to\infty} p = \lim_{m\to\infty}\left(1 - \frac{1}{m}\right)^m \approx 0.368 \tag{3-34}$$

随机抽取的子样本集中不存在的样本数据一般称为袋外数据(out of bag，OOB)，当样本量足够大时，OOB 占原始数据集样本量的 36.8%。在搭建每棵决策树的同时，都可以计算得到一个相应的 OOB 误差估计，将所有决策树的 OOB 误差估计取均值即可得到随机森林的泛化误差估计。

利用随机抽取的子样本集训练 CART 组合生成随机森林分类模型，表示为$\{T_1,\cdots,T_r,\cdots,T_R\}$。

利用随机子空间思想对生成的随机森林中每棵决策树的节点进行分裂，随机等概率地从 KB^k 个特征变量中抽取 $n'=\left\lfloor \sqrt{KB^k} \right\rfloor$ 个子变量组成该节点的分裂特征变量子集，并利用 CART 算法中基尼系数(Gini index)最小原则选出一个最优的分裂特征变量和最优分裂值对该节点进行分裂，直到每个特征变量被用作分裂节点。基尼系数可定义为

$$\text{Gini}(t_i)=1-\sum_{k=1}^{K}p_k^2 \tag{3-35}$$

式中，t_i 表示当前某一所选特征变量；K 表示特征 t_i 对应的类别数；p_k 表示样本点属于第 k 类的概率。进一步，在确定最优分裂特征变量 t_i 的基础上，假设某子集 $\boldsymbol{Q}_r$ 根据 t_i 分裂为两个子集 $\boldsymbol{Q}_{r1}$ 和 $\boldsymbol{Q}_{r2}$，则最优分裂值 a 可由式(3-36)计算得到：

$$\min_{n}\text{Gini}(t_i,a)=\frac{|\boldsymbol{Q}_{r1}|}{|\boldsymbol{Q}_r|}\text{Gini}(\boldsymbol{Q}_{r1})+\frac{|\boldsymbol{Q}_{r2}|}{|\boldsymbol{Q}_r|}\text{Gini}(\boldsymbol{Q}_{r2}) \tag{3-36}$$

式中，$|\boldsymbol{Q}_r|$、$|\boldsymbol{Q}_{r1}|$ 和 $|\boldsymbol{Q}_{r2}|$ 分别是样本集 $\boldsymbol{Q}_r$、$\boldsymbol{Q}_{r1}$ 和 $\boldsymbol{Q}_{r2}$ 的样本个数。

在每棵决策树都自上而下构建好之后，保留树的完整性，不对其进行剪枝处理，利用测试集 $\boldsymbol{Y}'$ 对所有决策树进行测试，得到预测类别 $T_1(\boldsymbol{Y}'),\cdots,T_r(\boldsymbol{Y}'),\cdots,T_R(\boldsymbol{Y}')$。

对于测试得到的分类结果进行投票，选出票数最多的类别作为测试集最后的所属类别。投票思想可表示为

$$f_{\text{RF}}(x)=\arg\max_{k=1,2,\cdots,K}\left\{I(f_r^{\text{tree}}(\boldsymbol{y}')=k)\right\} \tag{3-37}$$

式中，$f_{\text{RF}}(\boldsymbol{y}')$ 表示随机森林对测试集样本 $\boldsymbol{y}'$ 的分类结果；$I(\cdot)$ 表示满足括号中表达式的决策树个数；$f_r^{\text{tree}}(\boldsymbol{y}')=k$ 表示第 r 棵决策树的输出结果为 k。

基于时序轨迹特征的随机森林算法在进行分类时，有着较好的容噪能力和较强的泛化能力，相较于其他强分类器具有更好的准确性，同时继承了 Shapelet 的低维特性和可解释性，分类过程耗时较短且分类结果可解释性强。

3.4.4　算例分析

实验数据采用某市智能电表实测 10 万条负荷曲线数据，每条负荷曲线用电量采样间隔为半小时，由此构成 100000×48 原始负荷曲线矩阵 $\boldsymbol{Z}$。

在对用户日负荷曲线进行分类前，首先对随机选出的约 3 万条曲线进行 SVD-KICIC 聚类以获取具有精准标签的负荷数据，最佳聚类数的选取根据 Ω_{SilM} 计算确定，选取 Ω_{SilM} 最大时的 K 值作为最佳聚类数。根据图 3-11 中 Ω_{SilM} 的变化趋势可选取最佳聚类数 K=6。由此可以获得 40000×49 的带标签数据，第 49 列为 1～6 的类别标签。

依据 3.4.3 节 Shapelet 发现算法从带标签数据学习得到 Shapelet 子序列集，如图 3-12 所示，从六类负荷曲线中提取出共 20 条可以最大限度地表征原始负荷曲线特征的 Shapelet。依据式(3-30)～式(3-32)，计算每条负荷曲线与各 Shapelet 之间的最小欧氏距离，从而得到距离矩阵即时序轨迹特征，用于后续随机森林分类器的训练和测试。

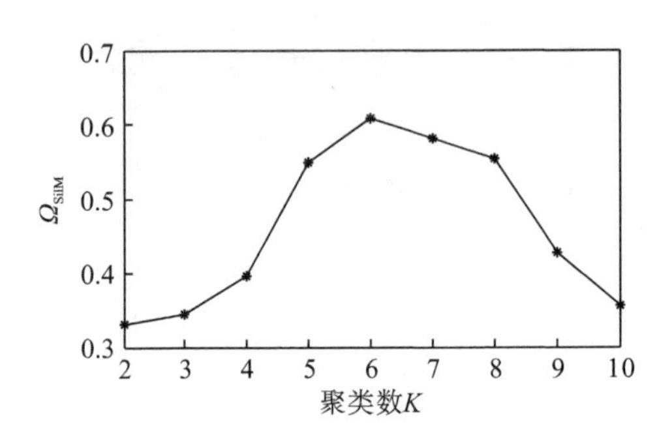

图 3-11 聚类数 K 的选择

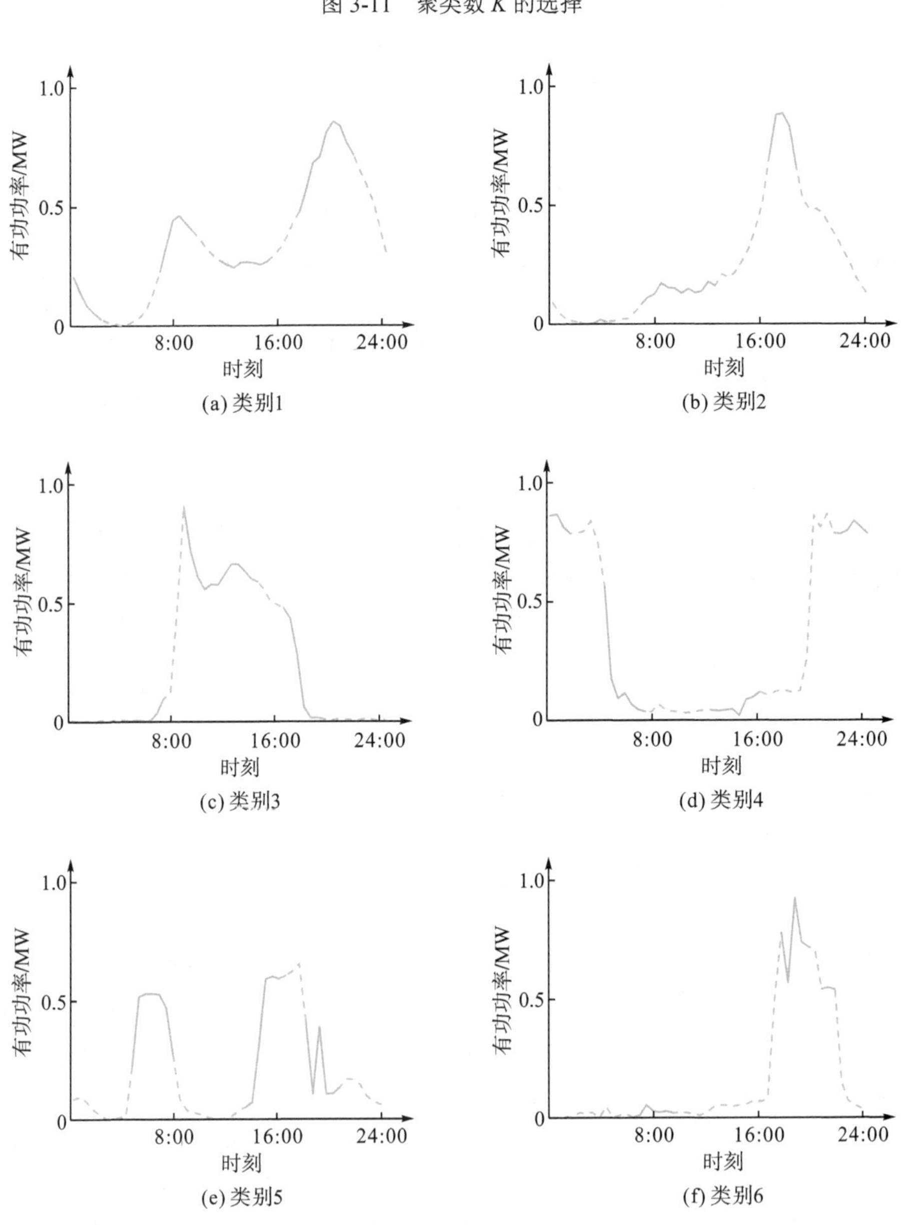

图 3-12 Shapelet 子序列示意图

在分类算法运行前，需要对随机森林中决策树棵数进行初始化。由 3.4.3 节所述，在构建决策树的同时可以计算出每棵树对应的 OOB 误差率，通过 OOB 误差率可以确定最优的决策树数目，决策树数目与 OOB 误差率的关系如图 3-13 所示，综合考虑分类模型的识别结果、计算时间以及计算机内存大小，选取 150 作为最优的决策树棵数。

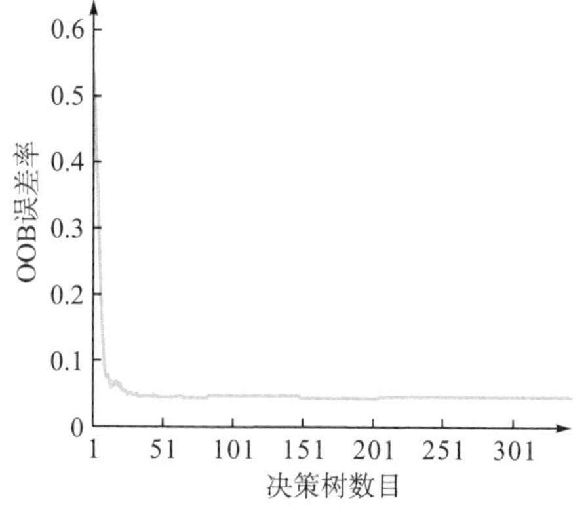

图 3-13　决策树数目与 OOB 误差率的关系

在确定决策树数目的基础上，对每一棵树从根节点开始利用 3.4.3 节中给出的基尼系数表达式和最优分裂值计算式确定每一分裂节点的最优分裂特征和最优分裂值，直到每棵树都完整生长。最终分类结果如图 3-14 所示。

负荷存在平峰、双峰及多峰的用电特性，通过提取典型负荷曲线可以验证本节所提分类方法针对用户负荷特征识别的有效性。图 3-15 展示了本节方法从海量负荷数据中提取到的 6 种典型负荷曲线，其中类别 1 和类别 5 的用户用电属于双峰型用电，同时季节等因素的影响导致峰值不尽相同。类别 2 和类别 6 属于尖峰型用电，白天用电量较低，晚上用电量攀升。类别 3 的用户用电时刻集中在 8:00～18:00，属于平峰型用电，类别 4 曲线为避峰型曲线，峰值出现在 19:00～次日 5:30，用户在白天呈现出用电低谷。各类别用电负荷曲线的有效区分对参与移峰等需求响应项目具有重要意义。

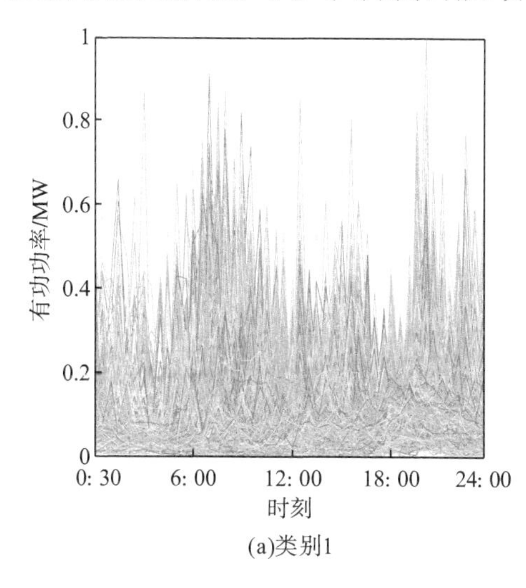

(a)类别1

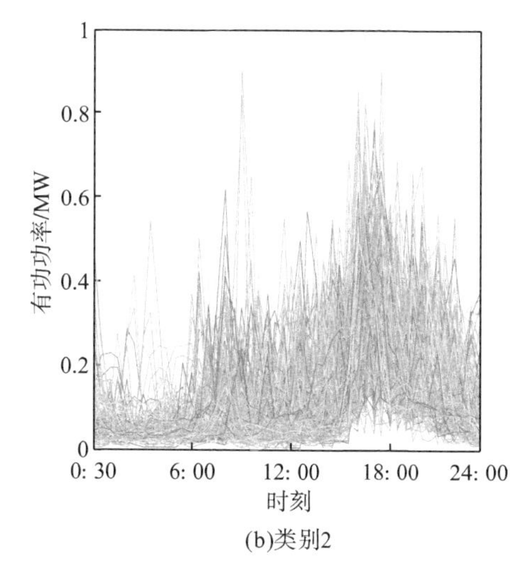

(b)类别2

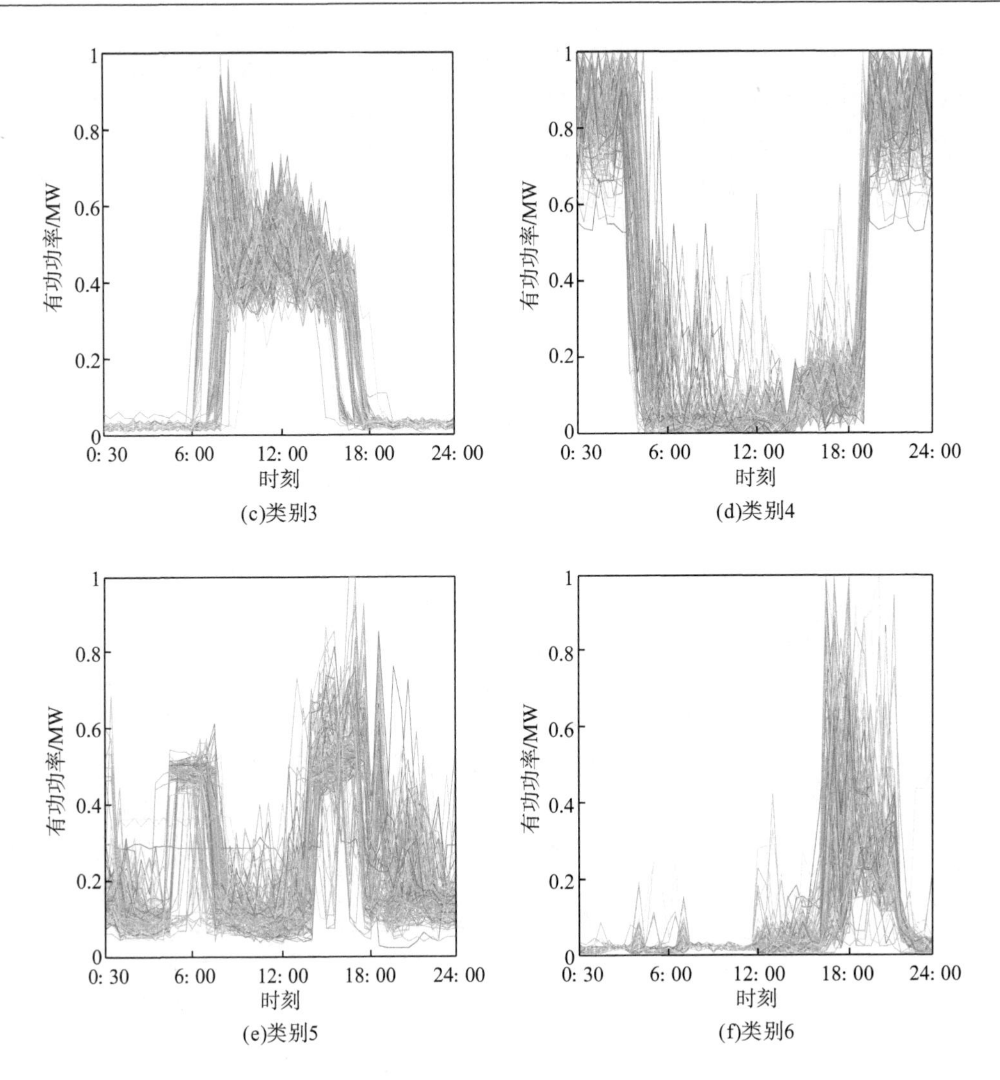

图 3-14 本章方法的分类结果

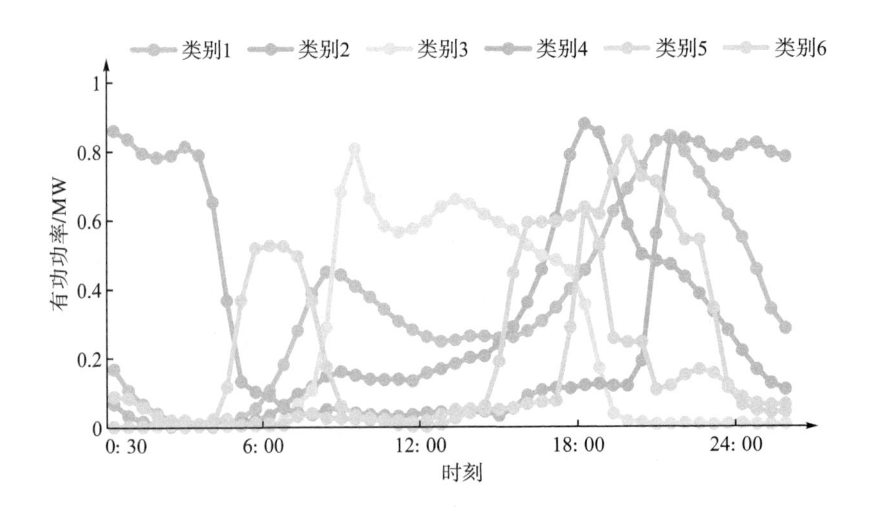

图 3-15 6 种典型负荷曲线

本节所提方法突破了传统分类算法可解释性弱的局限，通过时序轨迹特征实现了不同类别的有效区分并提供了 Shapelet 分类依据，表示出各类负荷在某一时间段的典型用电特征，有利于提供更加精确的发电指导与用户用电方案，为负荷曲线精确建模提供了良好的实践基础。

另外，为验证本节方法选取随机森林作为分类器具有优秀的分类性能，选取反向传播神经网络(back propagation neural network，BPNN)、支持向量机(SVM)以及决策树(C4.5)三种不同分类器的分类结果进行对比，不同分类器对分类效果的影响如表 3-3 所示。

表 3-3　不同分类器的分类指标对比

指标	BPNN	SVM	C4.5	本节方法
DBI	4.28	3.56	3.71	2.36
Ω_{SilM}	0.63	0.59	0.61	0.68

对 50 次实验所得聚类指标平均值以及运行时间进行对比分析，本节分类方法在 DBI 与 Ω_{SilM} 方面表现显著优于其他三种分类器，能够更好地区分不同类别负荷曲线，具有明显的优越性。

为测试所提方法的分类稳定性，比较 *K*-means、*K*-means+RF 以及本节方法在 10 次实验中各类负荷曲线数目的标准差，如图 3-16 所示。可知本节方法的标准差均值最小，算法的稳定性最好。

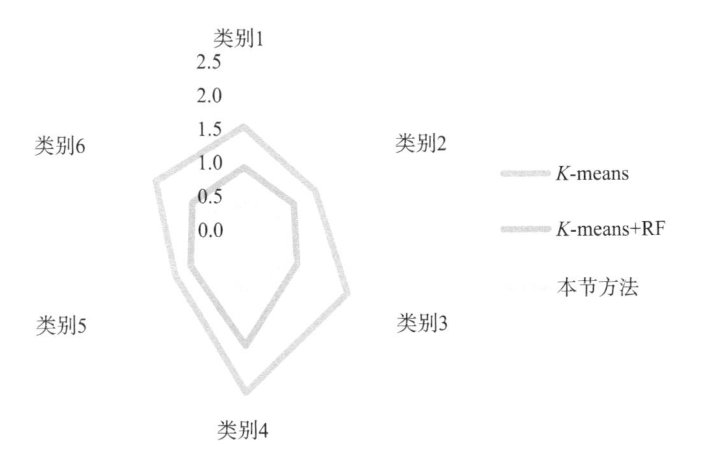

图 3-16　算法的分类稳定性对比

为进一步说明，记录 10 次分类结果中各类别的负荷曲线数目，统计结果如图 3-17 所示。可知，采用本节负荷分类方法的 10 次分类结果具有较高的一致性，相较于传统 *K*-means 算法的稳定性更好。

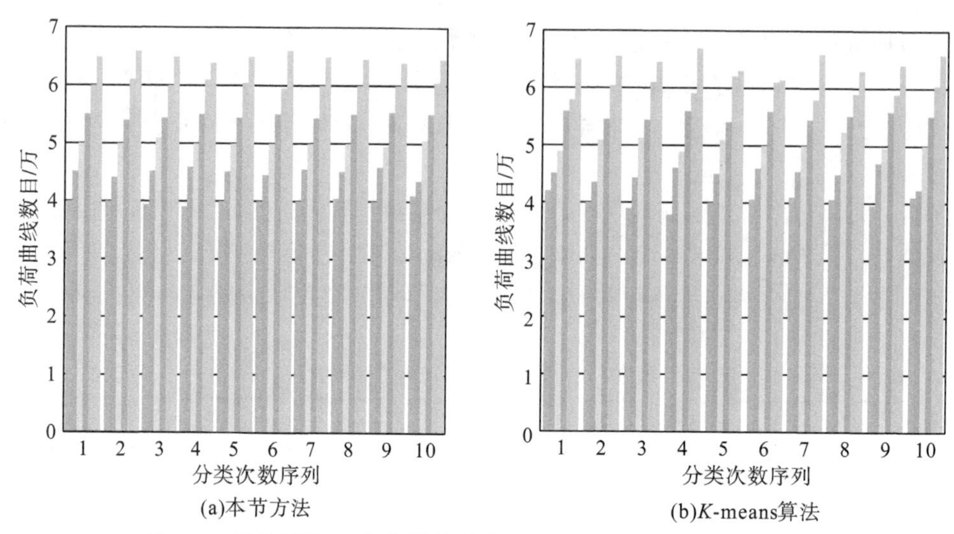

(a)本节方法　　(b)*K*-means算法

图 3-17　两种算法 10 次分类结果对比(从左到右为类别 1 到类别 6)

实验将 *K*-means、*K*-means+RF 与本节方法在面对不同数量级负荷数据情况下的运行时间进行对比，如图 3-18 所示。

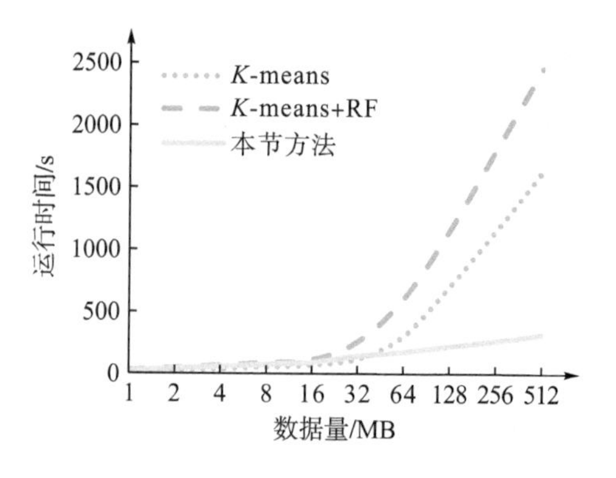

图 3-18　算法的分类效率对比

由图 3-18 可知，本节所提算法具有处理海量负荷数据的优势。*K*-means 作为经典聚类算法在数据量小于 64MB 时计算速度较快，这也是 *K*-means 算法应用广泛的原因之一。但是随着负荷数据体量不断增大，传统算法逐渐暴露出计算效率低下的缺陷，*K*-means+RF 算法由于缺少了时序轨迹特征提取环节，随着数据量的增大，计算时间呈指数型增长，而本节所提算法在面对海量负荷数据时具有更高的运行效率。

3.5　本 章 小 结

本章对用户用电行为模式分析提供了一种新的研究思路，将无监督分类、有监督分类以及时序轨迹特征提取有机结合，并多重验证了该方法的可行性和优越性，极大提高了用户用电行为模式分析的高效性、准确性和可解释性，具有较强的理论意义和实际应用价值。分析 SVD 降维技术以及 KICIC 算法的最大化类间距离的优点，提出了一种基于 SVD-KICIC 算法的日负荷曲线聚类方法，该方法采用 SVD 降维技术挖掘负荷数据的有效特征，大幅降低数据维度，并以奇异值为依据确定 KICIC 算法的权值系数，减少了迭代计算量。与传统 *K*-means 算法、SVD 加权 *K*-means 算法以及 KICIC 算法进行比较，仿真研究表明该算法能够有效利用负荷数据的类内和类间距离，改善聚类质量、计算效率以及鲁棒性。又从提高负荷分类质量和分类效率，同时使分类结果具有较强可解释性的角度出发，提出了一种基于时序轨迹特征学习的负荷曲线分类方法。首先，通过 SVD-KICIC 算法获取并筛选负荷曲线精准类别标签。基于标签数据集提取时序轨迹特征，构建随机森林分类器模型，继承 Shapelet 可解释性的同时，实现了负荷的精确有效分类。

参考文献

[1] 王勃, 王铮, 刘纯, 等. 风力发电功率预测技术及应用[M]. 北京: 中国电力出版社, 2019.

[2] 王扬. 风电短期预测及其并网调度方法研究[D]. 杭州: 浙江大学, 2011.

[3] 陈盼, 陈皓勇, 叶荣, 等. 基于小波包和支持向量回归的风速预测[J]. 电网技术, 2011, 35(5): 177-182.

[4] Fei S W. A hybrid model of EMD and multiple-kernel RVR algorithm for wind speed prediction[J]. International Journal of Electrical Power and Energy Systems, 2016, 78: 910-915.

[5] 张学清, 梁军, 张熙, 等. 基于样本熵和极端学习机的超短期风电功率组合预测模型[J]. 中国电机工程学报, 2013, 33(25): 8, 33-40.

[6] 崔明建, 孙元章, 柯德平. 基于原子稀疏分解和BP神经网络的风电功率爬坡事件预测[J]. 电力系统自动化, 2014, 38(12): 6-11.

[7] 曾德良, 刘继伟, 刘吉臻, 等. 小波多尺度分析方法在磨辊磨损检测中的应用[J]. 中国电机工程学报, 2012, 32(23): 126-131.

[8] 王东风, 王富强, 牛成林. 小波分解层数及其组合分量对短期风速多步预测的影响分析[J]. 电力系统保护与控制, 2014, 42(8): 82-89.

[9] 孙佳, 王淳, 胡蕾. 基于改进灰色模型与BP神经网络模型组合的风力发电量预测研究[J]. 水电能源科学, 2015, 33(4): 163, 203-205.

[10] An X L, Jiang D X, Liu C, et al. Wind farm power prediction based on wavelet decomposition and chaotic time series[J]. Expert Systems with Applications, 2011, 38(9): 11280-11285.

[11] 陈杰, 沈艳霞, 陆欣, 等. 一种风电功率概率区间多目标智能优化预测方法[J]. 电网技术, 2016, 40(8): 2281-2287.

[12] 周松林, 茆美琴, 苏建徽. 风电功率短期预测及非参数区间估计[J]. 中国电机工程学报, 2011, 31(25): 10-16.

[13] Albert C. Ten lectures on wavelets, CBMS-NSF regional conference series in applied mathematics, vol. 61, I. daubechies, SIAM, 1992, xix+357 pp[J]. Journal of Approximation Theory, 1994, 78: 460-461.

[14] 左秀霞. 单位根检验的理论及应用研究[D]. 武汉: 华中科技大学, 2012.

[15] 张铁峰, 顾明迪. 电力用户负荷模式提取技术及应用综述[J]. 电网技术, 2016, 40(03): 804-811.

[16] Li B W, Zhang J, He Y, et al. Short-term load-forecasting method based on wavelet decomposition with second-order gray neural network model combined with ADF test[J]. IEEE Access, 2017, 5: 16324-16331.

[17] 叶瑞丽, 郭志忠, 刘瑞叶等. 基于小波包分解和改进 Elman 神经网络的风电场风速和风电功率预测[J]. 电工技术学报, 2017, 32(21): 103-111.

[18] 吕坤坤. 基于二阶灰色神经网络的工作面瓦斯涌出量预测[D]. 淮南: 安徽理工大学, 2015.

[19] 叶瑞丽, 郭志忠, 刘瑞叶等. 基于风电功率预测误差分析的风电场储能容量优化方法[J]. 电力系统自动化, 2014, 38(16): 28-34.

[20] 毛李帆, 姚建刚, 金永顺, 等. 中长期电力组合预测模型的理论研究[J]. 中国电机工程学报, 2010, 30(16): 53-59.

[21] 李元诚, 刘克文. 面向大规模样本的核心向量回归电力负荷快速预测方法[J]. 中国电机工程学报, 2010, 30(28): 33-38.

[22] 廖旎焕, 胡智宏, 马莹莹, 等. 电力系统短期负荷预测方法综述[J]. 电力系统保护与控制, 2011, 39(1): 147-152.

[23] 郑睿程, 顾洁, 金之俭, 等. 数据驱动与预测误差驱动融合的短期负荷预测输入变量选择方法研究[J]. 中国电机工程学报, 2020, 40(2): 487-500.

[24] 张金金, 张倩, 马愿, 等. 基于改进的随机森林和密度聚类的短期负荷频域预测方法[J]. 控制理论与应用, 2020, 37(10): 2257-2265.

[25] Aprillia H, Yang H T, Huang C M. Statistical load forecasting using optimal quantile regression random forest and risk assessment index[J]. IEEE Transactions on Smart Grid, 2021, 12(2): 1467-1480.

[26] Ibrahim I A, Hossain M J, Duck B C. An optimized offline random forests-based model for ultra-short-term prediction of PV characteristics[J]. IEEE Transactions on Industrial Informatics, 2020, 16(1): 202-214.

[27] Lahouar A, Slama J B H. Hour-ahead wind power forecast based on random forests[J]. Renewable Energy, 2017: 529-541.

[28] 吴潇雨, 和敬涵, 张沛等. 基于灰色投影改进随机森林算法的电力系统短期负荷预测[J].电力系统自动化, 2015, 39(12): 50-55.

[29] Yan W, Li M, Pan X, et al. Application of support vector regression cooperated with modified artificial fish swarm algorithm for wind tunnel performance prediction of automotive radiators[J]. Applied Thermal Engineering, 2020, (164): 1-7.

[30] 朱文广, 李映雪, 杨为群, 等. 基于 *K*-折交叉验证和 Stacking 融合的短期负荷预测[J]. 电力科学与技术学报, 2021, 36(1): 87-95.

[31] 李昆明, 厉文婕. 基于利用 BP 神经网络进行 Stacking 模型融合算法的电力非节假日负荷预测研究[J]. 软件, 2019, 40(9): 176-181.

[32] Jiang Y, Chen X, Yu K, et al. Short-term wind power forecasting using hybrid method based on enhanced boosting algorithm[J]. Journal of Modern Power Systems and Clean Energy, 2017, 5(1): 126-133.

[33] Cai R, Xie S, Wang B, et al. Wind speed forecasting based on extreme gradient boosting[J]. IEEE Access, 2020, (8): 175063-175069.

[34] 史佳琪, 张建华. 基于多模型融合 Stacking 集成学习方式的负荷预测方法[J]. 中国电机工程学报, 2019, 39(14): 4032-4042.

[35] 刘波, 秦川, 鞠平, 等. 基于 XGBoost 与 Stacking 模型融合的短期母线负荷预测[J]. 电力自动化设备, 2020, 40(3): 147-153.

[36] Tan Z Q, Zhang J, He Y, et al. Short-term load forecasting based on integration of SVR and stacking[J]. IEEE Access, 2020, (8): 227719-227728.

[37] 张振亚, 王进, 程红梅, 等. 基于余弦相似度的文本空间索引方法研究[J]. 计算机科学, 2005, (9): 160-163.

[38] 刘爱琴, 张继福, 荀亚玲. 基于大熵值变化区域和余弦相似度的离群迭代算法[J]. 小型微型计算机系统, 2013, 34(7): 1518-1521.

[39] 白杨, 谢乐, 夏清, 等. 中国推进售电侧市场化的制度设计与建议[J]. 电力系统自动化, 2015, 39(14): 1-7.

[40] Wang Y, Chen Q X, Kang C Q, et al. Load profiling and its application to demand response: A review[J]. Tsinghua Science and Technology, 2015, 20(2): 117-129.

[41] Chicco G, Napoli R, Piglione F. Comparisons among clustering techniques for electricity customer classification[J]. IEEE Transactions on Power Systems, 2006, 21(2): 933-940.

[42] Chévez P, Barbero D, Martini I, et al. Application of the *K*-means clustering method for the detection and analysis of areas of homogeneous residential electricity consumption at the Great La Plata region, Buenos Aires, Argentina[J]. Sustainable Cities and Society, 2017(32): 115-129.

[43] 王群, 董文略, 杨莉. 基于 Wasserstein 距离和改进 *K*-medoids 聚类的风电/光伏经典场景集生成算法[J]. 中国电机工程学报, 2015, 35(11): 2654-2661.

[44] Oprea S, Bâra A. Electricity load profile calculation using self-organizing maps[C]. The 20th International Conference on System Theory, Control and Computing, 2016: 860-865.

[45] Yang J, Zhao J, Wen F, et al. A model of customizing electricity retail prices based on load profile clustering analysis[J]. IEEE Transactions on Smart Grid, 2019, 10(3): 3374-3386.

[46] Zhou K, Yang C, Shen J. Discovering residential electricity consumption patterns through smart-meter data mining: A case study from China[J]. Utilities Policy, 2017(44): 73-84.

[47] 王德文, 周昉昉. 基于无监督极限学习机的用电负荷模式提取[J]. 电网技术, 2018, 42(10): 3393-3400.

[48] 林顺富, 田二伟, 符杨, 等. 基于信息熵分段聚合近似和谱聚类的负荷分类方法[J]. 中国电机工程学报, 2017, 37(8): 2242-2253.

[49] 张斌, 庄池杰, 胡军, 等. 结合降维技术的电力负荷曲线集成聚类算法[J]. 中国电机工程学报, 2015, 35(15): 3741-3749.

[50] 陈烨, 吴浩, 史俊祎, 等. 奇异值分解方法在日负荷曲线降维聚类分析中的应用[J]. 电力系统自动化, 2018, 42(3): 105-111.

[51] Jiang L X, Zhang L G, Yu L J, et al. Class-specific attribute weighted naive Bayes[J]. Pattern Recognition, 2019, 88(C): 321-330.

[52] Hall M. A decision tree-based attribute weighting filter for naive Bayes[J]. Knowledge-Based Systems, 2007, 20(2): 120-126.

[53] Rosales-Perez A, Garcia S, Terashima-Marin H, et al. MC2ESVM: Multiclass classification based on cooperative evolution of support vector machines[J]. IEEE Computational Intelligence Magazine, 2018, 13(2): 18-29.

[54] Yan H, Ye Q L, Liu Y G, et al. The GEPSVM classifier based on L1-norm distance metric[C]. Chinese Conference on Pattern Recognition, 2016: 703-719.

[55] Yang Z X, Shao Y H, Zhang X S. Multiple birth support vector machine for multi-class classification[J]. Neural Computing and Applications, 2013, 22(1): 153-161.

[56] Zhang X K, Ding S F, Xue Y. An improved multiple birth support vector machine for pattern classification[J]. Neurocomputing, 2017, (225): 119-128.

[57] Mcculloch W S, Pitts W H. A logical calculus of ideas immanent in nervous activity[J]. The Bulletin of Mathematical Biophysics, 1943, (5): 115-133.

[58] Xu X S, Tang Z, Wang J H. A method to improve the transiently chaotic neural network[J]. Neurocomputing, 2005, 67(1): 456-463.

[59] Sun J Y. Local coupled feedforward neural network[J]. Neural Networks, 2010, 23(1): 108-113.

[60] Ozyildirim B M, Avci M. Generalized classifier neural network[J]. Neural Networks, 2013, (39): 18-26.

[61] Wang S T, Chung F L, Wang J, et al. A fast learning method for feedforward neural networks[J]. Neurocomputing, 2015, (149): 295-307.

[62] López-Soto D, Angel-Bello F, Yacout S, et al. A multi-start algorithm to design a multi-class classifier for a multi-criteria ABC inventory classification problem[J]. Expert Systems with Applications, 2017, (81): 12-21.

[63] Muniz C, Figueiredo K, Vellasco M, et al. Irregularity detection on low tension electric installations by neural network ensembles[C]. Proceedings of IEEE International Joint Conference on Neural Networks, 2009: 2809-2815.

[64] Cao F, Tan Y, Cai M. Sparse algorithms of random weight networks and applications[J]. Expert Systems with Applications, 2014, 41(5): 2457-2462.

[65] Breiman L. Random forests[J]. Machine Learning, 2001, 45: 5-32.

[66] 张家伟, 郭林明, 杨晓梅. 针对不平衡数据的过采样和随机森林改进算法[J]. 计算机工程与应用, 2020, 56(11): 39-45.

[67] 宋小会, 郭志忠, 郭华平, 等. 一种基于森林模型的光伏发电功率预测方法研究[J]. 电力系统保护与控制, 2015, 43(2): 13-18.

[68] Golub G, Van Loan C. Matrix Computations[M]. Baltimore: Johns Hopkins University Press, 1996.

[69] 黄晓辉, 王成, 熊李艳, 等. 一种集成簇内和簇间距离的加权 *K*-means 聚类方法[J]. 计算机学报, 2019, 42(12): 2836-2848.

[70] 赵超, 王腾江, 刘士军, 等. 融合选择提取与子类聚类的快速 Shapelet 发现算法[J]. 软件学报, 2020, 31(3): 763-777.

[71] 李钊, 袁文浩, 任崇广, 等. 跨层精度自动调节的 *K* 均值聚类近似计算方法[J]. 西安电子科技大学学报, 2020, 47(3): 50-57.

[72] 刘洋, 刘洋, 许立雄. 适用于海量负荷数据分类的高性能反向传播神经网络算法[J]. 电力系统自动化, 2018, 42(21): 96-103.

[73] Zhang Y K, Zhang J, Yao G, et al. Method for clustering daily load curve based on SVD-KICIC[J]. Energies, 2020, 13(17): 1-15.

[74] Bezdek J C. A convergence theorem for the fuzzy isodata clustering algorithms[J]. IEEE Transactions on Pattern Analysis and Machine Intelligence, 1980, 2(1): 1-8.

[75] Selim S Z, Ismail M A. *K*-means-type algorithms: A generalized convergence theorem and characterization of local optimality[J]. IEEE Transactions on Pattern Analysis and Machine Intelligence, 1984, 6(1): 81-87.

[76] Tibshiranit R. Regression shrinkage and selection via the LAsso[J]. Journal of the Royal Statistical Society(Series B), 1996, 58(1): 267-288.

[77] Tibshiranit R, Saunders M, Rosset S, et al. Sparsity and smoothness via the fused LAsso[J]. Journal of the Royal Statistical Society(Series B), 2005, 67(1): 91-108.

[78] Rinaldo A. Properties and refinements of the fused LAsso[J]. Annals of Statistics, 2009, 37(5B): 2922-2952.

[79] Hou L, Kwok J T, Zurada J M. Efficient learning of timeseries Shapelets[C]. Proceedings of the 30th AAAI Conference on Artificial Intelligence, 2016: 1209-1215.

中篇

新能源电力系统随机特性分析

随着电力工业的发展，以太阳能和风能等为代表的新能源接入电网，给电网带来明显的间歇性和随机性。微电网、分布式电源和电动汽车等配电网新概念的发展，大大增强了电源、负荷与电网之间的互动，其直接结果导致了电力系统的不确定性显著增加。随着大规模可再生能源与电力系统的日益融合，负荷和可再生能源系统的随机特性变得越来越复杂，对电力系统的影响也越来越大。本篇对新能源电力系统随机特性及其影响进行分析研究，主要包含如下7章内容。

第4章详细介绍微电网中的分布式元件模型，包括风力发电、光伏发电、储能系统、柴油发电机和负荷的数学模型。

第5章详细介绍用于分析不确定性的方法，为后续章节铺垫理论知识。

第6章针对具有相关随机变量的概率潮流问题，提出将Nataf变换与拉丁超立方采样和奇异值分解相结合，并且为了保证多随机变量之间的相关性，提出一种二次排序法，利用奇异值分解方法扩展该方法的适用范围，使该方法在相关系数矩阵非正定情况下也能很好地运行。

第7章针对负荷的波动特性和风机、光伏两类分布式电源出力的时变特性，提出一种以有功网损灵敏度期望排序指导分布式电源优化配置的方法，通过对标准配电网中接入分布式电源的位置和容量的最优配置，综合配电网网损、分布式电源费用等多种因素的目标函数在分布式电源接入配电网后取得最佳。并利用MATLAB对一个典型配电网进行仿真，验证所提方法的有效性。

第8章提出确定合理功率增量方向的方法，并进行理论证明。在此基础上，结合拉丁超立方采样和二次排序技术，提出电力系统概率电压稳定评估的幂法变换方法，并在两个改进型IEEE测试系统进行仿真计算，分析表明该方法是准确有效的。

第9章主要考虑可再生能源不确定性的电力系统可用输电能力(available transfer capability，ATC)计算，使用拉丁超立方采样法代替蒙特卡罗模拟法，分别对风、光单独并网以及风光发电共存并网的系统概率ATC计算，并统计系统概率可用输电能力评估指标，通过具体算例评估可再生能源并网对系统概率可用输电能力的影响。

第10章主要研究含多微电网配电系统的风险评估问题，提出基于Cornish-Fisher(科尼什-费希尔)级数展开和半不变量法的随机潮流算法，并应用此算法对各种情况下含微电网配电系统进行风险评估研究，验证算法的高效准确性。

第4章　新能源电力系统元件模型

作为本篇内容的基础，本章介绍风力发电、光伏发电、储能系统、柴油发电机以及负荷的数学模型。

4.1　风力发电数学模型

风力发电中风轮在风力的作用下，带动风轴旋转，进而带动发电机发电产生电能。风力发电输出功率与风速有关，因此风力发电含有很大的不确定性，风力发电数学模型如图 4-1 所示。

风力发电数学模型研究可分为两类：①基于空气动力学的带风轮结构的模型；②输出功率与风速函数关系的简单模型。本书选用简单模型，省略机械能转化的过程，风力发电输出功率与风速间的函数关系可用如图 4-2 所示的曲线进行描述。

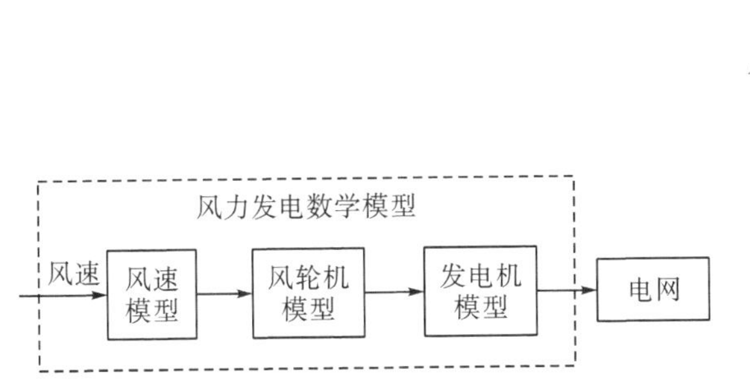

图 4-1　风力发电数学模型

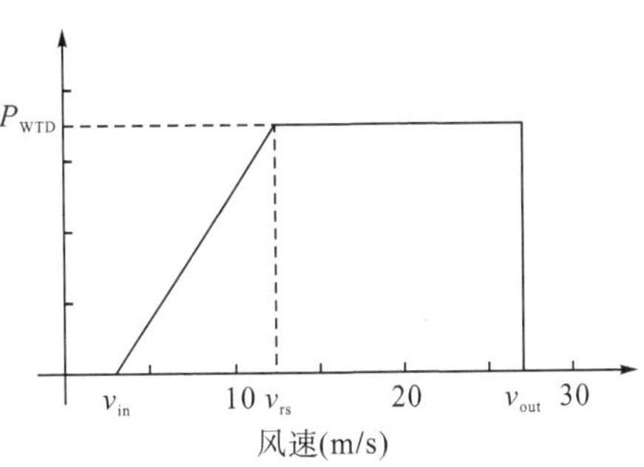

图 4-2　风力发电系统风速-输出功率特性

由图 4-2 可见，当风速低于切入风速 v_{in} 时，风力涡轮机(wind turbine，WT)停运，输出功率为零；当风速超过系统设定的输入风速时，WT 能够产生电能。将能够使 WT 产生电能的最小风速定义为切入风速，因此只有当风速高于切入风速时才能产生电能。随着风速不断增大，当风速处于切入风速和额定风速 v_{rs} 之间时，WT 的输出功率与风速大致呈正线性关系。当风速继续增大超过额定风速时，WT 的输出保持额定功率。风速超过切出风速 v_{out} 时，为了保护 WT 能够安全运行，WT 停运，输出功率为零。其中切出风速是 WT 所能承受的最大风速，与 WT 自身特性密切相关。

风电单元输出功率与风速的函数关系如式(4-1)所示：

$$P_{\mathrm{WT}}=\begin{cases}0, & v_{\mathrm{WT}}\in[0,v_{\mathrm{in}}]\cup(v_{\mathrm{out}},\infty)\\ \dfrac{P(v_{\mathrm{rs}})-P(v_{\mathrm{in}})}{v_{\mathrm{rs}}-v_{\mathrm{in}}}(v_{\mathrm{WT}}-v_{\mathrm{in}}), & v_{\mathrm{WT}}\in[v_{\mathrm{in}},v_{\mathrm{rs}}]\\ P_{\mathrm{WTD}}, & v_{\mathrm{WT}}\in[v_{\mathrm{rs}},v_{\mathrm{out}}]\end{cases} \tag{4-1}$$

通过对风速的长期观测、历史数据研究可以发现，一年中发生强风的可能性很小，大部分时间风速变化不大，风速的年平均分布可以由韦布尔(Weibull)分布[1]描述，其概率密度函数如式(4-2)所示：

$$f(v_{\mathrm{WT}})=\frac{k_{\mathrm{WT}}}{c_{\mathrm{WT}}}\left(\frac{v_{\mathrm{WT}}}{c_{\mathrm{WT}}}\right)^{k_{\mathrm{WT}}-1}\exp\left[-\left(\frac{v_{\mathrm{WT}}}{c_{\mathrm{WT}}}\right)^{k_{\mathrm{WT}}}\right] \tag{4-2}$$

$$k_{\mathrm{WT}}=\left(\frac{\sigma_{\mathrm{WT}}}{\mu_{\mathrm{WT}}}\right)^{-1.086} \tag{4-3}$$

$$c_{\mathrm{WT}}=\frac{\mu_{\mathrm{WT}}}{\Gamma_{\mathrm{WT}}(1+1/k_{\mathrm{WT}})} \tag{4-4}$$

式中，Γ_{WT}为伽马函数；k_{WT}和c_{WT}分别为形状参数和尺度参数；μ_{WT}和σ_{WT}分别为风速的平均值和标准差，影响k_{WT}和c_{WT}。

根据概率论可进行推导，若随机变量X的概率密度为$f_X(x)$ $(-\infty<x<+\infty)$，函数$g(x)$处处可导且恒有$g'(x)>0$[或恒有$g'(x)<0$]，则$Y=g(X)$的概率密度函数为

$$f_Y(x)=\begin{cases}f_Y[h(y)]|h'(y)|, & \alpha<y<\beta\\ 0, & \text{其他}\end{cases} \tag{4-5}$$

式中，$\alpha=\min[g(-\infty),g(+\infty)]$；$\beta=\max[g(-\infty),g(+\infty)]$；$h(y)$为$g(x)$的反函数。

特别地，当$g(x)$为一次函数时，Y的概率密度函数为

$$f_Y(x)=\frac{1}{|k|}f_X\left(\frac{y-b}{k}\right) \tag{4-6}$$

综上所述，当风速$v_{\mathrm{WT}}\in[v_{\mathrm{in}},v_{\mathrm{rs}}]$时，风力发电输出功率的概率密度函数如式(4-7)所示：

$$f(P_{\mathrm{WT}})=\frac{k_{\mathrm{WT}}}{k_1c_{\mathrm{WT}}}\left(\frac{P_{\mathrm{WT}}-k_2}{k_1c_{\mathrm{WT}}}\right)^{k_{\mathrm{WT}}-1}\exp\left[-\left(\frac{P_{\mathrm{WT}}-k_2}{k_1c_{\mathrm{WT}}}\right)^{k_{\mathrm{WT}}}\right] \tag{4-7}$$

$$\begin{cases}k_1=\dfrac{P(v_{\mathrm{rs}})-P(v_{\mathrm{in}})}{v_{\mathrm{rs}}-v_{\mathrm{in}}}\\ k_2=-k_1v_{\mathrm{in}}\end{cases} \tag{4-8}$$

4.2 光伏发电数学模型

光伏发电源于太阳能，理论上分布广泛、无穷无尽，是一种可再生清洁能源，因此光伏发电在未来的能源链中扮演着关键的角色。微电网中光伏发电系统的结构如图4-3所示。光伏发电可以根据系统需要参与电网运行或者独立成为发电单元运行。并网发电时，光伏发电发出的电能通过电力电子设备经直流/直流(DC/DC)、直流/交流(DC/AC)转换后，将

直流电转换为交流电输送给大电网。非并网发电运行在独立系统时，光伏发电系统多用于比较偏僻的地方或者一些自给自足用电的地方。

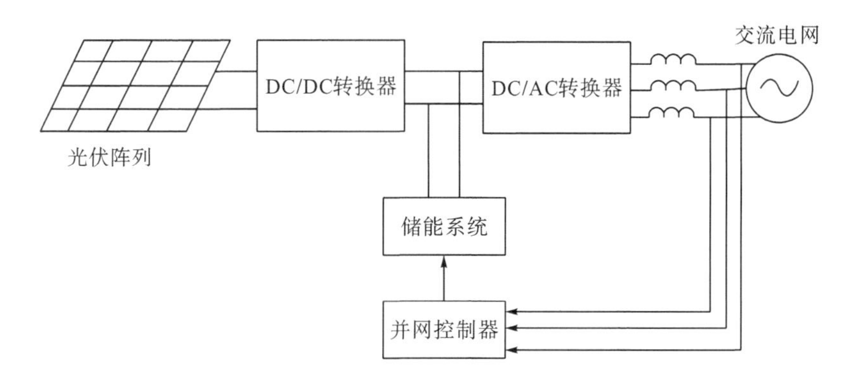

图 4-3　光伏发电系统的结构

光伏发电输出功率与光伏阵列所受光照强度、环境温度有关。在保持光伏发电系统两端为恒定电压的情况下，其输出功率可表示为

$$P_{PV}=P_{STC}\frac{G_{PV}}{G_{STC}}\left[1+k_{PV}(T_{mod}-T_r)\right] \tag{4-9}$$

式中，G_{PV} 为实际光照强度；G_{STC} 为标准光照强度；P_{STC} 为光伏发电的最大输出功率；k_{PV} 为功率的温度系数；T_{mod} 为环境温度；T_r 为参考温度

光照强度受环境因素影响较大，天气、地理位置、云层等都造成其具有不确定性。研究表明，光照强度符合贝塔(Beta)分布[2]，其概率密度函数为

$$f\left(G_{PV}\right)=\frac{1}{B\left(\alpha_{PV},\ \beta_{PV}\right)}\left(\frac{G_{PV}}{G_{PV\max}}\right)^{\alpha_{PV}-1}\left(1-\frac{G_{PV}}{G_{PV\max}}\right)^{\beta_{PV}-1} \tag{4-10}$$

式中，B 为 Beta 函数；α_{PV}、β_{PV} 为 Beta 分布的形状参数，可通过该段时间内光照强度的均值(μ_{PV})和标准差(σ_{PV})得到：

$$\begin{cases}\alpha_{PV}=\mu_{PV}\left[\dfrac{\mu_{PV}\left(\mu_{PV}-1\right)}{\sigma_{PV}^2}-1\right]\\ \beta_{PV}=\left(1-\mu_{PV}\right)\left[\dfrac{\mu_{PV}\left(\mu_{PV}-1\right)}{\sigma_{PV}^2}-1\right]\end{cases} \tag{4-11}$$

在实际运行中，光伏发电输出功率还受电力电子设备转换效率、系统受光面积、光伏阵列清洁程度、输电效率等其他因素所影响。由于本篇的研究重点在于如何有效利用微电网内的光能，故光伏发电选用简单模型，以上因素均不考虑。

简单模型中，光伏发电输出功率与其所受光照强度呈一次线性关系，因此可通过太阳光照强度的概率密度函数获得光伏发电输出功率的概率密度函数。假设光伏电池阵列由 M 个小电池组件组成，第 m 个组件的面积及其光电转换效率分别为 A_m 和 η_{PVm}，某时段光伏阵列的输出功率 P_{PV} 和最大输出功率 R_{PV} 可由式(4-12)求出：

$$\begin{cases} P_{\mathrm{PV}} = G_{\mathrm{PV}} A \eta_{\mathrm{PV}} \\ R_{\mathrm{PV}} = G_{\mathrm{PVmax}} A \eta_{\mathrm{PV}} \end{cases} \tag{4-12}$$

式中，η_{PV}为光伏阵列的光能-电能转换效率；A为光伏阵列的总面积，可由式(4-13)求出：

$$\begin{cases} A = \sum_{m=1}^{M} A_m \\ \eta_{\mathrm{PV}} = \dfrac{\sum_{m=1}^{M} A_m \eta_{\mathrm{PV}m}}{A} \end{cases} \tag{4-13}$$

因此，当光伏电池组受到光照($G_{\mathrm{PV}} > 0$)时，光伏电池组输出功率的概率密度函数如式(4-14)所示：

$$f(P_{\mathrm{PV}}) = \frac{1}{R_{\mathrm{PV}} B(\alpha_{\mathrm{PV}}, \beta_{\mathrm{PV}})} \left(\frac{P_{\mathrm{PV}}}{R_{\mathrm{PV}}} \right)^{\alpha_{\mathrm{PV}}-1} \left(1 - \frac{P_{\mathrm{PV}}}{R_{\mathrm{PV}}} \right)^{\beta_{\mathrm{PV}}-1} \tag{4-14}$$

4.3 储能系统数学模型

储能系统在微电网中可以视为负荷进行存储能量，也可以视为微源释放能量，在微电网中较为灵活。因此，储能系统在微电网源荷之间可以起到调节作用，以储能系统为桥梁，灵活地转移能量，确保微电网安全可靠、稳定经济运行。目前储能系统的主要定义为能够储存和释放电能的设备，当微电网并网运行时，储能系统可以储存其他微源的剩余出力以提高消纳率，再基于电价或上级电网调度指令进行充放电，起到削峰填谷的作用。当微电网孤岛运行时，储能系统的存在更加重要，其可以稳定微电网的供电质量，支撑重要负荷的供电，同时存储的其他微源剩余出力，在微电网电源供应不足条件下可输出功率支撑微电网运行。目前有多种类型的储能设备，如基于气能的化学储能系统，基于电气设备的超级电容器储能系统和超导储能系统，基于飞轮、空气压缩和抽水蓄能的机械储能系统，基于电池的电化学储能系统。其中，电化学储能系统可将其视为蓄电池(battery，BA)，如锂电池和钠硫电池等，具备能量转换快、成本低、易操作、成熟可靠等优点，得以在微电网中广泛应用，因此本节选取BA为储能系统进行建模。

荷电状态(state of charge，SOC)是BA的一个重要参数，可用于表示BA当前状态与可调容量范围，其定义如式(4-19)所示：

$$\mathrm{SOC} = \frac{E_{\mathrm{BA}}}{E_{\mathrm{BA\_r}}} \tag{4-15}$$

式中，E_{BA}与$E_{\mathrm{BA_r}}$分别为BA当前电量与额定容量。

可以看出SOC与剩余电量有关，因此t+1时刻的SOC与t时刻的SOC及充放电功率相关，其数学模型如下：

$$\mathrm{SOC}(t+1)=\begin{cases}\mathrm{SOC}(t)-\dfrac{P_{\mathrm{BA}}(t)\Delta t}{\eta_{\mathrm{BA\_d}}E_{\mathrm{BA\_r}}}, & P_{\mathrm{BA}}(t)>0\\ \mathrm{SOC}(t)-\dfrac{\eta_{\mathrm{BA\_c}}P_{\mathrm{BA}}(t)\Delta t}{E_{\mathrm{BA\_r}}}, & P_{\mathrm{BA}}(t)\leqslant 0\end{cases} \tag{4-16}$$

式中，$P_{\mathrm{BA}}(t)$ 为 t 时刻 BA 的输出功率，充电时其值小于 0，放电时大于 0；$\eta_{\mathrm{BA\_c}}$ 和 $\eta_{\mathrm{BA\_d}}$ 分别为充电系数和放电系数；Δt 为间隔时间。

4.4 柴油发电机数学模型

柴油发电机具有很好的灵活性，维护操作方便，可控性比储能及可再生能源强，因此可在微电网中配置一些容量较小的柴油发电机，让其参与微电网的优化调度。柴油发电机的发电涉及燃料费用的消耗，因此它的运行成本表现为发电过程中产生的燃料费用，与传统火力发电相似，柴油发电机的燃料费用是关于输出功率的二次函数[3]。具体的数学表达式为

$$F\left(p_t^{\mathrm{die}}\right)=a\left(p_t^{\mathrm{die}}\right)^2+bp_t^{\mathrm{die}}+c \tag{4-17}$$

式中，p_t^{die} 为 t 时刻柴油发电机的输出功率；a、b、c 为柴油发电机的成本系数。

柴油发电机输出功率的上下限约束：

$$p_{\mathrm{die}}^{\min}\leqslant p_{\mathrm{die}}(t)\leqslant p_{\mathrm{die}}^{\max} \tag{4-18}$$

式中，$p_{\mathrm{die}}^{\max}$、$p_{\mathrm{die}}^{\min}$ 分别为柴油发电机输出功率的上限、下限。

柴油发电机爬坡约束为

$$\Delta p_{\mathrm{die}}^{\min}\leqslant p_t^{\mathrm{die}}-p_{t+1}^{\mathrm{die}}\leqslant \Delta p_{\mathrm{die}}^{\max} \tag{4-19}$$

其中，$\Delta p_{\mathrm{die}}^{\max}$、$\Delta p_{\mathrm{die}}^{\min}$ 分别为柴油发电机爬坡功率的上限、下限。

4.5 负　　荷

系统中负荷需求受外界环境以及人为因素所影响而具备一定的不确定性，在随机特性上负荷需求与风电、光伏出力相同，可视为一种随机变量。因此，可采用正态分布表征微电网负荷需求功率波动，负荷功率的概率密度函数如式(4-20)所示：

$$f(P_{\mathrm{LOAD}})=\frac{1}{\sqrt{2\pi}\sigma_{\mathrm{LOAD}}}\exp\left[-\frac{(P_{\mathrm{LOAD}}-\mu_{\mathrm{LOAD}})^2}{2\sigma_{\mathrm{LOAD}}^2}\right] \tag{4-20}$$

式中，P_{LOAD} 为电力负荷的有功功率；μ_{LOAD} 和 σ_{LOAD}^2 分别为电力负荷的期望和方差。

第5章　概率分析方法

5.1　蒙特卡罗模拟法

蒙特卡罗模拟(Monte-Carlo simulation, MCS)法以随机模拟和统计实验为手段，是一种从随机变量的概率分布中，通过随机选择数字的方法产生一种符合该随机变量概率分布特性的随机数值序列，作为输入变量序列进行特定分析的求解方法。

蒙特卡罗模拟法的优点在于样本数量足够大时，计算结果足够精确，并且计算量一般不受系统规模的影响，该方法的采样次数与采样精度的平方成反比；缺点在于为提高计算精度，往往需要提高系统采样规模，从而导致计算时长过大。考虑其精度优势，随机采样的蒙特卡罗模拟法一般用来作为基准方法进行比较，是衡量其他方法准确性的重要参考。

5.2　拉丁超立方采样法

拉丁超立方采样(Latin hypercube sampling，LHS)法是一种分层采样方法，与传统的采样规模相比具有更好的稳健性，在采样数量相同的情况下能够更完整地覆盖到所有的采样区域。拉丁超立方采样法主要由两部分组成：第一部分是采样，第二部分是排序。采样的核心思想是等间距采样，这样能够确保样本覆盖所有输入随机变量的分布区域；排序的目的是通过改变采样值的排序，降低采样值相关性对拉丁超立方采样法模拟精度的影响。

5.2.1　采样

假设所求问题中有 K 个随机输入变量，X_k (k=1,2,$\cdots$,K)为其中任一随机变量，并且已知其累积概率分布函数：

$$Y_k = F_k(X_k) \tag{5-1}$$

图 5-1 为蒙特卡罗模拟法的采样原理图。图 5-2 为拉丁超立方采样法的采样原理图，图中 N 代表采样规模，拉丁超立方采样将曲线的 Y 轴分为 N 个等间距且不重叠的区间，每个区间的长度都为 1/N，并选择每个区间的中点作为 Y_k 的值，然后求取反函数的方法来计算 X_k 的采样值，X_{kn} 可以表示为

$$X_{kn} = F_k^{-1}\left(\frac{n-0.5}{N}\right), \quad n = 1,2,\cdots,N \tag{5-2}$$

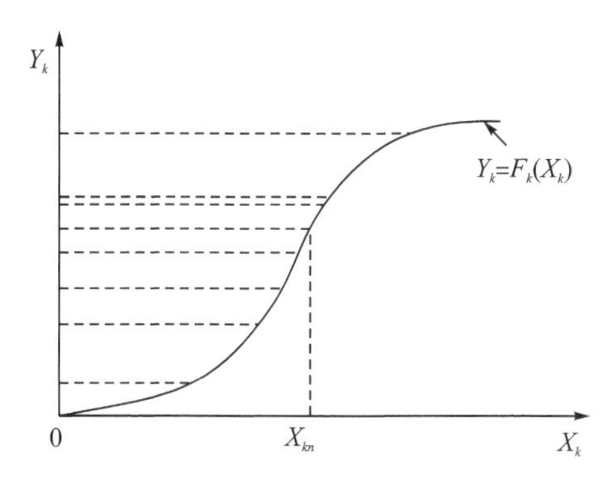

图 5-1　蒙特卡罗模拟法的采样原理图

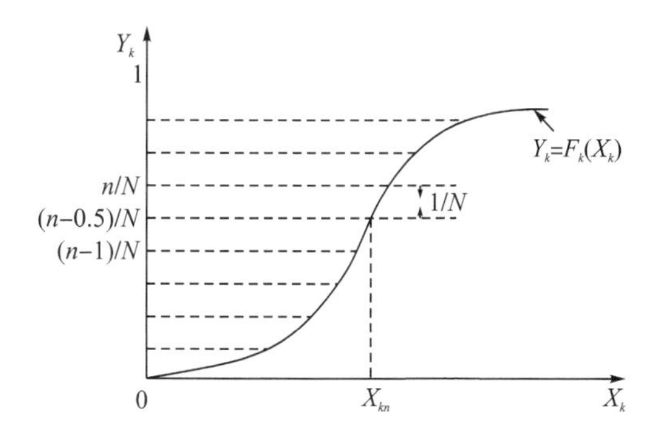

图 5-2　拉丁超立方采样法的采样原理图

当对所有变量采样结束后，把每个变量的采样值排列为矩阵的一行，形成一个 $K \times N$ 阶的样本矩阵 $\boldsymbol{S}_0$，可表示为

$$\boldsymbol{S}_0 = \begin{bmatrix} X_{11} & X_{12} & \cdots & X_{1N} \\ X_{21} & X_{22} & \cdots & X_{2N} \\ \vdots & \vdots & & \vdots \\ X_{K1} & X_{K2} & \cdots & X_{KN} \end{bmatrix} \tag{5-3}$$

该方法能够保证采样点完全覆盖所有的随机分布区域，采样规模相对于蒙特卡罗模拟法小，且不出现重叠区域，又因为样本矩阵 $\boldsymbol{S}_0$ 中的元素是随机排列的，所以每个随机变量的采样值之间的相关性是不可控的。

5.2.2　排序

在使用拉丁超立方采样法对多输入随机变量进行采样时，计算的准确度不仅和采样值有关，还和每个随机变量之间的相关性有关，相关性越小准确度越高，所以需要采用排序的方式降低各行之间的相关性。常用的排序方法主要有 Cholesky（楚列斯基）分解法[4]、遗传算法[5]等。根据以上得到 $K \times N$ 阶的样本矩阵，可用一个 $K \times K$ 的相关系数矩阵 $\boldsymbol{\rho}$ 来对其进行相关性处理。对相关系数矩阵进行 Cholesky 分解：

(1) 假设 $\boldsymbol{\rho}_x$ 为 n 个输入随机变量 x 的相关系数矩阵，其任意非对角元素 $\boldsymbol{\rho}_{xab}\,(a \neq b)$ 是对应随机变量 x_a 和 x_b 的相关系数。$\boldsymbol{\rho}_x$ 一般为正定对称矩阵，对其进行 Cholesky 分解为

$$\rho_x = \boldsymbol{D}\boldsymbol{D}^{\mathrm{T}} \tag{5-4}$$

式中，$\boldsymbol{D}$ 为下三角矩阵。

(2) 对 X 个相互对立的标准正态分布随机变量进行采样，可得样本矩阵 $\boldsymbol{A}$，再通过正交变换技术 $\boldsymbol{Z}=\boldsymbol{D}\boldsymbol{A}$ 能够得到相关系数矩阵为 $\boldsymbol{\rho}_x$ 的样本矩阵 $\boldsymbol{Z}$，并通过 $\boldsymbol{Z}$ 得到顺序矩阵 $\boldsymbol{L}_S$。$\boldsymbol{L}_S$ 的每一行由 1～N 的数字排列组成，代表样本矩阵 $\boldsymbol{Z}$ 中对应行的元素按照大小关系所处的位置。

(3) 将 $\boldsymbol{S}_0$ 按照顺序矩阵 $\boldsymbol{L}_S$ 进行排序，得到满足所选定的相关性样本矩阵 $\boldsymbol{S}$。

分别用蒙特卡罗模拟法和拉丁超立方采样法对 5000 个随机数进行采样时，可得到如

图 5-3 所示的结果。可以看出在相同采样数量下拉丁超立方采样法相对于蒙特卡罗模拟法采样到的数据覆盖面更广，更加拟合原曲线趋势。在运行时间上，拉丁超立方采样法的采样时间为 0.206s，而蒙特卡罗模拟法的采样时间为 0.358s，蒙特卡罗模拟法所花时间更久。拉丁超立方采样法采用顺序采样，避免了蒙特卡罗模拟法的重复采样情况，所以能在更短时间内采集到覆盖面积更广的样本。当分布中包含低概率结果时，聚集会变得特别明显，可能会对结果产生大的影响，但是考虑这些低概率结果的影响也是重要的，所以必须对这些结果进行采样，如果概率非常低，少量的蒙特卡罗迭代不能对这些结果采样到足够的数量，就难以准确代表其概率。说明拉丁超立方采样法在抽取样本量较少的情况下具有较高的准确性。

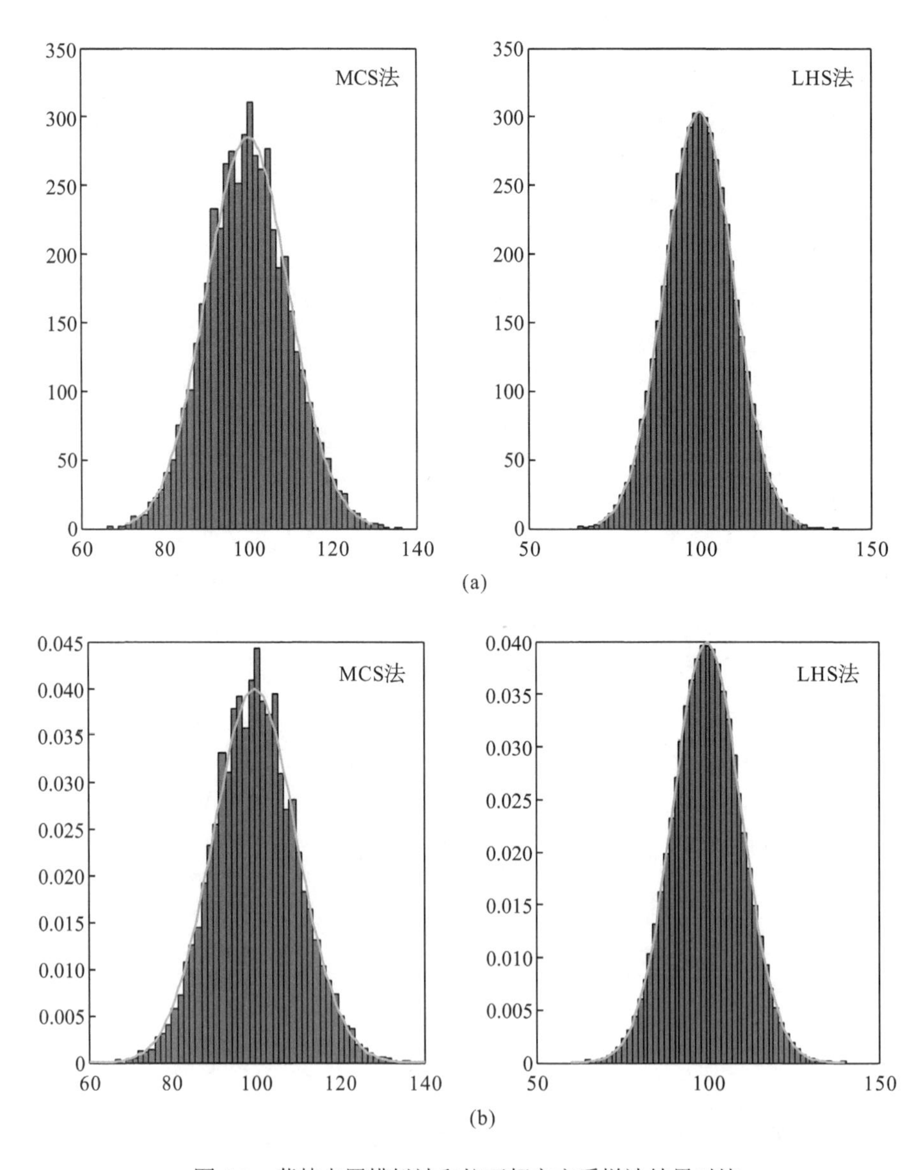

图 5-3　蒙特卡罗模拟法和拉丁超立方采样法结果对比

图中横轴表示的是求解变量，(a) 中纵轴表示求解变量在采样中被采中的频率，(b) 中纵轴表示随机变量在采样中被采中的概率

5.3　两点估计法

两点估计法(two-point estimate method，2PEM)由点估计法发展而来，能够根据已知随机变量的概率分布，求得待求随机变量的各阶矩[6]。目前，两点估计法随机潮流理论已成功应用于电力系统分析的许多方面[7]，并能够得到较高的精度。

5.3.1　一元函数的两点估计法

设一元函数 $Z=h(X)$，X 为随机变化的量，并且服从某种随机分布，X 的概率密度函数为 $f_X(x)$，均值为 μ_X，标准差为 σ_X，则 X 的第 i 阶中心矩为

$$M_i(X)=\int_{-\infty}^{+\infty}(x-\mu_X)^i f(x)\,\mathrm{d}x \tag{5-5}$$

令 $\lambda_{X,i}$ 为第 i 阶中心矩和标准差 σ_X 的 i 次方之比，即

$$\lambda_{X,i}=\frac{M_i(X)}{(\sigma_X)^i},\quad i=1,2,\cdots,n \tag{5-6}$$

当 $i=1$ 时，$\lambda_{X,1}=0$；当 $i=2$ 时，$\lambda_{X,2}=1$；$\lambda_{X,3}$ 为偏度系数。函数 $Z=h(X)$ 在 μ_X 处的泰勒级数展开式为

$$h(X)=h(\mu_X)+\sum_{i=1}^{\infty}\frac{1}{i!}h^{(i)}(\mu_X)(x-\mu_X)^i \tag{5-7}$$

令 Z 的均值为 μ_Z，由式(5-7)可以得到

$$\mu_Z=E\left[h(X)\right]=\int_{-\infty}^{+\infty}h(x)f(x)\mathrm{d}x=h(\mu_X)+\sum_{i=1}^{\infty}\frac{1}{i!}h^{(i)}(\mu_X)\lambda_{X,i}\sigma_X^i \tag{5-8}$$

若在变量 X 中取两个点对 μ_Z 进行估计，设这两点的计算公式为 $x_i=\mu_X+\xi_i\sigma_X$，$i=1,2$，其中，ξ_i 为位置系数。$p_i(i=1,2)$ 为取值为 x_i 的概率密度，且有 $p_1+p_2=1$，将 x_i 代入式(5-7)，分别乘以 p_i，再将两项求和得到的值作为 $Z=h(X)$ 的均值，表达式如下：

$$\mu_Z=p_1h(x_1)+p_2h(x_2)=h(\mu_X)(p_1+p_2)+\sum_{i=1}^{\infty}\frac{1}{i!}h^{(i)}(\mu_X)(p_1\xi_1^i+p_2\xi_2^i)\sigma_X^i \tag{5-9}$$

将式(5-8)和式(5-9)中四阶及以上的量省略，再对比两式等号右侧项，有

$$\sum_{j=1}^{2}p_j\xi_j^i=\frac{M_i(X)}{(\sigma_X)^i}=\lambda_{X,i},\quad i=0,1,2,3 \tag{5-10}$$

将式(5-10)展开为一个方程组，解方程得

$$\begin{cases} \xi_j = \dfrac{\lambda_{X,3}}{2} + (-1)^{3-j}\sqrt{1+\left(\dfrac{\lambda_{X,3}}{2}\right)^2} \\ p_j = \dfrac{(-1)^j \xi_{3-j}}{2\sqrt{1+\left(\dfrac{\lambda_{X,3}}{2}\right)^2}}, \quad j=1,2 \end{cases} \tag{5-11}$$

将式(5-11)代入式(5-9)，就可以得到采用两个点 $x_i(i=1,2)$ 对 μ_Z 的估值：

$$\mu_Z = p_1 h(x_1) + p_2 h(x_2) + \sum_{i=1}^{+\infty} \frac{1}{i!} h^{(i)}(\mu_X)[\lambda_{X,i} - (p_1\xi_1^i + p_2\xi_2^i)]\sigma_X^i \tag{5-12}$$

省略式(5-12)中四阶及以上的高阶项后，可以得到 μ_Z 的近似表达式：

$$\mu_Z \approx p_1 h(x_1) + p_2 h(x_2) \tag{5-13}$$

同理可得 Z^2 的均值：

$$E(Z^2) \approx p_1[h(x_1)]^2 + p_2[h(x_2)]^2 \tag{5-14}$$

于是 Z 的方差可由式(5-15)求得

$$D(Z) = E(Z^2) - E^2(Z) \tag{5-15}$$

5.3.2 多元函数的两点估计法

对于多元函数 $Z = f(X_1, X_2, \cdots, X_n)$，在每个随机变量处均取两个点对 Z 进行估计，假设各随机变量互不相关，则有

$$\begin{cases} x_{k,i} = \mu_k + \xi_{k,i}\sigma_k, \quad k=1,2,\cdots n; i=1,2 \\ \displaystyle\sum_{k=1}^{n}\sum_{i=1}^{2} p_{k,i} = 1 \\ \displaystyle\sum_{i=1}^{2} p_{k,i} = \frac{1}{n} \end{cases} \tag{5-16}$$

令 $\lambda_{k,j}$ 为 X_k 第 j 阶中心矩 $M_j(X_k)$ 和标准差 σ_k 的 j 次方之比，即

$$\begin{cases} M_j(X_k) = \displaystyle\int_{-\infty}^{+\infty} (x-\mu_k)^j f(x)\,\mathrm{d}x \\ \lambda_{k,j} = \dfrac{M_j(X_k)}{(\sigma_k)^j}, \quad j=1,2,\cdots \end{cases} \tag{5-17}$$

则利用多元函数泰勒级数展开式，依次用 $\lambda_{k,j}$ 对 Z 在 2 个点上进行估计，可得

$$\sum_{i=1}^{2} p_{k,i}(\xi_{k,i})^j = \lambda_{k,j}, \quad j=1,2,3; k=1,2,\cdots,n \tag{5-18}$$

联立求解式(5-16)～式(5-18)，得 Z 的各阶矩估计值：

$$E(Z^j) \approx \sum_{k=1}^{n}\sum_{i=1}^{2} P_{k,i} \times f[(\mu_1, \mu_2, \cdots, \mu_{k,i}, \cdots, \mu_n)]^j \tag{5-19}$$

当 $j=1$ 时，$E(Z)$ 为 Z 的均值；当 $j=2$ 时，可以得到 Z 的标准差，即

$$\sigma(Z) = \sqrt{E(Z^2) - E^2(Z)} \tag{5-20}$$

5.4　半不变量法

解析法以半不变量法(cumulant method，CM)为代表，其基本思想为：通过较少次的运算求出支路潮流和节点电压的期望、方差及分布函数等信息，快速给出系统状态变量的分布[8]。

欲计算随机变量的半不变量，首先要计算出随机变量的期望及中心矩[9]。随机变量分为连续型随机变量和离散型随机变量，当随机变量为连续型随机变量时，假设其概率密度函数为 $y(x)$，则其期望可由式(5-21)得出

$$\mu=\int_{-\infty}^{0} xy(x)\,\mathrm{d}x \tag{5-21}$$

随机变量的各阶中心矩 M_v 可由期望计算得出。

$$M_v=\int_{-\infty}^{0}(x-\mu)^v g(x)\,\mathrm{d}x \tag{5-22}$$

当随机变量为离散型随机变量时，假设随机变量的概率为 p_i，则其期望和各阶中心矩可由式(5-23)和式(5-24)得出，即

$$\mu=\sum_i x_i\cdot p_i \tag{5-23}$$

$$M_v=\sum_i (x_i-\mu)^v p_i \tag{5-24}$$

求出随机变量的期望与各阶中心矩，则随机变量的前八阶半不变量为

$$K_1=M_1 \tag{5-25a}$$

$$K_2=M_2 \tag{5-25b}$$

$$K_3=M_3 \tag{5-25c}$$

$$K_4=M_4-M_2M_3 \tag{5-25d}$$

$$K_5=M_5-10M_2M_3 \tag{5-25e}$$

$$K_6=M_6-15M_2M_4+30M_2-10M_3^2 \tag{5-25f}$$

$$K_7=M_7-21M_5M_2-35M_4M_3+210M_2^2M_3 \tag{5-25g}$$

$$\begin{aligned}K_8=&M_8-28M_6M_2-56M_5M_3-35M_4^2\\&+420M_2^2M_4+560M_3^2M_2-620M_2^4\end{aligned} \tag{5-25h}$$

半不变量法能够简化卷积计算，因为其具有以下两个性质[10]。

性质一：可加性。若 n 个随机变量 $x_1,x_2,\cdots,x_n$ 之间相互独立，且 n 个随机变量的 k 阶半不变量 $k_1,k_2,\cdots,k_v$ 均存在，则随机变量 $x(t)=x(1)\oplus x(2)\oplus\cdots\oplus x(n)$（$\oplus$ 代表卷积计算）的 k 阶半不变量可以表示为

$$K_v^{(t)}=\sum_{i=1}^{n}K_v^{(t)} \tag{5-26}$$

性质二：随机变量 a 倍的 k 阶半不变量等于该变量的 k 阶半不变量值的 a 倍。

5.5 分布函数的拟合

5.5.1 Gram-Charlier 级数展开法

Gram-Charlier 级数展开式经常被用到电力系统随机模拟生产当中，它能够根据未知变量的各阶矩，结合标准正态随机变量的各阶导数，近似求出其概率密度或分布函数[11]。对任何一个随机变量ξ，假设其均值和标准差分别为μ和σ，那么该随机变量的标准化随机变量为

$$x=\frac{\xi-\mu}{\sigma} \tag{5-27}$$

Charlier 证明，标准化后随机变量的概率密度可用标准正态分布密度函数$\varphi(x)$及其各阶导数的级数形式来表示，即

$$\begin{aligned}f(x)&=\sum_{i=0}^{+\infty}A_i\varphi^{(i)}(x)=A_0\varphi^{(0)}(x)+A_1\varphi^{(1)}(x)+A_2\varphi^{(2)}(x)+\cdots\\&=\varphi(x)\sum_{i=0}^{+\infty}C_iH_i(x)=\varphi(x)[C_0H_0(x)+C_1H_1(x)+C_2H_2(x)+\cdots]\end{aligned} \tag{5-28}$$

式中，$H_i(x)$称为第i阶厄米(Hermite)多项式，它是标准正态分布各阶导数与其本身的比，即

$$H_i(x)=\frac{\varphi^{(i)}(x)}{\varphi(x)} \tag{5-29}$$

不难证明，Hermite 多项式是一个递归的多项式，前 8 项 Hermite 多项式为

$$H_0(x)=1 \tag{5-30a}$$

$$H_1(x)=-x \tag{5-30b}$$

$$H_2(x)=x^2-1 \tag{5-30c}$$

$$H_3(x)=-(x^3-3x) \tag{5-30d}$$

$$H_4(x)=x^4-6x^2+3 \tag{5-30e}$$

$$H_5(x)=-(x^5-10x^3+15x) \tag{5-30f}$$

$$H_6(x)=x^6-15x^4+45x^2-15 \tag{5-30g}$$

$$H_7(x)=-(x^7-21x^5+105x^3-105x) \tag{5-30h}$$

$$H_8(x)=x^8-28x^6+210x^4-420x^2+105 \tag{5-30i}$$

根据 Hermite 多项式的正交性：

$$\int_{-\infty}^{+\infty}H_i(x)H_j(x)\varphi(x)\,\mathrm{d}x=\begin{cases}0, & i\neq j\\ i!, & i=j\end{cases} \tag{5-31}$$

用$H_i(x)$乘以式(5-28)，两边积分，利用多项式的正交性，得

$$\int_{-\infty}^{+\infty}H_i(x)f(x)\,\mathrm{d}x=C_i i! \tag{5-32}$$

由此可得

$$C_i = \frac{1}{i!}\int_{-\infty}^{+\infty} H_i(x)\varphi(x)\,\mathrm{d}x \tag{5-33}$$

将式(5-29)代入式(5-33)，积分后可得到以中心矩表示的常数 C_i，对应的前 8 项为

$$C_0 = 1 \tag{5-34a}$$

$$C_1 = C_2 = 0 \tag{5-34b}$$

$$C_3 = -\frac{1}{3!}\frac{\mu_3}{\sigma^3} \tag{5-34c}$$

$$C_4 = \frac{1}{4!}\left(\frac{\mu_3}{\sigma^3} - 3\right) \tag{5-34d}$$

$$C_5 = -\frac{1}{5!}\left(\frac{\mu_5}{\sigma^5} - 10\frac{\mu_3}{\sigma^3}\right) \tag{5-34e}$$

$$C_6 = \frac{1}{6!}\left(\frac{\mu_6}{\sigma^6} - 15\frac{\mu_4}{\sigma^4} + 30\right) \tag{5-34f}$$

$$C_7 = -\frac{1}{7!}\left(\frac{\mu_7}{\sigma^7} - 21\frac{\mu_5}{\sigma^5} + 105\frac{\mu_3}{\sigma^3}\right) \tag{5-34g}$$

$$C_8 = \frac{1}{8!}\left(\frac{\mu_8}{\sigma^8} - 28\frac{\mu_6}{\sigma^6} + 210\frac{\mu_4}{\sigma^4} - 315\right) \tag{5-34h}$$

5.5.2　Cornish-Fisher 级数展开法

随机变量密度函数的拟合方法有很多，应用于电力系统中的主要是级数展开法。基于半不变量法的级数展开原理为：通过求取随机变量的各阶半不变量，采用近似法拟合随机变量的概率密度函数和累积分布函数[12]。针对不同的随机变量类型，级数展开法的精度都会有所差异。

Cornish-Fisher 级数展开法是在 Gram-Charlier 级数展开法的基础上发展而来的，当随机变量服从正态分布时，两者拟合精度近似，但电力系统中的随机变量并不全是服从正态分布的，此时，Cornish-Fisher 级数展开法拟合精度更高[13]。

由 Cornish-Fisher 级数展开公式可知，其概率密度函数为

$$\begin{aligned} f(m) = {} & \varphi(m) + \frac{1}{6}[\varphi^2(m) - 1]K_3 + \frac{1}{24}[\varphi^3(m) - 3\varphi(m)]K_4 \\ & - \frac{1}{36}[2\varphi^3(m) - 5\varphi(m)]K_3^2 + \frac{1}{120}[\varphi^4(m) - 6\varphi^2(m) + 3]K_5 + \cdots \end{aligned} \tag{5-35}$$

式中，$\varphi(m)$ 为标准正态分布的概率密度函数；K_n 为随机变量 m 的 n 变量。

因级数展开的方式不同，对随机变量概率分布的拟合精度也有所差异。Gram-Charlier 级数展开法基于中心极限定理，当输入随机变量是非正态分布时，其拟合精度就会有所降低，而 Cornish-Fisher 级数展开法的基本思想是根据选定累积分布函数的分位数求取待求累积分布函数的分位数，进而得到待求变量的累积分布函数，因此 Cornish-Fisher 级数展开法在输入随机变量服从非正态分布时，其拟合精度也不受影响[14]。

第 6 章　考虑随机变量相关性的概率潮流仿真方法

概率潮流是电力系统稳态运行情况的一种宏观的统计方法，它考虑了系统运行中的各种随机因素，如负荷波动、发电机故障停运以及输电元件故障停运等对稳态运行的影响。因此，概率潮流比确定性潮流计算更能揭示电力系统的运行特性，便于系统运行人员发现系统运行的潜在危险及薄弱环节，从而得到更有参考价值的信息。此外，概率潮流可以代替大量的常规潮流计算。

6.1　随机源模型及其相关系数矩阵

6.1.1　随机源模型

随着时代发展，电力系统中的随机因素越来越多，随机特性的模型和随机变量之间的相关性，是用概率分析方法求解概率潮流问题的关键。随机变量的分布函数和参数可以根据历史记录确定，针对电力系统规划问题，专家学者得到了能够很好体现随机特性的典型随机源模型，如风力发电、太阳能发电和负荷波动。限于篇幅，此处不过多赘述，其具体原理和模型读者可参考本书第 4 章。

6.1.2　随机源模型的相关系数矩阵

对于随机变量的样本矩阵 $\boldsymbol{Z}=\left[Z_1,Z_2,\cdots,Z_n\right]'$，其中的随机变量是风机出力、光伏出力和负荷中的任意一个，如下所示的相关系数矩阵 $\boldsymbol{R}$ 可以用来定量描述它们之间的相关性：

$$\boldsymbol{R}=\begin{bmatrix} 1 & r_{12} & \cdots & r_{1n} \\ r_{21} & 1 & \cdots & r_{2n} \\ \vdots & \vdots & & \vdots \\ r_{n1} & r_{n2} & \cdots & 1 \end{bmatrix} \tag{6-1}$$

式中，r_{ij} 是 Z_i 和 Z_j 之间的皮尔逊(Pearson)相关系数，相关系数矩阵 $\boldsymbol{R}$ 是对称的。

6.2　概率潮流仿真方法

本节采用基于 Nataf 变换结合拉丁超立方采样法和奇值分解方法，主要包括 Nataf 变换、拉丁超立方采样和基于奇异值分解的二次排序三个步骤。Nataf 变换在实际随机变量和标准正态分布的随机变量之间实现了非线性相关系数矩阵变换。拉丁超立方采样法的目的是通过生成具有代表性的样本来反映各个随机变量的分布，从而提高采样效率。这样就可以较好地解决一般基于蒙特卡罗模拟法的概率潮流方法生成样本独立的问题。二次排序法可以保证样本具有预期的相关性，即使相关系数矩阵非正定，也可以利用奇异值分解来处理随机变量之间的相关性。

6.2.1　Nataf 变换

当随机变量的边缘分布和相关系数给定时，标准正态分布的随机变量样本 S_i 可以被确定[15]：

$$S_i = \Phi^{-1}\left[F_i\left(Z_i\right)\right],\quad i=1,2,\cdots,n \tag{6-2}$$

设标准正态随机变量样本矩阵 $\boldsymbol{S}=\left[S_1,S_2,\cdots,S_n\right]'$ 及其相对应的中间相关系数矩阵 $\boldsymbol{R}^*$ 如下：

$$\boldsymbol{R}^* = \begin{bmatrix} 1 & r_{12}^* & \cdots & r_{1n}^* \\ r_{21}^* & 1 & \cdots & r_{2n}^* \\ \vdots & \vdots & & \vdots \\ r_{n1}^* & r_{n2}^* & \cdots & 1 \end{bmatrix} \tag{6-3}$$

$\boldsymbol{R}$ 中每个非对角相关系数 r_{ij} 和它相对应的 $\boldsymbol{R}^*$ 的相关系数 r_{ij}^* 之间的关系如式(6-4)所示：

$$\begin{aligned} r_{ij} &= \int_{-\infty}^{+\infty}\int_{-\infty}^{+\infty}\left(\frac{Z_i-u_i}{\sigma_i}\right)\left(\frac{Z_j-u_j}{\sigma_j}\right)\times f_{Z_iZ_j}\left(Z_i,Z_j\right)\mathrm{d}Z_i\,\mathrm{d}Z_j \\ &= \int_{-\infty}^{+\infty}\int_{-\infty}^{+\infty}\left\{\frac{F_i^{-1}\left[\Phi\left(S_i\right)\right]-u_i}{\sigma_i}\right\}\times\left\{\frac{F_j^{-1}\left[\Phi\left(S_j\right)\right]-u_j}{\sigma_j}\right\}\times\varphi_2\left(S_i,S_j,r_{ij}^*\right)\mathrm{d}S_i\,\mathrm{d}S_j \end{aligned} \tag{6-4}$$

很明显，每个相关系数 r_{ij} 仅取决于 r_{ij}^*，尽管提出了许多方法来求解式(6-3)[16]，但此处仍采用积分的方法求解 r_{ij}^*。

一旦获得标准正态分布的样本矩阵 $\boldsymbol{S}$ 和中间相关系数矩阵 $\boldsymbol{R}^*$，样本矩阵 $\boldsymbol{Z}$ 和预期的相关系数矩阵 $\boldsymbol{R}$ 便可以通过式 $Z_i=F_i^{-1}\left[\Phi\left(S_i\right)\right]$ 计算得到，下面给出具体生成样本矩阵 $\boldsymbol{S}$ 的步骤。

6.2.2 拉丁超立方采样

拉丁超立方采样法是一种分层采样方法。具体原理读者可参考 5.2 节，此处简要介绍。为了更有效地获得的 $n\times k$ 随机变量采样的概率潮流输入样本，采用拉丁超立方采样法，生成样本如下：

$$x_{ij}=\Phi^{-1}\left(\frac{\theta_{ij}-\mu_{ij}}{n}\right),\quad i=1,2,\cdots,n;j=1,2,\cdots,k \tag{6-5}$$

式中，行向量 $\left(x_{i1},x_{i2},\cdots,x_{ik}\right)$ 是标准正态分布的样本；$\left(\theta_{i1},\theta_{i2},\cdots,\theta_{in}\right)$ 是 $\left(1,2,\cdots,n\right)$ 的随机排列；μ_{ij} 是一个固定的随机变量。$n\times k$ 样本矩阵为

$$\boldsymbol{X}=\begin{bmatrix} x_{11} & x_{12} & \cdots & x_{1k} \\ x_{21} & x_{22} & \cdots & x_{2k} \\ \vdots & \vdots & & \vdots \\ x_{n1} & x_{n2} & \cdots & x_{nk} \end{bmatrix} \tag{6-6}$$

6.2.3 二次排序

为了得到所需的相关矩阵，通常采用基于 Cholesky 分解的排序方法，计算量较小。然而，通常有两个假设：第一个假设是随机排列的拉丁超立方采样法采样的 $\boldsymbol{X}$ 是独立的，第二个假设是相关系数矩阵满足正定[17]条件。事实上，拉丁超立方采样法随机排列生成的初始 $\boldsymbol{X}$ 样本的独立性假设总是违反实际的[18]，相关系数矩阵有时也是非正定的，特别是当具有相关的随机变量数量较大时[19]。为此，本节提出一种二次排序法，其中，第一次排序的目的是消除拉丁超立方采样法生成样本的相关性，在此基础上对独立样本进行第二次排序，生成具有特定相关性的样本。基于奇异值分解的二次排序过程如下。

通过 6.2.2 节中的拉丁超立方采样法生成样本后，可以计算出样本矩阵 $\boldsymbol{X}$ 的相关系数矩阵 $\boldsymbol{R_X}$。一般来说，相关系数矩阵是非正定、非满秩的，但肯定是对称的。那么它的奇异值分解为

$$\boldsymbol{R_X}=\boldsymbol{QDQ}'=\boldsymbol{QD}^{\frac{1}{2}}\left(\boldsymbol{QD}^{\frac{1}{2}}\right)' \tag{6-7}$$

式中，$\boldsymbol{Q}$ 是一个下三角矩阵；$\boldsymbol{D}$ 是一个实对角矩阵。对角线的元素是 $\boldsymbol{R_X}$ 的奇异值，那么一个有 $n\times k$ 个元素的矩阵 $\boldsymbol{Y}$ 构造如下：

$$\boldsymbol{Y}=\begin{bmatrix} y_1 \\ y_2 \\ \vdots \\ y_n \end{bmatrix}=\left(\boldsymbol{QD}^{\frac{1}{2}}\right)^{-1}\boldsymbol{X} \tag{6-8}$$

很容易证明 y_i 的均值为 0，因为 $\boldsymbol{Y}$ 的相关系数矩阵 $\boldsymbol{R_Y}$ 等于它对应的协方差矩阵，推导如下：

$$\boldsymbol{R}_Y=\operatorname{Cov}(\boldsymbol{Y})=\operatorname{Cov}\left[\left(\boldsymbol{QD}^{\frac{1}{2}}\right)^{-1}\boldsymbol{X}\right]=\left(\boldsymbol{QD}^{\frac{1}{2}}\right)^{-1}\operatorname{Cov}(\boldsymbol{X})\left[\left(\boldsymbol{QD}^{\frac{1}{2}}\right)^{-1}\right]'$$
$$=\left(\boldsymbol{QD}^{\frac{1}{2}}\right)^{-1}\boldsymbol{R}_X\left[\left(\boldsymbol{QD}^{\frac{1}{2}}\right)^{-1}\right]'=\left(\boldsymbol{QD}^{\frac{1}{2}}\right)^{-1}\left(\boldsymbol{QD}^{\frac{1}{2}}\right)\left(\boldsymbol{QD}^{\frac{1}{2}}\right)'\left[\left(\boldsymbol{QD}^{\frac{1}{2}}\right)^{-1}\right]'=\boldsymbol{I} \tag{6-9}$$

因此矩阵 $\boldsymbol{Y}$ 是独立的。

如 6.2.1 节所述，当预期的相关系数矩阵 $\boldsymbol{R}$ 给定时，可以求出中间相关系数矩阵 $\boldsymbol{R}^*$，由于 $\boldsymbol{R}^*$是对称的，$\boldsymbol{R}^*$的奇异值分解为

$$\boldsymbol{R}^*=\boldsymbol{PEP}'=\boldsymbol{PE}^{\frac{1}{2}}\left(\boldsymbol{PE}^{\frac{1}{2}}\right)' \tag{6-10}$$

式中，$\boldsymbol{P}$ 是一个下三角矩阵；$\boldsymbol{E}$ 是一个实对角矩阵。对角线的元素是 $\boldsymbol{R}^*$的奇异值，那么一个有 $n\times k$ 个元素的矩阵 $\boldsymbol{Z}^*$构造如下：

$$\boldsymbol{Z}^*=\begin{bmatrix} z_1^* \\ z_2^* \\ \vdots \\ z_n^* \end{bmatrix}=\left(\boldsymbol{PE}^{\frac{1}{2}}\right)\boldsymbol{Y}=\left(\boldsymbol{PE}^{\frac{1}{2}}\right)\left[\left(\boldsymbol{QD}^{\frac{1}{2}}\right)^{-1}\right]\boldsymbol{X} \tag{6-11}$$

证明 $\boldsymbol{Z}_i$ 的均值为零也很容易，因为 $\boldsymbol{Z}^*$的相关系数矩阵 $\boldsymbol{R}_{Z^*}$ 等于它对应的协方差矩阵，推导如下：

$$\begin{aligned}\boldsymbol{R}_{Z^*}&=\operatorname{Cov}\left(\boldsymbol{Z}^*\right)=\operatorname{Cov}\left[\left(\boldsymbol{PE}^{\frac{1}{2}}\right)^{-1}\boldsymbol{Y}\right]=\left(\boldsymbol{PE}^{\frac{1}{2}}\right)^{-1}\operatorname{Cov}(\boldsymbol{Y})\left[\left(\boldsymbol{PE}^{\frac{1}{2}}\right)^{-1}\right]'\\&=\left(\boldsymbol{PE}^{\frac{1}{2}}\right)^{-1}\boldsymbol{R}_Y\left[\left(\boldsymbol{PE}^{\frac{1}{2}}\right)^{-1}\right]'=\left(\boldsymbol{PE}^{\frac{1}{2}}\right)^{-1}\boldsymbol{I}\left[\left(\boldsymbol{PE}^{\frac{1}{2}}\right)^{-1}\right]'=\boldsymbol{R}^*\end{aligned} \tag{6-12}$$

矩阵 $\boldsymbol{Z}^*$ 有相关系数矩阵 $\boldsymbol{R}^*$，特别是当相关系数矩阵为正定时，若对角矩阵 $\boldsymbol{D}$ 和 $\boldsymbol{E}$ 为单位矩阵 $\boldsymbol{I}$，则奇异值分解为 Cholesky 分解。

根据矩阵 $\boldsymbol{Z}^*$ 对 $\boldsymbol{X}$ 的每一行进行排序，得到样本矩阵 $\boldsymbol{S}$，它的相关系数矩阵的秩与矩阵 $\boldsymbol{Z}^*$ 相关系数矩阵的秩相同[20]。

由于矩阵 $\boldsymbol{S}$ 与矩阵 $\boldsymbol{Z}^*$的相关系数矩阵具有相同的秩，$\boldsymbol{S}$ 的相关系数矩阵接近于 $\boldsymbol{R}^*$，再利用 $Z_i=F_i^{-1}\left[\Phi\left(S_i\right)\right]$ 计算出近似预期的相关系数矩阵 $\boldsymbol{R}$ 的样本矩阵 $\boldsymbol{Z}$，其每一列构成一组样本，作为确定性潮流分析的输入。

因此，利用基于奇异值分解的二次排序，即使相关系数矩阵非正定，也可以得到具有预期相关性的样本集。

6.3 大规模电力系统概率潮流计算

确定性潮流问题是一组如下所示的非线性代数方程：

$$\boldsymbol{T}=g(z) \tag{6-13}$$

式中，z 为输入随机向量，包括输入的有功功率、无功功率，以及样本矩阵 $\boldsymbol{Z}$ 每一列相对应的随机变量；$\boldsymbol{T}$ 为输出向量，包括节点电压幅值、节点电压相角、线路有功功率和线路无功功率；$g(\cdot)$ 为潮流方程。

经过遍历矩阵 $\boldsymbol{Z}$ 的每一列进行多次确定性计算，即(6-13)，可以通过统计得到输出 $\boldsymbol{T}$ 的概率特性。基于核定位信号(nuclear localization signal，NLS)的概率潮流方法的流程如图 6-1 所示。

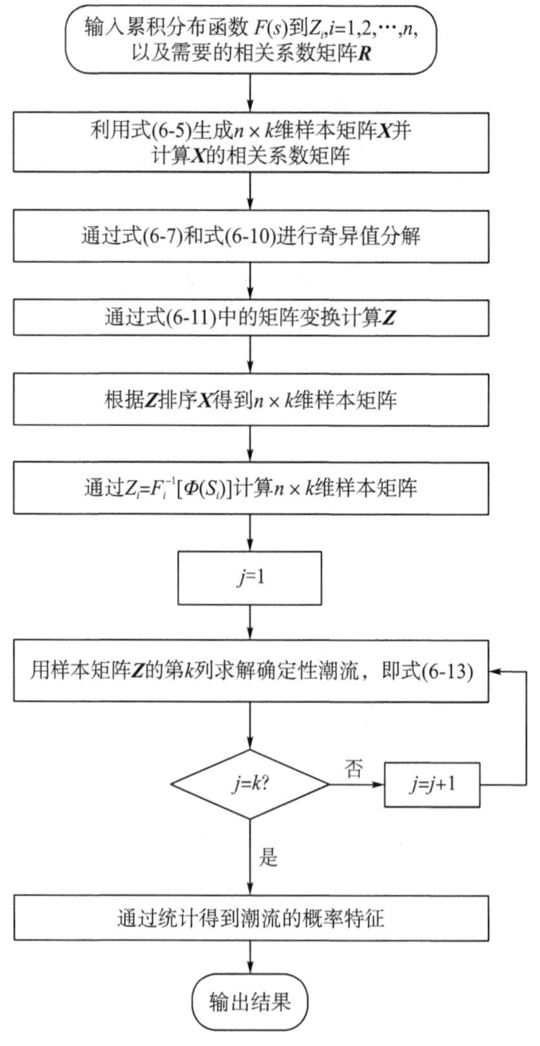

图 6-1 基于 NLS 的概率潮流方法的流程图

以下是相关系数矩阵的均方误差，用于测量样本统计的准确性：

$$\rho_{\text{corr}} = \frac{1}{n^2}\sum_{i,j=1}^{n}\left(r_{ij} - r_{ij}^{s}\right)^2 \tag{6-14}$$

式中，r_{ij} 为样本相关系数矩阵中的元素；r_{ij}^{s} 为预期相关系数矩阵中的元素；n 为随机变量的个数。

采用概率潮流方法输出随机变量的均值和标准差的相对误差指标来衡量其统计精度，如下所示：

$$\varepsilon_{\mu}^{*} = \left|\frac{\mu_{a}^{*} - \mu_{s}^{*}}{\mu_{a}^{*}}\right| \times 100\% \tag{6-15}$$

$$\varepsilon_{\sigma}^{*} = \left|\frac{\sigma_{a}^{*} - \sigma_{s}^{*}}{\sigma_{a}^{*}}\right| \times 100\% \tag{6-16}$$

式中，μ_{a}^{*} 和 σ_{a}^{*} 是通过大量样本简单随机采样(simple random sample，SRS)结合蒙特卡罗模拟法得到的不同类型的输出随机变量准确均值和标准差；μ_{s}^{*} 和 σ_{s}^{*} 是通过本节方法得到的不同类型的输出随机变量准确均值和标准差。

输出随机变量包括节点电压 U、线路有功功率 P、线路无功功率 Q。为了评估整个系统的仿真结果，定义 $\bar{\varepsilon}_{\mu}^{*}$ 和 $\bar{\varepsilon}_{\sigma}^{*}$ 分别是输出随机变量 ε_{μ}^{*} 和 ε_{σ}^{*} 的平均值[21]。此外，由于采样过程是随机的，本节采用多次实验的误差指标来评估采样方法的稳定性。

$$\mu_{\rho_{\text{corr}}} = \frac{1}{m}\sum_{i=1}^{m}\rho_{\text{corr}}(i) \tag{6-17}$$

$$\mu_{\bar{\varepsilon}_{\mu}^{*}} = \frac{1}{m}\sum_{i=1}^{m}\bar{\varepsilon}_{\mu}^{*}(i) \tag{6-18}$$

$$\mu_{\bar{\varepsilon}_{\sigma}^{*}} = \frac{1}{m}\sum_{i=1}^{m}\bar{\varepsilon}_{\sigma}^{*}(i) \tag{6-19}$$

$$\sigma_{\rho_{\text{corr}}} = \sqrt{\frac{1}{m}\sum_{i=1}^{m}\left[\rho_{\text{corr}}(i) - \mu_{\rho_{\text{corr}}}\right]^2} \tag{6-20}$$

$$\sigma_{\bar{\varepsilon}_{\mu}^{*}} = \sqrt{\frac{1}{m}\sum_{i=1}^{m}\left[\bar{\varepsilon}_{\mu}^{*}(i) - \mu_{\bar{\varepsilon}_{\mu}^{*}}\right]^2} \tag{6-21}$$

$$\sigma_{\bar{\varepsilon}_{\sigma}^{*}} = \sqrt{\frac{1}{m}\sum_{i=1}^{m}\left[\bar{\varepsilon}_{\sigma}^{*}(i) - \mu_{\bar{\varepsilon}_{\sigma}^{*}}\right]^2} \tag{6-22}$$

式中，m 是测试的总数；$\mu_{\rho_{\text{corr}}}$、$\mu_{\bar{\varepsilon}_{\mu}^{*}}$、$\mu_{\bar{\varepsilon}_{\sigma}^{*}}$ 是 m 次测试的均值；$\sigma_{\rho_{\text{corr}}}$、$\sigma_{\bar{\varepsilon}_{\mu}^{*}}$、$\sigma_{\bar{\varepsilon}_{\sigma}^{*}}$ 是 m 次测试的标准差。

6.4 算 例 分 析

为了研究本章所提出的概率潮流方法的性能，对改进后的 IEEE 14 节点系统和 IEEE 118 节点系统进行研究，采用 MATPOWER 软件[22]求解确定性潮流。

6.4.1 改进后的 IEEE 14 节点系统

1. 正定相关系数矩阵

根据文献[23]，引入标准的 IEEE 14 节点系统。将 W1 和 W2 两个风电场分别接到节点 4 和节点 5，将 PV1 和 PV2 两个光伏电站分别接到节点 9 和节点 10。风电场功率因数设为 0.95，光伏电站功率因数设为 1.0。

风电场和光伏电站的参数见表 6-1[21]，负荷参数的详细信息见表 6-2。负荷的无功功率可由固定功率因数决定。

表 6-1 风电场和光伏电站的参数

W1、W2	容量/p.u.	k	c	V_{ci}/(m/s)	V_r/(m/s)	V_{co}/(m/s)
	0.7	2.15	9	3.5	13	25
PV1、PV2	容量/p.u.	α	β			
	0.1	0.9	0.8			

表 6-2 负荷参数的详细信息

母线编号	有功功率		功率因数
	μ/MW	σ/%	
2	21.7	9.0	0.863
3	94.2	10.0	0.980
4	47.8	11.0	0.997
5	7.6	5.0	0.979
6	11.2	5.0	0.831
9	29.5	10.0	0.871
10	9.0	10.0	0.841
11	3.5	9.5	0.889
12	6.1	7.6	0.967
13	13.5	10.5	0.919

这种情况下总共有 15 个随机变量。随机变量之间的相关系数矩阵与文献[21]中的相同。在这种情况下，相应的中间相关系数矩阵也是正定的。

在算例仿真中，样本容量由 200 变化到 1500，步长为 50。对于每种样本容量，NLS 法都运行 100 次，以计算相关系数矩阵的误差指标。将相关系数矩阵的误差指标与文献[21]中提出的结合 LHS 的 MCS(correlation LHS-Monte Carlo Simulation，CLMCS)方法的结果进行比较，结果如图 6-2 所示。

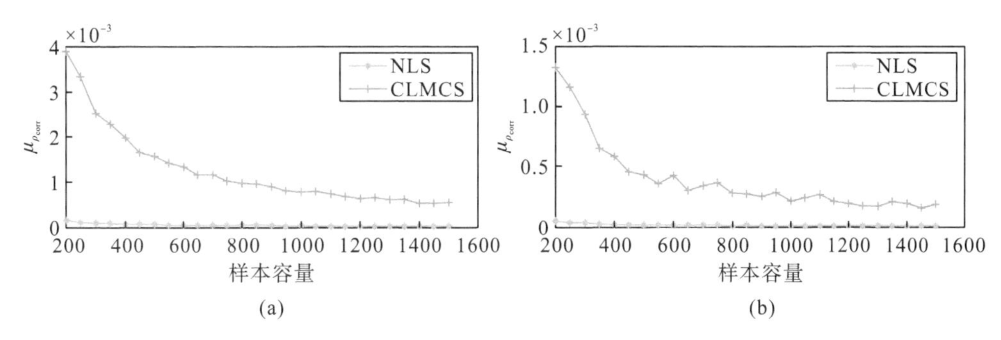

图 6-2　相关系数矩阵 100 次测试的误差指标(相关系数矩阵是正定的)

2. 非正定相关系数矩阵

所有条件与正定相关系数矩阵相同，随机变量之间的相关系数矩阵见附录表 A1。在这种情况下，对应的中间相关矩阵是非正定的，因此使用 Cholesky 分解方法是不可行的。为了体现随机变量之间关系的复杂性，将直接连接在节点上的那些随机变量都假定是相关的。此处讨论了负荷与负荷、负荷与风电场、负荷与光伏电站、风电场与光伏电站之间的相互关系。

SRS 结合蒙特卡罗模拟法计算 50000 次概率结果用于计算 NLS 法结合 Nataf 变换与简单随机采样和奇异值分解相结合的方法(即 NSS 法)所获得解的相对误差指标。在算例仿真中，样本容量由 200 变化到 1500，步长为 50。对于每种样本容量，NLS 结合 NSS 法都运行 100 次，并计算所有的误差指标。

相关系数矩阵的误差指标如图 6-2 和图 6-3 所示。不同类型输出随机变量的误差指标如图 6-4 和图 6-5 所示。此外，测试样本容量为 1500 的误差指标如表 6-3 所示。测试样本容量为 1500 的支路 4～9(从节点 4 到节点 9)的无功功率累积分布函数和概率密度函数曲线分别如图 6-6 所示。

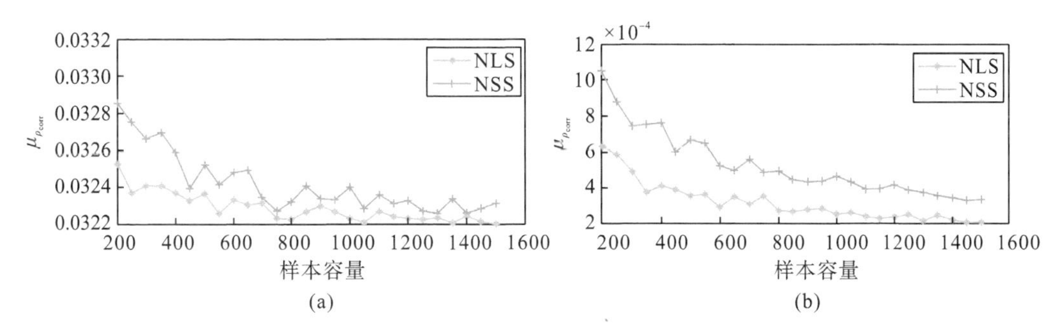

图 6-3　相关系数矩阵 100 次测试的误差指标(相关系数矩阵是非正定的)

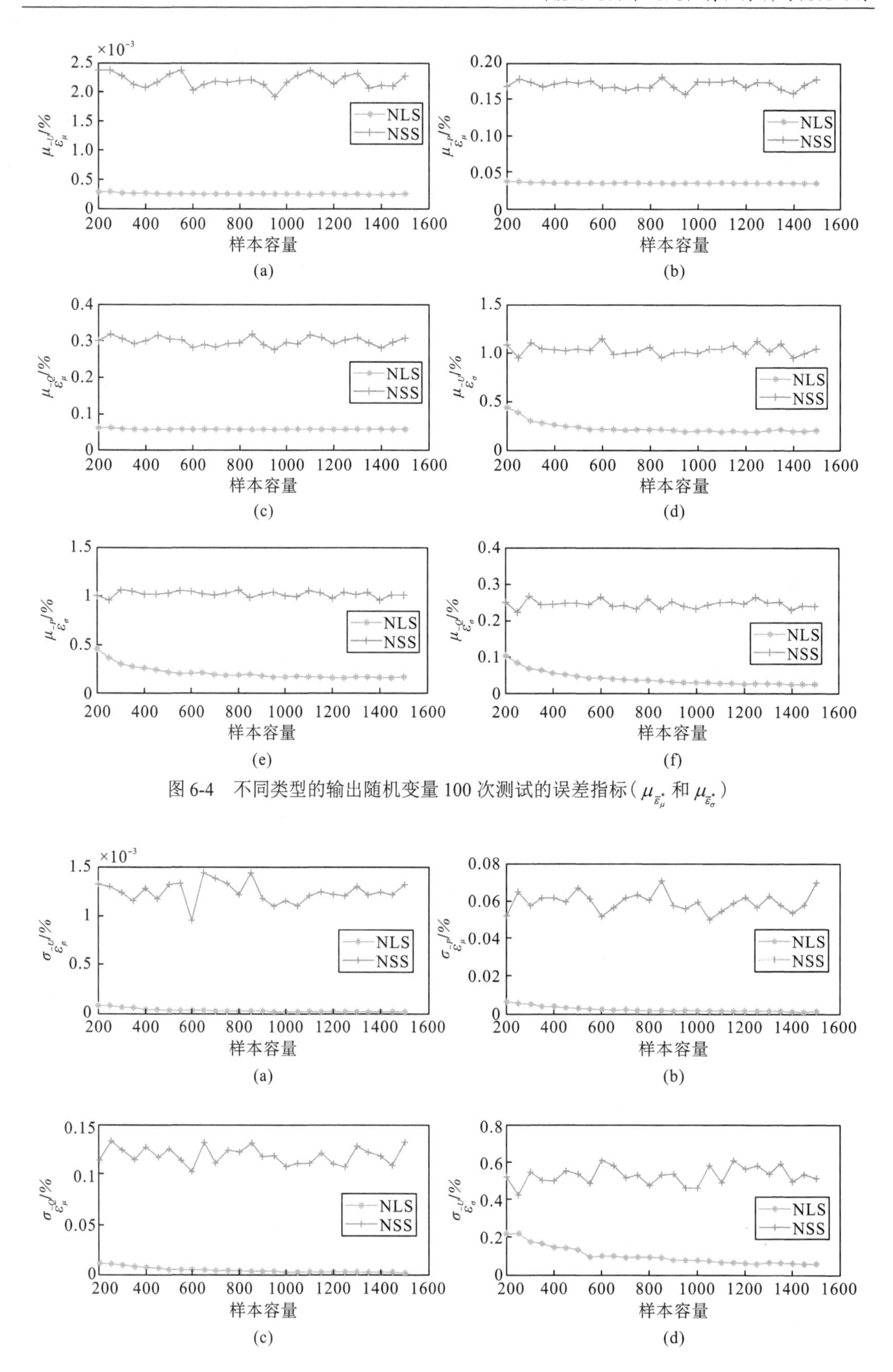

图 6-4 不同类型的输出随机变量 100 次测试的误差指标（$\mu_{\bar{\varepsilon}^*_\mu}$ 和 $\mu_{\bar{\varepsilon}^*_\sigma}$）

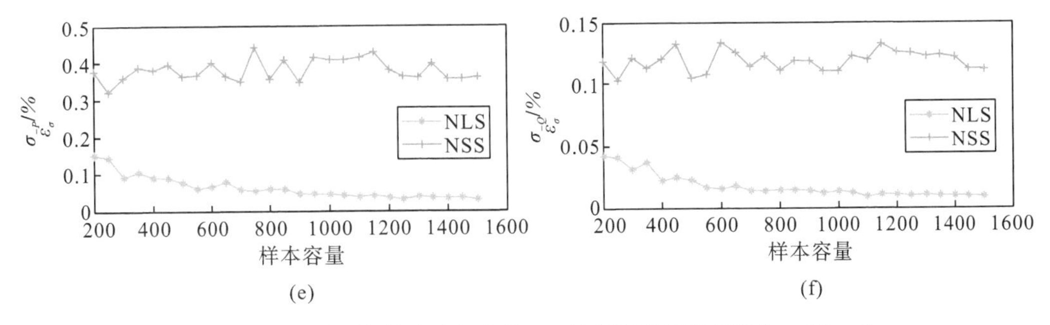

图 6-5　不同类型的输出随机变量 100 次测试的误差指标($\sigma_{\bar{\varepsilon}_\mu^{\cdot}}$ 和 $\sigma_{\bar{\varepsilon}_\sigma^{\cdot}}$)

表 6-3　IEEE 14 节点系统的误差指标比较($k=1500$)

误差指数	NLS 法	NSS 法	误差指数	NLS 法	NSS 法
$\mu_{\rho_{\text{corr}}}$	3.22×10^{-2}	3.23×10^{-2}	$\sigma_{\rho_{\text{corr}}}$	2.01×10^{-4}	3.86×10^{-4}
$\mu_{\bar{\varepsilon}_\mu^U}$/%	2.45×10^{-4}	2.26×10^{-3}	$\sigma_{\bar{\varepsilon}_\mu^U}$/%	1.00×10^{-5}	1.32×10^{-3}
$\mu_{\bar{\varepsilon}_\sigma^U}$/%	2.06×10^{-1}	1.04	$\sigma_{\bar{\varepsilon}_\sigma^U}$/%	5.69×10^{-2}	5.15×10^{-1}
$\mu_{\bar{\varepsilon}_\mu^P}$/%	3.52×10^{-2}	1.77×10^{-1}	$\sigma_{\bar{\varepsilon}_\mu^P}$/%	8.50×10^{-4}	6.98×10^{-2}
$\mu_{\bar{\varepsilon}_\sigma^P}$/%	1.77×10^{-1}	1.01	$\sigma_{\bar{\varepsilon}_\sigma^P}$/%	3.17×10^{-2}	3.61×10^{-1}
$\mu_{\bar{\varepsilon}_\mu^Q}$/%	5.71×10^{-2}	3.08×10^{-1}	$\sigma_{\bar{\varepsilon}_\mu^Q}$/%	1.51×10^{-3}	1.33×10^{-1}
$\mu_{\bar{\varepsilon}_\sigma^Q}$/%	2.77×10^{-2}	2.40×10^{-1}	$\sigma_{\bar{\varepsilon}_\sigma^Q}$/%	8.03×10^{-3}	1.16×10^{-1}

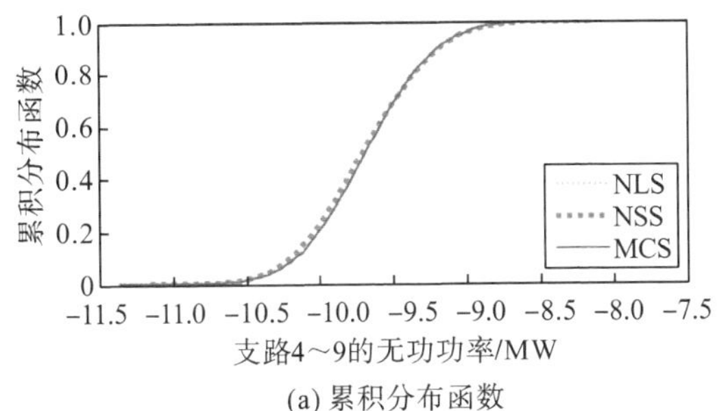

(a) 累积分布函数

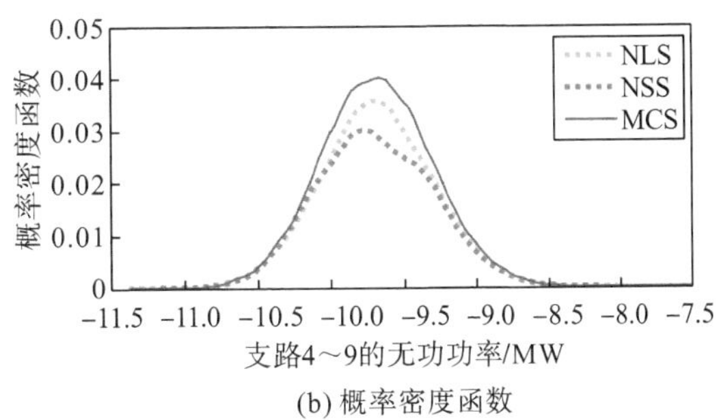

(b) 概率密度函数

图 6-6　无功功率的累积分布函数和概率密度函数曲线

6.4.2　改进后的 IEEE 118 节点系统

根据文献[23]引入了标准的IEEE 118节点系统。测试系统分为4个区域，分别为节点1～31、节点32～58、节点59～92和节点93～118。每个区域接4个风电场和4个光伏电站。每个风电场容量为0.4p.u.，分别与1、4、6、8、32、34、36、40、62、70、72、73、99、104、105、107节点相连。每个光伏电站的容量为0.2p.u.，分别与15、18、19、24、42、

43、55、56、74、76、77、85、110、112、113、116 节点相连。风电场和光伏电站的其他参数与上述 IEEE 14 节点测试系统相同，负荷有功功率的均值等于标准测试系统的确定性负荷有功功率，标准偏差为 5%。与上述 IEEE 14 节点测试系统相同，负荷无功功率通过固定功率因数确定。这里总共有 131 个随机变量。在同一区域内变量与不在同一区域内变量之间的相关系数是不同的。负荷之间、负荷与风电场之间、负荷与光伏电站之间、风电场与光伏电站之间的相关系数均在附录表 B1 中给出。相应的中间相关系数矩阵是非正定的。

使用测试样本容量为 1500 的 NLS 结合 NSS 法的误差指标如表 6-4 所示，使用 1.6GHz 英特尔双核处理器和 4.0GB 随机存取存储器（random access memory，RAM）的计算机，NLS 法的平均计算时间仅为 57.64s。

表 6-4 IEEE 118 节点系统的误差指标比较（$k = 1500$）

误差指数	NLS 法	NSS 法	误差指数	NLS 法	NSS 法
$\mu_{\rho_{\text{corr}}}$	1.858×10^{-2}	1.861×10^{-2}	$\sigma_{\rho_{\text{corr}}}$	1.32×10^{-4}	1.72×10^{-4}
$\mu_{\overline{\varepsilon}_\mu^U}$ /%	1.47×10^{-4}	6.45×10^{-4}	$\sigma_{\overline{\varepsilon}_\mu^U}$ /%	4.56×10^{-6}	1.22×10^{-4}
$\mu_{\overline{\varepsilon}_\sigma^U}$ /%	3.53×10^{-1}	9.20×10^{-1}	$\sigma_{\overline{\varepsilon}_\sigma^U}$ /%	7.46×10^{-2}	1.13×10^{-1}
$\mu_{\overline{\varepsilon}_\mu^P}$ /%	1.16×10^{-1}	5.74×10^{-1}	$\sigma_{\overline{\varepsilon}_\mu^P}$ /%	5.21×10^{-3}	1.58×10^{-1}
$\mu_{\overline{\varepsilon}_\sigma^P}$ /%	3.00×10^{-1}	6.35×10^{-1}	$\sigma_{\overline{\varepsilon}_\sigma^P}$ /%	4.74×10^{-2}	1.05×10^{-1}
$\mu_{\overline{\varepsilon}_\mu^Q}$ /%	1.30×10^{-1}	5.13×10^{-1}	$\sigma_{\overline{\varepsilon}_\mu^Q}$ /%	4.55×10^{-3}	1.38×10^{-1}
$\mu_{\overline{\varepsilon}_\sigma^Q}$ /%	1.29×10^{-1}	3.20×10^{-1}	$\sigma_{\overline{\varepsilon}_\sigma^Q}$ /%	2.53×10^{-2}	9.84×10^{-2}

6.4.3 分析

对于改进的 IEEE 14 节点系统，当中间相关系数矩阵为正定时，NLS 法和 CLMCS 法都可以运行，结果如图 6-2 所示。NLS 法比相同样本容量的 CLMCS 法更准确，由于拉丁超立方采样法生成的样本通常是不独立的，并且所提出的二次排序法可以处理这种影响。

改进的 IEEE 14 节点系统和 IEEE 118 节点系统，在相关系数矩阵非正定的情况下，随机变量之间的相关性更为复杂。考虑了负荷之间、负荷与风电场之间、负荷与光伏电站之间、风电场与光伏电站之间的相关性。相应的中间相关系数是非正定的。在这种情况下，采用 Cholesky 分解法（如 CLMCS 法）不能正常运行，而采用奇异值分解法（如 NLS）可以很好地运行。

从图 6-3、图 6-4 和图 6-6 可以看出，在相同的样本容量下，NLS 法的误差要小于 NSS 法。从图 6-5 可以看出，在相同的样本容量下，NLS 法的误差指标 $\sigma_{\overline{\varepsilon}_\mu^\cdot}$ 和 $\sigma_{\overline{\varepsilon}_\sigma^\cdot}$ 均小于 NSS 法，结果表明，NLS 法比 NSS 法更稳定。同样的结论也可以从表 6-3 和表 6-4 样本容量为 1500 的误差指标比较中得出。

仿真结果表明，即使相关系数矩阵非正定，NLS 法也能较好地处理输入随机变量之间的相关性，并能得到更加稳定准确的结果。

6.5 本章小结

本章提出了一种 NLS 法来计算具有相关随机变量的概率潮流。为了提高采样效率，采用拉丁超立方采样法生成具有代表性的样本来反映各个随机变量的分布情况。二次排序法保证了多个随机变量之间具有预期的相关性。利用奇异值分解方法扩展了该方法的适用范围，使该方法在相关系数矩阵非正定情况下也能很好地运行。该方法对于具有相关随机变量的概率潮流方法有更高的精度和稳定性。

第7章 考虑时变特性的分布式电源优化配置研究

目前的分布式电源多以接入配电网运行为主，分布式电源的接入将使得配电网由原先的单电源辐射状结构变为多分布式电源结构，对配电网的潮流分布、网络损耗等带来影响。因此，为保证分布式电源接入配电网后安全可靠运行，必须对分布式电源进行优化配置。本章针对负荷的波动特性和风机、光伏两类分布式电源出力的时变特性，通过对标准配电网中接入分布式电源的位置和容量的最优配置，使综合了配电网网损、分布式电源费用等多种因素的目标函数在分布式电源接入配电网后取得最佳。

7.1 含不同类型分布式电源的潮流计算

潮流计算是研究分布式电源接入对电力系统影响的基础[24]，而不同运行特性的分布式电源将带来新的潮流计算模型。本节讨论各种常见分布式电源在潮流计算中的模型及处理方法，提出基于灵敏度阻抗矩阵修正的分层前推回代潮流算法，解决各类分布式电源(特别是PV类型电源)接入配电网时的潮流计算问题。

7.1.1 分布式电源的潮流计算模型

分布式电源有多种分类方式[25-27]，考虑各种分布式电源的特性以及潮流计算原理，分布式电源在潮流计算中的模型基本可分为以下四类[28-30]。

1) PQ①恒定型分布式电源

此类分布式电源②与传统的PQ型负荷相比，只是功率流向相反，在用前推回代潮流算法计算时，无须专门处理，只改变功率符号即可。变速恒频风力发电机、传统燃气轮机等作为分布式电源时可视为此类分布式电源。其潮流计算模型如下所示：

$$\begin{cases} P = -P_{\mathrm{G}} \\ Q = -Q_{\mathrm{G}} \end{cases} \tag{7-1}$$

2) PV③恒定型分布式电源

此类分布式电源的输出有功功率和电压是恒定的。微型燃气轮机、燃料电池、电压控制型光伏发电、冷热电联产等并网时视为此类分布式电源。其潮流计算模型如下所示：

①～③均为电力系统的节点类型。

$$\begin{cases} P = -P_{\mathrm{G}} \\ V = V_{\mathrm{G}} \end{cases} \tag{7-2}$$

3) PQ(V)型分布式电源

此类分布式电源的输出有功功率是恒定的，无功功率则与电压呈一定函数关系，因此每次迭代时需要利用上次迭代所得的电压对无功功率进行更新。定速恒频风力发电或采用无励磁调节方式的同步发电机作为分布式电源时可视为此类分布式电源。其潮流计算模型如下所示：

$$\begin{cases} P = -P_{\mathrm{G}} \\ Q^{(k+1)} = f\left[V^{(k)}\right] \end{cases} \tag{7-3}$$

4) PQ(I)型的分布式电源

此类分布式电源的输出有功功率是恒定的，无功功率则与电流呈一定函数关系，因此每次迭代时需要利用电流和上次迭代所得的电压对无功功率进行更新。电流控制型光伏发电可视为此类分布式电源。其潮流计算模型如下所示：

$$\begin{cases} P = -P_{\mathrm{G}} \\ Q^{(k+1)} = -\sqrt{|I|^2\left[V^{(k)}\right]^2 - P^2} \end{cases} \tag{7-4}$$

式中，I 为光伏电池注入电网的恒定电流值。在进行潮流计算时，每次迭代之前只需将第三、四类分布式电源按给定函数计算无功功率，便可将其转化为 PQ 型节点参与计算。因此，下面将着重分析 PV 恒定型分布式电源在潮流计算中的处理方法。

7.1.2　PV 恒定型分布式电源在前推回代潮流算法中的处理方法

前推回代潮流算法不能直接处理 PV 节点，但只要求出 PV 型分布式电源的注入无功功率，便可将其转化为 PQ 节点参与潮流运算。如果一个配电系统中有 n 个 PV 恒定型分布式电源，并假设分布式电源注入配电网的电流方向为正方向，则可通过 PV 节点的灵敏度阻抗矩阵[31]对注入电流进行如式(7-1)和式(7-2)所示的修正：

$$\Delta U^k = U_{\mathrm{DG}} - U^k \tag{7-5}$$

$$\Delta \boldsymbol{I}^k = \boldsymbol{Z}^{-1} \Delta U^k \tag{7-6}$$

式中，U_{DG} 为给定 PV 节点的电压幅值；U^k 为迭代过程中求得的电压幅值；ΔU^k 为第 k 次迭代时电压幅值的修正量；$\boldsymbol{Z}$ 为 PV 恒定型分布式电源的节点阻抗矩阵，可采用网络搜索法[27,32]快速生成：$\boldsymbol{Z}$ 的对角线元素 Z_{ii} 等于第 i 个 PV 恒定型分布式电源到配电网母线节点之间所有支路阻抗之和的模，即自阻抗；非对角线元素 Z_{ij} 等于第 i 个 PV 恒定型分布式电源和第 j 个 PV 恒定型分布式电源到配电网母线节点之间所有公共支路阻抗之和的模，即互阻抗；$\Delta \boldsymbol{I}^k$ 为第 k 次迭代时 PV 型节点注入电流幅值的修正量。

考虑到配电网正常运行时，各节点电压与首端电压近似相等且相角很小，因此第 k 次迭代时 PV 节点的注入功率为

$$\Delta\dot{S}^k = \dot{U}^k \Delta\dot{I}^{k*} \approx \Delta\dot{I}^{k*} \tag{7-7}$$

由于 PV 节点的注入有功变化量，式(7-7)可化简为

$$-\mathrm{j}\Delta Q^k \approx \Delta\dot{I}^k \tag{7-8}$$

由式(7-8)可知 PV 节点注入电流修正量的实部约为零，故对其两端取绝对值可得

$$\Delta\boldsymbol{Q}^k \approx -\Delta\boldsymbol{I}^k = -\boldsymbol{Z}^{-1}\Delta U^k \tag{7-9}$$

式中，$\Delta\boldsymbol{Q}^k$ 为第 k 次迭代时注入无功的补偿量；$\Delta\boldsymbol{I}^k$ 为第 k 次迭代时注入电流幅值的补偿量，可由式(7-6)求得。经过补偿后第 k+1 次迭代时 PV 节点的无功功率为

$$\boldsymbol{Q}^{k+1} = \boldsymbol{Q}^k + \Delta\boldsymbol{Q}^k \tag{7-10}$$

通过以上分析可知，只需在每次迭代之前计算出经过补偿的 PV 节点的无功功率，便可在下次迭代时将其作为 PQ 节点进行前推回代潮流计算。

7.1.3 分层前推回代潮流算法

本章采用前推回代潮流算法计算配电网潮流。算例分析见论文《基于灵敏度阻抗矩阵修正法的分层前推回代潮流算法》[33]。

1)前推回代潮流算法基本原理与步骤

根据配电网的放射状结构可知，从任意给定节点到源节点只有唯一的路径，前推回代潮流算法正是利用这一结构特征，在潮流计算中以馈线为单位进行回代和前推两个迭代计算。简单辐射型配电网如图 7-1 所示，i 节点是 j 节点的上层节点，j 节点的下层有 number 条支路。

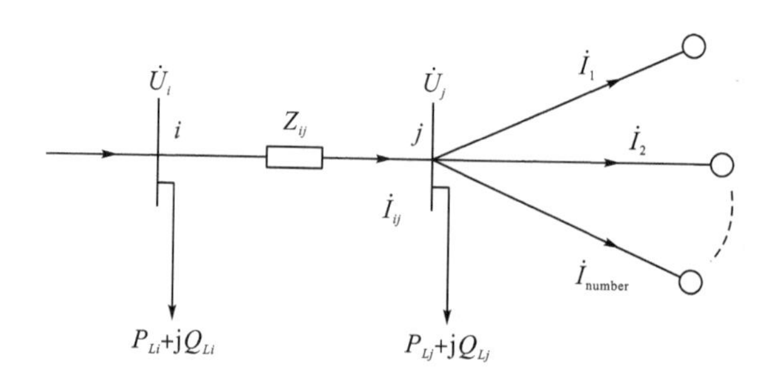

图 7-1 简单辐射型配电网

前推计算时假定回代过程中求得的节点电压恒定。根据配电网的结构特点，任一支路的电流仅与该支路末端节点的等效负荷电流及该支路下层支路的电流有关，故第 k 次迭代

时 ij 回路的电流为

$$\dot{I}_{ij}^{k}=\dot{I}_{\text{load}.j}^{k}+\sum_{m=1}^{\text{number}}\dot{I}_{m}^{k}=\frac{P_{Lj}-\text{j}Q_{Lj}}{\dot{U}_{j}^{(k-1)*}}+\sum_{m=1}^{\text{number}}\dot{I}_{m}^{k} \tag{7-11}$$

式中，$\dot{I}_{ij}^{k}$ 为第 k 次迭代时 ij 支路的电流；$\dot{I}_{\text{load}.j}^{k}$ 为第 k 次迭代时 j 节点的等效负荷注入电流；$\dot{U}_{j}^{(k-1)*}$ 为第 k−1 次迭代时求得的 j 节点电压的共轭；P_{Lj} 和 Q_{Lj} 分别为 j 节点所带有功负荷和无功负荷；$\dot{I}_{m}^{k}$ 为第 k 次迭代时以 j 节点为首节点的支路电流；number 为以 j 节点为首节点的支路数量。

回代计算时假定回代过程中求得的支路电流恒定。根据配电网的结构特点，任一支路的支路电压仅与该支路的首端电压有关，故第 m 次迭代时 j 节点的节点电压为

$$\dot{U}_{j}^{k}=\dot{U}_{i}^{k}-\dot{Z}_{ij}\dot{I}_{ij}^{(k-1)} \tag{7-12}$$

式中，$\dot{U}_{j}^{k}$ 为第 k 次迭代时 j 节点的电压；$\dot{U}_{i}^{k}$ 为第 k 次迭代时 i 节点的电压；$\dot{Z}_{ij}$ 为 ij 支路的阻抗；$\dot{I}_{ij}^{(k-1)}$ 为第 k−1 次迭代时 ij 支路的电流。

2) 分层前推回代潮流算法基本原理与步骤

本节在传统前推回代潮流算法的基础上，对配电网节点和电压进行分层，以提高其计算速度和可移植性[33-36]。以一个简单 13 节点配电网为例，对各节点和支路进行与网络结构无关的自然编号，编号结果如图 7-2 所示。

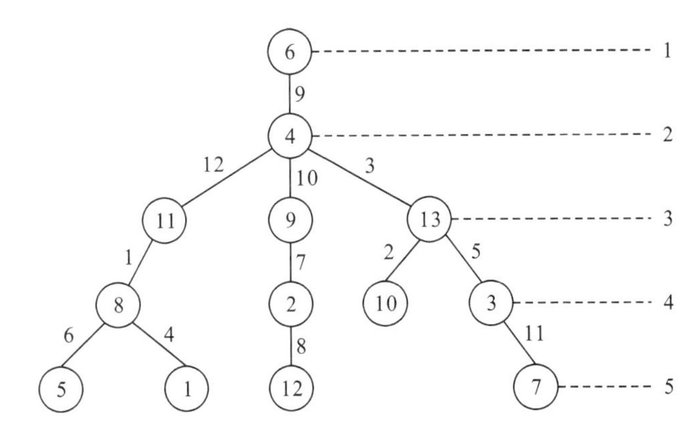

图 7-2　13 节点配电网树状图

3) 节点-支路矩阵的生成

根据网络的拓扑信息很容易生成节点-支路矩阵，若配电网是一个具有 m 个节点、n 条支路的网络，则节点-支路矩阵是一个 $m\times n$ 阶矩阵，其特点是每一列有且只有两个元素为 1，其余元素为 0。若第 j 列对应的第 i_1 行和第 i_2 行元素为 1，则表示支路 j 两端节点的编号为 i_1 和 i_2。

4) 节点层次矩阵和支路层次矩阵的生成

在生成的节点-支路矩阵的基础上，可通过程序自动生成节点层次矩阵和支路层次矩阵，节点层次矩阵主要用于确定回代过程中并行计算时位于同一层的节点编号，支路层次矩阵主要用于确定前推过程中并行计算时位于同一层的支路编号。

5) 支路首、末节点矩阵的生成

根据支路信息矩阵，可方便生成支路首、末节点矩阵，两矩阵均为$1\times n$阶矩阵。支路首节点矩阵 $\boldsymbol{F}$ 的第 i 个元素表示第 i 条支路的首端节点编号为$\boldsymbol{F}(i)$，支路末节点矩阵 $\boldsymbol{L}$ 的第 j 个元素表示第 j 条支路的末端节点编号为$\boldsymbol{L}(j)$。

6) 支路关联矩阵的生成

对首、末节点矩阵进行遍历，便可得到网络的支路关联矩阵 $\boldsymbol{C}$，$\boldsymbol{C}$ 是一个 $n\times n$ 阶矩阵，$\boldsymbol{C}(i,j)=1$ 表示第 j 条支路是第 i 条支路的上层支路，列元素全为零的支路即无下层支路。结合生成的首、末节点矩阵和支路层次矩阵，采用树状网的分层遍历，只需从下往上遍历支路层次矩阵完成电流前推，从上往下遍历节点层次矩阵完成电压回代，如此反复直至两次相邻迭代满足收敛条件，便可求出配电网各节点的电压分布。典型 IEEE 33 节点配电系统结构如图 7-3 所示。

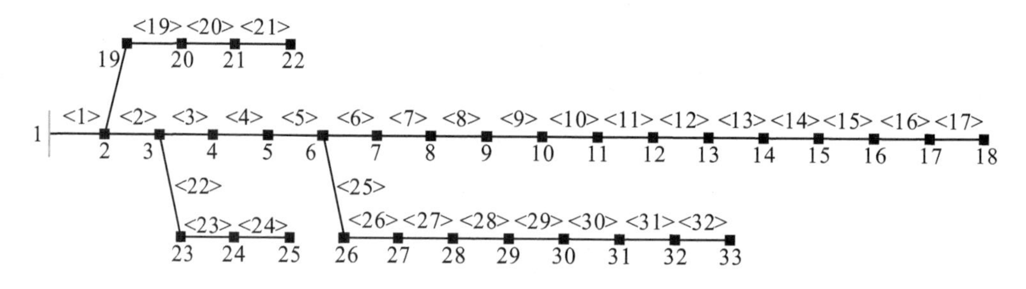

图 7-3 IEEE 33 节点配电系统结构图

7.1.4 含分布式电源的两点法概率潮流计算

根据 5 章介绍的两点估计法相关概率论基础，结合风力发电、光伏发电和负荷的概率模型，以及前推回代潮流算法知识，可得出两点法概率潮流的计算步骤如下：

(1) 对配电网各节点和支路任意编号，并将节点信息和支路信息以 mat 文件的形式存入节点信息文件和支路信息文件。

(2) 根据节点信息文件和支路信息文件生成分层前推回代潮流算法中所需的各种计算矩阵：节点-支路矩阵，节点层次矩阵，支路层次矩阵，首、末节点矩阵，以及支路关联矩阵。

(3) 给出两参数韦布尔分布函数的尺度参数和形状参数，风力发电机的额定功率、切入风速、额定风速和切出风速，以及风力发电机的功率因数；给出光照 Bate 分布的两个形状参数，光伏电池组每个组件的面积和光电转换效率，以及光伏发电的功率因数；给出配电网各节点有功负荷正态分布的期望值和方差，并根据表 7-1 计算出各节点负荷对应的功率因数。

表 7-1 IEEE 33 节点配电系统参数数据

节点 i	节点 j	支路阻抗/Ω	节点 j 负荷/(kW、kvar)	节点 i	节点 j	支路阻抗/Ω	节点 j 负荷/(kW、kvar)
1	2	0.0922+j0.047	100+j60	17	18	0.3720+j0.5740	90+j40
2	3	0.4930+j0.2511	90+j40	2	19	0.1640+j0.1565	90+j40
3	4	0.3660+j0.1864	120+j80	19	20	1.5042+j1.3554	90+j40
4	5	0.3811+j0.1941	60+j30	20	21	0.4095+j0.4784	90+j40
5	6	0.8190+j0.7070	60+j20	21	22	0.7089+j0.9373	90+j40
6	7	0.1872+j0.6188	200+j100	3	23	0.4512+j0.3083	90+j50
7	8	0.7114+j0.2351	200+j100	23	24	0.8980+j0.7091	420+j200
8	9	1.0300+j0.7400	60+j20	24	25	0.8960+j0.7011	420+j200
9	10	1.0440+j0.7400	60+j20	6	26	0.2030+j0.1034	60+j25
10	11	0.1966+j0.0650	45+j30	26	27	0.2842+j0.1447	60+j25
11	12	0.3744+j0.1238	60+j35	27	28	1.0590+j0.9337	60+j20
12	13	1.4680+j1.1550	60+j35	28	29	0.8042+j0.7006	120+j70
13	14	0.5416+j0.7129	120+j80	29	30	0.5075+j0.2585	200+j600
14	15	0.5910+j0.5260	60+j10	30	31	0.9744+j0.9630	150+j70
15	16	0.7463+j0.5450	60+j20	31	32	0.3105+j0.3619	210+j100
16	17	1.2890+j1.7210	60+j20	32	33	0.3410+j0.5362	60+j40

(4) 根据概率论有关公式，分别计算三类随机变量相应的三阶中心矩、偏度系数和位置系数，进而计算出各随机变量所取两个点的位置及对应的概率集中度。

(5) 在每个随机变量所取两个点的位置处采用分层前推回代潮流算法进行确定性的潮流计算，求出每种情况下的节点电压、支路电流以及系统有功网损。

(6) 根据公式求出各目标量的各阶中心矩，并可根据公式计算出节点电压、支路电流以及系统有功网损的期望和方差。

(7) 根据求得的各阶中心矩，结合 Gram-Charlier 级数展开法求出节点电压、支路电流以及系统有功网损的概率密度曲线。

含分布式电源的两点法概率潮流流程图如图 7-4 所示。

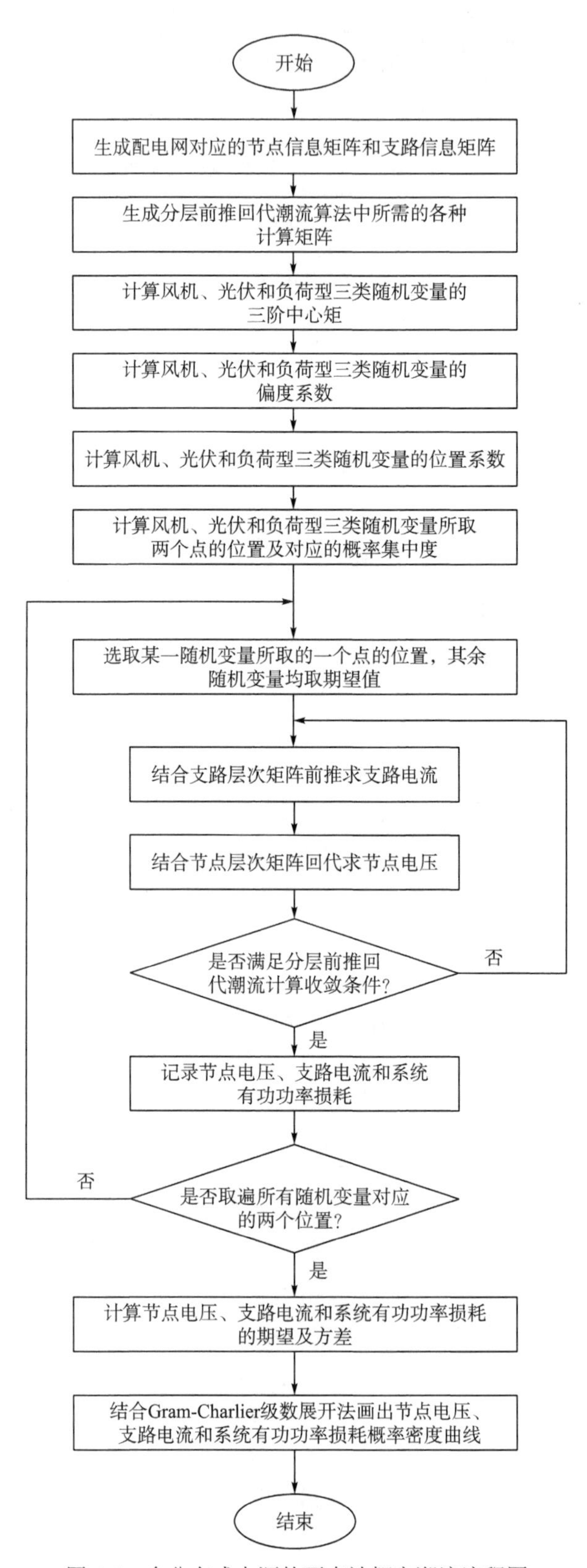

图 7-4　含分布式电源的两点法概率潮流流程图

7.2　分布式电源接入对配电网有功网损的影响

本节主要利用两点法进行概率潮流计算。分布式电源接入配电网后将改变接入节点的注入有功功率，进而影响系统总有功网损，本节将针对系统总有功网损对配电网各节点有功功率变化的灵敏度进行分析、仿真，以便对不同节点接入分布式电源时的降损显著性效果进行排序。

有功网损微增率是指在其他节点注入有功功率不变时，单一节点注入有功功率变化引起的系统总有功损耗的改变，是一个无量纲的相对值，被广泛应用到电力系统的各个方面。本节在牛顿-拉弗森潮流算法所求得雅可比矩阵的基础上，采用 Alvarado(阿尔瓦拉多)提出的转置雅可比矩阵法(transpose Jacobian matrix method，TJMM)求解有功网损灵敏度，其计算过程简单，公式方便易懂，精度也能满足分布式电源优化配置计算的需求。

7.2.1　转置雅可比矩阵法求有功网损微增率

转置雅可比矩阵法是一个理论上完整、计算效率很高的网损微增率精确计算方法，是目前应用较为广泛的一种方法。配电网功率损耗可视为各支路功率损耗之和，对如图 7-5 所示的支路，假设两端节点的电压幅值分别为U_i和U_j，$G_{ij}-\mathrm{j}B_{ij}$为该支路的导纳参数，$\dot{S}'_{ij}$、$\Delta\dot{S}^{ij}_{\text{loss}}$、$\dot{S}_{ij}$分别为节点 i 注入 i-j 支路的复功率、i-j 支路的功率损耗和节点 i 经 i-j 支路向节点 j 提供的复功率。

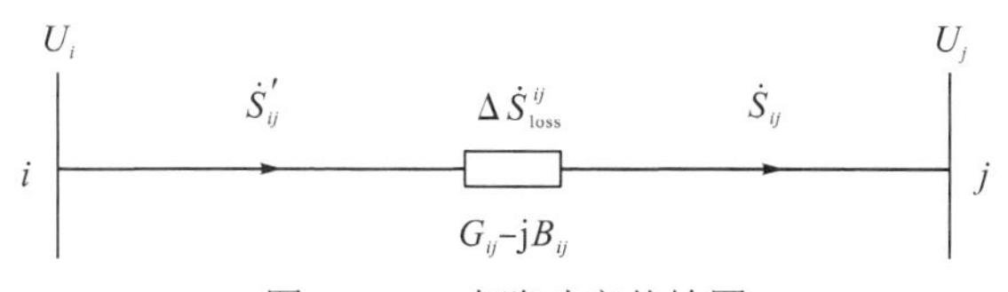

图 7-5　i-j 支路功率传输图

由电力系统相关知识可推导出[37]：

$$\begin{aligned}
\dot{S}'_{ij} &= [G_{ij}U_i^2 - U_iU_j(G_{ij}\cos\theta_{ij} - B_{ij}\sin\theta_{ij})] \\
&\quad + \mathrm{j}[B_{ij}U_i^2 - U_iU_j(B_{ij}\cos\theta_{ij} + G_{ij}\sin\theta_{ij})] \\
\dot{S}_{ij} &= [U_iU_j(G_{ij}\cos\theta_{ij} + B_{ij}\sin\theta_{ij}) - G_{ij}U_j^2] \\
&\quad + \mathrm{j}[U_iU_j(B_{ij}\cos\theta_{ij} - G_{ij}\sin\theta_{ij}) - B_{ij}U_j^2] \\
\Delta\dot{S}^{ij}_{\text{loss}} &= \dot{S}'_{ij} - \dot{S}_{ij} = (U_i^2 + U_j^2 - 2U_iU_j\cos\theta_{ij})(G_{ij} + \mathrm{j}B_{ij})
\end{aligned} \tag{7-13}$$

式中，θ_{ij}为节点 i、j 电压的相角差。整个配电网的有功网损是系统中所有支路有功损耗之和，故配电网总的有功网损为

$$P_{\text{loss}} = \frac{1}{2}\sum_{i=1}^{n}\sum_{j=1}^{n}\Delta P^{ij}_{\text{loss}} = \frac{1}{2}\sum_{i=1}^{n}\sum_{j=1}^{n}(U_i^2 + U_j^2 - 2U_iU_j\cos\theta_{ij})G_{ij} \tag{7-14}$$

分别对式(7-14)中的节点电压相角和幅值求偏导，可得

$$\begin{cases}\dfrac{\partial P_{\text{loss}}}{\partial \theta_i}=\sum_{i=1}^{n}\sum_{j=1}^{n}G_{ij}U_iU_j\sin\theta_{ij}\\ \dfrac{\partial P_{\text{loss}}}{\partial U_i}=\sum_{i=1}^{n}\sum_{j=1}^{n}G_{ij}(U_i-U_j\cos\theta_{ij})\end{cases} \tag{7-15}$$

对含有 n 个节点的配电网，其有功网损可表示为

$$\begin{aligned}P_{\text{loss}}=f[&P_2(\theta_2,\theta_3,\cdots,\theta_n,U_2,U_3,\cdots,U_n),\cdots,P_n(\theta_2,\theta_3,\cdots,\theta_n,U_2,U_3,\cdots,U_n),\\&Q_2(\theta_2,\theta_3,\cdots,\theta_n,U_2,U_3,\cdots,U_n),\cdots,Q_n(\theta_2,\theta_3,\cdots,\theta_n,U_2,U_3,\cdots,U_n)]\end{aligned} \tag{7-16}$$

由高等数学中复合函数的求导法则[38,39]可得

$$\begin{cases}\dfrac{\partial P_{\text{loss}}}{\partial \theta}=\dfrac{\partial P_{\text{loss}}}{\partial P}\dfrac{\partial P}{\partial \theta}+\dfrac{\partial P_{\text{loss}}}{\partial Q}\dfrac{\partial Q}{\partial \theta}\\ \dfrac{\partial P_{\text{loss}}}{\partial U}=\dfrac{\partial P_{\text{loss}}}{\partial P}\dfrac{\partial P}{\partial U}+\dfrac{\partial P_{\text{loss}}}{\partial Q}\dfrac{\partial Q}{\partial U}\end{cases} \tag{7-17}$$

其矩阵形式为

$$\begin{bmatrix}\dfrac{\partial P_{\text{loss}}}{\partial \theta}\\ \dfrac{\partial P_{\text{loss}}}{\partial U}\end{bmatrix}=\begin{bmatrix}\dfrac{\partial P}{\partial \theta} & \dfrac{\partial Q}{\partial \theta}\\ \dfrac{\partial P}{\partial U} & \dfrac{\partial Q}{\partial U}\end{bmatrix}\begin{bmatrix}\dfrac{\partial P_{\text{loss}}}{\partial P}\\ \dfrac{\partial P_{\text{loss}}}{\partial Q}\end{bmatrix}=\boldsymbol{T}\begin{bmatrix}\dfrac{\partial P_{\text{loss}}}{\partial P}\\ \dfrac{\partial P_{\text{loss}}}{\partial Q}\end{bmatrix} \tag{7-18}$$

矩阵形式的具体展开式为

$$\begin{bmatrix}\dfrac{\partial P_{\text{loss}}}{\partial \theta_2}\\ \dfrac{\partial P_{\text{loss}}}{\partial \theta_3}\\ \vdots\\ \dfrac{\partial P_{\text{loss}}}{\partial \theta_n}\\ \dfrac{\partial P_{\text{loss}}}{\partial U_2}\\ \dfrac{\partial P_{\text{loss}}}{\partial U_3}\\ \vdots\\ \dfrac{\partial P_{\text{loss}}}{\partial U_n}\end{bmatrix}=\begin{bmatrix}\dfrac{\partial P_2}{\partial \theta_2} & \dfrac{\partial P_3}{\partial \theta_2} & \cdots & \dfrac{\partial P_n}{\partial \theta_2} & \dfrac{\partial Q_2}{\partial \theta_2} & \dfrac{\partial Q_2}{\partial \theta_2} & \cdots & \dfrac{\partial Q_2}{\partial \theta_2}\\ \dfrac{\partial P_2}{\partial \theta_3} & \dfrac{\partial P_3}{\partial \theta_3} & \cdots & \dfrac{\partial P_n}{\partial \theta_3} & \dfrac{\partial Q_2}{\partial \theta_3} & \dfrac{\partial Q_2}{\partial \theta_3} & \cdots & \dfrac{\partial Q_2}{\partial \theta_3}\\ \vdots & \vdots & & \vdots & \vdots & \vdots & & \vdots\\ \dfrac{\partial P_2}{\partial \theta_n} & \dfrac{\partial P_3}{\partial \theta_n} & \cdots & \dfrac{\partial P_n}{\partial \theta_n} & \dfrac{\partial Q_2}{\partial \theta_n} & \dfrac{\partial Q_2}{\partial \theta_n} & \cdots & \dfrac{\partial Q_2}{\partial \theta_n}\\ \dfrac{\partial P_2}{\partial U_2} & \dfrac{\partial P_3}{\partial U_2} & \cdots & \dfrac{\partial P_n}{\partial U_2} & \dfrac{\partial Q_2}{\partial U_2} & \dfrac{\partial Q_2}{\partial U_2} & \cdots & \dfrac{\partial Q_2}{\partial U_2}\\ \dfrac{\partial P_2}{\partial U_3} & \dfrac{\partial P_3}{\partial U_3} & \cdots & \dfrac{\partial P_n}{\partial U_3} & \dfrac{\partial Q_2}{\partial U_3} & \dfrac{\partial Q_2}{\partial U_3} & \cdots & \dfrac{\partial Q_2}{\partial U_3}\\ \vdots & \vdots & & \vdots & \vdots & \vdots & & \vdots\\ \dfrac{\partial P_2}{\partial U_n} & \dfrac{\partial P_3}{\partial U_n} & \cdots & \dfrac{\partial P_n}{\partial U_n} & \dfrac{\partial Q_2}{\partial U_n} & \dfrac{\partial Q_2}{\partial U_n} & \cdots & \dfrac{\partial Q_2}{\partial U_n}\end{bmatrix}\begin{bmatrix}\dfrac{\partial P_{\text{loss}}}{\partial P_2}\\ \dfrac{\partial P_{\text{loss}}}{\partial P_3}\\ \vdots\\ \dfrac{\partial P_{\text{loss}}}{\partial P_n}\\ \dfrac{\partial P_{\text{loss}}}{\partial Q_2}\\ \dfrac{\partial P_{\text{loss}}}{\partial Q_3}\\ \vdots\\ \dfrac{\partial P_{\text{loss}}}{\partial Q_n}\end{bmatrix} \tag{7-19}$$

潮流算法的修正方程为

$$\begin{bmatrix}\Delta P\\ \Delta Q\end{bmatrix}=\boldsymbol{J}\begin{bmatrix}\Delta \theta\\ \Delta U\end{bmatrix}=\begin{bmatrix}H & N\\ J & L\end{bmatrix}\begin{bmatrix}\Delta \theta\\ \Delta U\end{bmatrix}=\begin{bmatrix}\dfrac{\partial P}{\partial \theta} & \dfrac{\partial P}{\partial U}\\ \dfrac{\partial Q}{\partial \theta} & \dfrac{\partial Q}{\partial U}\end{bmatrix}\begin{bmatrix}\Delta \theta\\ \Delta U\end{bmatrix} \tag{7-20}$$

其雅可比矩阵各元素中的对角线元素为

$$H_{ii}=\frac{\partial P_i}{\partial \theta_i}=-U_i\sum_{\substack{j=1\\j\neq i}}^{j=n}U_j(G_{ij}\sin\theta_{ij}-B_{ij}\cos\theta_{ij}) \tag{7-21a}$$

$$N_{ii}=\frac{\partial P_i}{\partial U_i}=2U_iG_{ii}+\sum_{\substack{j=1\\j\neq i}}^{j=n}U_j(G_{ij}\cos\theta_{ij}+B_{ij}\sin\theta_{ij}) \tag{7-21b}$$

$$J_{ii}=\frac{\partial Q_i}{\partial \theta_i}=U_i\sum_{\substack{j=1\\j\neq i}}^{j=n}U_j(G_{ij}\cos\theta_{ij}+B_{ij}\sin\theta_{ij}) \tag{7-21c}$$

$$L_{ii}=\frac{\partial P_i}{\partial U_i}=-2U_iB_{ii}+\sum_{\substack{j=1\\j\neq i}}^{j=n}U_j(G_{ij}\sin\theta_{ij}-B_{ij}\cos\theta_{ij}) \tag{7-21d}$$

雅可比矩阵各元素中的非对角线元素为

$$H_{ij}=\frac{\partial P_i}{\partial \theta_j}=U_iU_j(G_{ij}\sin\theta_{ij}-B_{ij}\cos\theta_{ij}) \tag{7-22a}$$

$$N_{ij}=\frac{\partial P_i}{\partial U_j}=U_iU_j(G_{ij}\cos\theta_{ij}+B_{ij}\sin\theta_{ij}) \tag{7-22b}$$

$$J_{ij}=\frac{\partial Q_i}{\partial \theta_j}=-U_iU_j(G_{ij}\cos\theta_{ij}+B_{ij}\sin\theta_{ij}) \tag{7-22c}$$

$$L_{ij}=\frac{\partial Q_i}{\partial U_j}=U_i+U_j(G_{ij}\sin\theta_{ij}-B_{ij}\cos\theta_{ij}) \tag{7-22d}$$

通过对比 $\boldsymbol{T}$ 矩阵和雅可比矩阵中各元素的含义及位置可知，两矩阵为转置关系，即满足：

$$\boldsymbol{T}=\boldsymbol{J}^{\mathrm{T}} \tag{7-23}$$

参考雅可比矩阵求得 $\boldsymbol{T}$ 矩阵后，便可推导出有功网损灵敏度的计算公式：

$$\begin{bmatrix}\dfrac{\partial P_{\mathrm{loss}}}{\partial P}\\ \dfrac{\partial P_{\mathrm{loss}}}{\partial Q}\end{bmatrix}=\boldsymbol{T}^{-1}\begin{bmatrix}\dfrac{\partial P_{\mathrm{loss}}}{\partial \theta}\\ \dfrac{\partial P_{\mathrm{loss}}}{\partial U}\end{bmatrix}=(\boldsymbol{J}^{\mathrm{T}})^{-1}\begin{bmatrix}\dfrac{\partial P_{\mathrm{loss}}}{\partial \theta}\\ \dfrac{\partial P_{\mathrm{loss}}}{\partial U}\end{bmatrix} \tag{7-24}$$

由于转置雅可比矩阵法计算的是各节点相对平衡节点的网损微增率，在求得各节点有功网损灵敏度以后，便可对其由小到大排序，排序越靠前的节点表明在该处加入分布式电源后对降低全网有功网损灵敏度的效果越显著。

7.2.2　基于转置雅可比矩阵法的两点法概率有功网损微增率

基于 7.2.1 中介绍的转置雅可比矩阵法，结合本章中有关两点估计法数学理论及第 6 章负荷概率模型的介绍，可得到基于转置雅可比矩阵法的两点法概率有功网损微增率求解步骤：

(1) 给出配电网各节点有功负荷正态分布的期望值和方差，并根据表 7-1 计算出各节点负荷对应的功率因数。

(2) 根据概率论有关公式，分别计算各节点负荷对应的三阶中心矩、偏度系数和位置系数，进而计算出各随机变量所取两个点的位置及对应的概率集中度。

(3) 在每个随机变量所取两个点的位置处采用牛顿-拉弗森潮流算法进行确定性的潮流计算，求出每种情况下迭代收敛后的节点电压幅值和相角，并记录最后一次迭代后的雅可比矩阵，并将雅可比矩阵转置后得到 $\boldsymbol{T}$ 矩阵。

(4) 根据式 (7-15) 求出 $\dfrac{\partial P_{\text{loss}}}{\partial \theta}$ 和 $\dfrac{\partial P_{\text{loss}}}{\partial U}$，再根据式 (7-24) 求出每个随机变量所对应两个点处的有功网损灵敏度。

(5) 根据 K 阶中心矩方法求出有功网损灵敏度的各阶中心矩，并可根据潮流公式计算出有功网损灵敏度的期望，并将其作为判断各节点注入功率改变时对配电网总有功损耗影响大小的依据。

基于转置雅可比矩阵法的两点法概率有功网损微增率计算流程如图 7-6 所示。

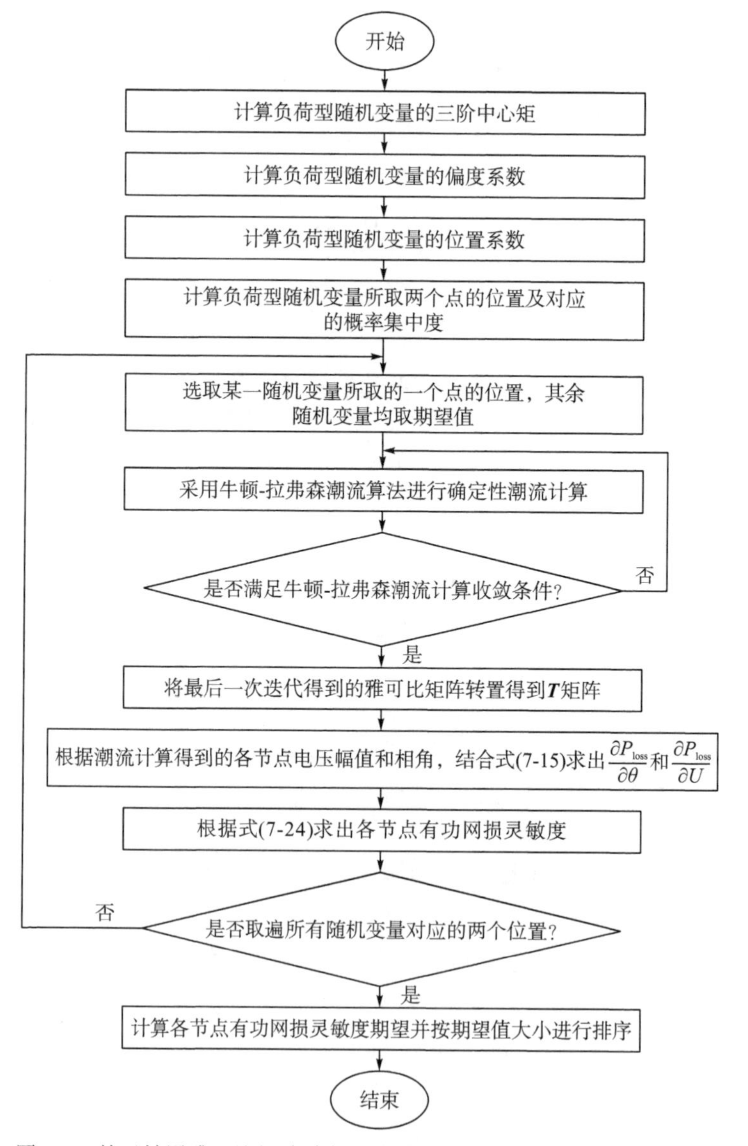

图 7-6　基于转置雅可比矩阵法的两点法概率有功网损微增率计算流程

7.2.3　算例分析

本节采用 IEEE 33 节点配电网系统对基于转置雅可比矩阵法的两点法概率有功网损微增率进行仿真，配电系统结构如图 7-3 所示，配电网各节点的有功功率期望值见表 7-1，标准差取 10%的期望值，各节点的功率因数采用由表 7-1 给出的有功功率和无功功率计算得出的功率因数，并假定负荷波动时其功率因数保持不变。

程序仿真结果如表 7-2 所示。各节点有功网损灵敏度柱状图如图 7-7 所示。分析表 7-2 及图 7-7 可知，从有功网损灵敏度的大致排列规律来看，越靠近节点层次矩阵下方的节点，即距离源节点电气距离越远的节点，其有功网损灵敏度值越小。这是因为在这些节点加入相同容量分布式电源时，由于源节点提供的那部分有功功率流经的支路较多，因而降低系统总网损效果更显著。

表 7-2　各节点有功网损灵敏度期望值及排序

排序	节点编号	有功网损灵敏度期望值	排序	节点编号	有功网损灵敏度期望值
1	18	−0.071937	17	8	−0.045710
2	17	−0.071353	18	27	−0.042497
3	16	−0.069583	19	7	−0.040810
4	15	−0.068212	20	26	−0.040522
5	14	−0.066808	21	6	−0.039024
6	13	−0.064910	22	5	−0.025810
7	33	−0.061863	23	25	−0.024285
8	32	−0.061673	24	24	−0.021671
9	31	−0.060918	25	4	−0.019729
10	12	−0.059238	26	23	−0.016503
11	11	−0.057662	27	3	−0.013670
12	30	−0.057312	28	22	−0.006145
13	10	−0.056764	29	21	−0.005740
14	29	−0.054668	30	20	−0.005273
15	9	−0.051413	31	19	−0.002717
16	28	−0.049589	32	2	−0.002348

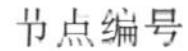

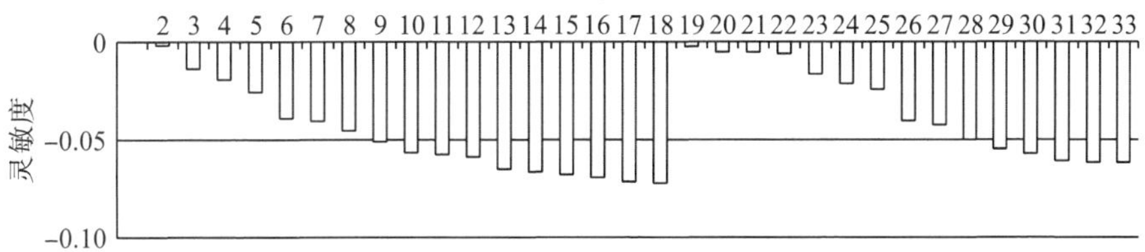

图 7-7　各节点有功网损灵敏度柱状图

7.3 分布式电源优化配置

分布式电源优化配置的主要工作是科学合理地选择接入配电网分布式电源的类型、接入位置和接入容量，使得目标效益最优化，同时满足配电网节点电压约束、支路电流约束、分布式电源接入容量约束等电网技术要求，确保电网的安全经济运行。合理的分布式电源接入方案可以减少系统的有功网损，提高各节点的电压。分布式电源的优化配置是一个非线性的复杂优化问题，因此建立多目标函数显得非常有必要。

7.3.1 目标函数

本节从供电公司角度出发，暂不考虑用电负荷的增长，假定供电公司在已有配电网基础上引入分布式电源，以求减少从电厂购电费用和系统网损费用，并提高节点电压，最大化供电公司年综合经济效益，其表达式为

$$\text{MAX fitness} = F_1 + F_2 - F_3 - F_4 + F_5 \tag{7-25}$$

式中：

(1) F_1 为由于分布式电源接入而减少的年购电费用，其具体表达式为

$$F_1 = (E_{\text{WT}} + E_{\text{PV}}) \times 8760 \times \text{price} \tag{7-26}$$

E_{WT} 和 E_{PV} 分别表示所有接入风机和光伏的有功出力期望值；price 表示供电公司从电厂的购电费用，元/(kW·h)。

(2) F_2 为由于分布式电源接入配电网而节省的年有功网损费用，其具体表达式为

$$F_2 = \Delta E_{\text{Ploss}} \times \text{price} \tag{7-27}$$

ΔE_{Ploss} 表示分布式电源接入配电网前后系统有功网损之差。

(3) F_3 为分布式电源的年等额投资安装费用，其具体表达式为

$$F_3 = \left(N_{\text{WT}} \times P_{\text{WT}} \times \text{IN}_{\text{WT}} + N_{\text{PV}} \times P_{\text{PV}} \times \text{IN}_{\text{PV}}\right) \times \frac{i}{1-(1+i)^{-\text{year}}} \tag{7-28}$$

N_{WT} 和 N_{PV} 分别表示接入的风机和光伏的总数量； P_{WT} 和 P_{PV} 分别表示单台风机和光伏的容量； IN_{WT} 和 IN_{PV} 分别表示单位容量风机和光伏的投资安装费用；i 表示年利率；year 表示分布式电源的寿命周期，年。

(4) F_4 为分布式电源的运行维护费用，其具体表达式为

$$F_4 = N_{\text{WT}} \times P_{\text{WT}} \times \text{OP}_{\text{WT}} + N_{\text{PV}} \times P_{\text{PV}} \times \text{OP}_{\text{PV}} \tag{7-29}$$

OP_{WT} 和 OP_{PV} 分别表示单位容量风机和光伏的运行维护费用。

(5) F_5 为分布式电源年等额残值费用，其具体表达式为

$$F_5 = F_3 \times \text{salvalue} \times \frac{i}{(1+i)^{\text{year}} - 1} \tag{7-30}$$

salvalue 表示分布式电源寿命期过后残值费用占初始投资安装费用的比例。

7.3.2　约束条件

分布式电源优化配置中的约束条件可分为等式约束和不等式约束两类。

等式约束条件，即加入分布式电源后配电网的潮流方程的约束，其具体表达式为

$$\begin{cases} P_{is} - U_i \sum_{j \in i} U_j (G_{ij}\cos\theta_{ij} + B_{ij}\sin\theta_{ij}) = 0 \\ Q_{is} - U_i \sum_{j \in i} U_j (G_{ij}\sin\theta_{ij} - B_{ij}\cos\theta_{ij}) = 0 \end{cases} \tag{7-31}$$

式中，P_{is} 和 Q_{is} 分别为计及分布式电源后节点 i 注入的有功功率和无功功率；U_i 和 U_j 分别为节点 i 和节点 j 的电压幅值，$j \in i$ 表示包括 i 节点在内的所有与节点 i 有电气连接的节点的集合；G_{ij} 和 B_{ij} 分别为节点导纳矩阵的实部和虚部，θ_{ij} 为 i-j 支路的电压相角差。

不等式约束条件，主要包含配电网接入分布式电源的总数量约束、配电网接入风机和光伏的总数量约束、节点电压概率约束和支路电流概率约束。

(1) 分布式电源的总数量约束，即根据电网公司的规定对接入配电网的分布式电源总数量进行限定：

$$N_{\mathrm{DG}} \leqslant N_{\max} \tag{7-32}$$

式中，N_{DG} 为接入配电网的分布式电源的总数量；$N_{\max}$ 为配电网允许接入的分布式电源的最大数量。

(2) 配电网接入风机和光伏的总数量约束，即由于某一地区风力资源和光照资源的限定，需要对接入配电网的风机和光伏的数量进行约束：

$$\begin{cases} N_{\mathrm{WT}} \leqslant N_{\mathrm{WTmax}} \\ N_{\mathrm{PV}} \leqslant N_{\mathrm{PVmax}} \end{cases} \tag{7-33}$$

式中，N_{WT} 和 N_{PV} 分别为接入配电网的风机和光伏的总数量；N_{WTmax} 和 N_{PVmax} 分别为配电网允许接入的风机和光伏的最大数量。

(3) 节点电压概率约束：

$$P\{U_{\min} \leqslant U_i \leqslant U_{\max}\} \geqslant \beta_U,\quad i = 1,2,\cdots,N_U \tag{7-34}$$

式中，$P\{\cdot\}$ 表示事件“·”成立的概率；$U_{\max}$ 和 $U_{\min}$ 分别表示配电网各节点电压的上限和下限；β_U 表示电压约束的置信水平；N_U 表示配电网节点总数量。

(4) 支路电流概率约束：

$$P\{I_i \leqslant I_{\max}\} \geqslant \beta_I,\quad i = 1,2,\cdots,N_I \tag{7-35}$$

式中，$I_{\max}$ 表示配电网各支路电流的上限；β_I 表示电流约束的置信水平；N_I 表示配电网总支路条数。分布式电源优化配置属于含约束的多目标整数优化问题，本节利用粒子群优化算法处理此问题。

7.3.3 算例分析

通过 7.2 节分析可知，分布式电源加到配电网不同节点处时对有功网损的降低程度有所差别，因而带来的经济效益也有所不同。鉴于此，本节提出一种以有功网损灵敏度期望降低待选节点维数的分布式电源优化配置方法，并通过一个典型 33 节点配电网系统的 MATLAB 仿真来验证所提方法的有效性。

对如图 7-3 所示的 IEEE 33 节点配电系统进行仿真分析，配电网各线路和节点负荷参数如表 7-1 所示，假定配电网各节点负荷服从正态分布，其期望值如表 7-1 所示，标准差取期望值的 10%，各节点的功率因数采用由表 7-1 给出的有功功率和无功功率计算得出的功率因数，并假定负荷波动时其功率因数保持不变。

由气象数据得到该配电网所在地区风速分布的形状参数 $k=4.71$，尺度参数 $c=9.35$；光照强度的两个参数 $\alpha=8.13$，$\beta=5.07$，最大光照强度为 $r_{\max}=0.7\text{kW/m}^2$。

假定接入配电网的单台风机的额定有功功率为 20kW，切入风速 $v_{ci}=4\text{m/s}$，额定风速 v_r=15m/s，切出风速 v_{co}=25m/s，功率因数为 0.95，风机的投资安装费用为 6300 元/kW，运行维护费用为 60 元/(MW·h)[40]；单个光伏方阵的面积 A=100m^2，光电转换效率 η=0.14，功率因数为 0.95，光伏的投资安装费用为 10000 元/kW，运行维护费用为 120 元/(MW·h)[41]；假设分布式电源的投运年限为 20 年，寿命期过后残值占初始投资的 8.4%，年利率为 0.07。节点电压取值范围为 0.91～1.01p.u.，线路型号为 LGJ-120，允许通过的最大电流为 380A，节点电压和支路电流的置信水平取 0.9，供电公司向发电厂购电价格为 0.34 元/(MW·h)，配电网按每年运行 8760h 计算。假设受当地地理条件及气候资源限制，可接入分布式电源的节点为 3、4、8、14、18、22、24、26、30、33 共计 10 个节点，同时考虑分布式电源出力期望及接入配电网最大容量限制，假定接入风机和光伏的最大数量分别为 60 台和 30 台。

采用粒子群优化算法对接入该配电网的风机与光伏的类型、位置和容量进行优化配置，可安装节点为全部 10 个待选节点(方案 1)，群体规模为 40，最大进化代数为 60，初始惯性权重和迭代至最大次数时的惯性权重分别取 0.4 和 0.9，速度更新参数 c_1 和 c_2 均取 2，保持所有条件不变，根据 7.2 节求得的有功网损灵敏度期望排序，分别取灵敏度排名位于前三位(方案 2)、前四位(方案 3)、前五位(方案 4)、前六位(方案 5)和前七位(方案 6)的节点作为待选节点，采用粒子群优化算法对分布式电源进行优化配置，其配置方案如表 7-3 所示。

分析表 7-3 可得，不同情况下分布式电源配置方案是一致的，但待选节点个数减少后程序运行时间较全节点情况下也相应缩短，因此同样验证了基于有功网损灵敏度期望排序的分布式电源优化配置方法的有效性和快速性。不同方案下适应度函数收敛曲线如图 7-8 所示，待选节点数量越少，程序越容易收敛到最优值，说明基于有功网损灵敏度期望排序的分布式电源优化配置方法可明显提高收敛速度。

表 7-3　33 节点配电网不同情况下分布式电源优化配置方案

方案编号	节点编号	18	14	33	30	8	26	4	24	3	22	运行时间/s
	有功网损灵敏度期望排序	1	2	3	4	5	6	7	8	9	10	
方案 1	风机数量	17	27	16	—	—	—	—	—	—	—	1611
	光伏数量	—	—	30	—	—	—	—	—	—	—	
方案 2	风机数量	17	27	16	—	—	—	—	—	—	—	901
	光伏数量	—	—	30	—	—	—	—	—	—	—	
方案 3	风机数量	17	27	16	—	—	—	—	—	—	—	1064
	光伏数量	—	—	30	—	—	—	—	—	—	—	
方案 4	风机数量	17	27	16	—	—	—	—	—	—	—	1185
	光伏数量	—	—	30	—	—	—	—	—	—	—	
方案 5	风机数量	17	27	16	—	—	—	—	—	—	—	1263
	光伏数量	—	—	30	—	—	—	—	—	—	—	
方案 6	风机数量	17	27	16	—	—	—	—	—	—	—	1392
	光伏数量	—	—	30	—	—	—	—	—	—	—	

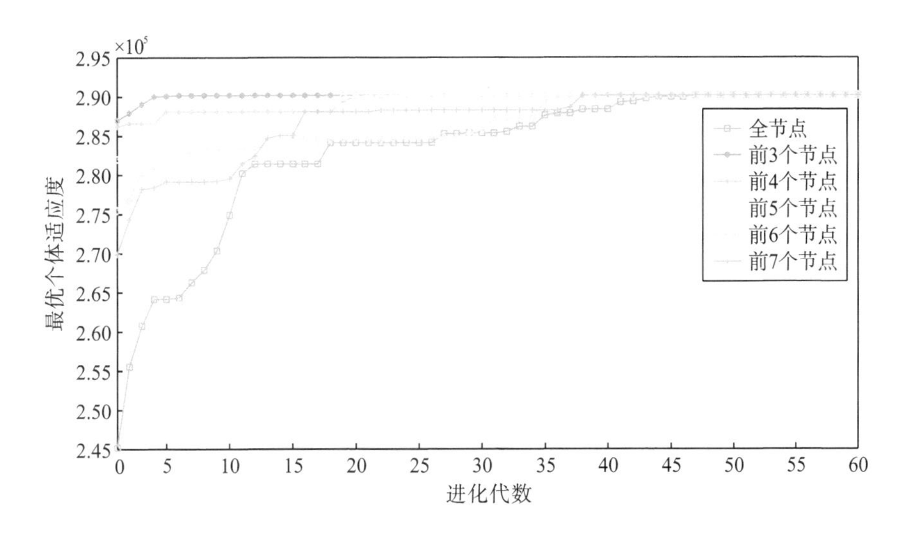

图 7-8　33 节点配电网不同方案下适应度函数收敛曲线

表 7-4 给出了配电网优化前后有功网损期望的变化情况，由表可知，分布式电源接入后配电网有功网损减少了 29.15%，有功网损的降低使得供电公司从电厂购电的费用也相应降低。

表 7-4　33 节点配电网优化前后有功网损期望的变化情况

项目	优化前	优化后	降低网损
有功网损/kW	203.09	143.89	59.20

最优配置方案下的经济效益分析如表 7-5 所示。由表可知，由于分布式电源的安装降低了配电网的有功损耗，每年可节省 17.63 万元，同时由于投入的分布式电源可为用户提供电能，因此每年可减少购电费用 202.32 万元。

表 7-5　33 节点配电网最优配置方案下的经济效益分析

项目	少购电费用	节省网损费用	分布式电源投资安装费用	分布式电源运行维护费用	残值费用	总收益
资金/万元	202.32	17.63	99.11	93.98	2.15	29.01

表 7-6 给出了 33 节点配电网优化前后节点电压和支路电流期望值综合指标对比。

表 7-6　33 节点配电网优化前后节点电压和支路电流期望值综合指标对比　（单位：p.u.）

项目	最低节点电压	平均节点电压	最大支路电流	平均支路电流
优化前	0.9131 （18 节点）	0.9484	0.4614 （1 支路）	0.1097
优化后	0.9342 （18 节点）	0.9589	0.4063 （1 支路）	0.0917

优化前后各节点电压和各支路电流幅值标幺值期望的具体变化情况分别如图 7-9 和图 7-10 所示。

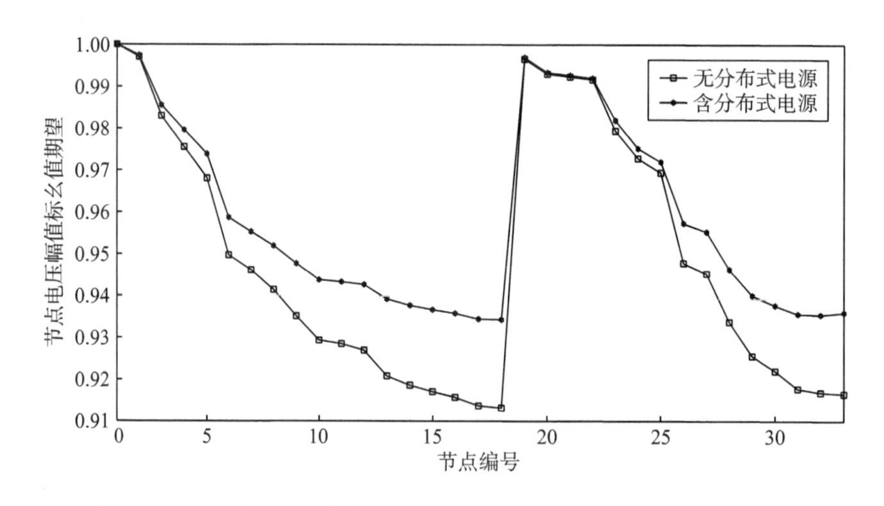

图 7-9　33 节点配电网优化前后各节点电压幅值标幺值期望变化曲线

由表 7-6 并结合图 7-9 和图 7-10 分析可知，分布式电源接入 33 节点配电网后，对节点电压有提升作用，并可降低支路电流，同时证明了合理选择分布式电源接入的位置和容量，在带来经济效益的同时，可提高配电网电能质量，并有助于配电网的安全可靠运行。

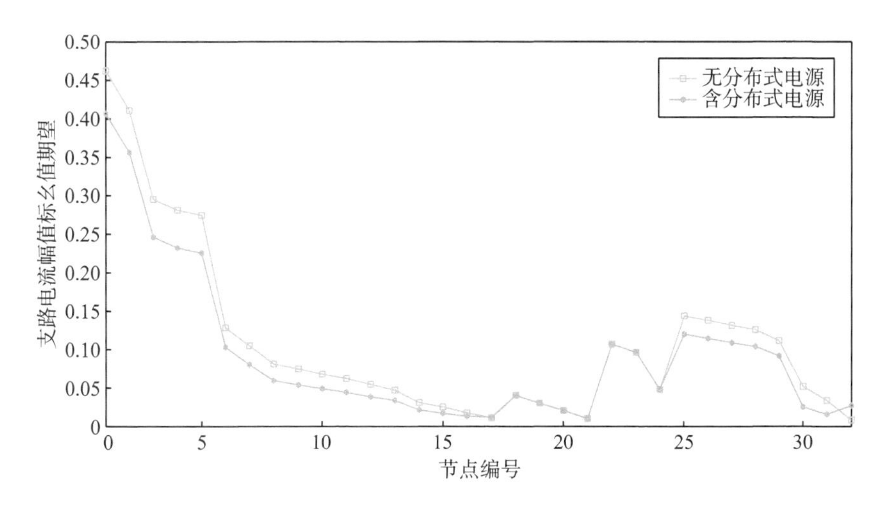

图 7-10 33 节点配电网优化前后各支路电流幅值标幺值期望变化曲线

7.4 本 章 小 结

分布式电源接入配电网可减少供电公司从电厂购电的费用，同时降低系统的有功网损，有助于电网安全稳定运行，但分布式电源的出力随气候环境的变化呈现出时变特性，同时配电网各节点的负荷也是时变的，本章计及分布式电源和负荷的时变特性，以供电公司年综合经济效益最大化为目标，以分布式电源接入容量限制、节点电压概率和支路电流概率为约束条件，对接入配电网的分布式电源的类型、位置和容量进行优化配置，取得的主要结论如下：

(1) 分层前推回代潮流算法可实现节点层次矩阵中同一层节点电压和支路层次矩阵中同一层支路电流的并行计算。灵敏度阻抗矩阵与分层前推回代潮流算法相结合可以有效处理配电网中接入 PV 型分布式电源时的潮流计算问题。

(2) 基于转置雅可比矩阵的两点法概率有功网损微增率方法可求得考虑负荷时变特性后各节点有功网损微增率的期望和方差，期望值可用于表征配电网加入分布式电源后对系统总有功网损影响程度的大小，算例表明可按各节点有功网损微增率的期望由小到大适当缩减待选节点个数，其运算结果与全待选节点下求得的配置方案一致，可缩减计算时间，提高收敛速度，为读者提供了一种分布式电源优化配置快速求解的思路。

第8章　考虑大规模相关随机变量的电压稳定概率评估方法

电压稳定一直是人们最关心的问题之一，随着大规模可再生能源接入电力系统，负荷需求和可再生能源之间的关系变得越来越复杂，对概率电压稳定的研究也变得越来越重要。概率电压稳定评估面临两个主要问题：①如何在考虑电力系统的实际运行特性时选择合理的功率增量方向确定电压稳定评估的可靠性；②如何获得多个随机变量之间具有指定分布和期望相关性的样本。为了解决这两个问题，本章在考虑随机变量及其相关性确定合理发电机和负荷功率增量方向的基础上，提出结合拉丁超立方采样和二次排序技术的幂法转换，并在两个改进型 IEEE 测试系统上进行仿真计算，分析表明该方法是准确有效的。

8.1　概率电压稳定估计基本理论

目前，进行电压稳定评估的主要指标是负荷裕度，它从系统给定的运行点出发，按照某种负荷和发电功率增长模式，若系统逐渐逼近电压崩溃点，则当前的运行点至崩溃点的距离称为系统的负荷裕度。通常定义一个或多个负荷-发电增长方向，然后采用重复潮流、连续潮流或特殊最优潮流等工具得到电压稳定极限负荷点。

采用传统方法进行电压稳定评估大都基于确定性模型，而忽略了负荷波动和新能源发电波动等不确定因素。一种更加合理的方式是同时考虑系统某状态的电压稳定性和该状态存在的可能性，研究概率电压稳定估计，从而分析系统的运行风险。

8.2　概率电压稳定模型

8.2.1　随机因素的概率模型

电力系统中的随机源越来越多，对电源随机特性和相关性建模是实现概率电压稳定评估的基础。通常将风力发电、太阳能发电和负载描述为 PQ 母线，功率因数为 X 。风力发电的有功功率 P_W 由被建模为韦布尔分布的风速决定，光伏发电的有功功率 P_{PV} 通常被建模为 Beta 分布，负载的有功功率 P_L 通常被建模为正态分布[42,43]。

8.2.2　电压稳定模型

负荷裕度指标是电压稳定指标(voltage stability index，VSI)的一种，负荷裕度的精度一般优于线路和节点 VSI[44]。最大负荷裕度作为一种有效指标被广泛用于评估电力系统电压稳定，它便于操作人员理解和使用。优化算法是计算最大负荷裕度的常用方法[45]。本节基于最优潮流模型来计算最大负荷裕度。该优化模型是一个非线性优化问题，可以通过内点法对其进行求解。

$$\max \ \lambda \tag{8-1}$$

约束条件为

$$V_i \sum V_j (G_{ij} \cos\theta_{ij} + B_{ij} \sin\theta_{ij}) + P_{Li} - P_{Gi} - P_{Ri} = 0 \tag{8-2}$$

$$V_i \sum V_j (G_{ij} \sin\theta_{ij} - B_{ij} \cos\theta_{ij}) + Q_{Li} - Q_{Gi} - Q_{Ri} = 0 \tag{8-3}$$

$$P_{Gi} = P_{Gi}^0 + \lambda P_{Gi}^d \tag{8-4}$$

$$P_{Li} = P_{Li}^0 + \lambda P_{Li}^d \tag{8-5}$$

$$Q_{Li} = Q_{Li}^0 + \lambda Q_{Li}^d \tag{8-6}$$

$$P_{Gi,\min} \leqslant P_{Gi} \leqslant P_{Gi,\max} \tag{8-7}$$

$$Q_{Gi,\min} \leqslant Q_{Gi} \leqslant Q_{Gi,\max} \tag{8-8}$$

$$V_{i,\min} \leqslant V_i \leqslant V_{i,\max} \tag{8-9}$$

$$P_{ij} = V_i V_j (G_{ij} \cos\theta_{ij} + B_{ij} \sin\theta_{ij}) - t_{ij} G_{ij} V_i^2 \tag{8-10}$$

$$Q_{ij} = V_i V_j (G_{ij} \sin\theta_{ij} - B_{ij} \cos\theta_{ij}) + \left(t_{ij} - \frac{1}{2}\right) B_{ij} V_i^2 \tag{8-11}$$

$$P_{ij}^2 + Q_{ij}^2 \leqslant S_{ij,\max}^2 \tag{8-12}$$

在上述模型中，优化目标是在满足潮流约束[式(8-2)和式(8-3)]和其他运行约束[式(8-4)～式(8-12)]下最大化负荷裕度。P_{Gi} 和 Q_{Gi} 分别为节点 i 上传统发电机有功功率和无功功率；P_{Li} 和 Q_{Li} 分别为节点 i 上负荷的有功功率和无功功率；P_{Ri} 和 Q_{Ri} 分别为节点 i 上可再生能源的有功功率和无功功率；P_{Gi}^0、P_{Li}^0 和 Q_{Li}^0 分别为节点 i 的传统发电机和负荷的基本功率；V_i 为节点 i 的电压；θ_{ij} 为节点 i 和节点 j 的相角差；G_{ij} 和 B_{ij} 分别为节点 i 和节点 j 之间线路的电导和电纳；t_{ij} 为节点 i 和节点 j 之间线路的转换率。在该模型中，可再生能源由于其间歇性输出而保持功率不增加，而传统发电机和负荷的功率随负荷裕度 λ 和 P_G^{di}、P_L^{di}、Q_L^{di} 的功率增长方向增加而增加，如图 8-1 所示。负荷裕度对功率增量方向很敏感。不同发电机功率增量方向和负荷功率增量方向上的负荷裕度也不一样。

在确定合理的系统功率增量方向时，需要考虑系统的实际运行特性。随机变量之间的相关性反映了系统的运行特性。为了保持输入随机变量之间的相关性，采用基于发电机和负荷功率的方向。

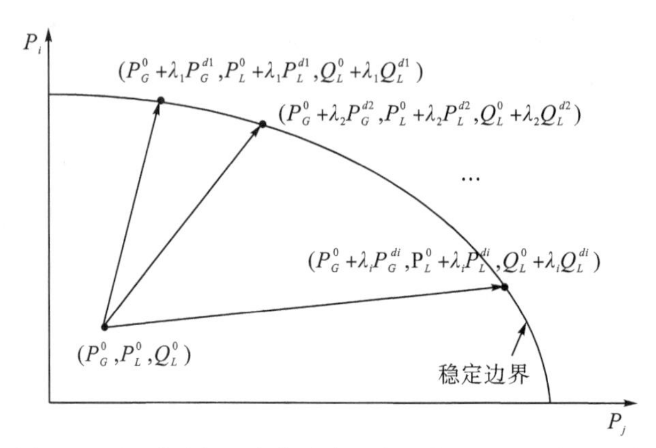

图 8-1 不同发电机和负荷功率方向下的电压稳定负荷裕度

定理 8-1 当负荷随着基载功率方向增大时，随机负荷的相关系数保持不变。

证明 任意负荷 i 与负荷 j 与基载功率增长方向的相关系数为

$$r_{ij}[(1+\lambda)P_{Li},(1+\lambda)P_{Lj}]=\frac{\mathrm{Cov}[(1+\lambda)P_{Li},(1+\lambda)P_{Lj}]}{\sqrt{D[(1+\lambda)P_{Li}]}\sqrt{D[(1+\lambda)P_{Lj}]}}$$

$$=\frac{(1+\lambda)^2\,\mathrm{Cov}(P_{Li},P_{Lj})}{(1+\lambda)^2\sqrt{D(P_{Li})}\sqrt{D(P_{Lj})}}=\frac{\mathrm{Cov}(P_{Li},P_{Lj})}{\sqrt{D(P_{Li})}\sqrt{D(P_{Lj})}}=r_{ij}(P_{Li},P_{Lj})$$

定理 8-2 当负荷在基载功率方向增大时，随机负荷与可再生能源之间的相关系数保持不变。

证明 在这种情况下，只有负荷功率随基载功率方向增加。任意负荷 i 与可再生能源 j 之间的相关系数为

$$r_{ij}[(1+\lambda)P_{Li},P_{Rj}]=\frac{\mathrm{Cov}[(1+\lambda)P_{Li},P_{Rj}]}{\sqrt{D[(1+\lambda)P_{Li}]}\sqrt{D(P_{Rj})}}$$

$$=\frac{(1+\lambda)\mathrm{Cov}(P_{Li},P_{Rj})}{(1+\lambda)\sqrt{D(P_{Li})}\sqrt{D(P_{Rj})}}=\frac{\mathrm{Cov}(P_{Li},P_{Rj})}{\sqrt{D(P_{Li})}\sqrt{D(P_{Rj})}}=r_{ij}(P_{Li},P_{Rj})$$

8.3 概率电压稳定评估中的相关随机样本生成

电力系统概率分析是揭示电力系统随机特性的有力工具[46,47]。随着电力系统中随机变量数量的迅速增加，在进行概率分析时，随机变量之间的相关性不容忽视。针对如何处理相关矩阵并不总是正定这一问题，第 6 章提出了一种基于奇异值分解的二次排序法，该方法在面对非正定相关矩阵时也是合理有效的。

本节使用拉丁超立方采样法和二次排序法相结合的幂法转换进行概率电压稳定评估，该方法基于幂法变换实现了非线性相关矩阵在真实随机变量与标准正态变量之间的变换，其中，拉丁超立方采样法提高了采样效率，二次排序法高效可靠地保持了期望相关系数[48]。

8.3.1　幂法变换

设 X_i 是任意分布的随机变量，通过将式(8-13)中标准形式的期望值转换为零进行表示：

$$Y_i = \frac{X_i - E(X_i)}{\mathrm{Var}(X_i)} \tag{8-13}$$

式中，$E(\cdot)$ 是期望；$\mathrm{Var}(\cdot)$ 是方差；Y_i 是 X_i 的标准形式，期望为 0，方差为 1。

标准随机变量可以用 m 阶多项式逼近[49]：

$$Y_i = \sum_{r=0}^{m} c_{ir} Z_i^r \tag{8-14}$$

式中，Z_i 为标准正态分布，当 m=3[50]时，它是三阶多项式变换；当 m=5 时，它是五阶多项式变换；c_{ir} 是求解式(8-15) Y_i 中 m 个相关方程得到的多项式系数。

$$E[Y_i^m] = \int Z_i^m Y_i \mathrm{d}Z_i = \int Z_i^m \sum_{r=0}^{m} c_{ir} Z_i^r \mathrm{d}Z_i \tag{8-15}$$

$E[Y_i^m]$ 是随机变量 Y_i 的 m 阶矩，当给出随机变量的边际分布或样本时，可以计算得到 $E[Y_i^m]$。本节将 m 设置为 5，简化方程可参考文献[51]。

当需要非正态随机变量 X_i 样本的相关矩阵 $\boldsymbol{R}$ 时，必须首先计算式(8-16)中标准正态分布变量 Z_i 的中间相关矩阵 $\boldsymbol{R}^*$。文献[51]建立了 $\boldsymbol{R}$ 中各非对角相关系数 r_{ij} 与 $\boldsymbol{R}^*$ 中相应的中间相关系数 r_{ij}^* 之间的关系式：

$$\boldsymbol{R}^* = \begin{bmatrix} 1 & r_{12}^* & \cdots & r_{1n}^* \\ r_{21}^* & 1 & \cdots & r_{2n}^* \\ \vdots & \vdots & & \vdots \\ r_{n1}^* & r_{n2}^* & \cdots & 1 \end{bmatrix} \tag{8-16}$$

8.3.2　采样与排列

为了提高概率电压稳定评估的效率，可以通过拉丁超立方采样获得式(8-17)的样本 $\boldsymbol{S}$：

$$\boldsymbol{S} = \begin{bmatrix} s_{11} & s_{12} & \cdots & s_{1k} \\ s_{21} & s_{22} & \cdots & s_{2k} \\ \vdots & \vdots & & \vdots \\ s_{n1} & s_{n2} & \cdots & s_{nk} \end{bmatrix} \tag{8-17}$$

随机变量之间的相关系数会影响概率分析结果的质量和精度，因此概率电压稳定评估的样本必须具有期望相关系数。本节采用文献[52]中的二次排序法。二次排序法可以去除拉丁超立方采样法产生的初始样本之间的相关性，并处理期望相关矩阵，即使相关矩阵是非正定的，也可以进行处理。二次排序法在式(8-18)中描述：

$$\boldsymbol{S}^*=\begin{bmatrix} S_1^* \\ S_2^* \\ \vdots \\ S_n^* \end{bmatrix}=\left(\boldsymbol{PE}^{\frac{1}{2}}\right)\hat{\boldsymbol{S}}=\left(\boldsymbol{PE}^{\frac{1}{2}}\right)\left[\left(\boldsymbol{QD}^{\frac{1}{2}}\right)^{-1}\right]'\boldsymbol{S} \tag{8-18}$$

其中，$\boldsymbol{P}$、$\boldsymbol{E}$ 和 $\boldsymbol{R}^*$ 满足奇异值分解方程[式(8-19)]；$\boldsymbol{Q}$、$\boldsymbol{D}$ 和 $\boldsymbol{R}_S$ 满足奇异值分解方程[式(8-20)]，$\boldsymbol{R}_S$ 是样本 $\boldsymbol{S}$ 的相关矩阵。

$$\boldsymbol{R}^*=\boldsymbol{PEP}'=\boldsymbol{PE}^{\frac{1}{2}}\left(\boldsymbol{PE}^{\frac{1}{2}}\right)' \tag{8-19}$$

$$\boldsymbol{R}_S=\boldsymbol{QDQ}'=\boldsymbol{QD}^{\frac{1}{2}}\left(\boldsymbol{QD}^{\frac{1}{2}}\right)' \tag{8-20}$$

根据矩阵 $\boldsymbol{S}^*$ 排列矩阵 $\boldsymbol{S}$ 的每一行，生成具有与矩阵 $\boldsymbol{S}^*$ 的秩相关矩阵相同的样本矩阵 $\boldsymbol{Z}$ [53]，则 $\boldsymbol{Z}$ 的相关矩阵接近 $\boldsymbol{R}^*$。

最后，用式(8-13)和式(8-14)代替 $\boldsymbol{Z}$ 计算具有近似期望相关矩阵 $\boldsymbol{R}$ 的随机样本 $\boldsymbol{X}$。样本矩阵 $\boldsymbol{X}$ 中的每一列形成一组样本，用作确定性最大负荷裕度[式(8-1)]中的输入。

8.3.3 概率电压稳定评估步骤

一旦获得随机样本指定分布和期望相关性，就可以通过重复确定性计算来进行概率电压稳定评估，然后最大负荷裕度的概率特征就能够通过统计得到。概率电压稳定评估方法的流程如图 8-2 所示。

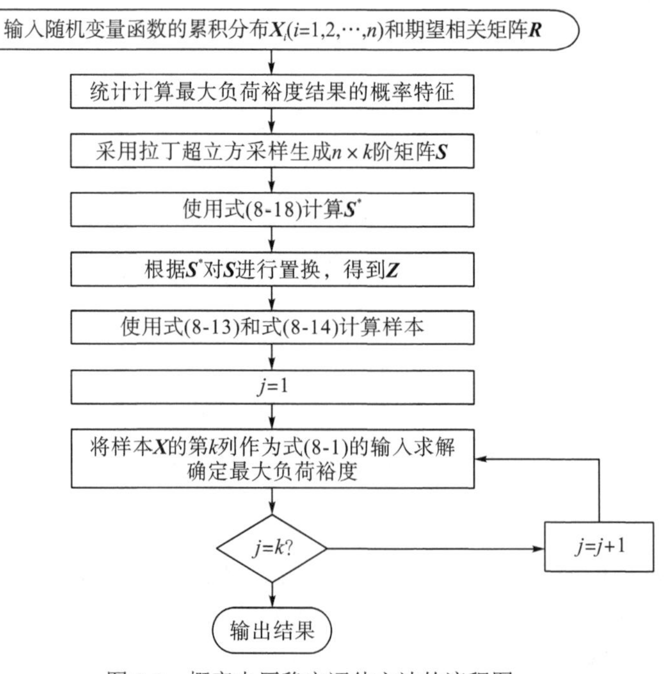

图 8-2 概率电压稳定评估方法的流程图

使用式(8-21)相关矩阵的均方误差指数来衡量样本的统计精度。

$$\rho_{\mathrm{corr}}=\frac{1}{n^2}\sum_{i,j=1}^{n}(r_{ij}-r_{ij}^{x})^2 \tag{8-21}$$

式中，r_{ij} 是期望相关矩阵的第 i 行第 j 列元素；r_{ij}^{x} 是样本相关矩阵的第 i 行第 j 列元素；n 是随机变量的总数。

式(8-22)和式(8-23)采用均值相对误差和标准差相对误差来衡量最大负荷裕度的统计精度：

$$\varepsilon_{\mu}=\left|\frac{\mu_a-\mu_s}{\mu_a}\right|\times 100\% \tag{8-22}$$

$$\varepsilon_{\sigma}=\left|\frac{\sigma_a-\sigma_s}{\sigma_a}\right|\times 100\% \tag{8-23}$$

其中，μ_a 和 σ_a 分别是最大负荷裕度的均值和标准差，它们是从具有足够大样本量的 SRS 中通过蒙特卡罗模拟法获得的；μ_s 和 σ_s 分别是通过图 8-2 所示的方法获得的最大负荷裕度的均值和标准偏差。

由于采样过程具有随机性，本节采用多次实验的误差指标来评价该方法的稳定性：

$$\mu_{\rho_{\mathrm{corr}}}=\frac{1}{m}\sum_{i=1}^{m}\rho_{\mathrm{corr}}(i) \tag{8-24}$$

$$\mu_{\varepsilon_{\mu}}=\frac{1}{m}\sum_{i=1}^{m}\varepsilon_{\mu}(i) \tag{8-25}$$

$$\mu_{\varepsilon_{\sigma}}=\frac{1}{m}\sum_{i=1}^{m}\varepsilon_{\sigma}(i) \tag{8-26}$$

$$\sigma_{\rho_{\mathrm{corr}}}=\sqrt{\frac{1}{m}\sum_{i=1}^{m}[\rho_{\mathrm{corr}}(i)-\mu_{\rho_{\mathrm{corr}}}]^2} \tag{8-27}$$

$$\sigma_{\varepsilon_{\mu}}=\sqrt{\frac{1}{m}\sum_{i=1}^{m}[\varepsilon_{\mu}(i)-\mu_{\varepsilon_{\mu}}]^2} \tag{8-28}$$

$$\sigma_{\varepsilon_{\sigma}}=\sqrt{\frac{1}{m}\sum_{i=1}^{m}[\varepsilon_{\sigma}(i)-\mu_{\varepsilon_{\sigma}}]^2} \tag{8-29}$$

式中，m 为测试总次数；$\mu_{\rho_{\mathrm{corr}}}$、$\mu_{\varepsilon_{\mu}}$、$\mu_{\varepsilon_{\sigma}}$ 分别为 m 次测试的各相误差均值；$\sigma_{\rho_{\mathrm{corr}}}$、$\sigma_{\varepsilon_{\mu}}$、$\sigma_{\varepsilon_{\sigma}}$ 分别为 m 次测试的各相误差指标均值的标准差。

8.4 算例分析

为了验证所提概率电压稳定评估方法的性能，本节对两个改进的 IEEE 系统进行研究。采用 MATLAB 编程，在 1.60GHz 中央处理器(central processing unit，CPU)上实现。

8.4.1 IEEE 14 节点算例分析

标准 IEEE 14 节点系统的相关介绍请参考文献[54]。对于改进后的测试系统，分别在节点 4 和节点 5 连接了两个风电场，节点 9 和节点 10 连接了两个光伏电站。每个风电场的功率因数设置为 0.95，每个光伏电站的功率因数设置为 1.0。线路的传输容量设置为 100MV·A。母线电压的下限和上限设置为 0.8p.u.和 1.2p.u.。

风电场和光伏电站的参数如表 8-1 所示

表 8-1 风电场和光伏电站的参数

风电场	容量/MW	k	c	v_{ci} /(m/s)	v_r /(m/s)	v_{co} /(m/s)
	70	2.15	9	3.5	13	25
光伏电站	容量/MW	α	β	—	—	—
	10	0.9	0.8	—	—	—

负载参数如表 8-2 所示，负载的无功功率由功率因数决定。

表 8-2 负载参数

节点	有功功率		功率因数
	μ/MW	σ/%	
2	21.7	9.0	0.863
3	94.2	10.0	0.980
4	47.8	11.0	0.997
5	7.6	5.0	0.979
6	11.2	5.0	0.831
9	29.5	10.0	0.871
10	9.0	10.0	0.841
11	3.5	9.5	0.889
12	6.1	7.6	0.967
13	13.5	10.5	0.919
14	14.9	8.6	0.948

在这个算例中总共有 15 个随机变量。随机变量的相关矩阵与文献[52]相同，对应的幂法变换的中间相关矩阵是非正定的。假设直连节点上的随机变量是非独立的，并且同时考虑了不同类型变量之间的相关系数。

假设样本简单随机抽样的蒙特卡罗模拟法的 10000 次概率结果是准确的，并用它计算了二次排序(twice-permutation technique，PLT)、结合简单随机抽样和二次排序的幂法变换(PST)以及 Nataf 变换所得到的解的误差。对不同样本量进行了研究分析。

相关矩阵的 100 个测试均方误差指标如图 8-3 所示。不考虑样本 $\boldsymbol{S}$ 的相关矩阵 $\boldsymbol{R_S}$ 的结果也如图 8-3 所示。

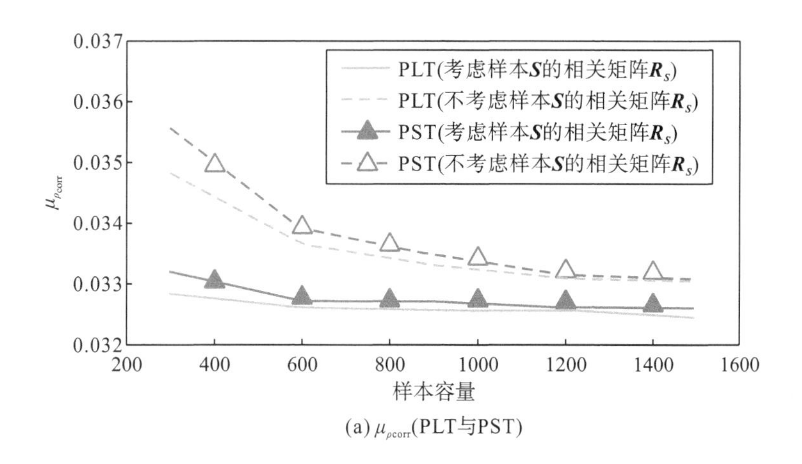

(a) $\mu_{\rho\text{corr}}$(PLT与PST)

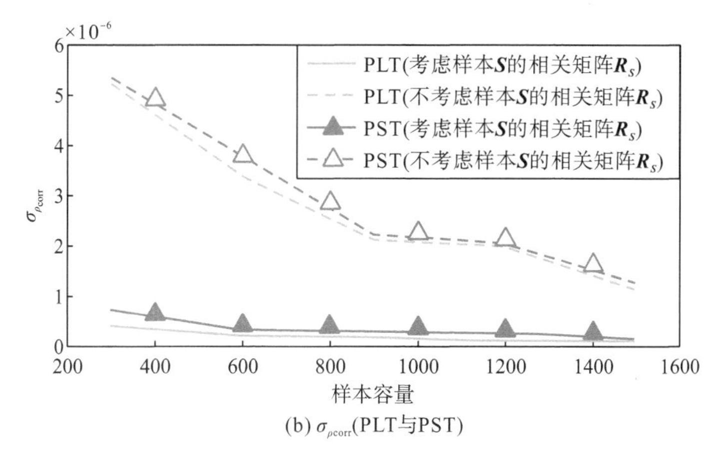

(b) $\sigma_{\rho\text{corr}}$(PLT与PST)

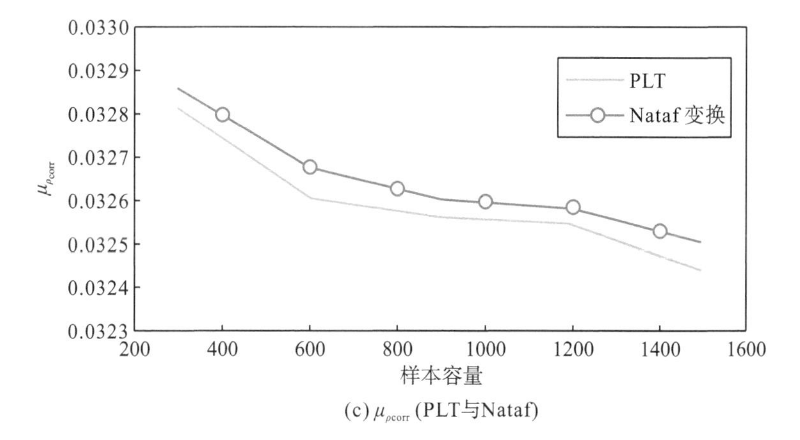

(c) $\mu_{\rho\text{corr}}$ (PLT与Nataf)

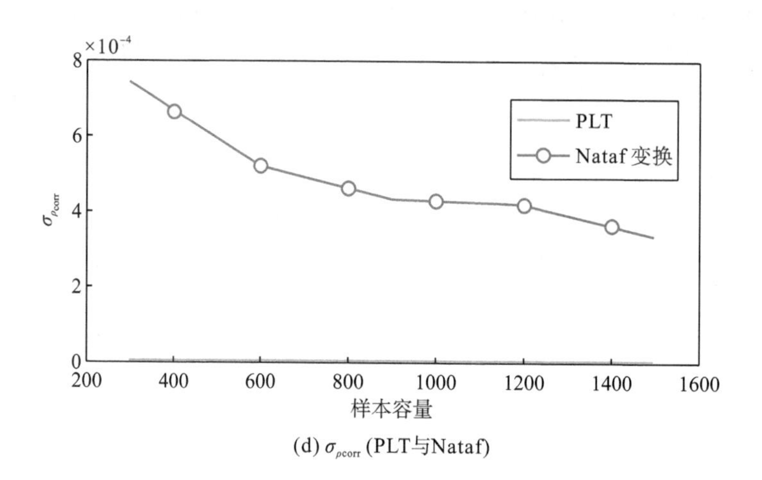

(d) $\sigma_{\rho corr}$ (PLT与Nataf)

图 8-3 相关矩阵的 100 次测试均方误差指标

不同类型输出随机变量的 100 次测试的误差指标如图 8-4 和图 8-5 所示，表 8-3 给出了样本量为 1500 的误差指标。

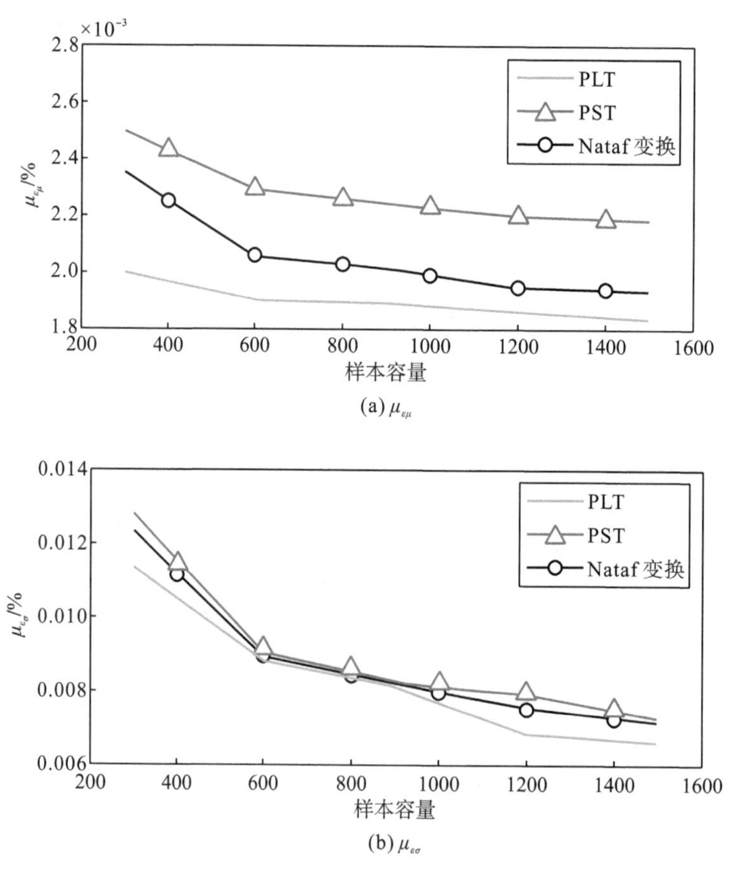

(a) $\mu_{\varepsilon\mu}$

(b) $\mu_{\varepsilon\sigma}$

图 8-4 最大负荷裕度 100 次实验的误差指标（μ_{ε_μ} 和 μ_{ε_σ}）

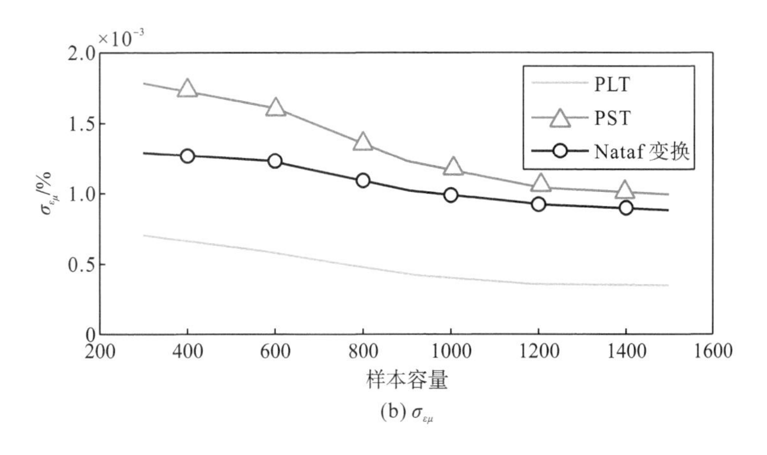

(b) $\sigma_{\varepsilon\mu}$

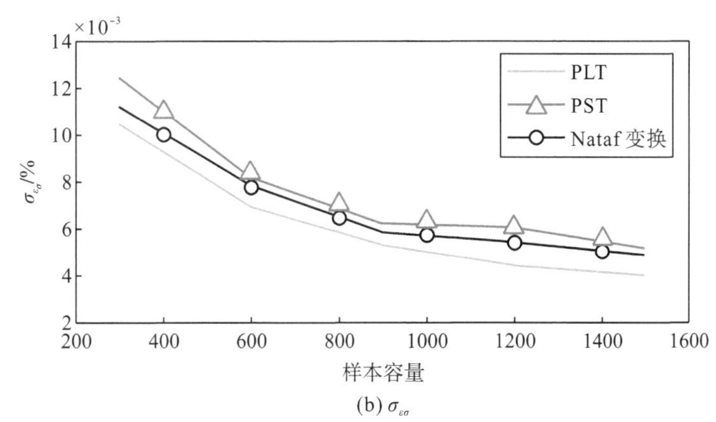

(b) $\sigma_{\varepsilon\sigma}$

图 8-5 最大负荷裕度 100 次实验的误差指标（σ_{ε_μ} 和 $\sigma_{\varepsilon_\sigma}$）

表 8-3 误差指标比较（k=1500）

指标	IEEE 14 节点系统			IEEE 118 节点系统		
	PLT	PST	Nataf 变换	PLT	PST	Nataf 变换
$\mu_{\rho_{corr}}$	3.24×10^{-2}	3.26×10^{-2}	3.25×10^{-2}	1.87×10^{-2}	2.38×10^{-2}	2.12×10^{-2}
μ_{ε_μ}/%	1.83×10^{-3}	2.18×10^{-3}	1.93×10^{-3}	6.44×10^{-5}	2.59×10^{-4}	1.73×10^{-4}
μ_{ε_σ}/%	6.60×10^{-3}	7.24×10^{-3}	7.13×10^{-3}	2.21×10^{-3}	2.63×10^{-3}	2.45×10^{-3}
$\sigma_{\rho_{corr}}$	6.94×10^{-8}	1.16×10^{-7}	1.16×10^{-7}	3.26×10^{-8}	6.11×10^{-8}	2.32×10^{-4}
σ_{ε_μ}/%	3.35×10^{-4}	9.89×10^{-4}	3.35×10^{-4}	1.10×10^{-5}	2.10×10^{-4}	7.98×10^{-5}
$\sigma_{\varepsilon_\sigma}$/%	3.92×10^{-3}	5.11×10^{-3}	5.11×10^{-3}	1.30×10^{-3}	2.70×10^{-3}	2.37×10^{-3}

由图 8-3 可以看出，即使在相关矩阵为非正定时，PST 也是有效的。与 PST 和 Nataf 变换相比，PLT 具有较小的误差。当假设拉丁超立方采样获得的随机样本独立时，会产生较大的误差。相关矩阵误差较小，说明所采用的功率增量方向反映了随机变量和电力系统的实际运行特性之间的相关性。

在图 8-4 中，PLT 的μ_{ε_μ}和μ_{ε_σ}都是最小的，这表明当样本量相同时，PLT 的结果比 PST 和 Nataf 变换得更准确。在图 8-5 中，PLT 的σ_{ε_μ}和$\sigma_{\varepsilon_\sigma}$也都是最小的，这表明 PLT 的结果比 PST 和 Nataf 变换得更稳定。从表 8-3 中给出的样本量为 1500 的误差指标中也可以得出相同的结论。

当样本量为 1500 时，负荷裕度的累积分布和概率密度如图 8-6 所示。PLT 的结果更接近于蒙特卡罗模拟的结果。

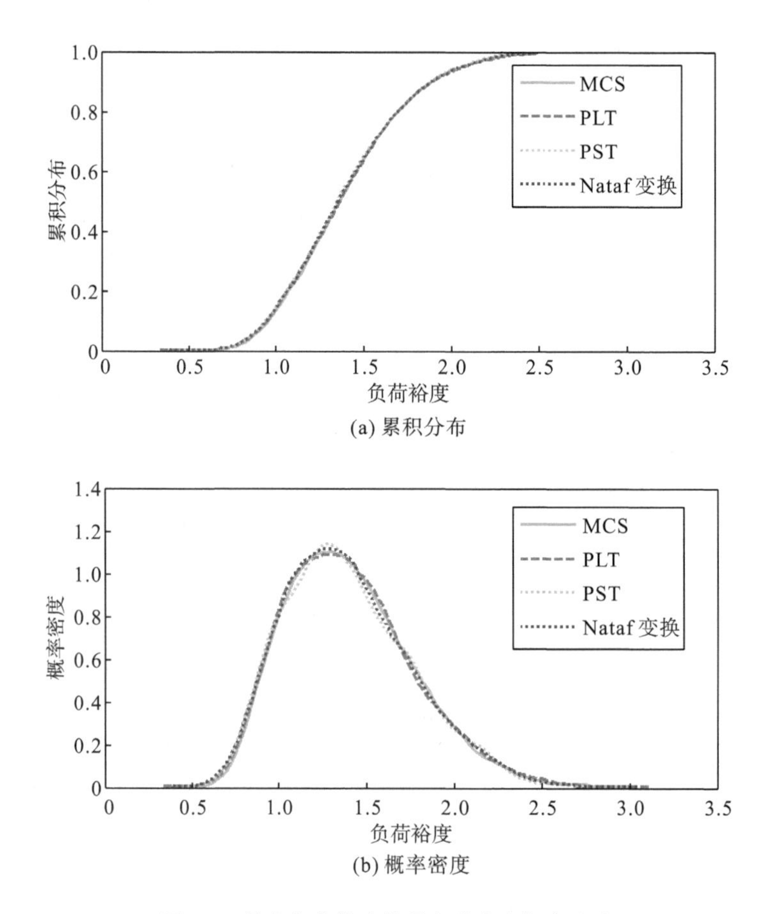

(a) 累积分布

(b) 概率密度

图 8-6 最大负荷裕度的累积分布和概率密度

8.4.2 IEEE 118 节点算例分析

标准 IEEE 118 节点系统的相关介绍请参考文献[54]。该测试系统分为 4 个区域，分别覆盖节点 1～31、32～58、59～93 和 94～118。对于改进后的测试系统，每个区域都连接了 4 个风电场和 4 个光伏电站。风电场的装机容量均为 40MW，光伏电站的装机容量均为 20MW。风电场连接到节点 1、4、6、8、32、34、36、40、62、70、72、73、99、104、105、107。光伏电站连接到节点 15、18、19、24、42、43、55、56、74、76、77、85、110、112、113、116。风电场和光伏电站的其他参数与 8.4.1 节 14 节点研究案例相同。将负荷有功功率的平均值设定为标准测试系统的确定性负荷有功功率，标准偏差设为 5%。

与 8.4.1 节 14 节点研究案例一样，负荷无功功率是由固定功率因数确定的。在这种情况下，总共有 131 个随机变量。随机变量的相关矩阵与文献[52]相同，对应幂法变换的中间相关矩阵是非正定的，同时考虑了不同变量之间的相关系数。

表 8-3 给出了样本量为 1500 的 PLT 和 PST 的误差指标。从仿真结果可以得出与改进的 IEEE 14 节点系统相同的结论。

仿真结果表明，幂法变换结合拉丁超立方采样和二次排序技术可以处理输入随机变量之间的相关性，即使在相关矩阵不是正定的情况下也能稳定地给出更准确的结果。另外，14 节点系统和 118 节点系统的两次排序耗时分别为 0.035s 和 0.167s，14 节点和 118 节点系统的一次排序耗时分别为 0.031s 和 0.161s，故二次排序方法是有效的。

8.5　本 章 小 结

本章提出了基于发电机负荷功率合理增长方向的概率电压稳定评估。该方向从随机变量之间的相关性角度出发，反映了电力系统的实际运行特性。为了获得样本的指定分布和大规模随机变量间的期望相关性进行概率电压稳定评估，采用了一种结合拉丁超立方采样和二次排序相结合的幂法变换，实现了真实随机变量与标准正态变量之间的非线性相关矩阵变换。二次排序法能够对初始样本进行去相关处理得到期望相关矩阵，即使相关矩阵是非正定的，这种方法也是有效的，同时在改进的 IEEE 14 节点和改进的 IEEE 118 节点系统中对该方法进行了测试。仿真结果表明，该方法是有效可行的。

第9章　含新能源发电的概率可用输电能力评估

本章以拉丁超立方采样法代替蒙特卡罗模拟法，应用基于最优潮流的可用输电能力计算模型；计及风电场可靠性和光伏发电可靠性，对含可再生能源发电的电力系统中所存在的不确定性因素进行建模分析；求解各状态下系统的概率可用输电能力，统计系统概率可用输电能力评估指标，通过算例评估可再生能源并网对系统概率可用输电能力的影响。

9.1　基于拉丁超立方采样的概率可用输电能力研究

9.1.1　可用输电能力的定义

可用输电能力(ATC)[55]是指在现有输电合同的基础上，实际输电网络中剩余的、可用于商业使用的传输容量，可以表示为

$$ATC=TTC-TRM-ETC-CBM \tag{9-1}$$

式中，TTC为系统最大输电能力(total transmission capability)，即互联系统联络线在各种安全可靠性要求下的总传输能力；TRM为输电可靠性裕度(transmission reliability margin)，反映了电网中的不确定性因素对TTC的影响程度；ETC为现存输电协议(existing transmission commitment)，即和用户已签订的输电协议占用的输出功率；CBM为容量效益裕度(capacity benefit margin)，是电力系统为提高发电可靠性而预留出的一部分输电容量裕度。图9-1为可用输电能力关系图。

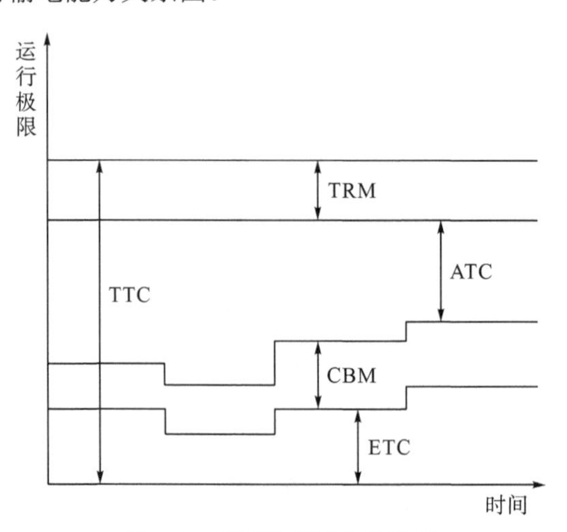

图9-1　可用输电能力关系图

9.1.2 拉丁超立方采样原理

拉丁超立方采样法是一种分层采样方法，与蒙特卡罗模拟法相比，具有更好的稳健性，在采样数量相同的情况下能够更完整地覆盖到所有的采样区域。具体原理参见第 7 章。

9.1.3 基于最优潮流的可用输电能力计算模型

1. 单状态下的可用输电能力计算模型

本节所提出基于最优潮流的单状态可用输电能力数学模型可用式(9-2)表示：

$$f(t)=\max\left[(1-k_1)\sum_{i\in E_1,j\in E_2}\left(P_{ij}-P_{ij}^0\right)\right] \tag{9-2}$$

式中，E_1 是所选定的送电区域；E_2 是所选定的受电区域；P_{ij} 是节点 i 到节点 j 上的线路传输有功功率；0 代表系统基态值；k_1 为 CBM 系数，一般取经验值 5%[56]。

等式约束条件为

$$\begin{cases}P_{Gi}+P_{Wi}-P_{Li}-b_{Pi}-U_i\sum\limits_{j=1}^{n}U_j(G_{ij}\cos\theta_{ij}+B_{ij}\sin\theta_{ij})=0\\Q_{Gi}+Q_{Wi}-Q_{Li}-b_{Qi}-U_i\sum\limits_{j=1}^{n}U_j(G_{ij}\sin\theta_{ij}-B_{ij}\cos\theta_{ij})=0\end{cases} \tag{9-3}$$

式中，P_{Gi} 与 Q_{Gi} 分别为节点 i 处常规发电机所注入的有功功率和无功功率；P_{Wi} 与 Q_{Wi} 分别为可再生能源发电对节点 i 注入的有功功率和无功功率；U_i 为节点 i 处的电压幅值；P_{Li} 和 Q_{Li} 分别为节点 i 处的有功负荷和无功负荷；b_{Pi} 和 b_{Qi} 分别为节点 i 处的负荷增长方向的有功分量和无功分量；θ_{ij} 为节点 i 与节点 j 之间的相位差；n 为节点总数；G_{ij} 和 B_{ij} 分别为节点导纳矩阵第 i 行第 j 列元素的实部和虚部。

不等式约束条件为

$$\begin{cases}\underline{P}_{Gi}\leqslant P_{Gi}\leqslant\overline{P}_{Gi}, & i\in S_{G,\text{source}}\\\underline{Q}_{Gi}\leqslant Q_{Gi}\leqslant\overline{Q}_{Gi}, & i\in S_{G,\text{source}}\\\underline{P}_{Wi}\leqslant P_{Wi}\leqslant\overline{P}_{Wi}, & i\in S_W\\\underline{Q}_{Wi}\leqslant Q_{Wi}\leqslant\overline{Q}_{Wi}, & i\in S_W\\\underline{U}_i\leqslant U_i\leqslant\overline{U}_i, & i\in S_B\\I_l\leqslant\overline{I}_l, & i\in S_l\end{cases} \tag{9-4}$$

式中，$S_{G,\text{source}}$ 为送电区域的发电机节点集合；S_W 为接入可再生能源的节点集合；S_B 为节点集合；S_l 为所有支路集合；P_{Gi} 和 Q_{Gi} 分别为节点 i 常规电源发出的有功功率和无功功率；P_{Wi} 和 Q_{Wi} 分别为节点 i 可再生能源发出的有功功率和无功功率；I_l 为支路 l 上流过的电流；$\overline{P}_{Gi}$ 和 $\underline{P}_{Gi}$ 分别为 P_{Gi} 对应的上限和下限；$\overline{Q}_{Gi}$ 和 $\underline{Q}_{Gi}$ 分别为 Q_{Gi} 对应的上限和下限；$\overline{P}_{Wi}$ 和

$\underline{P}_{Wi}$ 分别为 P_{Wi} 对应的上限和下限；$\bar{Q}_{Wi}$ 和 $\underline{Q}_{Wi}$ 分别为 Q_{Wi} 对应的上限和下限；$\overline{U}_i$、$\underline{U}_i$ 分别为 U_i 对应的上限和下限；$\bar{I}_l$ 为 I_l 对应的上限。

本节所用的单场景可用输电能力模型仅考虑发电机容量、输电线路热极限、节点电压等静态安全约束。TRM 的计算与系统的不确定性因素有关，CBM 则通常按照一定比例选取，上述模型中按 5%取值。

2. 原对偶内点法的可用输电能力模型求解

对于本节优化问题，可以简化表示如下：

$$\begin{cases}\min f(\boldsymbol{t}) \\ \text{s.t.} \quad \boldsymbol{h}(\boldsymbol{t})=\boldsymbol{0} \\ \underline{\boldsymbol{g}} \leqslant \boldsymbol{g}(\boldsymbol{t}) \leqslant \overline{\boldsymbol{g}}\end{cases} \tag{9-5}$$

式中，$\boldsymbol{t}$ 为系统所有的状态变量及控制变量；$\boldsymbol{h}(\boldsymbol{t})$ 为潮流方程等式约束条件；$\boldsymbol{g}(\boldsymbol{t})$ 为上限 $\overline{\boldsymbol{g}}$、下限 $\underline{\boldsymbol{g}}$ 静态安全约束所确定的不等式约束条件。

基于内点法的可用输电能力求解方法如下：

(1) 引入松弛变量 $\boldsymbol{u}$ 和 $\boldsymbol{l}$ 将不等式约束转换为等式约束：

$$\boldsymbol{g}(\boldsymbol{t})+\boldsymbol{u}=\overline{\boldsymbol{g}} \tag{9-6}$$

$$\boldsymbol{g}(\boldsymbol{t})-\boldsymbol{l}=\underline{\boldsymbol{g}} \tag{9-7}$$

$$\boldsymbol{u}>\boldsymbol{0}, \quad \boldsymbol{l}>\boldsymbol{0} \tag{9-8}$$

式 (9-5) 可转化为

$$\begin{cases}\min f(t) \\ \text{s.t.} \quad \boldsymbol{h}(\boldsymbol{t})=\boldsymbol{0} \\ \boldsymbol{g}(\boldsymbol{t})+\boldsymbol{u}=\overline{g} \\ \boldsymbol{g}(\boldsymbol{t})-\boldsymbol{l}=\underline{g}\end{cases} \tag{9-9}$$

(2) 设置障碍函数，并让该函数在可行域内近似于目标函数 $f(t)$，可得到新的优化问题：

$$\begin{cases}\min f(\boldsymbol{t})-\sigma\sum_{j=1}^{n}\log(l_n)-\sigma\sum_{j=1}^{n}\log(u_r) \\ \text{s.t.} \quad \boldsymbol{h}(\boldsymbol{t})=\boldsymbol{0} \\ \boldsymbol{g}(\boldsymbol{t})+\boldsymbol{u}=\overline{\boldsymbol{g}} \\ \boldsymbol{g}(\boldsymbol{t})-\boldsymbol{l}=\underline{\boldsymbol{g}}\end{cases} \tag{9-10}$$

式中，σ为扰动因子且大于 0；n 为不等式约束的个数。当 u 和 l 接近边界值时，目标函数将趋于无穷大，在可行域边界上找不到满足目标函数的极小解，只有满足式 (9-8) 时，才能得到最优解。把含不等式约束的优化问题变成只含等式约束的优化问题得到式 (9-10)，然后应用拉格朗日乘子法来求解等式约束优化问题。该优化问题的拉格朗日函数就为

$$\boldsymbol{L}=f(\boldsymbol{t})-\boldsymbol{y}^{\mathrm{T}}\boldsymbol{h}(\boldsymbol{t})-\boldsymbol{z}^{\mathrm{T}}[\boldsymbol{g}(\boldsymbol{t})-\boldsymbol{l}-\underline{\boldsymbol{g}}]-\boldsymbol{w}^{\mathrm{T}}[\boldsymbol{g}(\boldsymbol{t})+\boldsymbol{u}-\overline{\boldsymbol{g}}]-\sigma\sum_{j=1}^{n}\log(l_n)-\sigma\sum_{j=1}^{n}\log(u_n) \tag{9-11}$$

式中，$\boldsymbol{y}=\left[y_1,y_2,\cdots,y_m\right]$，$\boldsymbol{z}=\left[z_1,z_2,\cdots,z_n\right]$，$\boldsymbol{w}=\left[w_1,w_2,\cdots,w_n\right]$ 为拉格朗日乘子，且 $\boldsymbol{u}$、$\boldsymbol{l}$

的各元素均大于零；m 为等式约束个数。为求解该问题的极小值，令拉格朗日函数对所有变量和乘子的偏导数为零得

$$\begin{cases} \boldsymbol{L}_t = \dfrac{\partial \boldsymbol{L}}{\partial \boldsymbol{t}} = \nabla_t f(\boldsymbol{t}) - \nabla_t \boldsymbol{h}(\boldsymbol{t})\boldsymbol{y} - \nabla_t \boldsymbol{g}(\boldsymbol{t})(\boldsymbol{z}+\boldsymbol{w}) = 0 \\ \boldsymbol{L}_y = \dfrac{\partial \boldsymbol{L}}{\partial \boldsymbol{y}} = \boldsymbol{h}(\boldsymbol{t}) = 0 \\ \boldsymbol{L}_z = \dfrac{\partial \boldsymbol{L}}{\partial \boldsymbol{z}} = \boldsymbol{g}(\boldsymbol{t}) - \boldsymbol{l} - \underline{\boldsymbol{g}} = 0 \\ \boldsymbol{L}_w = \dfrac{\partial \boldsymbol{L}}{\partial \boldsymbol{w}} = \boldsymbol{g}(\boldsymbol{t}) + \boldsymbol{u} - \overline{\boldsymbol{g}} = 0 \\ \boldsymbol{L}_l = \dfrac{\partial \boldsymbol{L}}{\partial \boldsymbol{l}} = \boldsymbol{z} - \sigma \boldsymbol{L}^{-1}\boldsymbol{e} = 0 \\ \boldsymbol{L}_u = \dfrac{\partial \boldsymbol{L}}{\partial \boldsymbol{u}} = -\boldsymbol{W} - \sigma \boldsymbol{U}^{-1}\boldsymbol{e} = 0 \end{cases} \tag{9-12}$$

式中，∇_t 为雅可比矩阵，$\boldsymbol{L} = \mathrm{diag}(l_1, l_2, \cdots, l_n)$，$\boldsymbol{U} = \mathrm{diag}(u_1, u_2, \cdots, u_n)$，$\boldsymbol{Z} = \mathrm{diag}(z_1, z_2, \cdots, z_n)$，$\boldsymbol{W} = \mathrm{diag}(w_1, w_2, \cdots, w_n)$。可解得

$$\tau = \frac{\boldsymbol{l}^{\mathrm{T}}\boldsymbol{z} - \boldsymbol{u}^{\mathrm{T}}\boldsymbol{w}}{2n} \tag{9-13}$$

计算互补间隙 $\mathrm{Gap} = \boldsymbol{l}^{\mathrm{T}}\boldsymbol{z} - \boldsymbol{u}^{\mathrm{T}}\boldsymbol{w}$，可得

$$\tau = \frac{\mathrm{Gap}}{2n} \tag{9-14}$$

当 τ 按式(9-13)来取值时算法很难收敛，引入中心参数 ε 来使其较容易收敛，一般中心参数取值为 0.1：

$$\tau = \varepsilon \frac{\mathrm{Gap}}{2n} \tag{9-15}$$

最后运用牛顿-拉弗森法对式(9-12)求解变量的修正值：

$$\begin{cases} \boldsymbol{L}_t = -[\nabla_t^2 f(\boldsymbol{t}) - \nabla_t^2 \boldsymbol{h}(\boldsymbol{t})\boldsymbol{y} - \nabla_t^2 \boldsymbol{g}(\boldsymbol{t})(\boldsymbol{z}+\boldsymbol{w})] + \nabla_t \boldsymbol{h}(\boldsymbol{t})\boldsymbol{y} - \nabla_t \boldsymbol{g}(\boldsymbol{t})(\boldsymbol{z}+\boldsymbol{w}) \\ -\boldsymbol{L}_y = -\nabla_t^2 h^{\mathrm{T}}(t)\Delta \boldsymbol{t} \\ -\boldsymbol{L}_z = \nabla_t \boldsymbol{g}^{\mathrm{T}}(\boldsymbol{t})\Delta \boldsymbol{t} - \Delta \boldsymbol{l} \\ -\boldsymbol{L}_w = \nabla_t \boldsymbol{g}^{\mathrm{T}}(\boldsymbol{t})\Delta \boldsymbol{t} + \Delta \boldsymbol{u} \\ -\boldsymbol{L}_l^{\sigma} = \boldsymbol{z}\Delta \boldsymbol{l} - \boldsymbol{l}\Delta \boldsymbol{z} \\ -\boldsymbol{L}_u^{\sigma} = \boldsymbol{w}\Delta \boldsymbol{u} - \boldsymbol{u}\Delta \boldsymbol{w} \end{cases} \tag{9-16}$$

式中，∇_t^2 为海森矩阵。对式(9-16)进行简化可表示为

$$\begin{bmatrix} \boldsymbol{H}' & \nabla_t \boldsymbol{h}(\boldsymbol{t}) \\ \nabla_t^{\mathrm{T}} & \boldsymbol{0} \end{bmatrix} \begin{bmatrix} \Delta t \\ \Delta y \end{bmatrix} = \begin{bmatrix} \boldsymbol{L}_t' \\ -\boldsymbol{L}_y \end{bmatrix} \tag{9-17}$$

式中

$$\boldsymbol{L}_t' = \boldsymbol{L}_t + \nabla_t \boldsymbol{g}(\boldsymbol{t})[\boldsymbol{L}^{-1}(\boldsymbol{L}_l^{\sigma} + \boldsymbol{Z}\boldsymbol{L}_z) + \boldsymbol{U}^{-1}(\boldsymbol{L}_l^{\sigma} - \boldsymbol{W}\boldsymbol{L}_w)] \tag{9-18}$$

$$\boldsymbol{H}' = \boldsymbol{H} - \nabla_t \boldsymbol{g}(\boldsymbol{t})(\boldsymbol{L}^{-1}\boldsymbol{Z} - \boldsymbol{U}^{-1}\boldsymbol{W})\nabla_t^{\mathrm{T}} \boldsymbol{g}(\boldsymbol{t}) \tag{9-19}$$

通过式(9-17)得到系统第 k 次的修正值，可得到最优解的一个近似值：

$$\begin{cases} \boldsymbol{t}^{(k+1)} = \boldsymbol{t}^k + \alpha_{\text{alfp}} \Delta \boldsymbol{t} \\ \boldsymbol{l}^{(k+1)} = \boldsymbol{l}^k + \alpha_{\text{alfp}} \Delta \boldsymbol{l} \\ \boldsymbol{u}^{(k+1)} = \boldsymbol{u}^k + \alpha_{\text{alfp}} \Delta \boldsymbol{u} \\ \boldsymbol{y}^{(k+1)} = \boldsymbol{y}^k + \alpha_{\text{alfad}} \Delta \boldsymbol{y} \\ \boldsymbol{z}^{(k+1)} = \boldsymbol{z}^k + \alpha_{\text{alfad}} \Delta \boldsymbol{z} \\ \boldsymbol{w}^{(k+1)} = \boldsymbol{w}^k + \alpha_{\text{alfad}} \Delta \boldsymbol{w} \end{cases} \tag{9-20}$$

式中，α_{alfp} 和 α_{alfad} 分别为步长：

$$\alpha_{\text{alfp}} = 0.9995 \min \left\{ \min_i \left(\frac{-l_i}{\Delta l_i}, \Delta l_i < 0; \frac{-u_i}{\Delta u_i}, \Delta u_i < 0 \right), 1 \right\}, \quad i = 1, 2, \cdots, n \tag{9-21a}$$

$$\alpha_{\text{alfd}} = 0.9995 \min \left\{ \min_i \left(\frac{-z_i}{\Delta z_i}, \Delta z_i < 0; \frac{-w_i}{\Delta w_i}, \Delta w_i < 0 \right), 1 \right\}, \quad i = 1, 2, \cdots, n \tag{9-21b}$$

9.1.4 系统概率可用输电能力评估指标

为了准确反映可再生能源的不确定性因素并网给系统概率可用输电能力所造成的影响，通过 9.1.2 节所计算得到的各状态下的可用输电能力，本节采用以下评估指标[57]来对可用输电能力的概率特征进行描述。

(1) 可用输电能力的期望值：

$$E_{\text{ATC}} = \frac{1}{N} \sum_{i=1}^{N} F_{\text{ATC}}(x_i) \tag{9-22}$$

式中，$F_{\text{ATC}}(x_i)$ 为第 i 次状态下所得到的可用输电能力；N 为仿真次数。

(2) 可用输电能力的标准差：

$$D_{\text{ATC}} = \sqrt{\frac{1}{N} \sum_{i=1}^{N} \left[F_{\text{ATC}}(x_i) - E_{\text{ATC}} \right]^2} \tag{9-23}$$

(3) 可用输电能力的最小值：

$$F_{\text{ATC}}^{\min} = \min \left\{ F_{\text{ATC}}(x_i), i \in N \right\} \tag{9-24}$$

(4) 可用输电能力的最大值：

$$F_{\text{ATC}}^{\max} = \max \left\{ F_{\text{ATC}}(x_i), i \in N \right\} \tag{9-25}$$

(5) 可用输电能力不足的概率，指可用输电能力小于某一特定值的概率，即

$$P_M = M / N \tag{9-26}$$

式中，M 表示可用输电能力小于某一特定值的仿真次数。

9.2　计及风光可靠性模型的新能源出力研究

9.2.1　风光可靠性模型

风光可靠性模型包括风速模型、风机出力模型、风机状态模型、光伏阵列输出模型和光伏电站输出模型，其中风速模型、风机出力模型和光伏阵列输出模型可参考第 6 章。本节只对风机状态模型和光伏电站输出模型进行阐述。

1. 风机状态模型

本节将风机状态分为运行、降额和故障三种状态，采用风机三种状态运行模式的转移模型如图 9-2 所示。图 9-2 中，λ_{RF} 和 λ_{RD} 分别为运行状态向故障状态和降额状态的转移率；λ_{FR} 和 λ_{DR} 分别为故障状态和降额状态下的修复率；λ_{FD} 和 λ_{DF} 分别为故障状态和降额状态之间的转移率。因为风机的停运和降额状态是随机事件，可将马尔可夫模型[58]应用到图 9-2 的状态空间图中，得到空间状态转移矩阵：

$$\boldsymbol{T}_{F}=\begin{bmatrix} 1-\lambda_{RD}-\lambda_{RF} & \lambda_{RD} & \lambda_{RF} \\ \lambda_{DR} & 1-\lambda_{DR}-\lambda_{DF} & \lambda_{DF} \\ \lambda_{FR} & \lambda_{FD} & 1-\lambda_{FR}-\lambda_{FD} \end{bmatrix} \tag{9-27}$$

经过转换可得

$$\begin{bmatrix} 1 & 1 & 1 \\ \lambda_{RD} & -\lambda_{DR}-\lambda_{DF} & \lambda_{FD} \\ \lambda_{RF} & \lambda_{DF} & 1-\lambda_{DF}-\lambda_{FD} \end{bmatrix}\begin{bmatrix} P_{R} \\ P_{D} \\ P_{F} \end{bmatrix}=\begin{bmatrix} 1 \\ 0 \\ 0 \end{bmatrix} \tag{9-28}$$

式中，P_{R}、P_{D} 和 P_{F} 分别为运行状态、降额状态和故障状态下的概率。

根据大数定律，在[0,1]区间抽取均匀分布的随机数 U，把风机每次的采样状态改写为

$$X_{state}=\begin{cases} \text{运行}, & P_{D}+P_{F}<U\leqslant 1 \\ \text{故障}, & P_{D}<U\leqslant P_{D}+P_{F} \\ \text{降额}, & 0<U\leqslant P_{D} \end{cases} \tag{9-29}$$

式中，X_{state} 代表风机的运行状态。

由于在降额状态、故障状态与运行状态之间的转化是随机的，从式(9-29)可知该函数是离散型的，不能直接采用拉丁超立方采样法进行采样，故需要构造一个连续函数，可定义变量 X_{state} 表示风机的状态，再假设 X_{state} 在 $[0,a)$ 时表示降额状态，在 $[a,b)$ 时表示故障状态，在 $[b,c)$ 时表示运行状态；Y_{state} 表示每个状态出现的概率，在 [0,1] 区间，于是可将风机状态的概率分布曲线描述为图 9-3。

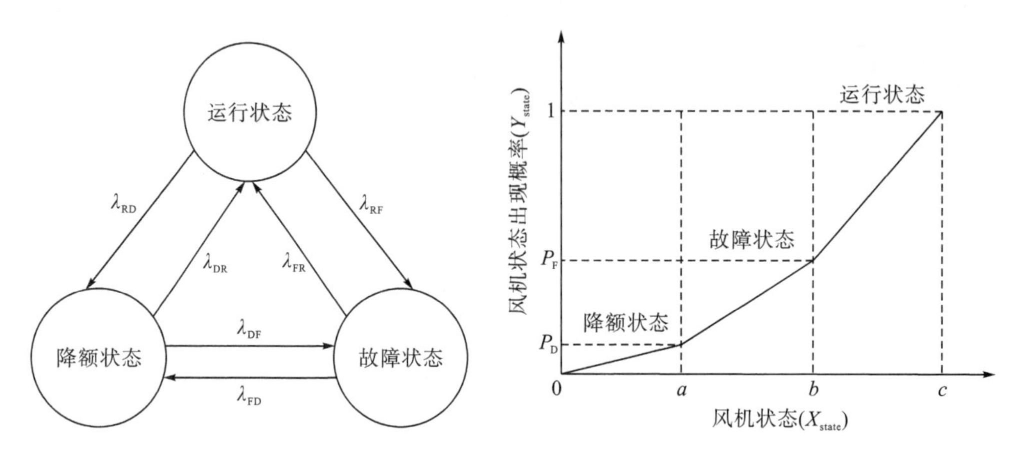

图 9-2 风机运行状态转移模型　　图 9-3 风机状态分布曲线

根据图 9-3，可将风机状态分布函数写为

$$
Y_{\text{state}} = \begin{cases} \dfrac{(1-P_{\text{D}}-P_{\text{F}})(X_{\text{state}}-b)}{c-b}+P_{\text{D}}+P_{\text{F}}, & X_{\text{state}} \in [b,c) \\ \dfrac{P_{\text{F}}(X_{\text{state}}-a)}{b-a}+P_{\text{D}}, & X_{\text{state}} \in [a,b) \\ \dfrac{X_{\text{state}}P_{\text{D}}}{a}, & X_{\text{state}} \in [0,a) \end{cases} \tag{9-30}
$$

式中，a、b 和 c 为待定参数。

2. 光伏电站输出模型

光伏电站的基本构架如图 9-4 所示，其中最主要的是光伏阵列和逆变器。本节将光伏阵列及其匹配的一个逆变器看成一个整体，视为一个小的光伏系统，则光伏电站就是由 m 个小的光伏系统并联组成的。

光伏电站的状态可分为运行状态、休眠状态以及故障状态三种运行模式，其状态转移模型如图 9-5 所示。

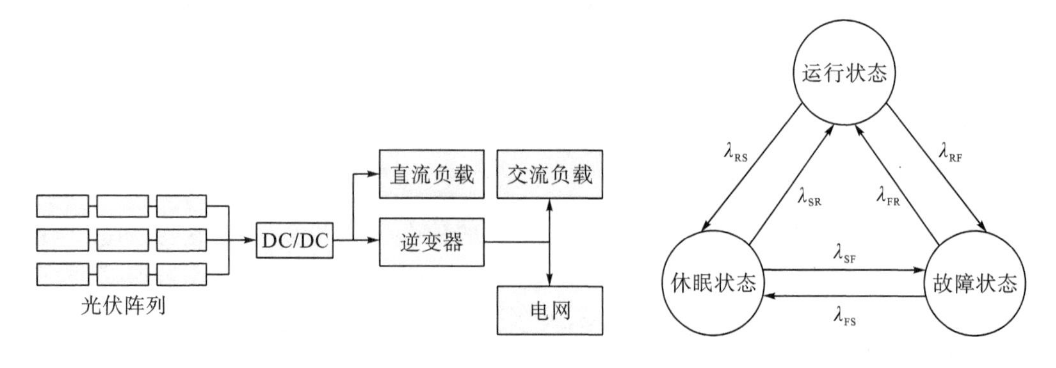

图 9-4 光伏电站的基本构架　　图 9-5 光伏电站运行状态转移模型

图 9-5 中光伏电站故障状态下故障率和修复率分别为 λ_{RF} 和 λ_{FR}，所以电站所包含的 m 个小的光伏系统的故障率和修复率分别为 λ_{RFm} 和 λ_{FRm}，文献[59]对光伏电站并联系统的可靠性进行了计算，根据其原理将光伏电站的故障率和修复率用以下关系式表示：

$$\lambda_{RF}=C_m^i\lambda_{RFm}^i\left(1-\lambda_{RFm}\right)^{m-i} \tag{9-31}$$

$$\lambda_{FR}=i\lambda_{FRm} \tag{9-32}$$

式中，i 为小光伏系统当前故障状态的数量，若 $0<i<m$，则光伏电站处于部分故障状态；若 $i=m$，则光伏电站处于完全故障状态，此时光伏电站的输出功率为

$$P_{SW}=(m-i)P_{sun} \tag{9-33}$$

由光伏阵列有功输出公式可得

$$P_{SW}=(m-i)ES\eta \tag{9-34}$$

休眠状态，是指当光伏电站处于完全故障状态或者光照强度过低时，光伏电站的输出功率都为零，所以将光伏电站在没有有功输出且没有发生故障的情况定义为休眠状态。休眠状态与正常运行状态之间的转移率为 λ_{RS}，修复率为 λ_{SR}，以平均每天日照小时数为光伏电站休眠状态且没有发生故障的时间，则光伏电站休眠状态的修复率和转移率为

$$\lambda_{RS}=1/H \tag{9-35}$$

$$\lambda_{SR}=1/(24-H) \tag{9-36}$$

式中，H 为所需研究地区的每天日照小时数的平均值，可以查阅文献[60]找到所需地区近年来的日照时间，再求其平均值。

在光伏电站处于运行状态时，其有功输出可表示为

$$P_W=mES\eta \tag{9-37}$$

在正常运行状态下，光伏电站的输出功率就在于太阳的辐照程度。本节采用 Beta 分布来模拟太阳能辐照度，Beta 在不同地区和不同天气分布的形状参数有一定差别。一般情况下，当对电压要求较低时，光伏电站接入电网，可以视为 PQ 节点。本书将光伏接入节点视为 Q=0 的 PQ 节点，以简化处理。

9.2.2　传统电力系统元件状态模型

传统电力设备(常规发电机、变压器和输电线路等)的故障一般就分为两种状态，即运行和故障，可用两点法表示为

$$S=\begin{cases}\text{运行}, & P_S\leqslant U\leqslant 1\\ \text{故障}, & 0\leqslant U<P_S\end{cases} \tag{9-38}$$

式中，S 表示元件状态；P_S 表示出现故障的概率。与风机状态一样，也需要构造一个连续函数对其状态进行表示。根据式(9-38)，定义变量 X_S 为元件的状态，并假设其值在 $[0,d)$ 区间表示故障状态；在 $[d,e)$ 区间表示运行状态。定义一个在 [0,1] 区间的变量 Y_S(表示每个状态出现的概率)，则可以得到如图 9-6 所示的分布曲线。

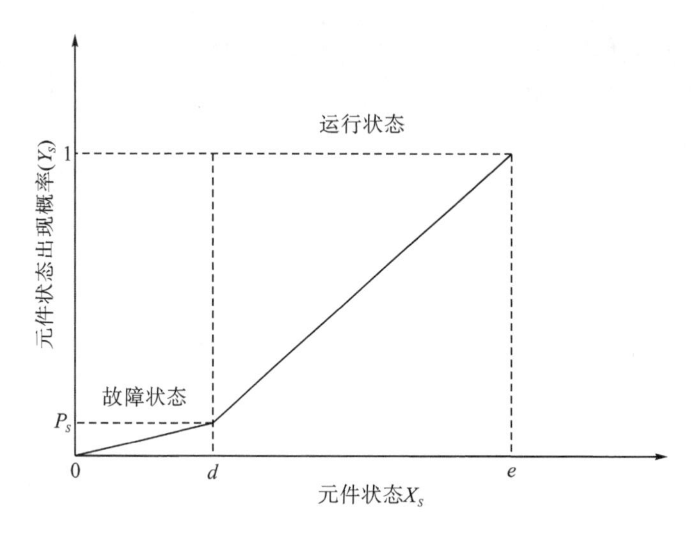

图 9-6 传统元件状态分布曲线

如图 9-6 所示，可将传统元件的分布函数写为

$$Y_S = \begin{cases} \dfrac{(1-P_S)(X_S - \mathrm{d})}{e-d} + P_S, & X_S \in [d,e) \\ \dfrac{X_S P_S}{d}, & X_S \in [0,d) \end{cases} \tag{9-39}$$

式中，d、e 都为待定参数。

根据拉丁超立方采样法，传统元件的第 n 次采样值可表示为

$$X_S = \begin{cases} \dfrac{(n-0.5-NP_S)(e-d)}{N(1-P_S)} + d, & n \in [NP_S, N) \\ \dfrac{(n-0.5)d}{NP_S}, & n \in [1, NP_S) \end{cases} \tag{9-40}$$

完成对传统元件的采样后，各元件的采样矩阵可表示为

$$\boldsymbol{X}_S = \begin{bmatrix} X_{\mathrm{SG1}}, X_{\mathrm{SG2}}, \cdots, X_{\mathrm{SG}n}, \cdots, X_{\mathrm{SG}N} \\ X_{\mathrm{ST1}}, X_{\mathrm{ST2}}, \cdots, X_{\mathrm{ST}n}, \cdots, X_{\mathrm{ST}N} \\ X_{\mathrm{SL1}}, X_{\mathrm{SL2}}, \cdots, X_{\mathrm{SL}n}, \cdots, X_{\mathrm{SL}N} \end{bmatrix} \tag{9-41}$$

式中，N 为采样规模；$X_{\mathrm{SG}n}$、$X_{\mathrm{ST}n}$ 和 $X_{\mathrm{SL}n}$ 分别为发电机、变压器和线路的第 n 次状态采样值。

9.2.3 可再生能源出力研究

计及风电场可靠性和光伏发电可靠性，本节对含可再生能源发电的电力系统中所存在的不确定性因素进行建模分析；用拉丁超立方采样法分别对风、光并网系统出力进行采样。以风电场出力为例介绍其采样过程。

根据拉丁超立方采样法，需要把风机状态分布函数用其反函数的形式表示，然后风机状态的第 n 次采样值可表示为

$$X_{\text{state}}=\begin{cases}\dfrac{(n-0.5-NP_{\text{D}}-NP_{\text{F}})(c-b)}{N(1-P_{\text{D}}-P_{\text{F}})}+b, & n\in[N(P_{\text{D}}+P_{\text{F}}),N) \\ \dfrac{(n-0.5-NP_{\text{D}})(b-a)}{NP_{\text{F}}}+a, & n\in[NP_{\text{D}},N(P_{\text{D}}+P_{\text{F}})) \\ \dfrac{(n-0.5)a}{NP_{\text{D}}}, & n\in[1,NP_{\text{D}})\end{cases} \tag{9-42}$$

对风机 N 次状态的采样完成后，风机状态 X_{state} 采样矩阵为

$$\boldsymbol{X}_{\text{state}}=\left[X_{\text{state}1},X_{\text{state}2},\cdots,X_{\text{state}n},\cdots,X_{\text{state}N}\right] \tag{9-43}$$

因为风机状态的不同，可以用以下分布函数来表示单台风机的出力：

$$P_{\text{W}i}=\begin{cases}P(v_x), & P_{\text{D}}+P_{\text{F}}<U\leqslant 1 \\ 0, & P_{\text{D}}<U\leqslant 1 \\ \delta P(v_x), & 0<U\leqslant P_{\text{D}}\end{cases} \tag{9-44}$$

式中，$P_{\text{W}i}$ 为第 i 台风机的出力；$P(v_x)$ 为该风机在风速 v_x 下的有功出力；δ 为降额系数。

整个风电场的所有风机出力总和可表示为

$$P_f=\sum_{i=1}^{m}P_{\text{W}i} \tag{9-45}$$

式中，m 表示风机个数。

为了分析降额状态在含风电场概率可用输电能力模型研究中的作用，对一个包含 100 台额定功率的 2MW 的风电场进行仿真，图 9-7 显示了该风电场的有功出力概率分布情况。

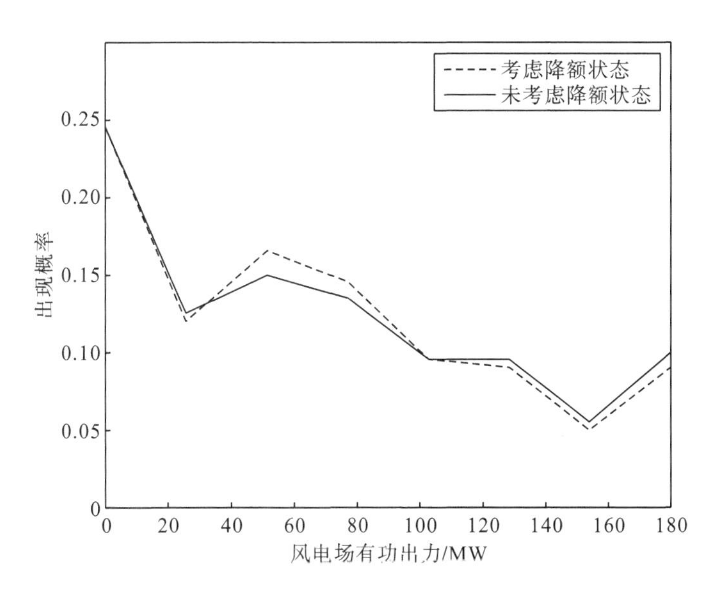

图 9-7　风电场的有功出力概率分布情况

由图 9-7 可以看出，降额状态对风电场有功出力出现概率分布影响较大，尤其在概率密度较大的出力点上。所以在对系统进行概率可用输电能力研究时，用较为符合实际运行状态模型能够提高仿真结果的准确性[61]。

光伏发电出力也可按照上述方法进行采样，这里不再赘述。

9.3 含新能源系统概率可用输电能力研究

9.3.1 计及风电场可靠性模型的系统概率可用输电能力研究

1. 算法流程

本节采用韦布尔分布模拟风电场所在地区的风速，采用内点法对基于最优潮流可用输电能力模型进行求解，最后评估概率可用输电能力各项指标，具体流程如下：

(1)输入风速和其他元件的原始数据。

(2)确定变量的个数 K 以及采样规模 N。

(3)用拉丁超立方采样法生成 $K×N$ 阶的原始采用样矩阵 $\boldsymbol{S}_0$。

(4)用 Cholesky 分解法得到排序矩阵，并对 $\boldsymbol{S}_0$ 中的元素进行重新排列。

(5)判断采样得到的系统状态矩阵，若不能满足安全稳定约束，且出现系统解列、发电量与负荷量不匹配等情况，则认为该系统状态下可用输电能力为零，若系统正常运行则进行下一步。

(6)划分需要求解的系统可用输电能力断面，并采用原对偶内点法求解所有采样状态下的可用输电能力值。

(7)统计得到概率可用输电能力评估指标，通过对评估指标的对比，分析风电场并网给系统概率可用输电能力带来的影响。

2. 算例分析

1)计算条件

本节以 IEEE-RTS 系统作为案例，如图 9-8 所示，该系统中包含了 32 台常规机组，总装机容量为 3405MW，24 条母线，峰值负荷为 2850MW，5 个变压器，系统基准值取 100MW。系统其他参数参考文献[62]，以 230kV 区域为送电区域，138kV 区域为受电区域，根据所设条件计算可用输电能力值。以两个大型风电场为例，风电场位置按照所需讨论问题的不同进行设置，假设每个风电场都包含 50 台风机，每台风机型号都相同且在同一时刻都处于同种风速条件下，具体基础参数如表 9-1 所示。

根据表 9-2 参数，用式(9-27)和式(9-28)可以求出风电机组的故障概率 P_{F} 和降额概率 P_{D} 分别为 0.0595 和 0.0627；式(9-30)中的待定参数[63] a、b 和 c 的取值分别为 1、2 和 3，在对传统元件模型进行采样时，式(9-40)中的待定参数[63] d 和 e 取值分别为 1 和 2；负荷波动规律服从 $\sigma=0.02$ 的正态分布；支路故障率和常规发电机故障率都为 0.001；计算可用输电能力不足情况 P_M 时，取 M=150MW，设拉丁超立方采样法采样次数为 5000 次。

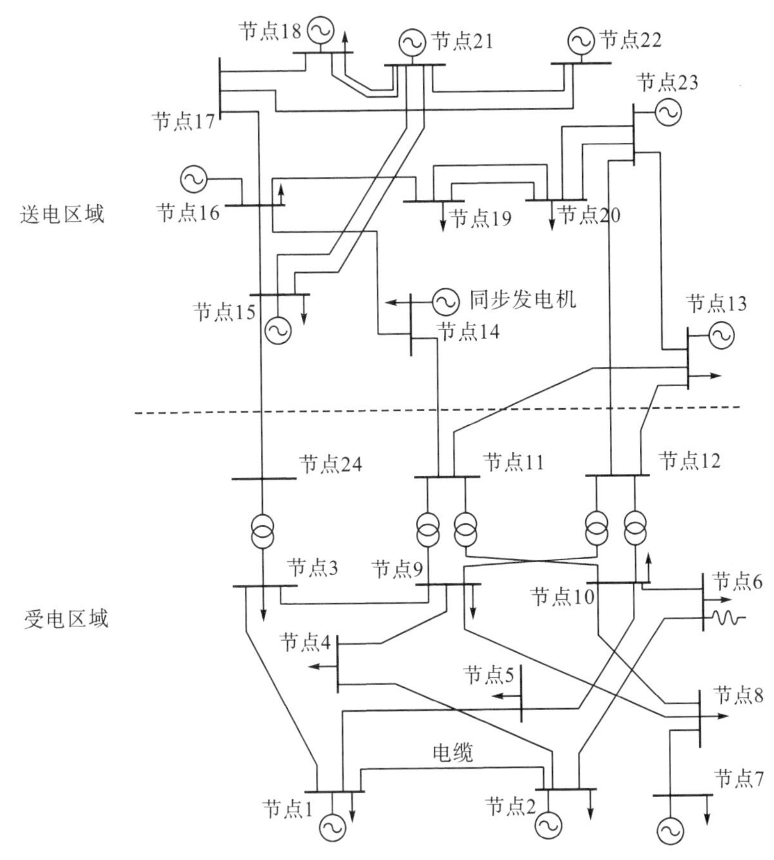

图 9-8 IEEE-RTS 系统分区图

表 9-1 单台风机基础参数

切入风速 v_{in}/(m/s)	额定风速 v_r/(m/s)	切出风速 v_{out}/(m/s)	额定功率 P_r/MW	降额系数 δ
3	10	25	2	0.6

表 9-2 单台风电机故障状态之间的转移率 (单位：次/年)

所处状态	运行状态	降额状态	故障状态
运行状态	0.00	3.84	3.96
降额状态	3.80	0.00	0.00
故障状态	58.40	0.00	0.00

2) 风速的形状参数和尺度参数对系统概率可用输电能力的影响

对于风速的韦布尔分布，不同地方、不同地形的形状参数 K、尺度参数 C 有所不同，不同的 K、C 直接影响拉丁超立方采样法所得到的风速样本，从而影响风电场的有功出力。本节通过计算韦布尔分布模型中不同形状尺度参数下，风电场并网的概率可用输电能力评估指标，从而分析出风速的形状参数和尺度参数对电网概率可用输电能力的影响。假设在

21 节点和 22 节点分别接入两个风电场，通过改变 K 和 C 的值，分别计算概率可用输电能力的评估指标，计算结果如表 9-3 所示。

表 9-3　不同情况下系统概率 ATC 评估指标

C	K	E_{ATC}/MW	D_{ATC}	F_{ATCmin}/MW	F_{ATCmax}/MW	P_M
4.5	2.0	224.34	170.16	0	503.78	0.282
8.0	2.0	269.56	175.76	0	510.28	0.234
13.0	2.0	285.39	176.57	0	513.46	0.341
8.0	1.8	269.54	174.92	0	510.17	0.283
8.0	2.1	269.87	176.93	0	510.25	0.296
8.0	2.5	269.12	176.67	0	510.27	0.297

由表 9-3 可以看出，随着 C 的增大，系统概率可用输电能力的各项评估指标都有所增大，因为 C 代表一个地方的平均风速，平均风速越大，风电场的有功出力就会越大，从而注入系统的有功功率就越大，而且 C 值越大，所计算出的概率可用输电能力的最大值就越大。随着 K 值的增大，概率可用输电能力每项指标有可能增加也有可能减小，对图 9-9 和图 9-10 进行比较可以看出，K 值对概率可用输电能力分布有一定的影响，因为 K 代表韦布尔分布形状，决定各个样本风速距离平均风速的离散情况。

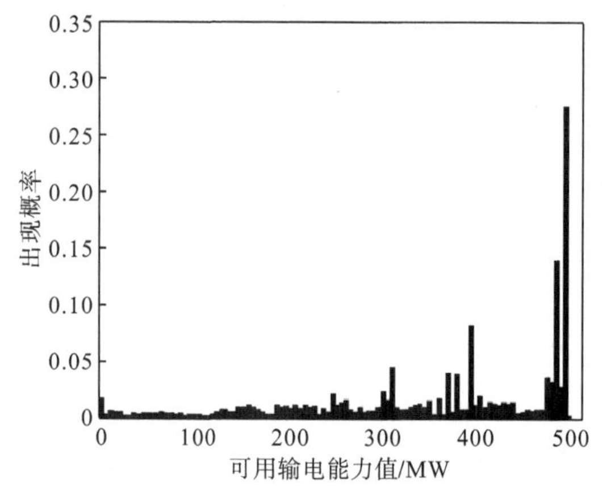

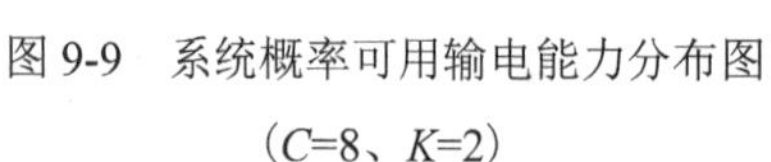
图 9-9　系统概率可用输电能力分布图
（C=8、K=2）

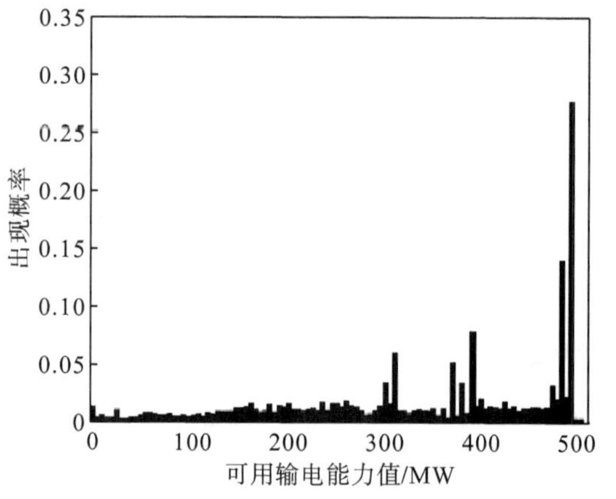

图 9-10　系统概率可用输电能力分布图
（C=8、K=2.5）

3) 风电场并网位置对系统概率可用输电能力的影响

假定韦布尔分布的参数为 C=8、K=2，在保证原系统装机容量不变的情况下，将风电场接入不同的节点，并提出 6 种不同的方案。

方案 1：无风电场并网。

方案 2：将两个风电场同时并入节点 2。

方案 3：将两个风电场同时并入节点 22。

方案 4：将两个风电场分别并入节点 1 和节点 2。

方案 5：将两个风电场分别并入节点 21 和节点 22。

方案 6：将两个风电场分别并入节点 2 和节点 22。

根据不同方案计算出系统概率可用输电能力的评估指标，计入表 9-4。

表 9-4　不同方案下系统概率可用输电能力的评估指标

方案	E_{ATC}/MW	D_{ATC}	F_{ATCmin}/MW	F_{ATCmax}/MW	P_M
1	218.81	154.45	0	368.34	0.354
2	278.48	191.10	0	563.99	0.275
3	258.31	180.14	0	511.34	0.284
4	280.76	189.40	0	563.87	0.262
5	258.41	176.83	0	528.98	0.288
6	275.47	185.36	0	558.3	0.268

在 IEEE-RTS 系统中，节点 1、节点 2 属于受电区域，节点 21、节点 22 属于送电区域。在当前仿真系统条件下，由表 9-4 可知，在原系统装机容量不变且其他约束条件不变的情况下，对比方案 1 和其他方案可以看出，当有风电场并入系统时，系统概率可用输电能力的期望值明显增加，P_M 明显降低，这种情况说明风电场并入电网可以提高系统的概率可用输电能力；分别对比方案 2 与方案 3、方案 4 与方案 5 可以看出，当风电场在受电区域与送电区域选择不同位置并入电网，概率可用输电能力的期望值增幅较大，P_M 的降幅较大，且在受电区域并入风电场后，所得系统的概率可用输电能力的最大值明显要比在送电区域并入风电场的最大值高，说明在受电区域并入风电场能更大程度地提高系统的概率可用输电能力；再通过对比方案 2 和方案 4 可知，风电场并入相同区域的不同节点时系统的概率可用输电能力变化不明显。对比方案 1 和其他方案的系统概率可用输电能力标准差的变化，当并入风电场后，系统概率可用输电能力的标准差明显增大，说明风电的波动性会导致系统概率可用输电能力产生较大的波动；通过对比方案 2 与方案 3、方案 4 与方案 5，风电场并入受电区域和送电区域的标准差，可知风电场在并入送电区域时系统概率可用输电能力的标准差较小，系统概率可用输电能力的波动较小。所以，当选择风电场并网位置时，不仅要考虑概率可用输电能力评估指标，还要考虑并网的实际条件和电网架构。

9.3.2　计及光伏发电可靠性模型的系统概率可用输电能力研究

1. 算法流程

本章采用 Beta 分布模拟要并入光伏电站节点区域的辐照度，用原对偶内点法求解基于最优潮流法(optimal power flow，OPF)的可用输电能力计算模型进行求解，分析所得系统概率可用输电能力的评估指标，具体步骤可参考 9.3.1 节。

2. 算例分析

1)计算条件

本节以 IEEE-RTS 系统作为案例，基本参数按照 9.3.1 节中的取值，分析含光伏发电系统的概率可用输电能力，计算 230kV 区域与 138kV 区域之间的概率可用输电能力。假设一个大型光伏电站中，光伏电站阵列和逆变器在同一时刻都处于同种条件下，光伏电站并网位置按照所需讨论问题的不同点进行设置，对于 Beta 分布中的参数取常规天气情况下的数值 α=6.37、β=4.16，根据参考文献[64]中的数据，小光伏系统的故障率 $\lambda_{RFm}=9.1\times10^{-6}$ 次/h，修复率 $\lambda_{FRm}=4.17\times10^{-3}$ 次/h。

2)光伏电站并网对系统概率可用输电能力的影响

为了研究光伏电站有功输出的不稳定性对系统概率可用输电能力的影响，将额定容量为 200MW 的光伏电站接入节点 2，统计系统概率可用输电能力评估指标的变化情况(图 9-11)。

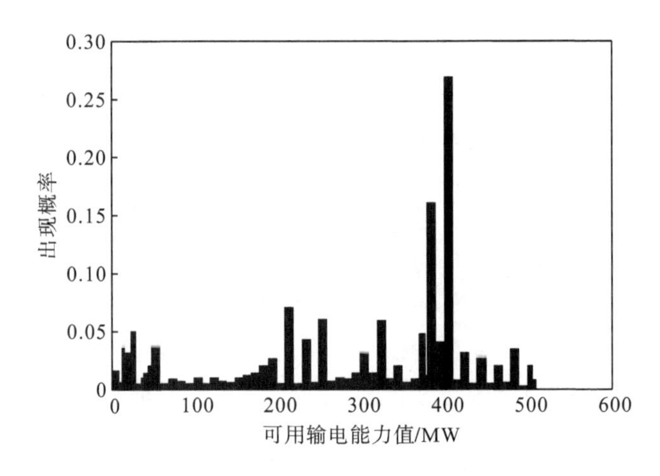

图 9-11 200MW 光伏电站并入系统概率可用输电能力分布图(并入节点 2)

对比表 9-5 数据，相同容量的光伏电站和火电站并入系统相同节点后，系统的概率可用输电能力期望值都有所增加，可用输电能力不足的概率也小于原系统。经过分析，造成这种情况主要是因为光伏电站的输出功率受到辐照度不稳定性的影响，辐照度的最大值在晴天的正午时段才能够达到，而辐照度在夜间直接为零，所以理论上光伏电站的输出有功大部分情况都是低于额定容量的，且没有有功输出的概率较高，说明光伏电站具有较大的波动性。

表 9-5 光伏电站并网时系统概率可用输电能力评估指标

并网电源	E_{ATC}/MW	D_{ATC}	F_{ATCmin}/MW	F_{ATCmax}/MW	P_M
光伏电站	243.12	177.67	0	569.11	0.334
原系统	218.81	154.45	0	374.34	0.354

3) 光伏电站并网位置对系统概率可用输电能力的影响

在原系统总装机容量不变的前提下，将容量为 100MW 的光伏电站并入不同的节点即节点 1、节点 2(图 9-12)、节点 21 和节点 22(图 9-13)，可得到系统的概率可用输电能力评估指标如表 9-6 所示。

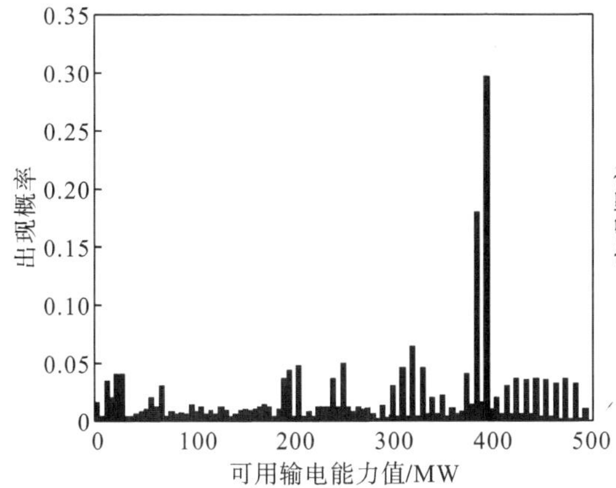

图 9-12　100MW 光伏电站并入系统概率可用输电能力分布图(并入节点 2)

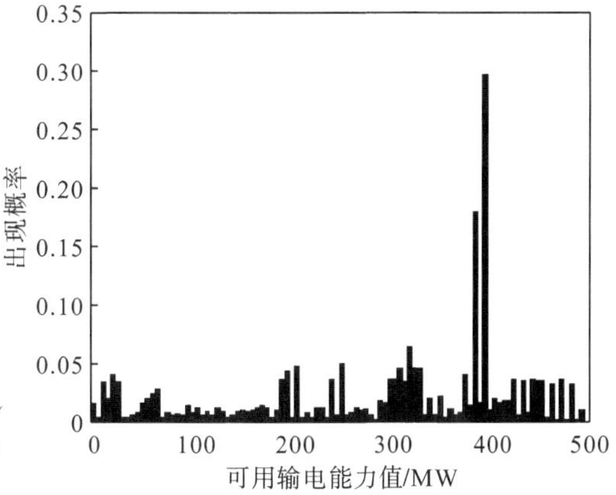

图 9-13　100MW 光伏电站并入系统概率可用输电能力分布图(并入节点 22)

表 9-6　光伏电站不同位置并网时系统概率 ATC 评估指标

光伏电站并网位置	E_{ATC}/MW	D_{ATC}	F_{ATCmin}/MW	F_{ATCmax}/MW	P_M
节点 1	228.17	169.05	0	485.35	0.342
节点 2	229.31	167.76	0	479.89	0.337
节点 21	220.86	167.02	0	467.31	0.343
节点 22	220.98	166.86	0	467.68	0.347

由表 9-6 中数据可知，光伏电站并网位置对系统概率可用输电能力有一定影响，在同一区域中选择不同节点并网对系统概率可用输电能力值影响较小。通过对比将光伏电站在送电区域并入系统和受电区域并入系统后的概率可用输电能力评估值可知，在受电区域并入光伏电站，概率可用输电能力的期望值较大且最大值较大；P_M 的值较小。通过对比标准差的值可知，光伏电站在受电区域并入电网会引起更大的波动，所以在同等条件下，若要更好地提高电网的输电能力，满足其他安全约束条件的情况下，在受电区域并网对系统概率可用输电能力贡献更大，同时受电区域并网会引起较大的波动。

4) 光伏电站并网容量对系统概率可用输电能力的影响

为分析光伏电站并入电网对概率可用输电能力评估指标的影响，在原系统装机容量不变的情况下，将不同容量的光伏电站接入节点 1，不同光伏电站不同容量并网时系统概率可用输电能力的评估指标如表 9-7 所示。

表 9-7 不同光伏电站不同容量并网时系统概率可用输电能力的评估指标

光伏电站容量/MW	E_{ATC}/MW	D_{ATC}	F_{ATCmin}/MW	F_{ATCmax}/MW	P_M
0	218.81	154.45	0	374.34	0.354
50	220.32	164.94	0	430.97	0.353
100	228.17	169.05	0	485.35	0.342
200	247.68	177.65	0	565.13	0.318

对表 9-7 分析可知，把光伏电站并入系统后，概率可用输电能力的期望值以及最大值都增加，且 P_M 的值小幅降低，说明光伏电站并入电网对提升系统概率可用输电能力有一定帮助。随着光伏电站的容量增加，概率可用输电能力的期望值和最大值逐渐增加，P_M 的值逐渐降低，说明提高光伏电站容量会让概率可用输电能力的期望值增大，最大值增大，降低可用输电能力值不足情况的概率。随着光伏电站容量的增加，系统概率可用输电能力的标准差也逐渐增大，说明光伏电站容量越大，其波动性越大，会对系统的概率可用输电能力波动性造成一定的影响。

9.3.3 计及风光发电共存的系统概率可用输电能力研究

1. 计算条件

本节以 IEEE-RTS 系统作为案例，在前两节研究的基础上，研究风光发电共存的系统概率可用输电能力。计算送电区域 230kV 和受电区域 138kV 之间的概率可用输电能力。假设风电场中每台机组型号参数均相同，设定切入风速为 3m/s、额定风速为 10m/s 以及切出风速为 25m/s，额定功率为 2MW；风速的形状参数、尺度参数分别为 K=2、C=8。光伏电站的各项组件型号均小于光伏系统的故障率 $\lambda_{RFm}=9.1\times10^{-6}$ 次/h，修复率 $\lambda_{FRm}=4.17\times10^{-3}$ 次/h。Beta 分布中形状尺度参数为 α=6.37、β=4.16。

2. 风光发电共存的系统概率可用输电能力研究

在系统总装机容量不变的条件下，假设可再生能源总装机容量为 300MW，采用风光容量占比分别为 1∶0、0∶1、1∶1、2∶1、1∶2、5∶1、1∶5 的配置方式，将含风光发电共存的系统接入节点 2 处，计算出各种占比情况下的可用输电能力评估指标，并统计入表 9-8。

表 9-8 风光发电共存不同占比组合并网时系统概率可用输电能力的评估指标

风光占比	E_{ATC}/MW	D_{ATC}	F_{ATCmin}/MW	F_{ATCmax}/MW	P_M
1∶0	329.27	200.36	0	661.12	0.3016
0∶1	268.65	190.12	0	661.10	0.3552
1∶1	305.61	190.17	0	661.04	0.2612
2∶1	313.11	195.54	0	661.03	0.2511
1∶2	300.15	198.94	0	659.19	0.2381
5∶1	332.32	201.50	0	660.25	0.2309
1∶5	283.34	191.43	0	661.13	0.3186

由表 9-7 的数据可知，当风电单独并入电网所得到的概率可用输电能力期望比光伏的值要高，风电场单独并入电网时，系统概率可用输电能力可靠程度较单独有光伏电站时低，说明风电场的稳定性比光伏电站低。通过对比表 9-7 中的数据可知，在风电容量大于光伏发电时，系统概率可用输电能力的值提升较大，而当光伏电站容量大于风电容量占比时，系统概率可用输电能力的值提升较小。风光联合并网后，概率可用输电能力的期望值相对于光伏电站单独并网明显增加，可用输电能力不足的概率也有所降低，且通过对比图 9-14、图 9-15 和图 9-16 可知，系统可用输电能力为零的概率随着风电场占比的增大而明显降低。风光联合并网后，在一定的配比下，概率可用输电能力的期望值有略微上升，可用输电能力为零和不足的概率略微降低。说明在风光共存的发电系统按照一定的科学占比可以提高系统的概率可用输电能力，体现出了风能和太阳能的互补性，当含风光发电共存系统并网时，输出功率也较为稳定。

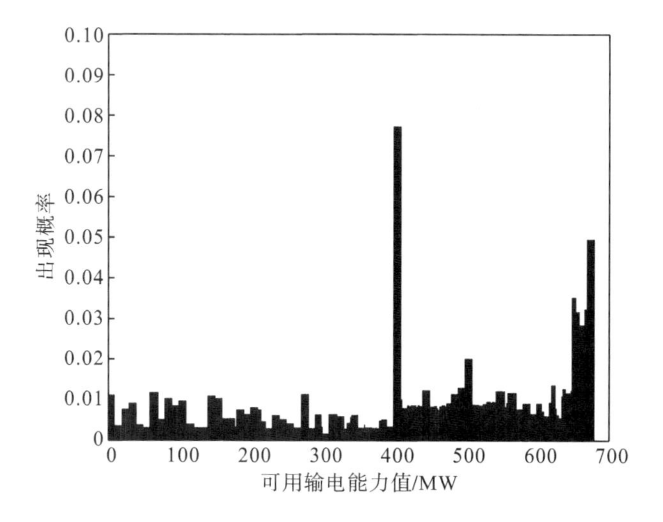

图 9-14　风光发电共存系统并网时系统概率可用输电能力分布图(风光容量占比 1∶0)

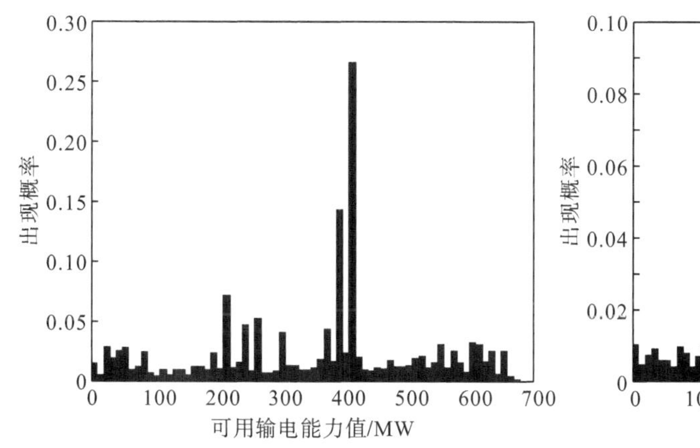

图 9-15　风光发电共存系统并网时系统概率可用输电能力分布图(风光容量占比 0∶1)

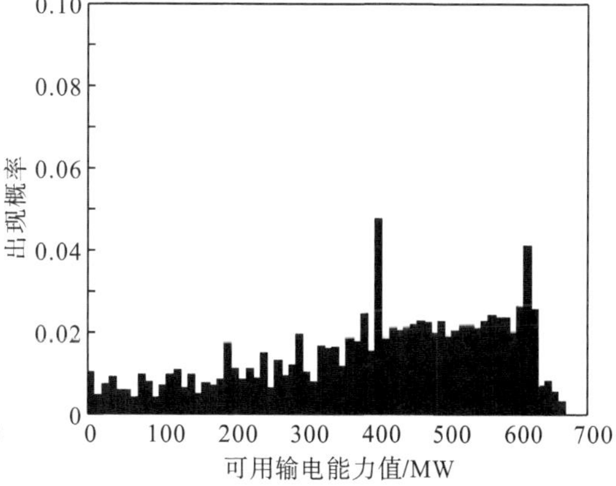

图 9-16　风光发电共存系统并网时系统概率可用输电能力分布图(风光容量占比 5∶1)

9.4 本章小结

概率性模型的可用输电能力计算需要考虑系统运行存在不确定因素的影响，对于常规电力系统，一般考虑负荷波动性、常规元件故障的随机性、发电调度的不确定性等因素。本章重点研究了计及风电场可靠性模型和计及光伏发电可靠性模型的两种可再生能源发电并网时对系统概率可用输电能力的影响，根据风光互补理论，讨论了风电场与光伏电站不同占比情况下，风光发电共存系统对电网可用输电能力影响，主要工作和成果如下：

(1) 相对于蒙特卡罗模拟法，采用的拉丁超立方采样法采样量小，覆盖面积大，在保证计算精确度的前提下，提高了效率；采用了基于最优潮流法构建可用输电能力计算模型；用原对偶内点法求解可用输电能力模型，得到采样样本中系统各状态下的可用输电能力值；介绍了系统概率可用输电能力评估指标。

(2) 计及风电场可靠性模型，提出了用风机三状态运行模式模拟风机运行状态，采用韦布尔分布描述风电场区域风速，对计及风电场可靠性模型的系统概率可用输电能力进行了研究。

(3) 计及光伏发电可靠性模型，通过对光伏电站多种运行状态的建模，分析了各种情况下光伏电站并网对系统可用输电能力的影响。

(4) 风光发电共存系统可靠性模型，在保证系统原装机容量不变的情况下，设置了风电场与光伏电站不同占比的情况；在不同情况下，用拉丁超立方采样法对风电场出力、光伏电场出力、系统元件的运行状态以及负荷波动进行了采样；通过内点法对各种状态下系统的概率可用输电能力值进行了计算，通过所得到的概率可用输电能力评估指标，对含风光发电共存的系统概率可用输电能力进行分析，从而验证了含可再生能源的发电系统能更好地提高系统的概率可用输电能力。

第10章　含分布式电源配电系统风险评估

为准确高效地对含多微电网配电系统进行风险评估，本章提出基于 Cornish-Fisher 级数的半不变量法求解含多微电网配电系统的概率潮流，建立系统级的电压越限风险指标和潮流越限风险指标，分析含多微电网配电系统的薄弱点，并准确揭示其风险，半不变量法用于保证概率潮流计算的高效性，Cornish-Fisher 级数展开用于提高非正态分布下曲线拟合的精度。通过算例仿真验证该方法对含光伏配电系统风险评估的高效性和准确性。

10.1　电力系统风险及评估体系

10.1.1　电力系统风险的定义与特性

电力系统运行风险评估的概念首次于 1997 年在国际大电网会议上提出，会议指出电力系统风险评估的目的是对其运行中所面临的不确定性进行量化分析，准确指出电力系统存在的薄弱点[65,66]。电力系统风险评估的基本定义为电力事故发生的概率与事故引起后果严重度的乘积，其数学表达式为[67]

$$R(X_m)=\sum P(A_i)\times S(A_i,X_m) \tag{10-1}$$

式中，X_m 为系统的运行方式；A_i 为系统的事故集；$P(A_i)$ 为事故 i 产生的概率；$S(A_i,X_m)$ 为事故 i 在 X_m 运行方式下造成的后果；$R(X_m)$ 为 X_m 运行方式下系统的风险评估指标。

电力系统的风险，究其根源，主要来自系统中的不确定因素，如分布式电源出力的随机性、随机负荷的波动性、电力系统的随机故障等。同时电力系统风险具有客观性、必然性、不确定性和累积性的特点[67-70]。

10.1.2　电力系统风险评估体系

为具体量化电力系统风险所造成的影响，需要建立根据具体情况的电力系统风险评估体系。风险评估指标是风险评估的量化标准，因此应分析风险影响的基础，建立合理的风险评估指标，以更好地暴露电力系统的薄弱点。

电力系统风险评估流程如图 10-1 所示，其中系统的风险评估指标是通过将系统事故发生概率和事故后果进行量化相乘而得到的。

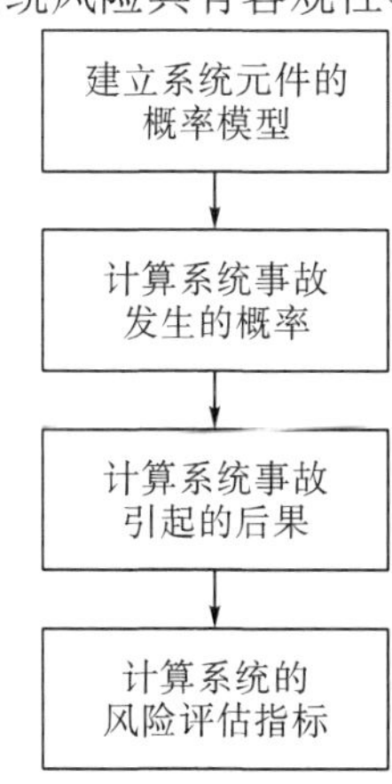

图 10-1　电力系统风险评估流程图

10.2 考虑随机变量风险评估指标及风险评估流程

本节考虑微电网风光出力随机性以及随机负荷波动产生的风险，建立系统的电压越限风险指标以及系统的潮流越限风险指标，以此对含多微电网配电系统进行风险评估。应用基于 Cornish-Fisher 级数和半不变量法进行随机潮流计算，拟合出电压和潮流的概率密度函数，并计算出电压和潮流的越限概率；采用效用理论偏好型函数[71]结合越限偏移量表示严重度函数，并量化计算严重度函数值。根据风险定义建立风险评估指标。

10.2.1 电压越限风险指标

电力系统低电压运行会使发电机出力降低，严重的会烧毁电机，使得电力系统稳定性大打折扣，造成大面积停电；而电力系统高电压运行会增加线损，使得电气设备绝缘老化，减少其使用寿命，造成经济损失。因此，有必要对电压越限进行风险评估。

系统级的电压越限风险指标为

$$R_V=\sum_{i=1}^{n}\int_{1.05}^{+\infty}f(\overline{V}_i)g(\overline{V}_i)\mathrm{d}\overline{V}_i+\sum_{j=1}^{m}\int_{0}^{0.95}f(\underline{V}_j)g(\underline{V}_j)\mathrm{d}\underline{V}_j \tag{10-2}$$

式中，$f(\overline{V}_i)$ 为节点 i 电压越上限的概率密度函数；$f(\underline{V}_j)$ 为节点 j 电压越下限的概率密度函数；$g(\overline{V}_i)$ 为节点 i 电压越上限的严重度函数；$g(\underline{V}_j)$ 为节点 j 电压越下限的严重度函数；n 为电压越上限的节点数；m 为电压越下限的节点数。

其中，电压越限严重度函数采用效用理论偏好型效用函数结合电压越限偏移量表示，电压越限严重度函数为

$$g(\overline{V}_i)=\frac{\mathrm{e}^{\mathrm{Sev}(\overline{V}_i)}-1}{\mathrm{e}-1} \tag{10-3}$$

$$g(\underline{V}_j)=\frac{\mathrm{e}^{\mathrm{Sev}(\underline{V}_j)}-1}{\mathrm{e}-1} \tag{10-4}$$

其中，电压偏移量计算公式为

$$\mathrm{Sev}(\overline{V}_i)=\begin{cases}\dfrac{\overline{V}_i-V_i}{V_i}, & \overline{V}_i>V_i\\ 0, & \overline{V}_i\leqslant V_i\end{cases} \tag{10-5}$$

$$\mathrm{Sev}(\underline{V}_j)=\begin{cases}\dfrac{V_j-\underline{V}_j}{V_j}, & \underline{V}_j<V_j\\ 0, & \underline{V}_j\geqslant V_j\end{cases} \tag{10-6}$$

式中，$\overline{V}_i$ 为节点 i 电压越上限的实际电压值；$\underline{V}_j$ 为节点 j 电压越下限的实际电压值；V_i 和 V_j 分别为电压上限和下限基准值。

10.2.2　潮流越限风险指标

一般潮流越限主要是指潮流过载，潮流过载值较大时会导致变压器的故障，使之跳闸，造成大面积停电现象，使得国民经济损失严重。因此，有必要对潮流过载进行风险评估。

系统级的潮流越限风险指标为

$$R_S = \sum \int_{1.3}^{+\infty} f(\bar{S}_{ij}) g(\bar{S}_{ij}) \mathrm{d}\bar{S}_{ij} \tag{10-7}$$

式中，$f(\bar{S}_{ij})$ 为支路 ij 潮流越限的概率密度函数；$g(\bar{S}_{ij})$ 为支路 ij 潮流越限的严重度函数。

潮流越限严重度函数采用效用理论偏好型效用函数结合越限偏移量表示，潮流越限严重度函数为

$$g(\bar{S}_{ij}) = \frac{\mathrm{e}^{\mathrm{Sev}(\bar{S}_{ij})} - 1}{\mathrm{e} - 1} \tag{10-8}$$

支路潮流偏移量计算公式为

$$\mathrm{Sev}(\bar{S}_{ij}) = \frac{\bar{S}_{ij} - S_{ij}}{S_{ij}} \tag{10-9}$$

式中，$\bar{S}_{ij}$ 为支路 ij 潮流越限的实际潮流值；S_{ij} 为支路 ij 的基准潮流值。

10.2.3　基于半不变量法的概率潮流算法及风险评估流程

基于半不变量法随机潮流方法，首先需要将交流潮流线性化，然后通过灵敏度矩阵将系统状态变量(节点电压、支路功率)表示为节点注入功率变量的线性和，最后利用半不变量的性质代替卷积运算[72]。

将系统的潮流方程概括表示为

$$\boldsymbol{S} = f(\boldsymbol{X}) \tag{10-10}$$

式中，$\boldsymbol{S}$ 表示节点的注入功率向量，包括有功功率向量与无功功率向量；$\boldsymbol{X}$ 表示节点电压变量；$f(\cdot)$ 表示潮流方程。

式(10-10)中的 $\boldsymbol{S}$ 和 $\boldsymbol{X}$ 可分别表示为

$$\boldsymbol{S} = \boldsymbol{S}_0 + \Delta \boldsymbol{S} \tag{10-11}$$

$$\boldsymbol{X} = \boldsymbol{X}_0 + \Delta \boldsymbol{X} \tag{10-12}$$

式中，$\boldsymbol{S}_0$、$\boldsymbol{X}_0$ 分别表示系统处于基准运行点时 $\boldsymbol{S}$、$\boldsymbol{X}$ 的基准向量；$\Delta \boldsymbol{S}$ 、$\Delta \boldsymbol{X}$ 表示随机扰动量。

将式(10-11)、式(10-12)按泰勒级数展开得

$$\boldsymbol{S} = \boldsymbol{S}_0 + \Delta \boldsymbol{S} = f(\boldsymbol{X} + \boldsymbol{X}_0) = f(\boldsymbol{X}_0) + \boldsymbol{J}_0 \Delta \boldsymbol{X} + \cdots \tag{10-13}$$

忽略式(10-13)的最高项，可得

$$\boldsymbol{S}_0 = f(\boldsymbol{X}_0) \tag{10-14}$$

$$\Delta \boldsymbol{S} = \boldsymbol{J}_0 \Delta \boldsymbol{X} \tag{10-15}$$

$$\Delta \boldsymbol{X} = \boldsymbol{J}_0^{-1} \Delta \boldsymbol{S} \tag{10-16}$$

式中，$\boldsymbol{J}_0$为潮流计算得到的雅可比矩阵；$\boldsymbol{J}_0^{-1}$为灵敏度矩阵。

同理，将支路功率方程概括表示为

$$\boldsymbol{Z} = h(\boldsymbol{X}) \tag{10-17}$$

式中，$\boldsymbol{Z}$表示支路功率向量，包括有功功率向量与无功功率向量；$h(\cdot)$表示支路功率方程。

将式(10-17)按泰勒级数展开得

$$\boldsymbol{Z} = \boldsymbol{Z}_0 + \Delta \boldsymbol{Z} = h(\boldsymbol{X} + \boldsymbol{X}_0) = h(\boldsymbol{X}_0) + \boldsymbol{G}_0 \Delta \boldsymbol{X} + \cdots \tag{10-18}$$

忽略式(10-18)的高阶项，可得

$$\boldsymbol{Z} = h(\boldsymbol{X}_0) \tag{10-19}$$

$$\Delta \boldsymbol{Z} = \boldsymbol{G}_0 \Delta \boldsymbol{X} = \boldsymbol{G}_0 \boldsymbol{J}_0^{-1} \Delta \boldsymbol{S} = \boldsymbol{T}_0 \Delta \boldsymbol{S} \tag{10-20}$$

式中，$\boldsymbol{Z}_0$表示系统处于基准运行点时支路功率基准向量；$\Delta \boldsymbol{Z}$表示随机扰动量；$\boldsymbol{T}_0$表示灵敏度矩阵。

式(10-13)和式(10-18)都是线性表达式，并利用半不变量性质代替卷积计算，可求出待求变量节点电压和支路潮流的k阶半不变量，即

$$\Delta \boldsymbol{X}^{(k)} = (\boldsymbol{J}_0^{-1})^{(k)} \Delta \boldsymbol{S}^{(k)} \tag{10-21}$$

$$\Delta \boldsymbol{Z}^{(k)} = (\boldsymbol{T}_0)^{(k)} \Delta \boldsymbol{S}^{(k)} \tag{10-22}$$

综上所述，基于半不变量法的概率潮流计算步骤如下：

(1) 输入含风光配电系统概率潮流计算所需的节点注入功率的分布函数，包括风光出力的概率分布数据以及负荷的期望和方差。

(2) 根据建立的光伏发电出力概率模型、风力发电出力概率模型及负荷概率模型，分别计算出各节点注入功率的各阶半不变量。

(3) 将步骤(2)计算出的各阶半不变量进行叠加求和，计算出注入功率的各阶半不变量。

(4) 使用牛顿-拉弗森法计算节点电压、支路潮流的基准期望向量，分别计算灵敏度矩阵。

(5) 根据式(10-21)和式(10-22)计算出节点电压和支路功率的各阶半不变量。

(6) 根据 Cornish-Fisher 级数展开的半不变量法得出节点电压及支路潮流的概率密度函数。

根据前文介绍的基于 Cornish-Fisher 级数展开的半不变量法，计算系统的电压越限风险指标和潮流越限风险指标，对含多微电网的配电系统进行风险评估。基于半不变量法的风险评估步骤如图 10-2 所示。

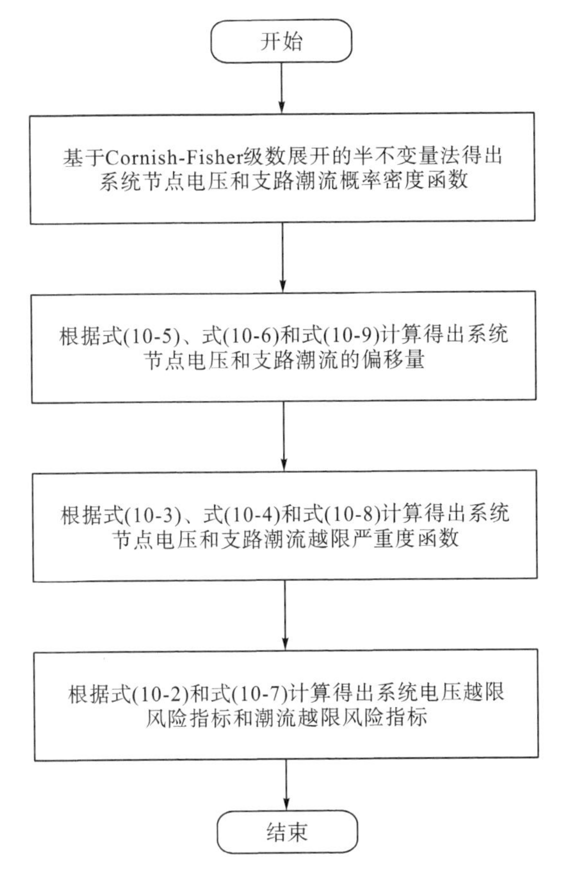

图 10-2　基于半不变量法的风险评估流程图

10.3　算例分析

本算例以 IEEE 33 节点系统为例，其系统拓扑结构如图 10-3 所示，参数详见文献[73]。本节将蒙特卡罗模拟法、基于 Gram-Charlier 级数展开的半不变量法概率潮流算法与所提的基于 Cornish-Fisher 级数展开的半不变量法进行对比，验证基于 Cornish-Fisher 级数展开的半不变量法概率潮流算法应用于含多微电网配电系统风险评估研究的高效准确性。

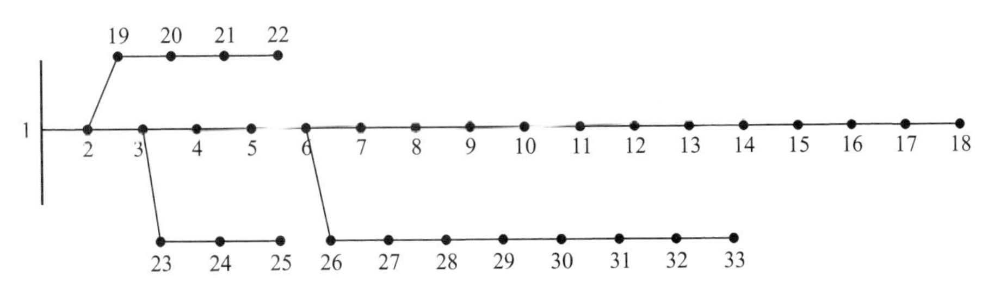

图 10-3　IEEE 33 节点系统拓扑结构图

含多微电网配电系统如下：容量为500kW和200kW的光伏微电网1(MG1)和微电网2(MG2)分别接入33节点与15节点；容量为250kW和500kW的风电微电网3(MG3)和微电网4(MG4)分别接入10节点与22节点；含风光微电网5(MG5)并入18节点，其光伏容量为200kW、风机容量为250kW；另一个含风光微电网6(MG6)并入25节点，其光伏容量为500kW、风机容量为500kW。系统拓扑结构如图10-4所示。

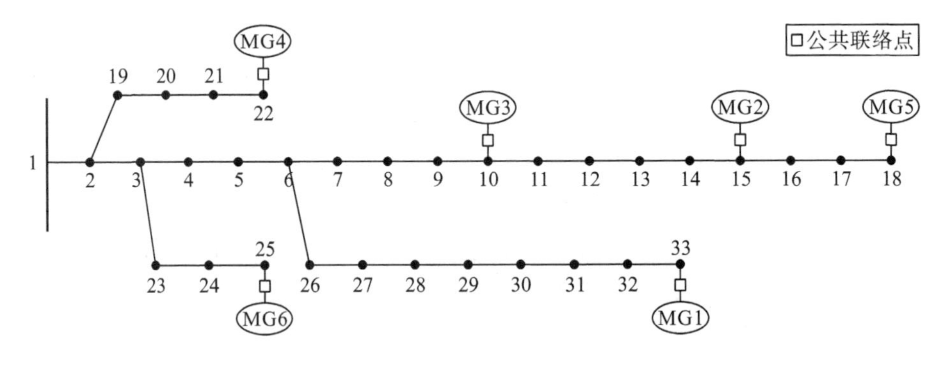

图10-4 含多微电网配电系统的拓扑结构

综上，本节对含多微电网配电系统进行风险评估，计算系统的电压越限风险指标和潮流越限风险指标，以此量化多微电网接入下对系统造成的风险。所设置的正常电压标幺值区间为[0.95,1.05]，不在此区间内的电压均视为越限电压，潮流越限值为正常潮流的1.3倍。

1)系统电压越限风险指标

系统电压越限风险评估需要计算系统电压越限风险指标来具体量化。首先，采用基于Cornish-Fisher级数展开的半不变量法计算各节点电压概率密度函数；其次，根据式(10-5)与式(10-6)分别计算电压偏移量；再次，根据式(10-3)与式(10-4)分别计算电压越限严重度函数；最后，根据式(10-2)将越限节点电压进行积分求和，计算系统级的电压越限风险指标。多微电网接入下，各节点的电压越限风险指标如图10-5所示。

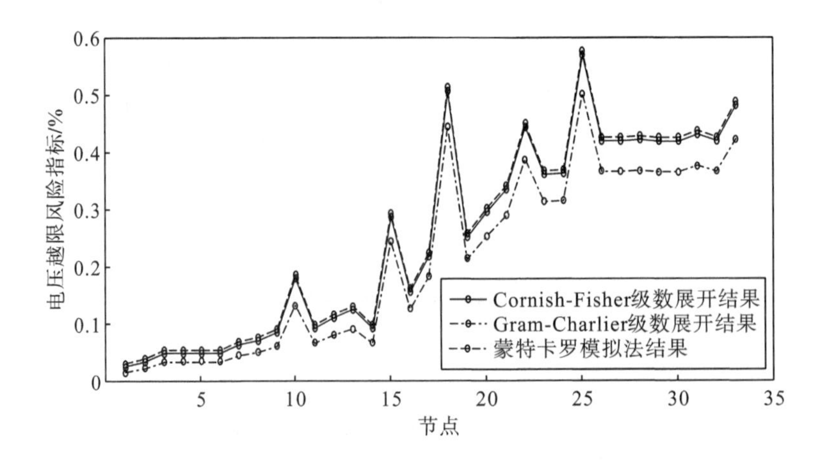

图10-5 含多微电网配电系统各节点电压越限风险指标

由图 10-5 可知，多个微电网并入配电系统后，系统所有节点全都存在电压越限的风险，越限风险最大的节点为 25 节点，其越限风险指标值约为 0.58%，因为此节点接入了 500kW 光伏容量与 500kW 风机容量的微电网 6，接入容量是 6 个微电网中最大的，说明接入容量的增加会给系统电压越限造成更大的风险，但是合理地配置风光接入容量并不会使风险无限扩大。据图 10-5 还可知，针对多微电网并网情形下的系统风险评估研究，本节提出的基于 Cornish-Fisher 级数展开的半不变量法依然适用。

将所有节点的电压越限风险指标根据式(10-2)进行积分求和计算，三种方法对比下含多微电网配电系统的电压越限风险指标如表 10-1 所示。

表 10-1　含多微电网配电系统电压越限风险指标(%)

方法	节点与系统						
	节点 10	节点 15	节点 18	节点 22	节点 25	节点 33	系统
方法一	0.1572	0.2504	0.4658	0.3845	0.5013	0.4237	7.7246
方法二	0.1842	0.2958	0.5106	0.4517	0.5769	0.4901	9.5528
方法三	0.1839	0.2952	0.5101	0.4513	0.5762	0.4918	9.5509

本节将基于 Gram-Charlier 级数展开的半不变量法视为方法一；将蒙特卡罗法视为方法二；将基于 Cornish-Fisher 级数展开的半不变量法视为方法三。

由表 10-1 可知，含多微电网配电系统的电压越限风险指标值约为 9.55%。

2) 系统潮流越限风险指标

含多微电网配电系统潮流越限风险评估同理需要计算系统潮流越限风险指标来具体量化。首先根据式(10-9)计算潮流越限偏移量，然后根据式(10-8)计算潮流越限的严重度函数，最后根据式(10-7)计算潮流越限风险指标，以此量化含多微电网配电系统的潮流越限风险。

含多微电网配电系统部分支路及系统潮流越限风险指标如图 10-6 和表 10-2 所示。

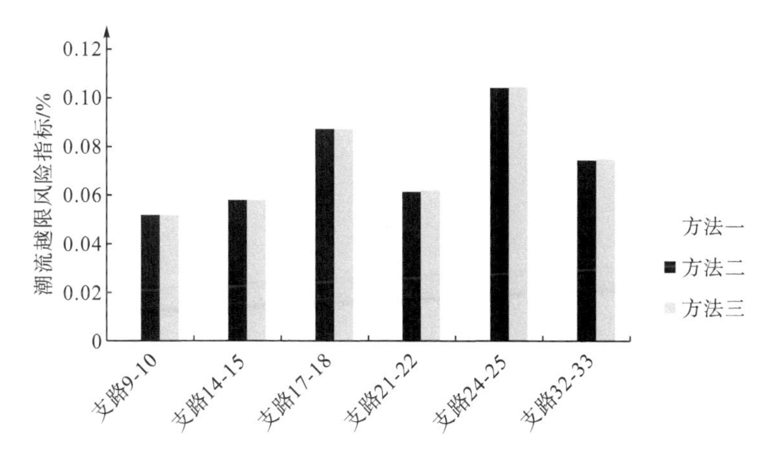

图 10-6　含多微电网配电系统部分支路及系统潮流越限风险指标

表 10-2　含多微电网配电系统潮流越限风险指标(%)

方法	支路及系统						
	支路 9-10	支路 14-15	支路 17-18	支路 21-22	支路 24-25	支路 32-33	系统
方法一	0.0484	0.0546	0.0762	0.0581	0.1029	0.0719	5.1279
方法二	0.0516	0.0577	0.0871	0.0613	0.1042	0.0745	5.4862
方法三	0.0517	0.0579	0.0871	0.0618	0.1045	0.0749	5.4871

由图 10-6 和表 10-2 可知，随着配电系统分布式电源装机容量的增加，整个系统的潮流越限风险指标也在随之增大，但是整个系统的潮流越限风险指标仅约为 5.49%，相比系统电压越限风险指标，系统分布式电源容量的增加，给系统电压越限带来了更大的风险。

10.4　本 章 小 结

本章提出基于 Cornish-Fisher 级数展开的半不变量法的概率潮流算法，对含多微电网配电系统进行了风险评估研究，具体内容如下：

(1) 建立了含多微电网配电系统的风险评估指标。分别建立了系统的电压越限风险指标和潮流越限风险指标，全面对含多微电网配电系统进行了风险评估。

(2) 对基于 Cornish-Fisher 级数展开的半不变量法的风险评估流程进行了总结分析。

(3) 采用三种概率潮流方法计算含多微电网配电系统的概率潮流，对比分析了所提基于 Cornish-Fisher 级数展开的半不变量法对含多微电网配电系统进行风险评估的高效准确性。分析了多微电网接入对系统造成的风险，计算了 6 个微电网不同风光比例接入配电系统情况下的电压越限风险指标和潮流越限风险指标，具体量化评估含多微电网配电系统的风险，并采用三种概率潮流算法进行了计算，对比分析了所提算法在计算风光联合并网情况下进行风险评估依然存在高效准确性。

参 考 文 献

[1] Abouzahr I, Ramakumar R. An approach to assess the performance of utility-interactive wind electric conversion systems[J]. IEEE Transactions on Energy Conversion, 1991, 6(4): 627-638.

[2] 王敏. 分布式电源的概率建模及其对电力系统的影响[D]. 合肥: 合肥工业大学, 2010.

[3] Trivedi I N, Jangir P, Bhoye M, et al. An economic load dispatch and multiple environmental dispatch problem solution with microgrids using interior search algorithm[J]. Neural Computing & Applications, 2018, 30(7): 2173-2189.

[4] 王玲玲, 王昕, 郑益慧等. 计及多个风电机组出力相关性的配电网无功优化[J]. 电网技术, 2017, 41(11): 3463-3469.

[5] 李俊芳, 张步涵. 基于进化算法改进拉丁超立方抽样的概率潮流计算[J]. 中国电机工程学报, 2011, 31(25): 90-96.

[6] 李雪, 李渝曾, 李海英. 几种概率潮流算法的比较与分析[J]. 电力系统及其自动化学报, 2009, 21(3): 12-17.

[7] 张喆, 李庚银, 魏军强. 考虑分布式电源随机特性的配电网电压质量概率评估[J]. 中国电机工程学报, 2013, 33(13): 150-156.

[8] 毛锐, 袁康龙, 钟杰峰, 等. 基于概率潮流法的含分布式光伏的配电网电压状态评估[J]. 电力系统保护与控制, 2019, 47(2): 123-130.

[9] 张杰. 考虑脆弱性的含分布式电源配电网多目标规划[D]. 长沙: 湖南大学, 2017.

[10] 廖星星, 吴奕, 卫志农, 等. 基于 GMM 及多点线性半不变量法的电-热互联综合能源系统概率潮流分析[J]. 电力自动化设备, 2019, 39(8): 55-62.

[11] 艾小猛, 文劲宇, 吴桐, 等. 基于点估计和 Gram-Charlier 展开的含风电电力系统概率潮流实用算法[J]. 中国电机工程学报, 2013, 33(16): 16-23.

[12] 柳志航, 卫志农, 高昇宇, 等. 源-荷互动环境下含高比例风电并网的自适应线性化概率潮流计算[J]. 电网技术, 2019, 43(11): 3926-3937.

[13] 毛晓明, 叶嘉俊. 主元分析结合 Cornish-Fisher 展开的概率潮流三点估计法[J]. 电力系统保护与控制, 2019, 47(6): 66-72.

[14] 郭效军, 蔡德福. 不同级数展开的半不变量法概率潮流计算比较分析[J]. 电力自动化设备, 2013, 33(12): 85-90, 110.

[15] Lebrun R, Dutfoy A. An innovating analysis of the Nataf transformation from the copula viewpoint[J]. Probabilistic Engineering Mechanics, 2009, 24(3): 312-320.

[16] Chen H. Initialization for NORTA: Generation of random vectors with specified marginals and correlations[J]. Informs Journal on Computing, 2001, 13(4): 312-331.

[17] Liu J, Hao X D, Cheng P F, et al. A parallel probabilistic load flow method considering nodal correlations[J]. Energies, 2016, 9(12): 1041-1056.

[18] Yu H, Chung C Y, Wong K P, et al. Probabilistic load flow evaluation with hybrid latin hypercube sampling and Cholesky decomposition[J]. IEEE Transactions on Power Systems, 2009, 24(2): 661-667.

[19] Xu X, Yan Z. Probabilistic load flow evaluation considering correlated input random variables[J]. International Transactions on Electrical Energy Systems, 2016, 26(3): 555-572.

[20] 蔡德福, 石东源, 陈金富. 基于多项式正态变换和拉丁超立方采样的概率潮流计算方法[J]. 中国电机工程学报, 2013, 33(13): 92-100.

[21] Chen Y, Wen J Y, Cheng S J. Probabilistic load flow method based on Nataf transformation and Latin hypercube sampling[J]. IEEE Transactions on Sustainable Energy, 2013, 4(2): 294-301.

[22] Zimmerman R D, Murillo-Sánchez C E, Gan D. MATPOWER: A MATLAB power system simulation package[EB/OL]. http://www.pserc.cornell.edu//matpower[2024-01-20].

[23] Christie R. Power systems test case archive[EB/OL]. https://www2.ee.washington.edu/research/pstca[2024-01-20].

[24] Moghaddas-Tafreshi S M, Mashhour E. Distributed generation modeling for power flow studies and a three-phase unbalanced power flow solution for radial distribution systems considering distributed generation[J]. Electric Power Systems Research, 2009, 79(4): 680-686.

[25] 王建, 李兴源, 邱晓燕. 含有分布式发电装置的电力系统研究综述[J]. 电力系统自动化, 2005, 29(24): 90-97.

[26] Ackermann T, Andersson G, Söder L. Distributed generation: A definition[J]. Electric Power Systems Research, 2001, 57(3): 195-204.

[27] Puttgen H B, MacGregor P R, Lambert F C. Distributed generation: Semantic hype or the dawn of a new era?[J]. IEEE Power and Energy Magazine, 2003, 1(1): 22-29.

[28] 张立梅, 唐巍. 计及分布式电源的配电网前推回代潮流计算[J]. 电工技术学报, 2010, 25(8): 123-130.

[29] 牛焕娜, 井天军, 李汉成, 等. 基于回路分析的含分布式电源配电网简化潮流计算[J]. 电网技术, 2013, 37(4): 1033-1038.

[30] 王佳佳, 吕林, 刘俊勇, 等. 基于改进分层前推回代法的含分布发电单元的配电网重构[J]. 电网技术, 2010, 34(9): 60-64.

[31] 陈海焱, 陈金富, 段献忠. 含分布式电源的配电网潮流计算[J]. 电力系统自动化, 2006, 30(1): 35-40.

[32] 李新, 彭怡, 赵晶晶, 等. 分布式电源并网的潮流计算[J]. 电力系统保护与控制, 2009, 37(17): 78-81, 87.

[33] 王超, 张靖, 何宇, 等. 基于灵敏度阻抗矩阵修正法的分层前推回代潮流算法[J]. 北京交通大学学报, 2014, 38(5): 108-113.

[34] 颜伟, 刘方, 王官洁, 等. 辐射型网络潮流的分层前推回代算法[J]. 中国电机工程学报, 2003, 23(8): 76-80.

[35] 李如琦, 谢林峰, 王宗耀, 等. 基于节点分层的配网潮流前推回代方法[J]. 电力系统保护与控制, 2010, 38(14): 63-66, 139.

[36] 杨辉, 文福拴, 刘永强, 等. 适用于配电系统潮流计算的新的前推回代算法[J]. 电力系统及其自动化学报, 2010, 22(3): 123-128.

[37] 郑漳华, 艾芊, 顾承红, 等. 考虑环境因素的分布式发电多目标优化配置[J]. 中国电机工程学报, 2009, 29(13): 23-28.

[38] 孔祥玉, 房大中, 侯佑华. 基于直流潮流的网损微增率算法[J]. 电网技术, 2007, 31(15): 39-43.

[39] 崔弘, 郭熠昀. 智能配电网中分布式电源的优化配置[J]. 电气应用, 2011, 30(13): 36-40, 45.

[40] 张节潭, 程浩忠, 姚良忠, 等. 分布式风电源选址定容规划研究[J]. 中国电机工程学报, 2009, 29(16): 1-7.

[41] 徐迅, 陈楷, 龙禹, 等. 考虑环境成本和时序特性的微网多类型分布式电源选址定容规划[J]. 电网技术, 2013, 37(4): 914-921.

[42] Prusty B R, Jena D. A critical review on probabilistic load flow studies in uncertainty constrained power systems with photovoltaic generation and a new approach[J]. Renewable & Sustainable Energy Reviews, 2017, 69: 1286-1302.

[43] Wang X Z, Wang T, Chiang H D, et al. A framework for dynamic stability analysis of power systems with volatile wind power[J]. IEEE Journal on Emerging and Selected Topics in Circuits and Systems, 2017, 7(3): 422-431.

[44] Modarresi J, Gholipour E, Khodabakhshian A. A comprehensive review of the voltage stability indices[J]. Renewable & Sustainable Energy Reviews, 2016, 63: 1-12.

[45] Mousavi O A, Cherkaoui R. Maximum voltage stability margin problem with complementarity constraints for multi-area power systems[J]. IEEE Transactions on Power Systems, 2014, 29(6): 2993-3002.

[46] Lin X Y, Jiang Y Y, Peng S, et al. An efficient Nataf transformation based probabilistic power flow for high-dimensional correlated uncertainty sources in operation[J]. International Journal of Electrical Power & Energy Systems, 2020, 116(3): 105543.

[47] Xiao Q, Zhou S W. Probabilistic power flow computation using quadrature rules based on discrete Fourier transformation matrix[J]. International Journal of Electrical Power & Energy Systems, 2019, 104: 472-480.

[48] Zhang J, Fan L Q, Zhang Y, et al. A probabilistic assessment method for voltage stability considering large scale correlated stochastic variables[J]. IEEE Access, 2020, 8: 5407-5415.

[49] Headrick T C, Kowalchuk R K. The power method transformation: Its probability density function, distribution function, and its further use for fitting data[J]. Journal of Statistical Computation and Simulation, 2007, 77(3): 229-249.

[50] Nagahara Y. A method of simulating multivariate nonnormal distributions by the Pearson distribution system and estimation[J]. Computational Statistics & Data Analysis, 2004, 47(1): 1-29.

[51] Headrick T C. Fast fifth-order polynomial transforms for generating univariate and multivariate nonnormal distributions[J]. Computational Statistics & Data Analysis, 2002, 40(4): 685-711.

[52] Zhang J, Xiong G, Meng K, et al. An improved probabilistic load flow simulation method considering correlated stochastic variables[J]. International Journal of Electrical Power & Energy Systems, 2019, 111: 260-268.

[53] Stein M. Large sample properties of simulations using Latin hypercube sampling[J]. Technometrics, 1987, 29(2): 143-151.

[54] Power Systems Test Case Archive [EB/OL]. https://labs.ece.uw.edu/pstca[2024-01-20].

[55] NERC. Available transfer capability definition and determination: a reference document prepared by TTC task force[R]. New Jersey: North American Electric Reliability Council, 1996.

[56] Ou Y, Singh C. Assessment of available transfer capability and margins[J]. IEEE Transactions on Power Systems, 2002, 17(2): 463-468.

[57] Gao Y J, Zhang L, Liang H F. Available transfer capability assessment with large wind farms connected by VSC-HVDC[C]. Electric Utility Deregulation and Restructuring and Power Technologies (DRPT 2011) Conference, 2011: 1681-1686.

[58] 刘文霞, 蒋程, 张建华, 等. 一种用于序贯蒙特卡罗仿真的风电机组多状态可靠性模型[J]. 电力系统保护与控制, 2013, 41(8): 73-80.

[59] 郭永基. 电力系统可靠性原理和应用[M]. 北京: 清华大学出版社, 1985.

[60] 国家统计局. 2018 中国统计年鉴[M]. 北京: 中国统计出版社, 2018.

[61] 张友骞, 张靖, 何宇, 等. 基于蒙特卡洛法和拉丁超立方采样的含风电场的概率可用输电能力研究对比[J]. 新型工业化, 2018, 8(9): 30-34, 39.

[62] Subcommittee P M. IEEE reliability test system[J]. IEEE Transactions on Power Apparatus and Systems, 1979, 98(6): 2047-2054.

[63] 蒋程, 王硕, 王宝庆, 等. 基于拉丁超立方采样的含风电电力系统的概率可靠性评估[J]. 电工技术学报, 2016, 31(10): 193-206.

[64] 唐景星, 黄民翔, 景伟强, 等. 含并网光伏电源的配电网可靠性评估[J]. 华东电力, 2011, 39(2): 266-270.

[65] Richard M J. Power system security assessment. A position paper[J]. Elctra, 1997, (175): 49-77.

[66] 陈朝宽, 张靖, 何宇, 等. 基于 Cornish-Fisher 级数和半不变量法的含光伏配电系统风险评估[J]. 电力自动化设备, 2021, 41(2): 91-96.

[67] 吴雅琪. 含分布式电源的配电网风险评估研究[D]. 北京: 北京交通大学, 2017.

[68] Wang Q, Sun D S, Hu J X, et al., Risk assessment method for integrated transmission-distribution system considering the reactive power regulation capability of DGs[J]. Energies, 2019, 12(16): 1-14.

[69] 李宁. 基于风险理论的分布式电源经济优化配置[D]. 南宁: 广西大学, 2018.

[70] Wrede D, Linderkamp T, Gonzalez M R. Risks of the German power supply system[J]. Zeitschrift Für Energiewirtschaft, 2017, 41(2): 105-117.

[71] 马倩, 王昭聪, 潘学萍, 等. 新电改环境下基于效用函数的电网投资决策评价方法[J]. 电力自动化设备, 2019, 39(12): 198-204.

[72] 张永明, 姚志力, 李菁, 等. 基于配电网概率潮流计算的电动汽车充电站规划策略[J]. 电力系统保护与控制, 2019, 47(22): 9-16.

[73] Baran M E, Wu F F. Network reconfiguration in distribution systems for loss reduction and load balancing[J]. IEEE Transactions on Power Delivery, 1989, 4(2): 1401-1407.

下篇

新能源电力系统运行与控制

近年来随着社会的发展，人们对能源的需求剧增：一方面，煤炭等传统化石能源因为消耗量日益增大而正在走向枯竭；另一方面，大量化石能源的使用使得环境问题日益突出[1]。大力发展清洁能源、改善能源消费结构，成为近年来世界各国解决能源缺乏和环境污染问题的能源发展趋势。

以燃料电池发电、微型燃气轮机发电和新能源发电为代表的分布式发电技术，因其能源的可再生性、无污染性和电源的高灵活性，在全球范围内得到了广泛的应用和快速的发展[2,3]。其中新能源发电具有很强的不确定性，在大规模并网后可能会出现对其控制困难的局面，造成大规模弃风弃光、电网运行稳定性差和电能质量下降的问题。为了解决上述问题，微电网(microgrid，MG)应运而生[4-6]。微电网作为由分布式电源、储能以及负荷等组成的小型发配电系统，具有灵活化、局部化、模块化的特点，可以运行在并网或孤网状态下。微电网通过整合各分布式电源，合理配置各机组出力，提高了微电网运行稳定性和能源利用率，同时很大程度上降低了对传统能源的依赖，减轻了由传统能源引起的环境问题，实现了节能减排。

微电网虽然在能源利用、电力运行、环境保护等方面具有较为突出的优势，但在优化调度方面，多种分布式电源的运行方式和运行特点存在差异，可再生能源大规模并网具有不确定性，需求侧能源具有强随机性和复杂性并且参与管理的意识不断增强[7-10]，这些因素使得微电网优化调度的复杂度逐渐增加、优化过程更加困难。本篇针对新能源电力系统运行与控制问题进行分析研究，主要包含如下 6 章内容。

第 11 章为基于强化学习的微电网优化调度研究。提出基于深度确定性策略梯度的强化学习微电网优化调度模型，有效解决面向可再生能源的微电网优化调度问题所面临的建模困难、学习到的调度经验知识无法积累等问题。该章引入并研究迁移学习，搭建相应的知识迁移学习规则，进而实现对积累的学习经验知识的挖掘利用。

第 12 章为基于 MPC 的微电网需求响应研究。主要提出考虑广义需求响应的基于模型预测控制(model predictive control，MPC)的微电网日内分层调度方法，且通过改进鲸鱼优化算法求解滚动优化模型，既解决了微电网中不确定性因素和预测误差对优化调度的不利影响，也实现了对潜在需求侧资源价值的利用。

第 13 章为源荷储多时间尺度滚动优化调度研究。从解决源荷预测误差与不确定性对系统运行的影响入手，通过鲁棒优化处理源荷预测误差与不确定性中的低频分量，获取日前经济优化调度计划；采用 MPC 实时滚动修正调度计划，应对源荷预测误差与不确定性中的高频分量，获取日内调度计划，从而确保微电网的经济稳定运行。

第 14 章为计及风光不确定性的微电网弱鲁棒优化调度研究。在考虑微电网源荷预测误差与不确定性优化调度的基础上，提出一种基于弱鲁棒优化与 MPC 的多时间尺度经济优化调度方法。接着针对微电网孤网运行的地区，考虑环境污染等因素，建立基于弱鲁棒与 MPC 的微电网日前-日内多目标优化调度模型，通过算例分析验证所提方法能有效改善传统鲁棒优化的保守性，并在保证较好鲁棒性的同时兼顾经济性与环保性。

第 15 章为计及需求响应的微电网多目标优化调度研究。针对计及需求响应的微电网多目标优化调度，提出一种基于水平群优化的高效多目标优化算法，同时引入改进熵权灰色关联分析法，从帕累托(Pareto)前沿中选择最优折中解；考虑并网模式下风光不确定性，采用区间数描述风机、光伏出力的不确定性；利用区间序关系将目标函数区间不确定性模型转换成确定性模型，再利用区间可能度方法将不确定性约束转换成确定性约束，采用所提方法获得调度计划。

第 16 章为微电网运行控制的平滑解列。利用虚拟同步发电机(virtual synchronous generator，VSG)技术灵活有效的控制特性，研究其优化协调控制策略，分析 VSG 参数改变对动态过程的影响，提出参数 Bang-Bang 控制策略，同时采用粒子群优化算法对优化问题进行求解，实现微电网运行模式切换平滑控制。

第 11 章　基于强化学习的微电网优化调度研究

本章针对目前微电网调度优化方法无法对学习到的调度知识进行有效积累和挖掘利用，以包含风光分布式电源、柴油发电机以及蓄电池的典型微电网系统作为研究对象，将自学和积累知识能力的强化学习引入微电网优化调度问题中，同时还引入迁移学习，实现对积累的调度知识进行再利用。

本章建立含柴油发电机燃料费用和微电网与大电网交易费用的运行成本单目标优化调度模型，同时建立微电网优化调度的强化学习模型，制定调度知识迁移规则，通过具体算例说明模型的科学性和调度策略的经济性。

11.1　强化学习和迁移学习理论

强化学习和迁移学习是机器学习的重要理论分支，是目前学术界比较关注的热点。前者具有强大的记忆自学能力，旨在通过与环境不断交互获取环境对行为的反馈信息指导决策行为，从而学习到最佳策略。后者能够加快建模的进展和提高模型的性能。

强化学习和迁移学习理论现已在电力系统的安全稳定控制[11]、自动发电控制(automatic generation control，AGC)[12]、电压无功优化控制[13]、最优潮流控制[14]、供需互动[15]、电力市场[16]、电力信息网络[17]等方面得到应用。

11.1.1　强化学习

1. 定义

强化学习起源于行为心理学，强化的概念最早在桑代克(Thorndike)的效果律中被提出，他指出动作能够从环境中获得促进自我强化的反馈信号，如果环境给出的信号是好的信号，那么该动作被选择的这一行为得到强化，反之，该动作被选择的这一行为被弱化。图 11-1 为强化学习示意图。

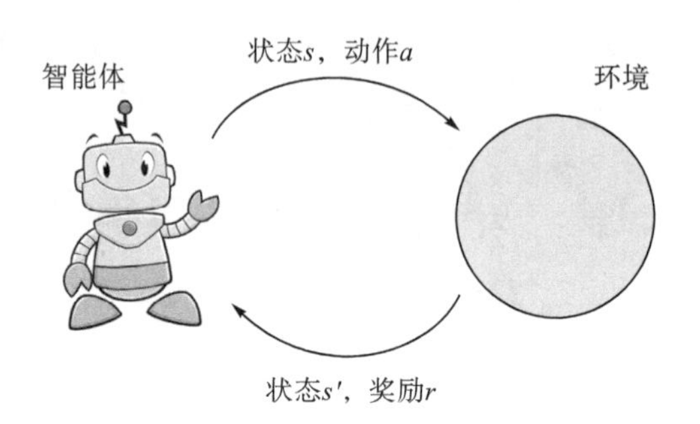

图 11-1 强化学习示意图

四元组(S,A,r,π)的马尔可夫决策过程可以用来对强化学习问题进行建模，其中，S为环境的状态集合，A为智能体的可执行动作集合，r为智能体的奖励信号，π为智能体的策略集。

智能体在未来任意时刻获得的奖励信号$r_t(t=1,2,\cdots,T)$都会对当前时刻累积的未来期望奖励产生影响，离当前时刻越近，产生的影响越大，因此可以定义一个折扣因子γ来权衡未来每一时刻获得的即时奖励对当前时刻累积的未来期望奖励值的影响。智能体从t时刻开始到T时刻情节结束时，奖励值之和定义为

$$R_t=\sum_{k=0}^{T-t-1}\gamma^k r_{t+1+k} \tag{11-1}$$

表示智能体从当前状态s下执行动作a，并一直遵循某一策略π到情节结束，这一过程中所获得累积回报的状态动作值函数为

$$Q(s,a)=E\left[R_t\middle|s_t-s,a_t=a\right] \tag{11-2}$$

最优状态动作值函数遵循贝尔曼最优方程：

$$Q(s,a)=E\left[r+\gamma\max_{a_{t+1}}Q(s_{t+1},a_{t+1})\middle|s_t=s,a_t=a\right] \tag{11-3}$$

2. 深度确定性策略梯度

策略梯度(policy gradient，PG)是一种常用的策略优化方法，这里的梯度是指策略累积的未来期望奖励值的梯度，对该梯度进行反向传播学习，对神经网络参数θ进行更新，并最终收敛于最优策略[18]。

深度确定性策略梯度(deep deterministic policy gradient，DDPG)是基于行动者-评论家(actor-critic，AC)框架改进的策略梯度学习方法，融合了确定性策略梯度(deterministic policy gradient，DPG)和深度Q网络学习。其中DPG与PG的不同之处在于，PG的学习需要完整的决策序列，且动作基于概率分布选择，因此对策略函数进行迭代更新时不太容易收敛，而DPG则是通过策略函数输出具体的动作，即

$$a=\pi(s|\theta) \tag{11-4}$$

AC算法结构如图11-2所示，该算法是结合了基于值函数学习和基于策略梯度学习的一种框架[19]，该框架由策略近似网络和Q值函数近似网络组成，前者产生动作称为行动

者网络，后者对动作进行评价称为评论家网络，评论家网络将计算的 Q 值函数估计值和目标值作差，用于指导策略网络和 Q 值函数网络的参数学习。

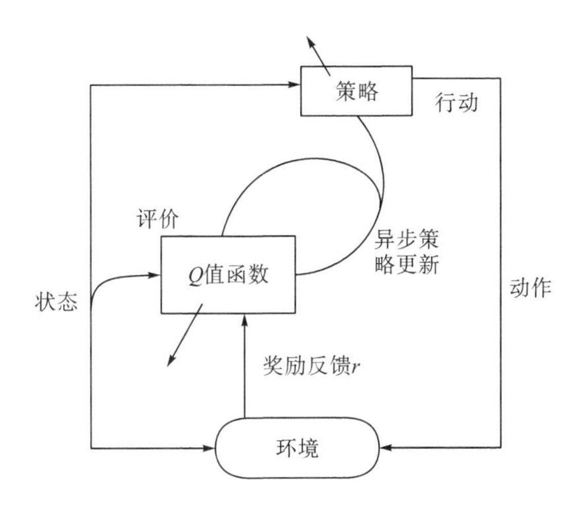

图 11-2　AC 算法结构图

DDPG 网络结构如图 11-3 所示，行动者神经网络近似表示确定性策略 $\mu\left(s\middle|\theta^{\mathrm{A}}\right)$，评论家网络近似表示 Q 值函数 $Q\left(s,a\middle|\theta^{\mathrm{C}}\right)$，参数更新机制采用 soft update 以及深度双 Q 网络 (double deep Q-learning，DDQN) 中的经验回放机制切断了数据相关性，为避免过高估计风险，构建了双网络的结构，双网络结构分离了动作 a_t 和 a_{t+1} 的产生，以及 Q 值函数估计值和目标值的计算，因此网络学习效率可以得到提高。

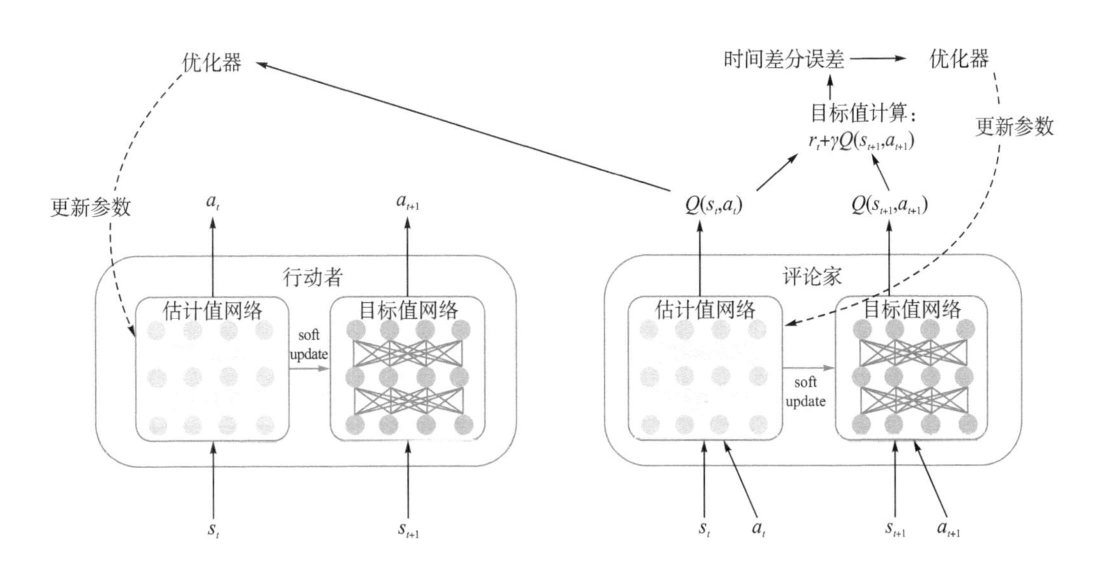

图 11-3　DDPG 网络结构图

评论家网络参数的误差函数为

$$L(\theta^{\mathrm{C}})=r_t+\gamma Q\left[s_{t+1},\mu\left(s_{t+1}\middle|\hat{\theta}^{\mathrm{A}}\right)\hat{\theta}^{\mathrm{C}}\right]-Q(s_t,a_t\,|\,\theta^{\mathrm{C}}) \tag{11-5}$$

式中，$Q\left(s_t,a_t\middle|\theta^{\mathrm{C}}\right)$表示智能体当前时刻的 Q 值函数；$r_t+\gamma Q\left[s_{t+1},\mu\left(s_{t+1}\middle|\hat{\theta}^{\mathrm{A}}\right)\middle|\hat{\theta}^{\mathrm{C}}\right]$表示目标 Q 值函数；$Q\left[s_{t+1},\mu\left(s_{t+1}\middle|\hat{\theta}^{\mathrm{A}}\right)\hat{\theta}^{\mathrm{C}}\right]$表示智能体通过策略目标值网络产生的下一状态动作在评论家目标值网络获得的评价。

评论家网络参数的更新公式为

$$\theta^{\mathrm{C}}\leftarrow\theta^{\mathrm{C}}+\alpha_{\mathrm{C}}\nabla L(\theta^{\mathrm{C}}) \tag{11-6}$$

式中，α_{C}为评论家网络的学习率。

行动者网络参数θ^{A}的策略梯度表示为

$$\nabla J\left(\theta^{\mathrm{A}}\right)=\nabla_{\mathrm{A}}Q\left(s_t,a_t\,|\,\theta^{\mathrm{C}}\right)\nabla_{\theta^{\mathrm{A}}}\mu\left(s_t\middle|\theta^{\mathrm{A}}\right) \tag{11-7}$$

行动者网络参数的更新公式为

$$\theta^{\mathrm{A}}\leftarrow\theta^{\mathrm{A}}+\alpha_{\mathrm{A}}\nabla J(\theta^{\mathrm{A}}) \tag{11-8}$$

式中，θ^{A}为行动者网络的学习率。

11.1.2　迁移学习

迁移学习(transfer learning，TL)起源于心理学和认知科学领域，它是指将在某一领域或任务(称为源任务)中学到的知识(样本、方法等)迁移到不同但相似的领域或新任务(称为目标任务)中进行应用，进而更好、更快地帮助完成新任务的学习，其过程如图 11-4 所示。

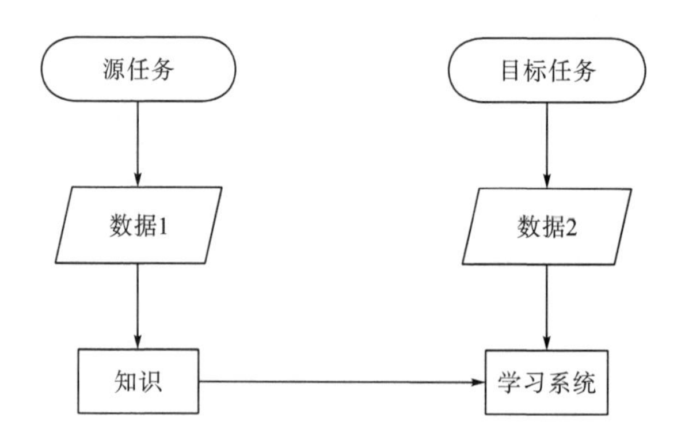

图 11-4　迁移学习过程示意图

迁移学习依据技术差异，可以划分为以下四类：

(1)基于样本的迁移学习[20]，适用于源任务和目标任务的数据分布相似度较高的情况。通过对源任务中样本进行加权选择，经过权重调整后，权重大的重要辅助样本被保留，权重小的辅助样本被淘汰，完成数据筛选后，最终被挑选出的样本数据可以成为目标任务训练样本数据，这类迁移学习的代表性数据转化方法是基于 Boosting 实现权重自动调整的 TraAdaboost 算法[21]。

(2) 基于特征的迁移学习[22]，适用于源任务和目标任务的数据分布相似度不高的情况。通过数据特征变换将源任务和目标任务的数据特征映射到一个新的共同特征空间，然后以使任务之间的数据特征距离最小为目标对映射函数进行调整，最终提高任务之间的数据分布相似度，使得源任务中的标记数据能更好地为目标任务训练提供辅助。现阶段比较成熟的特征映射关系的求解算法是基于带参数的核函数迁移成分分析(transfer component analysis)算法[23]，该算法在减少数据间分布差异性的同时还能保持原始数据的主要特征属性。

(3) 基于参数的迁移学习[24]，也称为基于模型的迁移学习，该方法是目前常用的迁移学习方法，适用于源任务和目标任务共享同一模型的情形。通过迁移源任务模型中学习到的部分底层参数至目标任务，在进行微调后可直接用于目标任务的学习。除此之外，迁移的参数种类还包括源任务的模型结构、先验分布、超参数等。

(4) 基于关系的迁移学习[25]，通过将源任务中挖掘到的数据之间的关系迁移至目标任务中使用，如社会关系等数据之间的联系。关系的抽象程度高，因此任务间的关系映射一直是该方法研究的难点，现阶段常用的方法是基于 Mapping 的迁移。

当下，迁移学习已经在图像识别、文本分类、情感分类等多个领域展现出优异的性能[26]，但在电力系统领域的应用尚处于探索阶段，国内外学者尝试在供需互动、系统的碳能流优化、风险调度等方面[27-29]进行探索，取得了不错的研究成果。

11.2 基于深度确定性策略梯度的微电网优化调度

11.2.1 调度模型

1. 目标函数

本节的微电网包含风力发电、光伏发电、蓄电池、柴油发电机以及负荷元件，同时与大电网相连实现并网运行。风光是可再生能源，发电过程中无须消耗燃料，发电成本可以忽略不计，而柴油发电机的发电过程涉及燃料的使用，会产生相应的燃料费用。当系统自身无法消纳不平衡电能时，需要依赖大电网完成功率平衡，在交互过程中会产生交易费用。因此，目标函数由燃料费用成本以及电网与大电网交互费用两个部分组成，其表达式为

$$\min F=\sum_{t=1}^{T}\left[F_1(t)+F_2(t)\right] \tag{11-9}$$

$$F_1=\sum_{t=1}^{T}\left[a\left(p_t^{\mathrm{die}}\right)^2+bp_t^{\mathrm{die}}+c\right] \tag{11-10}$$

$$F_2=\sum_{t=1}^{T}\left[\beta\alpha_t^{\mathrm{buy}}\lambda P_t^{\mathrm{grid}}\Delta t-(1-\beta)\alpha_t^{\mathrm{sell}}\lambda P_t^{\mathrm{grid}}\Delta t\right] \tag{11-11}$$

式中，P_t^{grid}表示微电网与大电网的交易电量，$P_t^{\text{grid}}>0$表示微电网向大电网购电，此时β=1，$P_t^{\text{grid}}<0$表示微电网向大电网售电，此时β=0；α_t^{buy}和α_t^{sell}分别表示微电网和大电网的购售电价。如式(11-12)所示，微电网与大电网在t时刻的交易电量，取决于t时刻风光分布式电源出力P_t^{pv}和P_t^{wt}、负荷需求P_t^{load}、蓄电池充放电功率P_t^{ess}以及柴油发电机输出功率p_t^{die}：

$$P_t^{\text{grid}}=P_t^{\text{load}}-P_t^{\text{pv}}-P_t^{\text{wt}}+P_t^{\text{ess}}-p_t^{\text{die}} \tag{11-12}$$

因交易电量的计算没有考虑网络损耗，不能反映实际的交易电量，故本节设计了一个折扣系数λ用以表明交易电量期间的网络损耗。

2. 约束条件

(1)储能荷电状态约束。依据蓄电池的物理限制，蓄电池的荷电状态需要控制在自身限制范围内，如果超出限制范围，会发生蓄电池过充或过放的情况，从而对蓄电池造成损伤，缩短蓄电池的使用寿命。t时刻的荷电状态约束满足：

$$\text{SOC}_{\min}\leqslant\text{SOC}_t\leqslant\text{SOC}_{\max} \tag{11-13}$$

式中，$\text{SOC}_{\max}$、$\text{SOC}_{\min}$分别表示蓄电池荷电状态的上限、下限。

(2)充放电功率约束：

$$\begin{cases}0<P_{t-1}^{\text{ess}}<P_{\text{ch.max}}, & P_{t-1}^{\text{ess}}\geqslant 0\\ 0<\left|P_{t-1}^{\text{ess}}\right|<P_{\text{dis.max}}, & P_{t-1}^{\text{ess}}<0\end{cases} \tag{11-14}$$

式中，$P_{\text{ch.max}}$表示蓄电池的最大充电功率；$P_{\text{dis.max}}$表示蓄电池的最大放电功率。

(3)柴油发电机输出功率上限、下限约束满足：

$$p_{\text{die}}^{\min}\leqslant p_{\text{die}}(t)\leqslant p_{\text{die}}^{\max} \tag{11-15}$$

式中，$p_{\text{die}}^{\max}$、$p_{\text{die}}^{\min}$分别表示柴油发电机输出功率的上限、下限。

(4)柴油发电机爬坡约束满足：

$$\Delta p_{\text{die}}^{\min}\leqslant p_t^{\text{die}}-p_{t+1}^{\text{die}}\leqslant\Delta p_{\text{die}}^{\max} \tag{11-16}$$

式中，$\Delta p_{\text{die}}^{\max}$、$\Delta p_{\text{die}}^{\min}$分别表示柴油发电机爬坡功率的上限、下限。

11.2.2 微电网优化调度的强化学习建模

1. 微电网优化调度强化学习模型的建立

依据强化学习的基本理论，微电网优化调度的强化学习模型建立分为状态空间、动作空间和奖励函数三个部分。

1)状态空间

将微电网定义为智能体，微电网的各组成元件共同组成环境，响应智能体的互动，环境提供给智能体的可观测特征信息应包括风力发电机输出功率、光伏发电系统输出功率、负荷需求、储能荷电状态，因此状态空间对应表示为

$$S=\left\{P_{\mathrm{pv}}, P_{\mathrm{wt}}, P_{\mathrm{load}}, \mathrm{SOC}\right\} \tag{11-17}$$

$$\forall s_t \in S,\ S_t=\left[P_{\mathrm{pv}}(t), P_{\mathrm{wt}}(t), P_{\mathrm{load}}(t), \mathrm{SOC}(t)\right] \tag{11-18}$$

式中，$P_{\mathrm{pv}}(t)$ 为光伏发电在 t 时刻的出力，kW；$P_{\mathrm{wt}}(t)$ 为风力发电在 t 时刻的出力，kW；$P_{\mathrm{load}}(t)$ 为负荷在 t 时刻的负荷需求，kW；$\mathrm{SOC}(t)$ 为 t 时刻蓄电池的荷电状态。

2) 动作空间

动作空间由环境中参与优化调度的控制变量定义，包含完成目标任务的各决策变量。本节中参与微电网优化调度的决策变量是柴油发电机输出功率 P_{die} 和蓄电池的充放电功率 P_{ess}，因此动作空间为

$$A=\left\{P_{\mathrm{ess}}, P_{\mathrm{die}}\right\} \tag{11-19}$$

$$\forall a_t \in A,\ a_t=\left[P_{\mathrm{die}}(t), P_{\mathrm{ess}}(t)\right] \tag{11-20}$$

$$P_{\mathrm{die}}(t) \in \left[0, \Delta p_{\mathrm{die}}^{\max}\right] \tag{11-21}$$

$$P_{\mathrm{ess}}(t) \in \left[-P_{\mathrm{dis}}^{\max}, P_{\mathrm{ch}}^{\max}\right] \tag{11-22}$$

式中，$P_{\mathrm{die}}(t)$ 表示柴油发电机在 t 时刻的输出功率，kW；$P_{\mathrm{ess}}(t)$ 表示蓄电池在 t 时刻的充放电功率，kW。

3) 奖励函数

奖励函数是对任务目标的量化，它的有效设定能为智能体的策略提供正确指导，从而使智能体学习到期望策略获得期望目标。在考虑目标函数[$r1_t(a_t)$]的基础上，为保证各元件安全稳定运行的情况下实现微电网运行成本最小，本节进一步考虑了智能体可能做出超越动作空间限制动作的情况，设置了惩罚项[$r2_t(a_t)$]。因此，奖励函数由微电网运行成本和违反蓄电池容量约束条件的惩罚项定义，即

$$r_t(a_t)=r1_t(a_t)+r2_t(a_t) \tag{11-23}$$

$$r1_t(a_t)=\begin{cases}-\alpha_t^{\mathrm{buy}}\lambda P_t^{\mathrm{grid}}\Delta t-a[P_{\mathrm{die}}(t)]^2+bP_{\mathrm{die}}(t)+c, & P_t^{\mathrm{grid}}\geqslant 0\\ \alpha_t^{\mathrm{sell}}\lambda P_t^{\mathrm{grid}}\Delta t-a[P_{\mathrm{die}}(t)]^2+bP_{\mathrm{die}}(t)+c, & P_t^{\mathrm{grid}}<0\end{cases} \tag{11-24}$$

$$r2_t(a_t)=\begin{cases}-k\cdot S_{\mathrm{ess}}(\mathrm{SOC}_{\min}-\mathrm{SOC}_t), & \mathrm{SOC}_t\leqslant \mathrm{SOC}_{\min}\\ -k\cdot S_{\mathrm{ess}}(\mathrm{SOC}_t-\mathrm{SOC}_{\max}), & \mathrm{SOC}_t\geqslant \mathrm{SOC}_{\max}\\ 0, & \text{其他}\end{cases} \tag{11-25}$$

2. 算法流程

基于深度确定性策略梯度的优化调度求解流程如图 11-5 所示。

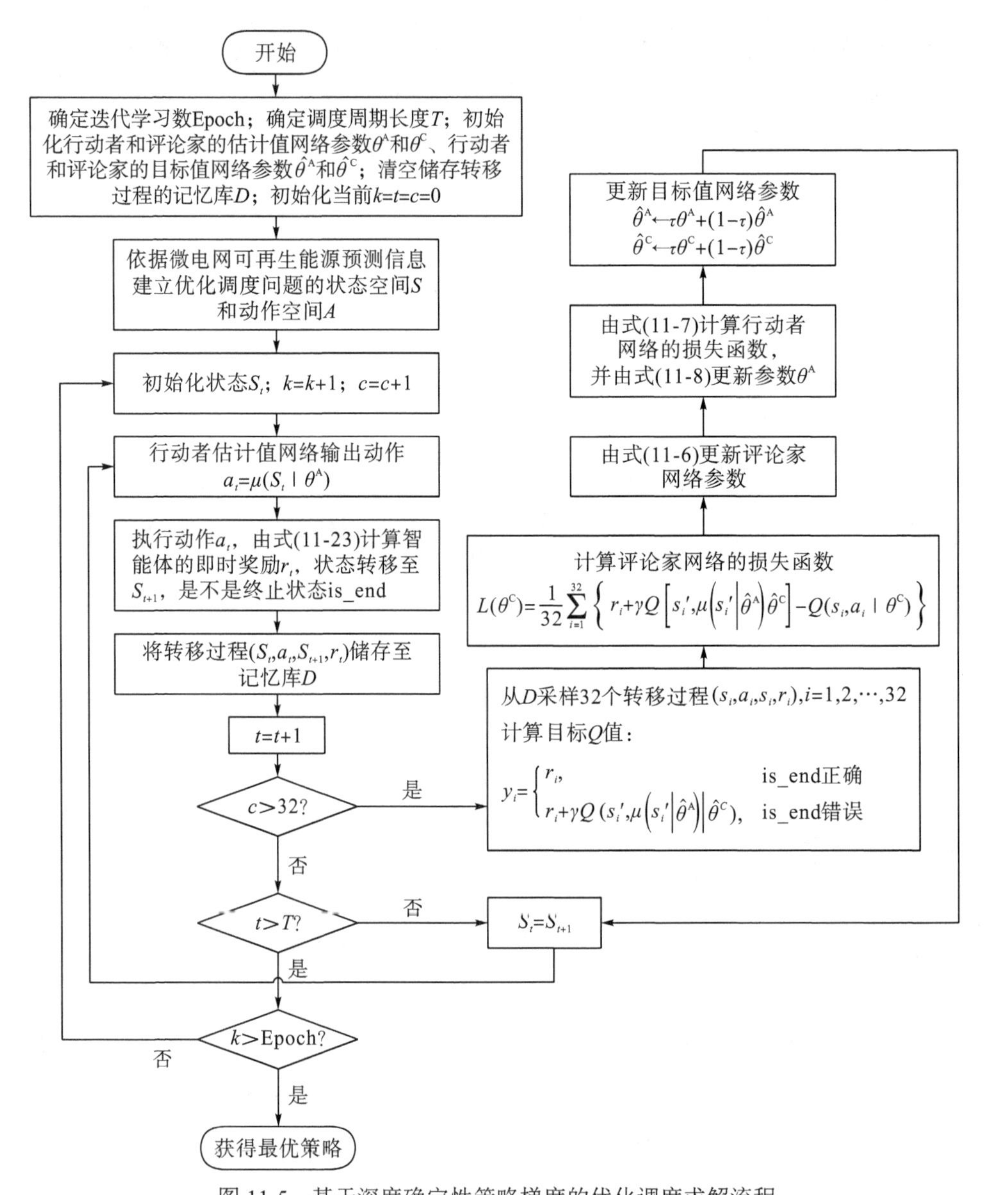

图 11-5 基于深度确定性策略梯度的优化调度求解流程

Epoch 是指学习算法在整个训练数据集中的工作次数，是神经网络中的一个概念

11.2.3 算例分析

1. 算例数据

本节仿真算例的优化调度时间尺度为 1h，一天的优化调度被划分为 24 个时段进行优化。算例中的数据选取自 GitHub(网站名称)项目的辐射强度和用户消耗的预测数据[30]，以及风能数据库项目的风速预测数据，并通过风光数学模型计算得到风光分布式电源的预测输出功率。典型日的微电网风光分布式电源预测出力和负荷预测需求曲线如图 11-6 所示。

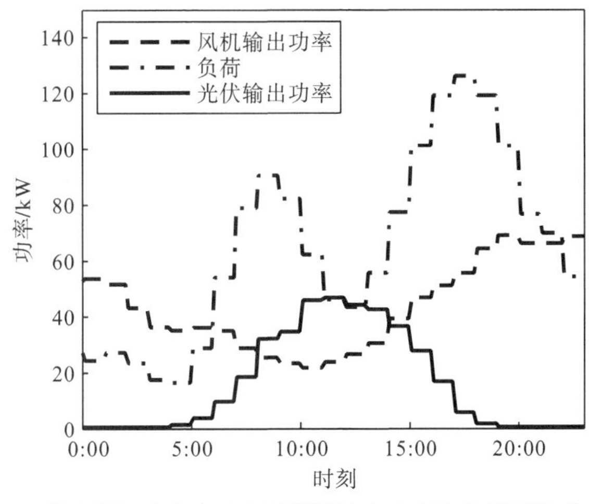

图 11-6　微电网风光分布式电源预测输出功率和负荷预测需求曲线

设蓄电池的容量为 175kW·h，最大充放电功率均为 30kW，初始荷电状态为 0.4，荷电状态的运行范围为 0.1～0.9，充放电效率均为 0.9。柴油发电机不承担主要的供电任务，所以只配置一台，额定功率为 100kW。柴油发电机的输出功率上限和下限设置为 100kW 和 0kW，每小时的爬坡约束上限为 40kW。电价选取的是某市的不分时单一制电价[22]。固定用电电价为 1.1 元/(kW·h)，微电网的上网电价采用补贴后的固定电价 0.85 元/(kW·h)。为了验证本节提出方法处理连续动作空间的有效性，算例将本节所提算法和文献[31]中提出的 DDQN 方法做对比。两种方法智能体的动作空间设定如下：

(1) DDQN，将蓄电池的充放电功率和柴油发电机的输出空间分别离散化为 13 个和 5 个固定动作值，动作空间设定为 $A=\{a_1,a_2,\cdots,a_{13\times5}\}$。

(2) DDPG，动作空间设定为 $A=[[-30,30],[0,40]], a\in A$。

2. 优化结果与分析

基于 DDQN 的微电网优化调度结果如图 11-7 所示，基于 DDPG 的微电网优化调度结果如图 11-8 所示。

DDQN 和 DDPG 在蓄电池荷电状态动作功率，柴油发电机动作功率，与大电网的交易电量等方面的比较如图 11-9 所示。通过比较分析可以得出以下结论：在整个调度周期内，DDPG 中电池的交换功率和柴油发电机的输出更加灵活，DDPG 中微电网和大电网之间的交易电量小于 DDQN。在 0:00～7:00 和 11:00～14:00 时，微电网中可再生能源的实际供应量超过了负荷需求，此时 DDQN 和 DDPG 对柴油发电机没有作用，DDQN 和 DDPG 都通过电池充电吸收了多余的能量。当电池容量达到极限时，有两种方法使电池保持空闲状态。与 DDQN 中的离散动作相比，DDPG 中的动作选择更加灵活，而且 DDPG 的交易能力也低于 DDQN。在 7:00～10:00 和 14:00～0:00 时，微电网的实际可再生能源供应量低于负荷需求，此时 DDQN 和 DDPG 都使用电池和柴油发电机来弥补能源短缺。如图 11-9 所示，与 DDQN 相比，DDPG 的柴油发电机出力以及微电网与大电网的交易电量较小。

综上，DDQN 对动作空间的离散化处理降低了动作选择的灵活性，所以微电网对大电网的依赖性较强，整体性能不如 DDPG。

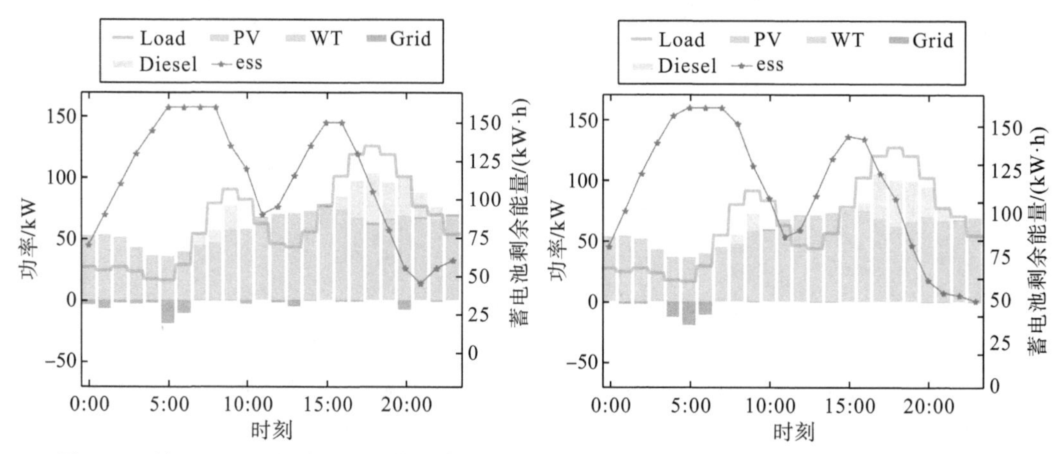

图 11-7 基于 DDQN 的微电网优化调度结果
Load 代表负荷，PV 代表光伏，WT 代表风电，Grid 代表电网，Diesel 代表柴油发电机，ess 代表储能系统

图 11-8 基于 DDPG 的微电网优化调度结果
Load 代表负荷，PV 代表光伏，WT 代表风电，Grid 代表电网，Diesel 代表柴油发电机，ess 代表储能系统

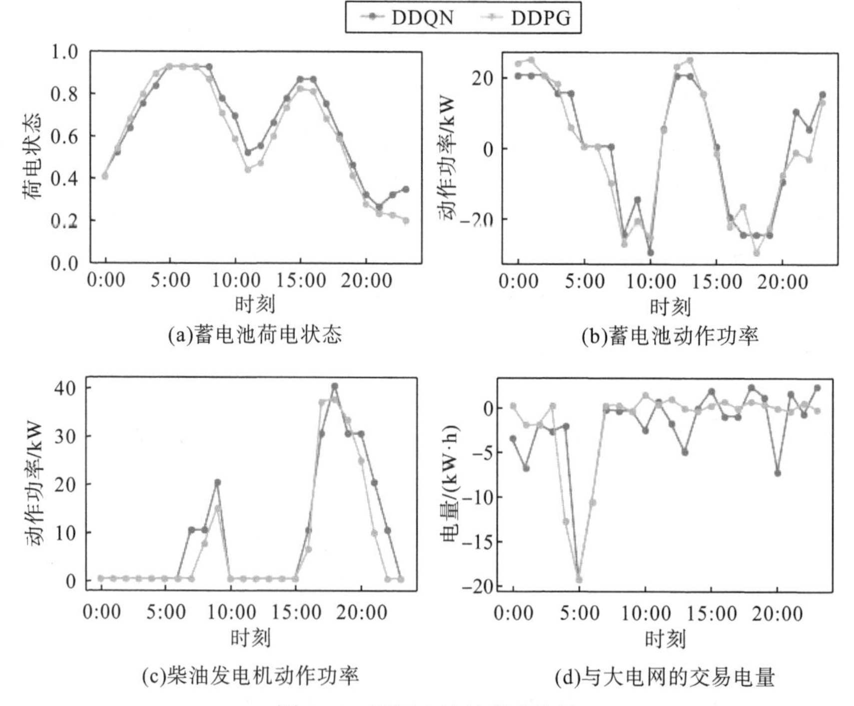

图 11-9 不同方法的策略比较

两种方法的经济与电量指标如表 11-1 所示，从表中可以看出，DDPG 的优化调度策略在微电网运行成本、柴油发电机燃料费用、微电网与大电网交易成本等方面均好于 DDQN。DDPG 的优化调度策略在微电网向大电网购电、售电电量方面均低于 DDQN，这几项指标进一步表明了动作空间离散化处理对动作选择灵活性的影响。

表 11-1　两种方法的经济与电量指标

指标	DDQN	DDPG
微电网运行成本/元	176.26	142.75
柴油发电机燃料费用/元	118.77	95.50
微电网与大电网交易成本/元	57.49	47.25
微电网向大电网购电电量/(kW·h)	8.92	3.014
微电网向大电网售电电量/(kW·h)	68.84	51.06

综上，深度双 Q 网络对动作空间离散化处理不能灵活地匹配供需之间的不平衡功率，而深度确定性策略梯度在设定动作空间时，并未对蓄电池动作空间和柴油发电机动作的连续空间进行离散化处理，使得蓄电池和柴油发电机能够更灵活地匹配可再生能源输出和负荷需求之间的不平衡功率，进而获得运行成本更低、对大电网依赖性更弱的更优调度策略。

11.3　基于深度确定性策略梯度和迁移学习的微电网优化调度

微电网优化调度的本质是在已知风光等分布式电源出力和负荷需求的基础条件下，通过微电网中可控元件和大电网的联合决策，以最优的能量调度策略满足风光等分布式电源出力和负荷需求之间的能量差。风光等分布式电源出力和负荷需求分别受气候和用户行为习惯的影响，而气候的变化和用户的行为习惯又与地理位置相关，虽然两者具有很强的不确定性，但同一地区和相邻地区的气候和用户行为突变概率较小，风光等分布式电源出力和负荷需求具有极高的相似性，因此同一地区相似日及相邻地区微电网的实际供需曲线也具有很强的相似性。本节利用这种相似性，设计如图 11-10 所示的微电网优化调度方法，通过迁移学习实现新旧调度任务之间的调度知识共享，使得在旧任务中学习到的调度知识能被有效利用起来，为新的微电网优化调度任务提供先验知识，提升模型的泛化能力和学习效率。

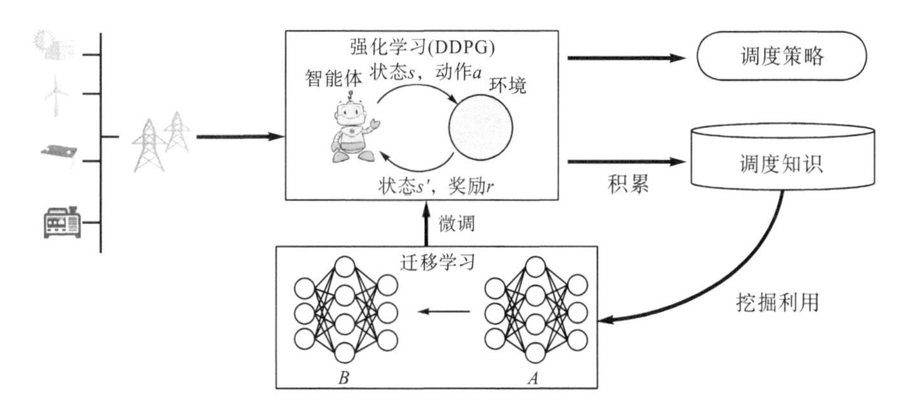

图 11-10　基于深度确定性策略梯度和迁移学习的微电网优化调度

11.3.1 深度确定性策略梯度与迁移学习的结合

在通过深度确定性策略梯度进行知识积累后，可借助迁移学习实现调度知识的迁移。两者的结合能够将调度知识的积累和再利用两个阶段联系起来，既可以提升智能体的初始性能，还能够提升智能体对最优调度策略的学习速度[32]。

两者结合后的基于深度确定性策略梯度和迁移学习的微电网优化调度分为三步：

(1) 调度知识积累。利用深度确定性策略梯度求解某一地区的优化调度策略，并长期收集学习过程中学习到的调度知识，储存在源任务库中。

(2) 调度知识的选取和迁移。依据调度知识迁移规则，从源任务库中选择合适的调度知识迁移至目标任务中。

(3) 调度知识的更新。目标任务中的智能体在拥有先验调度知识的基础上，进行微调获得最佳策略。

11.3.2 知识迁移规则

根据同一地区相似日或相邻地区不同微电网优化调度任务之间的风光等分布式电源出力和负荷需求差值具有相似性这一特性，本节制定了如下调度知识迁移规则：

(1) 选择度量函数。选择合适的相似性度量函数评估源任务和目标任务的相似度。

(2) 计算任务间相似度。根据选择的相似性度量函数，计算目标任务与源任务集中各个源任务的相似度。

(3) 调度知识的迁移。在得到的度量结果中，选出相似度最高的源任务，并把它拥有的调度知识迁移到目标任务中。

微电网的优化调度针对风光等分布式电源出力和用户负荷需求的实际供需电能需求差值对储能充放电功率、柴油发电机的输出功率以及微电网与大电网的交易电量进行优化，以最小的成本实现功率平衡，因此微电网优化调度问题的基础条件是实际供需电能需求。假设源任务集中有 N 个源任务，每个源任务各时刻的实际供需电能需求可表示为

$$P^m(t)=P_{\text{load}}^m(t)-P_{\text{pv}}^m(t)-P_{\text{wt}}^m(t),\quad m=1,\cdots,N \tag{11-26}$$

目标任务各时刻的实际供需电能需求可表示为

$$P^{\text{obj}}(t)=P_{\text{load}}^{\text{obj}}(t)-P_{\text{pv}}^{\text{obj}}(t)-P_{\text{wt}}^{\text{obj}}(t) \tag{11-27}$$

目标任务与任意一个源任务的相似度为

$$r_m=-\sqrt{\sum_{t\in T}[P^{\text{obj}}(t)-P^m(t)]^2} \tag{11-28}$$

11.3.3　算法流程

基于深度确定性策略梯度和迁移学习的优化调度求解流程如图 11-11 所示。

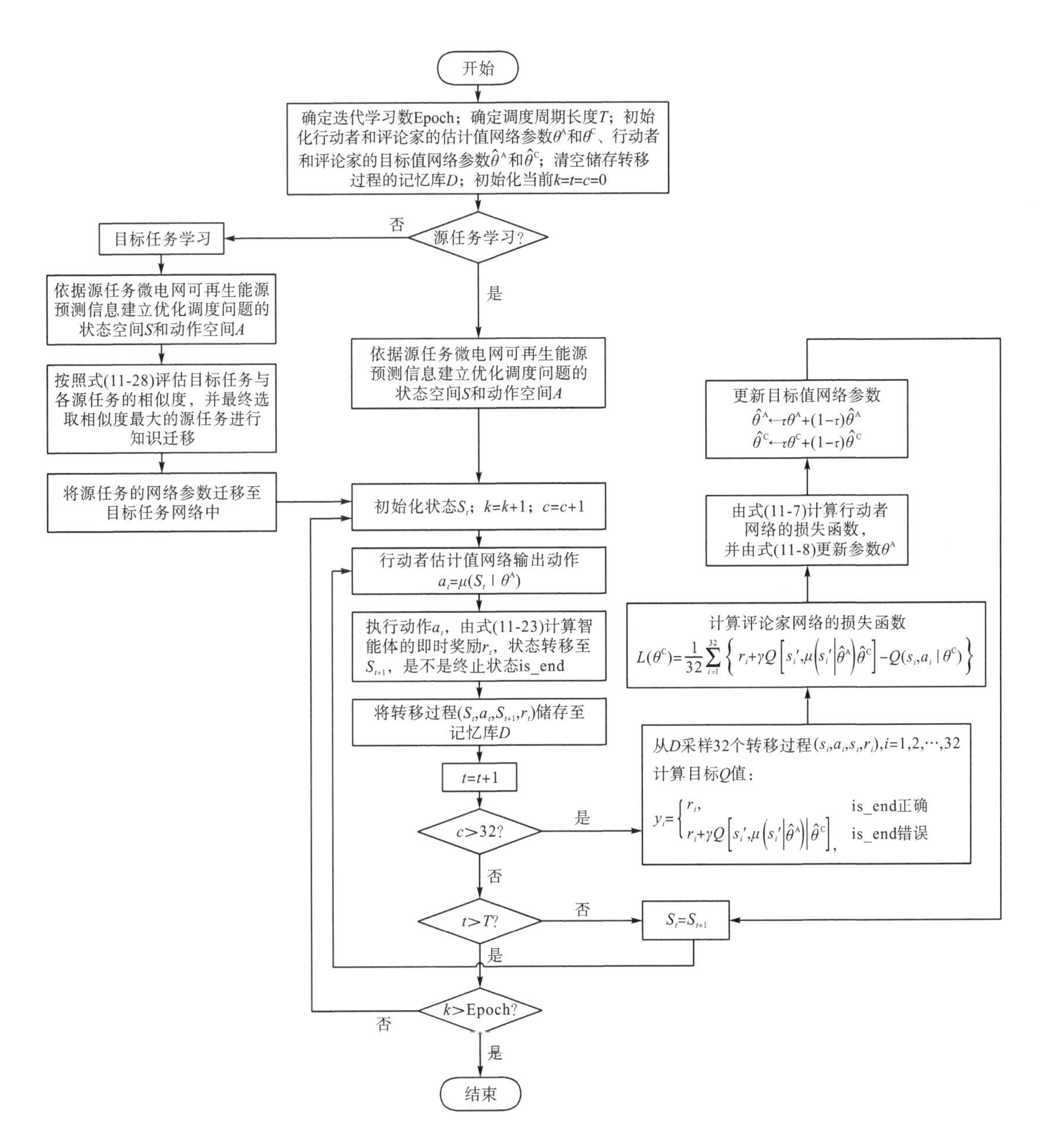

图 11-11　基于深度确定性策略梯度和迁移学习的优化调度求解流程

11.3.4 算例分析

1. 算例数据

为了验证上述所提方法的有效性，本节按照 11.3.3 节中的求解流程进行了仿真实验，完成了源任务和目标任务两个阶段的学习。在源任务学习阶段，针对某一地区的微电网 A 进行了为期一年的调度知识积累。在目标任务学习阶段，选取了与微电网 A 具有相似结构的微电网 B 的典型日的微电网优化调度任务作为目标任务。地区 B 典型日的微电网风光分布式电源预测出力和负荷预测需求曲线如图 11-12 所示。

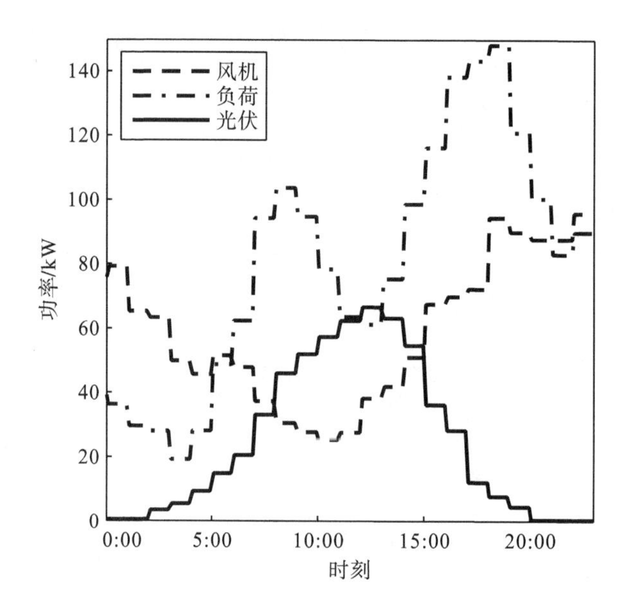

图 11-12 目标任务风光分布式电源预测输出功率和负荷预测需求曲线

按照 11.3.2 中的调度知识迁移规则，计算分析了目标任务和源任务的实际供需电能相似度，选取相似度最高的源任务调度知识进行知识迁移，为目标任务提供先验知识，并从评分收敛性方面同未采用迁移学习的目标任务学习进行了分析。同时为了进一步分析相似度的高低对目标任务学习结果的影响，随机选取了另外两个不同相似度的源任务调度知识让目标任务进行迁移学习，该仿真实验结果如下。

2. 优化结果与分析

目标任务和各个源任务的实际供需电能相似度计算结果如图 11-13 所示，从图中可以看出，目标任务与源任务 330 的相似度最高，故将源任务 330 的调度知识迁移至目标任务。

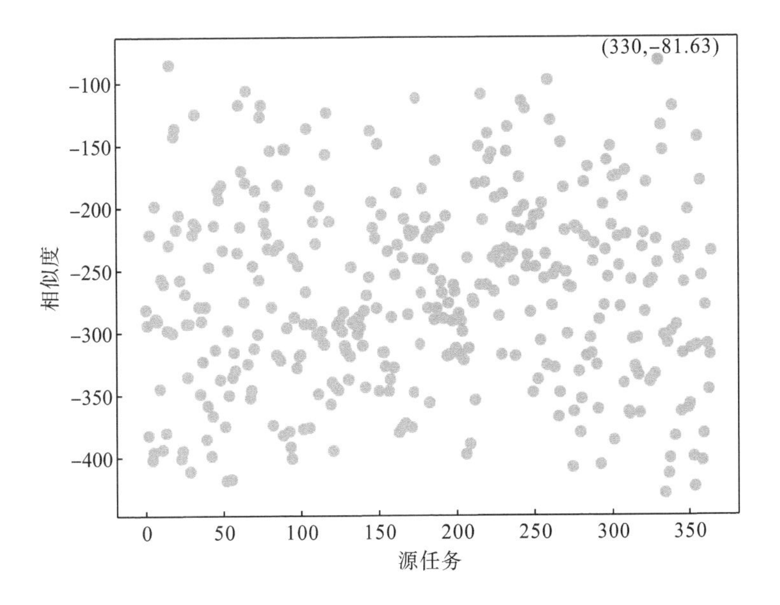

图 11-13　目标任务与各个源任务的实际供需电能相似度

图 11-14 为目标任务微电网的优化调度策略，从图中可以观察到，在调度周期内，当风光分布式电源出力超过负荷需求时，蓄电池在约束范围内尽可能多地充电；当风光分布式电源出力低于负荷需求时，蓄电池放电与柴油发电机配合，以补充实际供需电能需求的短缺量，此外，大电网也被动员起来吸收不平衡的电能。调度策略完全符合实际运行情况，证明了本节提出的基于深度确定性策略梯度和迁移学习的微电网优化调度方法是可行的。

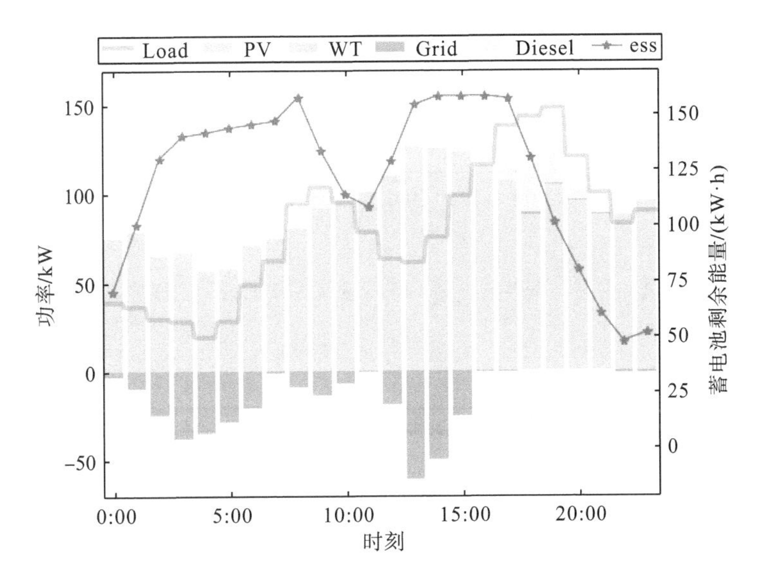

图 11-14　目标任务微电网的优化调度策略

在分析任务间的相似度高低对目标任务智能体迁移学习性能的影响方面，本节以智能体所获评分及收敛速度作为评价指标，在完成对源任务 330 的迁移学习的基础上，还从源任务集中随机选取了两个源任务(源任务 65、源任务 247)的调度知识让目标任务智能体进行迁移学习。图 11-15 为目标任务智能体对不同的源任务调度知识进行迁移学习以及未采用迁移学习的评分曲线。可以观察到，未采用迁移学习时，目标任务智能体迭代学习至 Epoch=505 左右才得到收敛，而当目标任务的智能体对任一源任务调度知识进行迁移学习时，智能体在学习初期就能快速锁定最优策略区间。在经历微调训练后，对相似度最高的源任务 330 进行调度知识迁移的智能体在 Epoch=152 左右时达到收敛，对相似度居中的源任务 65 进行调度知识迁移的智能体的收敛速度相对优势较小，对相似度较小的源任务 247 进行调度知识迁移的智能体的收敛结果具有偏差，得到的调度策略逊于未采用迁移学习的智能体，这是因为源任务与目标任务的相似度较低，源任务提供的先验调度知识的有效性无法保证，不能对目标任务的学习起到正向指导作用。综上，源任务与目标任务之间的相似度和调度知识的正向作用呈正相关，相似度越高，调度知识的正向驱动性越高，目标任务在学习效率方面的提升越快。

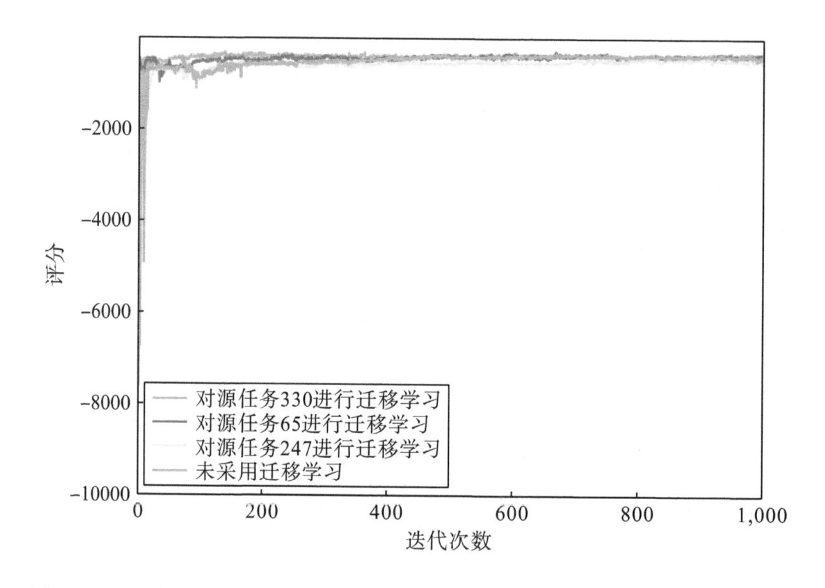

图 11-15 目标任务智能体对不同的源任务调度知识进行迁移学习的评分曲线

11.4 本 章 小 结

本章针对包含风光分布式电源、柴油发电机、蓄电池及负荷的典型并网型微电网系统的优化调度问题展开了关于如何进行知识积累和挖掘利用知识的研究，提出基于强化学习和迁移学习相结合的算法，并进行一系列的仿真实验。经过对实验结果的认真分析比较，本章所提方法被验证是有效且具有优势的。深度确定性策略梯度对连续动作空间的处理能力更好，能够获得更优的调度策略。迁移学习的引入，扩展了积累调度知识的利用渠道，其中，基于任务间实际供需电能需求相似度的调度知识迁移规则，真实量化了不同调度任务之间的相似度，所以基于深度确定性策略梯度和迁移学习的微电网优化调度算法为调度知识的挖掘提供了强有力的技术支撑。

综上，本章研究了基于强化学习的微电网优化调度，同时引入了迁移学习，为人工智能在微电网甚至电力系统中的应用提供了参考思路。

第12章　基于MPC的微电网需求响应研究

风、光等新能源出力具有较大的不确定性，且二者出力具有难以精确预测的特点，使得如何解决微电网中的不确定问题及预测误差问题成为当前优化调度方向的重要研究内容。同时，在当前对需求响应的研究中，研究对象主要为负荷资源，而对其他潜在的需求侧资源研究较少。针对微电网优化调度问题，本章提出考虑广义需求响应的基于模型预测控制(MPC)的微电网日内分层调度方法，通过改进鲸鱼优化算法求解滚动优化模型并通过算例验证本章所提出的模型和算法的有效性。

12.1　MPC基本原理

MPC 的原理可以概述为：对当前时刻预测时域内的开环优化问题进行在线求解，并将求解得到的最优控制序列中的第一个解分量作用于被控对象，该优化过程将在之后的各个时刻滚动进行。

MPC 具有以下特点：①预测模型，根据模型预测未来时域内的动态行为，从而得到先验信息；②滚动优化，可以处理外部干扰、建模误差等引起的不确定性问题，具有较好的鲁棒性；③反馈校正，MPC 在求解过程中只将最优控制序列中的第一个解分量作用于被控对象。综上，对于不确定性因素造成系统控制偏差较大的问题，可以起到削减作用，从而保证系统稳定性。MPC 的基本结构和基本原理分别如图 12-1 和图 12-2 所示。

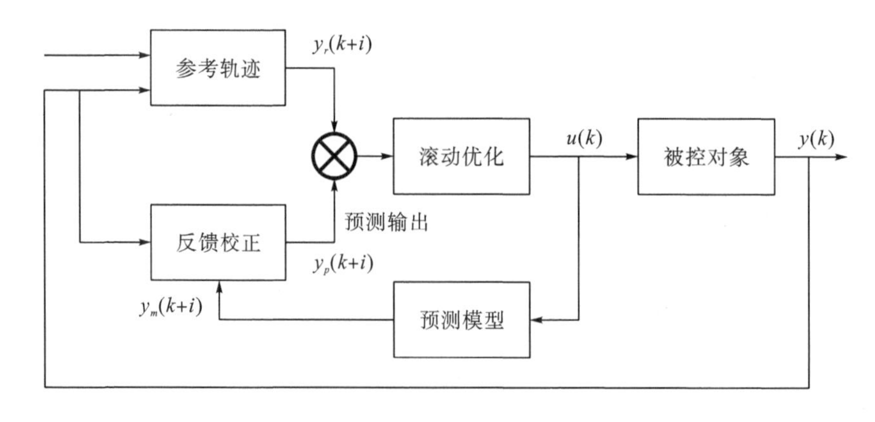

图 12-1　MPC 的基本结构

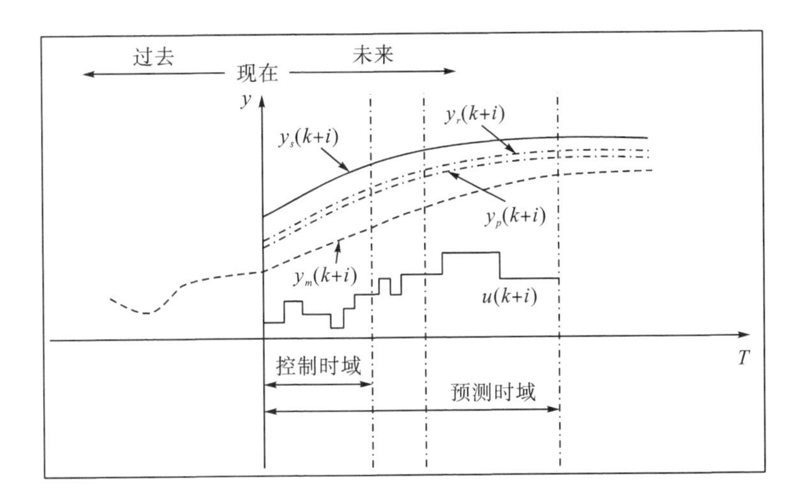

图 12-2　MPC 的基本原理

MPC 的状态空间模型为

$$\begin{cases} x(k+1)=\boldsymbol{A}x(k)+\boldsymbol{B}u(k)+\boldsymbol{D}w(k) \\ y(k)=\boldsymbol{C}x(k) \end{cases} \tag{12-1}$$

式中，$x(k)$ 表示第 k 个时刻被控系统的状态变量；$u(k)$ 表示第 k 个时刻被控系统的控制变量；$w(k)$ 表示第 k 个时刻被控系统存在的扰动变量；$y(k)$ 表示第 k 个时刻被控系统的输出变量；$\boldsymbol{A}$、$\boldsymbol{B}$、$\boldsymbol{C}$、$\boldsymbol{D}$ 分别为对应变量的相关系数矩阵。

根据系统当前状态变量 $x(k)$ 和采集到的未来预测时域 p 内的扰动信息，通过式(12-1)所示的状态空间模型，可以获得未来 $[k+1,k+p]$ 时段内各个时刻系统的输出：

$$\{y_p(k+1|k),y_p(k+2|k),\cdots,y_p(k+p|k)\} \tag{12-2}$$

式中，$(k+p|k)$ 表示基于当前时刻 k 的系统信息对未来 $k+p$ 时刻的预测，p 为预测时域。需要注意的是，在此之前，需要对预测时域内的待求控制量 $U_t=\{u(k|k),u(k+1|k),\cdots,u(k+p-1|k)\}$ 进行求解，其求解依靠于目标函数及约束条件。

目标函数的建立是希望系统未来的输出 $y(\cdot)$ 能够跟踪既定的参考轨迹 $\{r(k+1),r(k+2),\cdots,r(k+p)\}$，即希望系统的预测输出与期望输出间的偏差最小：

$$J[y(k),U_t]=\sum_{i=k+1}^{k+p}[r(i)-y(i|k)]^2 \tag{12-3}$$

为了使系统安全稳定运行，设置相应的运行约束条件：

$$u_{\min}\leqslant u(k+i)\leqslant u_{\max},\quad i\geqslant 0 \tag{12-4}$$

$$x_{\min}\leqslant x(k+i)\leqslant x_{\max},\quad i\geqslant 0 \tag{12-5}$$

通过对式(12-3)～式(12-5)所提出的优化问题进行求解，可以得到基于 k 时刻系统信息未来 p 个时刻的系统控制变量：

$$U_t^*=\{u^*(k|k),u^*(k+1|k),\cdots,u^*(k+p-1|k)\} \tag{12-6}$$

将求解得到的最优控制序列中的第一个解作用于上述控制系统。在下一时刻$k+1$，将根据更新后的最新状态信息对之后的时刻进行优化，从而重复上述过程，即在每个时刻都将进行完整的三个环节。

12.2 改进鲸鱼优化算法

12.2.1 鲸鱼优化算法基本原理

鲸鱼优化算法(whale optimization algorithm，WOA)作为一种效仿座头鲸觅食行为的新型群体智能算法，其思路主要是通过随机给定的一组初始解，根据搜寻猎物、包围捕食和螺旋更新的方式不断地寻找猎物，直到找到猎物，即全局最优解。其捕食策略如图 12-3 所示。

图 12-3 鲸鱼捕食策略图

鲸鱼优化算法主要分三个阶段进行建模，分别为包围捕食阶段、螺旋更新阶段、猎物搜寻阶段，其模型如下：

1. 包围捕食阶段

通过共享猎物位置信息，使鲸鱼群体向距离猎物最近的鲸鱼个体移动，而距离猎物最近的鲸鱼个体再通过随机搜寻的方式更加靠近猎物，从而逐渐收缩包围圈、靠近猎物。

设鲸鱼种群规模为N，搜索空间为d维，第j只鲸鱼个体在第d维空间中的位置向量可以表示为$\boldsymbol{X}_j=(x_j^1,x_j^2,\cdots,x_j^d)$，$j=1,2,\cdots,N$。包围捕食阶段的数学模型为

$$\boldsymbol{D}=\left|C\cdot\boldsymbol{X}_p(k)-\boldsymbol{X}(k)\right| \tag{12-7}$$

$$\boldsymbol{X}(k+1)=\boldsymbol{X}_p(k)-A\cdot\boldsymbol{D} \tag{12-8}$$

式中，k 为当前迭代次数；$\boldsymbol{X}(k)$ 为当前鲸鱼的位置向量；$\boldsymbol{X}_p(k)$ 为当前最优鲸鱼的位置向量；A、C 系数的数学模型可以表示为

$$A=2a\cdot r_1-a \tag{12-9}$$

$$C=2\cdot r_2 \tag{12-10}$$

其中，r_1 和 r_2 为[0,1]区间的随机数；a 为随迭代次数的增加从 2 线性递减到 0 的控制参数，其数学模型表示为

$$a(k)=2-\frac{2k}{\text{Max\_iter}} \tag{12-11}$$

式中，Max_iter 代表最大的迭代次数。

2. 螺旋更新阶段

鲸鱼围绕猎物，不断地螺旋游走、逼近猎物，以此达到最终捕获猎物的目的，其数学模型可以表示为

$$\boldsymbol{X}(k+1)=\boldsymbol{D}\cdot \mathrm{e}^{bl}\cdot\cos(2\pi l)+\boldsymbol{X}_p(k) \tag{12-12}$$

其中，$\boldsymbol{D}$ 与式(12-7)一致；b 为限制对数螺旋形状的常数；l 为[−1,1]区间的随机数。

此外，为了描述鲸鱼包围捕食和螺旋逼近猎物这两种行为，引入参数 p 来判断鲸鱼所采取的位置更新策略，其中，选择两种策略进行位置更新的概率均为 50%，其数学模型可以表示为

$$\boldsymbol{X}(k+1)=\begin{cases}\boldsymbol{X}_p(k)-A\cdot\boldsymbol{D}, & p<0.5\\ \boldsymbol{D}\cdot\mathrm{e}^{bl}\cdot\cos(2\pi l)+\boldsymbol{X}_p(k), & p\geqslant 0.5\end{cases} \tag{12-13}$$

式中，p 为[0,1]区间的随机数。

3. 猎物搜寻阶段

为了提高问题的全局搜索能力，鲸鱼个体需要随机搜索猎物。在此过程中，鲸鱼个体通过 $|\boldsymbol{A}|$ 的值来判断是搜索猎物阶段还是包围捕食阶段，当 $|\boldsymbol{A}|\geqslant 1$ 时，鲸鱼个体在收缩包围圈外，进行随机更新，除此之外，鲸鱼个体在收缩包围圈内，选择螺旋方式进行搜索。猎物搜寻阶段的数学模型可以表示为

$$\boldsymbol{D}=\left|C\cdot\boldsymbol{X}_{\text{rand}}(k)-\boldsymbol{X}(k)\right| \tag{12-14}$$

$$\boldsymbol{X}(k+1)=\boldsymbol{X}_{\text{rand}}(k)-A\cdot\boldsymbol{D} \tag{12-15}$$

式中，$\boldsymbol{X}_{\text{rand}}(k)$ 为当前鲸鱼种群中随机个体的位置向量。

12.2.2　改进鲸鱼优化算法基本原理

本节基于传统鲸鱼优化算法，得出一种改进鲸鱼优化算法(improved WOA，IWOA)，其主要采用准反向学习策略、非线性收敛因子策略、自适应权重策略和随机差分变异策略，

改善基础鲸鱼优化算法在跳出局部最优、平衡全局搜索能力与局部开发能力，以及计算速度等方面存在的缺陷。

1. 初始化种群

为了提高初始种群的多样性，采用准反向学习策略形成鲸鱼种群，将随机初始化种群与准反向学习种群结合成新的种群，再通过适应度函数得到最终优化种群。

与包围捕食阶段(12.2.1 节)假设一致，第 j 只鲸鱼个体在第 d 维空间中的准反向解可以表示为

$$\hat{x}_j^d = \begin{cases} \mathrm{rand}(\mathrm{avg}_j^d, \check{x}_j^d), & x_j^d \leqslant \mathrm{avg}_j^d \\ \mathrm{rand}(\check{x}_j^d, \mathrm{avg}_j^d), & x_j^d > \mathrm{avg}_j^d \end{cases} \tag{12-16}$$

式中，$\mathrm{avg}_j^d = \dfrac{b_j^d + a_j^d}{2}$，$\mathrm{rand}(a,b)$ 为 a、b 间的随机数。

为了得到较好的初始化种群，将随机产生的 N 个初始化个体与准反向学习产生的 N 个初始化个体进行合并形成 $2N$ 个个体，并根据适应度函数进行择优处理，选取种群多样性最大的 N 个个体，保证种群较快收敛到全局最优解，其择优机制的数学模型应满足：

$$\mathrm{fit}(X) > \mathrm{fit}(\check{X})\,? \tag{12-17}$$

式中，fit 表示用于择优机制的适应度函数；X 表示随机产生的个体；$\check{X}$ 表示通过准反向学习策略得到的个体。

2. 包围捕食、螺旋更新、猎物搜寻

在鲸鱼优化算法中，平衡全局搜索能力与局部开发能力主要依靠参数 $|\boldsymbol{A}|$，而参数 $|\boldsymbol{A}|$ 依赖于收敛因子 a，但线性变化的收敛因子不能很好地平衡全局搜索能力与局部开发能力，因此本节在改进鲸鱼优化算法中采用非线性收敛因子策略。

鲸鱼优化算法容易在后期陷入局部最优，出现早熟收敛的现象，而权重因子是解决此问题的关键。在鲸鱼优化算法中，参数 $\boldsymbol{A}$ 不具备提高收敛速度的功能，因此可以引入自适应权重来提高收敛速度。

在包围捕食阶段，将当前最优鲸鱼个体看作猎物，其他鲸鱼个体均向最优鲸鱼个体逼近，其数学模型为

$$\boldsymbol{D} = \left| C \cdot \boldsymbol{X}_p(k) - \boldsymbol{X}(k) \right| \tag{12-18}$$

$$\boldsymbol{X}(k+1) = \omega \cdot \boldsymbol{X}_p(k) - A \cdot \boldsymbol{D} \tag{12-19}$$

式中，k 为当前迭代次数；$\boldsymbol{X}(k)$ 为当前鲸鱼个体的位置向量；$\boldsymbol{X}_p(k)$ 为当前最优鲸鱼个体的位置向量；ω 为自适应权重系数；ω、A 和 C 的数学模型可以描述为

$$\omega = 1 - \frac{\mathrm{e}^{\frac{k}{\mathrm{Max\_iter}}} - 1}{\mathrm{e} - 1} \tag{12-20}$$

$$A = 2a \cdot r_1 - a \tag{12-21}$$

$$C = 2 \cdot r_2 \tag{12-22}$$

式中，r_1 和 r_2 为[0,1]区间的随机数；Max_iter 为最大迭代次数；a 为非线性收敛因子，其数学模型可以表示为

$$a = 2 - 2\sin\left(\mu \frac{k}{\text{Max\_iter}} \pi + \varphi\right) \tag{12-23}$$

式中，$\mu = \frac{1}{2}$，$\varphi = 0$。

在螺旋更新阶段，鲸鱼个体在游走逼近猎物时需先计算出与猎物间的距离，然后以螺旋方式更新其位置，则相应的数学模型可以表示为

$$\boldsymbol{X}(k+1) = \boldsymbol{D} \cdot \mathrm{e}^{bl} \cdot \cos(2\pi l) + \omega \cdot \boldsymbol{X}_p(k) \tag{12-24}$$

式中，$\boldsymbol{D}$ 与式(12-18)一致；参数 b 用于定义对数螺旋形状；l 为[−1,1]区间的随机数。

为了描述鲸鱼个体包围捕食和螺旋逼近猎物同步进行的行为，采用概率 p 来决定鲸鱼个体所采取的位置更新方式，该同步行为的数学模型可以表示为

$$\boldsymbol{X}(k+1) = \begin{cases} \omega \cdot \boldsymbol{X}_p(k) - A \cdot \boldsymbol{D}, & p < 0.5 \\ \boldsymbol{D} \cdot \mathrm{e}^{bl} \cdot \cos(2\pi l) + \omega \cdot \boldsymbol{X}_p(k), & p \geqslant 0.5 \end{cases} \tag{12-25}$$

式中，p 为[0,1]区间的随机数。

在搜寻猎物阶段，鲸鱼个体通过 $|A|$ 的值来决定是搜索猎物策略还是包围捕食策略，当 $|A| \geqslant 1$ 时，鲸鱼个体需采取随机方式尝试搜寻猎物的位置信息，其数学模型为

$$\boldsymbol{D} = \left| C \cdot \boldsymbol{X}_{\text{rand}}(k) - \boldsymbol{X}(k) \right| \tag{12-26}$$

$$\boldsymbol{X}(k+1) = \boldsymbol{X}_{\text{rand}}(k) - A \cdot \boldsymbol{D} \tag{12-27}$$

式中，$\boldsymbol{X}_{\text{rand}}(k)$ 代表从当前鲸鱼种群中随机抽取个体的位置向量。

3. 随机差分变异

在鲸鱼优化算法中，随着迭代次数的增加，若 $\boldsymbol{X}_p(k)$ 是局部最优解，将导致鲸鱼种群向局部最优解靠近，从而造成早熟收敛的问题，而随机差分变异策略是解决该问题的有效方法，其数学模型可以表示为

$$\boldsymbol{X}(k+1) = \boldsymbol{X}_p(k) + r_3 \times [\boldsymbol{X}_p(k) - \boldsymbol{X}(k)] + r_4 \times [\boldsymbol{X}'(k) - \boldsymbol{X}(k)] \tag{12-28}$$

式中，$\boldsymbol{X}'(k)$ 表示鲸鱼种群中随机选取的个体；r_3 和 r_4 表示[0,1]区间的随机数。

改进鲸鱼优化算法的整体流程如图 12-4 所示。

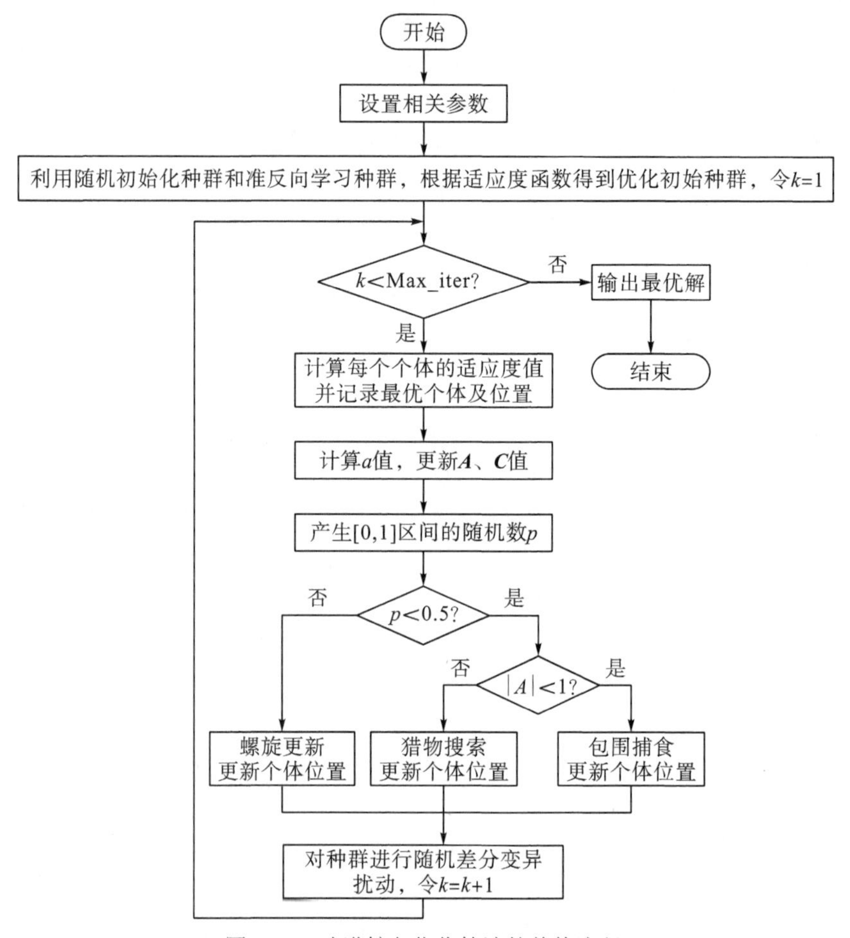

图 12-4　改进鲸鱼优化算法的整体流程

12.3　考虑广义需求响应的微电网日内分层调度研究

由于目前微电网优化调度单一地对需求侧负荷进行调度，未充分考虑其他需求侧资源的价值，使得基于传统型需求响应的系统只具备了传统负荷资源的时变性、分散性，未建立起电源-负荷-储能三者之间的联系。利用广义需求响应将对能源利用率、现有需求响应的维度和弹性产生有利影响，且能够实现微电网与大电网间的互动以及系统中的供需平衡[33-36]。因此，本节对考虑广义需求响应的微电网日内分层调度进行分层研究[37]。

12.3.1　考虑广义需求响应的微电网分层模型

1. 目标函数

(1) 在日内优化层，需从大电网获得下发的购/售电价格和需求响应补偿价格，以综合成本最低为目标，其中，综合成本包含运行成本以及参与需求响应的收益。目标函数表示如下：

$$\min f=\sum_{t=1}^{N^U}[C_{\mathrm{OP}}(t)-R_{\mathrm{DR}}(t)] \tag{12-29}$$

$$C_{\mathrm{OP}}(t)=C^{\mathrm{bat}}(t)+C^{\mathrm{g}}(t)-C^{\mathrm{ex}}(t) \tag{12-30}$$

$$R_{\mathrm{DR}}(t)=C_{\mathrm{up}}[r_{\mathrm{g}}^{\mathrm{up}}(t)+r_{\mathrm{bat}}^{\mathrm{up}}(t)]+C_{\mathrm{dn}}[r_{\mathrm{g}}^{\mathrm{dn}}(t)+r_{\mathrm{bat}}^{\mathrm{dn}}(t)] \tag{12-31}$$

$$C^{\mathrm{bat}}(t)=a_t^{\mathrm{ch}}[P^{\mathrm{ch}}(t)]^2+b_t^{\mathrm{ch}}[P^{\mathrm{ch}}(t)]+c_t^{\mathrm{ch}}+a_t^{\mathrm{dis}}[P^{\mathrm{dis}}(t)]^2+b_t^{\mathrm{dis}}[P^{\mathrm{dis}}(t)]+c_t^{\mathrm{dis}} \tag{12-32}$$

$$C^{\mathrm{g}}(t)=a_t^{\mathrm{g}}[P^{\mathrm{g}}(t)]^2+b_t^{\mathrm{g}}[P^{\mathrm{g}}(t)]+c_t^{\mathrm{g}} \tag{12-33}$$

$$C^{\mathrm{ex}}(t)=b_t^{\mathrm{ex}}[P^{\mathrm{ex}}(t)] \tag{12-34}$$

式中，$C_{\mathrm{OP}}(t)$ 为 t 时刻的微电网运行成本；$R_{\mathrm{DR}}(t)$ 为 t 时刻微电网参与需求响应所获收益；N^U 为优化层的预测时域；$C^{\mathrm{bat}}(t)$ 为储能系统充放电成本；$C^{\mathrm{g}}(t)$ 为柴油发电机燃料成本；$C^{\mathrm{ex}}(t)$ 为与大电网交互功率的成本；C_{up} 和 C_{dn} 为微电网参与大电网调度所获得的潜在收益；$r_{\mathrm{g}}^{\mathrm{up}}(t)$ 和 $r_{\mathrm{g}}^{\mathrm{dn}}(t)$ 为柴油发电机在 t 时刻可供给的上行和下行可调容量；$r_{\mathrm{bat}}^{\mathrm{up}}(t)$ 和 $r_{\mathrm{bat}}^{\mathrm{dn}}(t)$ 为储能系统在 t 时刻可供给的上行和下行可调容量；$P^{\mathrm{ch}}(t)$ 和 $P^{\mathrm{dis}}(t)$ 为储能单元在 t 时刻的充电功率和放电功率；a_t^{ch} 和 a_t^{dis}、b_t^{ch} 和 b_t^{dis}、c_t^{ch} 和 c_t^{dis} 分别为储能系统充、放电成本的一次项系数、二次项系数和常数项系数；$P^{\mathrm{g}}(t)$ 为柴油发电机在 t 时刻的输出功率；a_t^{g}、b_t^{g} 和 c_t^{g} 分别为柴油发电机燃料成本的一次项系数、二次项系数和常数项系数；$P^{\mathrm{ex}}(t)$ 为微电网与大电网在 t 时刻的交互功率；b_t^{ex} 为与大电网功率交互的成本价格。

(2) 在日内修正层，需考虑对应预测时域内的风电、光伏预测数据以及负荷需求数据，建立以交换功率和储能 SOC 为计划值的跟踪目标，优化得到预测时域内的可控机组修正计划和微电网可调容量范围，从而上报大电网参与需求响应。具体的目标函数为

$$\min J=\sum_{i_2=1}^{N^L}\left\|Y(t+i_2\,|\,t)-Y_{\mathrm{ref}}(t+i_2)\right\|^2 Q+\left\|P^L(t+i_2\,|\,t)-P_{\mathrm{ref}}(t+i_2)\right\|^2 W \tag{12-35}$$

$$Y(t+i_2\,|\,t)=\left[P^{\mathrm{ex},L}(t+i_2\,|\,t),S_{\mathrm{bat}}^L(t+i_2\,|\,t)\right] \tag{12-36}$$

$$P^L(t+i_2\,|\,t)=\left[P^{\mathrm{g},L}(t+i_2\,|\,t),P_{\mathrm{bat}}^L(t+i_2\,|\,t)\right] \tag{12-37}$$

式中，$Y_{\mathrm{ref}}(t+i_2)$ 和 $P_{\mathrm{ref}}(t+i_2)$ 分别为 $t+i_2$ 时刻优化层所提供的输出变量参考值和控制变量参考值；输出变量 $Y(t+i_2\,|\,t)$ 由与大电网的交互功率和储能 SOC 组成；控制变量 $P^L(t+i_2\,|\,t)$ 由柴油发电机出力和储能系统充放电功率组成；Q 和 W 为目标函数中对应变量的偏差权重系数；N^L 为日内修正层预测时域。

2. 约束条件

1) 日内优化层

(1) 功率平衡约束：

$$P^{\mathrm{g}}(t)+P^{\mathrm{w}}(t)+P^{\mathrm{p}}(t)+P^{\mathrm{dis}}(t)-P^{\mathrm{ch}}(t)-P^{\mathrm{ex}}(t)=P^{\mathrm{l}}(t) \tag{12-38}$$

式中，$P^{\mathrm{w}}(t)$ 和 $P^{\mathrm{p}}(t)$ 分别为风电和光伏在 t 时刻的出力；$P^{\mathrm{l}}(t)$ 为系统在 t 时刻的负荷需求。

(2) 与大电网交互功率上下限约束：

$$P^{\text{ex,min}} \leqslant P^{\text{ex}}(t) \leqslant P^{\text{ex,max}} \tag{12-39}$$

式中，$P^{\text{ex,min}}$ 和 $P^{\text{ex,max}}$ 分别为微电网与大电网交互功率的下限和上限。

(3) 柴油发电机输出功率上下限约束及爬坡约束满足：

$$P^{\text{g,min}} \leqslant P^{\text{g}}(t) \leqslant P^{\text{g,max}} \tag{12-40}$$

$$\Delta P^{\text{g,min}} \leqslant P^{\text{g}}(t) - P^{\text{g}}(t-1) \leqslant \Delta P^{\text{g,max}} \tag{12-41}$$

式中，$P^{\text{g,min}}$ 和 $P^{\text{g,max}}$ 分别为柴油发电机出力的下限和上限；$\Delta P^{\text{g,min}}$ 和 $\Delta P^{\text{g,max}}$ 分别为柴油发电机爬坡功率的下限和上限。

(4) 柴油发电机可调容量约束满足：

$$\begin{cases} r_{\text{g}}^{\text{up}}(t) \leqslant \min\left\{P^{\text{g,max}} - P^{\text{g}}(t), \Delta P^{\text{g,max}}\right\} \\ r_{\text{g}}^{\text{dn}}(t) \leqslant \min\left\{P^{\text{g}}(t) - P^{\text{g,min}}, -\Delta P^{\text{g,min}}\right\} \end{cases} \tag{12-42}$$

(5) 储能系统相关约束满足：

$$\begin{cases} S_{\text{bat}}(t) = (1-\sigma)S_{\text{bat}}(t-1) + \eta_{\text{c}} \dfrac{P^{\text{ch}}(t)\Delta t_1}{E_{\text{bat}}} \\ S_{\text{bat}}(t) = (1-\sigma)S_{\text{bat}}(t-1) - \dfrac{P^{\text{dis}}(t)\Delta t_1}{E_{\text{bat}}\eta_{\text{d}}} \end{cases} \tag{12-43}$$

$$\begin{cases} 0 \leqslant P^{\text{ch}}(t) \leqslant P_t^{\text{ch,max}} \\ 0 \leqslant P^{\text{dis}}(t) \leqslant P_t^{\text{dis,max}} \\ P^{\text{ch}}(t) \cdot P^{\text{dis}}(t) = 0 \end{cases} \tag{12-44}$$

式中，$S_{\text{bat}}(t)$ 为 t 时刻储能系统的荷电状态；σ 为储能系统自放电率；η_{c} 为储能系统充电效率；η_{d} 为储能系统放电效率；E_{bat} 为储能系统的总容量；Δt_1 为优化层调度时间周期；$P_t^{\text{ch,max}}$ 和 $P_t^{\text{dis,max}}$ 分别为储能系统充电功率和放电功率的最大值。

(6) 储能系统可调容量约束满足：

$$\begin{cases} r_{\text{bat}}^{\text{up}}(t) + P^{\text{dis}}(t) - P^{\text{ch}}(t) \leqslant P_t^{\text{dis,max}} \\ r_{\text{bat}}^{\text{dn}}(t) + P^{\text{ch}}(t) - P^{\text{dis}}(t) \leqslant P_t^{\text{ch,max}} \end{cases} \tag{12-45}$$

(7) 储能系统 SOC 上下限约束满足：

$$S_{\text{bat}}^{\min} \leqslant S_{\text{bat}}(t) \leqslant S_{\text{bat}}^{\max} \tag{12-46}$$

式中，$S_{\text{bat}}^{\min}$ 和 $S_{\text{bat}}^{\max}$ 分别为储能系统 SOC 的下限和上限。

2) 日内修正层

(1) 功率平衡约束满足：

$$P^{\text{g},L}(t) + P^{\text{w},L}(t) + P^{\text{p},L}(t) + P^{\text{dis},L}(t) - P^{\text{ch},L}(t) - P^{\text{ex},L}(t) = P^{\text{l},L}(t) \tag{12-47}$$

式中，$P^{\text{w},L}(t)$ 和 $P^{\text{p},L}(t)$ 分别为超短期时间窗内风电和光伏在 t 时刻的输出功率；$P^{\text{l},L}(t)$ 为超短期时间窗内系统在 t 时刻的负荷需求；$P^{\text{g},L}(t)$ 为日内修正层中柴油发电机在 t 时刻的输出功率；$P^{\text{ch},L}(t)$ 和 $P^{\text{dis},L}(t)$ 分别为日内修正层中储能系统在 t 时刻的充电功率和放电功率；$P^{\text{ex},L}(t)$ 为日内修正层中与大电网在 t 时刻的交互功率。

(2) 与大电网交互功率上下限约束满足：

$$P^{\mathrm{ex,min}} \leqslant P^{\mathrm{ex},L}(t) \leqslant P^{\mathrm{ex,max}} \tag{12-48}$$

(3)柴油发电机输出功率上下限约束及爬坡约束满足：

$$P^{\mathrm{g,min}} \leqslant P^{\mathrm{g},L}(t) \leqslant P^{\mathrm{g,max}} \tag{12-49}$$

$$\Delta P^{\mathrm{g,min}} \leqslant P^{\mathrm{g},L}(t) - P^{\mathrm{g},L}(t-1) \leqslant \Delta P^{\mathrm{g,max}} \tag{12-50}$$

(4)储能系统相关约束满足：

$$\begin{cases} S_{\mathrm{bat}}^{L}(t) = (1-\sigma)S_{\mathrm{bat}}^{L}(t-1) + \eta_{\mathrm{c}} \dfrac{P^{\mathrm{ch},L}(t)\Delta t_2}{E_{\mathrm{bat}}} \\ S_{\mathrm{bat}}^{L}(t) = (1-\sigma)S_{\mathrm{bat}}^{L}(t-1) - \dfrac{P^{\mathrm{dis},L}(t)\Delta t_2}{E_{\mathrm{bat}}\eta_{\mathrm{d}}} \end{cases} \tag{12-51}$$

$$\begin{cases} 0 \leqslant P^{\mathrm{ch},L}(t) \leqslant P_t^{\mathrm{ch,max}} \\ 0 \leqslant P^{\mathrm{dis},L}(t) \leqslant P_t^{\mathrm{dis,max}} \\ P^{\mathrm{ch},L}(t) \cdot P^{\mathrm{dis},L}(t) = 0 \end{cases} \tag{12-52}$$

式中，Δt_2 为日内修正层调度时间周期。

(5)储能系统SOC上下限约束满足：

$$S_{\mathrm{bat}}^{\min} \leqslant S_{\mathrm{bat}}^{L}(t) \leqslant S_{\mathrm{bat}}^{\max} \tag{12-53}$$

(6)可调容量约束：

$$\begin{cases} \sum\limits_{i_2=1}^{N^L} r^{\mathrm{up}}(t+i_2 \mid t) \geqslant \alpha \sum\limits_{i_2=1}^{N^L} r_{\mathrm{ref}}^{\mathrm{up}}(t+i_2) \\ \sum\limits_{i_2=1}^{N^L} r^{\mathrm{dn}}(t+i_2 \mid t) \geqslant \alpha \sum\limits_{i_2=1}^{N^L} r_{\mathrm{ref}}^{\mathrm{dn}}(t+i_2) \\ r^{\mathrm{up}}(t+i_2 \mid t) = \min\left\{ \left\| P^{\mathrm{max},L} - P^{L}(t+i_2 \mid t) \right\|_1, \left\| \Delta U^{\mathrm{max},L} - \Delta U^{L}(t+i_2 \mid t) \right\|_1 \right\} \\ r^{\mathrm{dn}}(t+i_2 \mid t) = \min\left\{ \left\| P^{L}(t+i_2 \mid t) - P^{\mathrm{min},L} \right\|_1, \left\| \Delta U^{L}(t+i_2 \mid t) - \Delta U^{\mathrm{min},L} \right\|_1 \right\} \end{cases} \tag{12-54}$$

式中，$r^{\mathrm{up}}(t+i_2 \mid t)$ 和 $r^{\mathrm{dn}}(t+i_2 \mid t)$ 分别为 t 时刻预测得到未来 $t+i_2$ 时刻的上行和下行可调容量；$r_{\mathrm{ref}}^{\mathrm{up}}(t+i_2)$ 和 $r_{\mathrm{ref}}^{\mathrm{dn}}(t+i_2)$ 分别为优化层提供的 $t+i_2$ 时刻的上行和下行可调容量参考值；$\Delta U^{L}(t+i_2 \mid t)$ 为 t 时刻预测得到 $\left(t+\left(i_2-1\right), t+i_2\right]$ 时段的有功出力增量；α 为可调容量比例因子；$\|\cdot\|_1$ 为L1范数。其中，$P^{\mathrm{max},L} = \left[P^{\mathrm{g,max}}, P_{\mathrm{bat}}^{L,\mathrm{max}}\right]$；$P^{\mathrm{min},L} = \left[P^{\mathrm{g,min}}, P_{\mathrm{bat}}^{L,\mathrm{min}}\right]$；$\Delta U^{\mathrm{max},L} = \left[\Delta P^{\mathrm{g,max}}, \Delta P_{\mathrm{bat}}^{\mathrm{max}}\right]$；$\Delta U^{\mathrm{min},L} = \left[\Delta P^{\mathrm{g,min}}, \Delta P_{\mathrm{bat}}^{\mathrm{min}}\right]$。

12.3.2　考虑广义需求响应的日内分层调度

1. 考虑广义需求响应的日内分层调度方法

在日内优化层中，采用长时间尺度模型，基于风电、光伏出力以及负荷需求的15min预测数据，以最小化综合成本为目标，合理配置柴油发电机输出功率、储能系统充放电功率和与大电网交互功率，并得到微电网参与大电网需求响应的计划可调容量，而优化层的调度结果以及计划可调容量将作为下一级修正层的计划跟踪点来执行。其数学模型如下：

$$\begin{aligned}P(t+1)&=aP(t)+[P^{\mathrm{w}}(t)+P^{\mathrm{p}}(t)+P^{\mathrm{g}}(t)-P^{\mathrm{ex}}(t)-P^{\mathrm{l}}(t)]\Delta t_1\\&=aP(t)+\begin{bmatrix}\Delta t_1 & \Delta t_1\end{bmatrix}\begin{bmatrix}P^{\mathrm{g}}(t) & -P^{\mathrm{ex}}(t)\end{bmatrix}^{\mathrm{T}}+\begin{bmatrix}\Delta t_1 & \Delta t_1 & \Delta t_1\end{bmatrix}\begin{bmatrix}P^{\mathrm{w}}(t) & P^{\mathrm{p}}(t) & -P^{\mathrm{l}}(t)\end{bmatrix}^{\mathrm{T}}\end{aligned} \tag{12-55}$$

式中，a 为储能系统剩余能量自损耗系数；Δt_1 为日内优化层时间间隔。

在日内修正层中，采用短时间尺度模型，读取风电、光伏以及负荷的 5min 预测数据。具体优化过程为：通过风电、光伏出力以及负荷需求的 5min 预测数据，建立以交换功率和储能 SOC 为计划值的跟踪目标，求解超短期时间窗内的可控机组修正计划和微电网可调容量范围，从而上报大电网参与需求响应。具体数学模型如下：

$$\begin{aligned}P^L(t+i_2\,|\,t)&=P_0^L(t)+\sum_{k=1}^{i_2}\Delta U^L(t+k\,|\,t)\\&=\left[P_0^{\mathrm{g},L}(t),P_{\mathrm{bat}0}^L(t)\right]+\sum_{k=1}^{i_2}\left[\Delta P^{\mathrm{g},L}(t+k\,|\,t),\Delta P_{\mathrm{bat}}^L(t+k\,|\,t)\right]\end{aligned} \tag{12-56}$$

式中，$P_0^L(t)$ 为可控机组输出功率的初始值，其中包含柴油发电机输出功率初始值 $P_0^{\mathrm{g},L}(t)$ 和储能系统输出功率初始值 $P_{\mathrm{bat}0}^L(t)$；$\Delta U^L(t+k\,|\,t)$ 为 t 时刻预测得到的 $\left[t+(k-1),t+k\right]$ 时段内的有功功率增量，其中包括柴油发电机有功功率增量 $\Delta P^{\mathrm{g},L}(t+k\,|\,t)$ 和储能系统有功功率增量 $\Delta P_{\mathrm{bat}}^L(t+k\,|\,t)$；$i_2=1,2,\cdots,N^L$。

选取交互功率和储能 SOC 作为系统的输出变量 $Y(t+i_2\,|\,t)$，并根据功率平衡方程和储能 SOC 迭代方程得到输出变量的预测值，具体数学模型可以表示为

$$\begin{aligned}S_{\mathrm{bat}}^L(t+i_2\,|\,t)=&(1-\sigma)S_{\mathrm{bat}}^L(t+i_2-1\,|\,t)\\&-\frac{\Delta t_2}{E_{\mathrm{bat}}}[P_{\mathrm{bat}}^L(t+i_2-1\,|\,t)+\Delta P_{\mathrm{bat}}^L(t+i_2\,|\,t)]\end{aligned} \tag{12-57}$$

$$P^{\mathrm{ex},L}(t+i_2\,|\,t)=\begin{bmatrix}1 & 1 & -1\end{bmatrix}\begin{bmatrix}P^{\mathrm{g},L}(t+i_2\,|\,t)\\P^{\mathrm{dis},L}(t+i_2\,|\,t)\\P^{\mathrm{ch},L}(t+i_2\,|\,t)\end{bmatrix}+\begin{bmatrix}1 & 1 & -1\end{bmatrix}\begin{bmatrix}P^{\mathrm{w},L}(t+i_2)\\P^{\mathrm{p},L}(t+i_2)\\P^{\mathrm{l},L}(t+i_2)\end{bmatrix} \tag{12-58}$$

式中，$P^{\mathrm{w},L}(t+i_2)$ 和 $P^{\mathrm{p},L}(t+i_2)$ 分别为风电和光伏在 $t+i_2$ 时刻的预测输出功率；$P^{\mathrm{l},L}(t+i_2)$ 是在 $t+i_2$ 时刻的负荷需求预测功率；$P^{\mathrm{ex},L}(t+i_2\,|\,t)$、$P^{\mathrm{g},L}(t+i_2\,|\,t)$、$P^{\mathrm{ch},L}(t+i_2\,|\,t)$、$P^{\mathrm{dis},L}(t+i_2\,|\,t)$ 为 t 时刻预测得到 $t+i_2$ 时刻的交互功率、柴油发电机输出功率、储能系统充电功率、储能系统放电功率；$S_{\mathrm{bat}}^L(t+i_2\,|\,t)$ 为 t 时刻预测得到 $t+i_2$ 时刻的储能 SOC；Δt_2 为日内修正层时间间隔。

在考虑广义需求响应的日内分层调度方法中，优化层获得大电网传递的电价信息，并以综合运行成本最小为目标优化得到各微源输出功率、储能系统充放电功率以及交互功率，同时得到微电网计划可调容量；而在日内修正层，以日内优化层提供的参考计划和微电网计划可调容量为基础，建立以交换功率和储能 SOC 为计划值的跟踪目标，通过优化得到预测时域内的可控机组修正计划和微电网可调容量范围，如式(12-59)、式(12-60)所示：

$$\left\{\Delta U^L(t+1\,|\,t),\ \ \Delta U^L(t+2\,|\,t),\cdots,\Delta U^L(t+N^L-1\,|\,t),\ \ \Delta U^L(t+N^L\,|\,t)\right\} \tag{12-59}$$

$$\left\{r^{\mathrm{up}}(t+1|t),\ r^{\mathrm{dn}}(t+1|t),\cdots,r^{\mathrm{up}}(t+N^{L}|t),\ r^{\mathrm{dn}}(t+N^{L}|t)\right\} \tag{12-60}$$

将微电网可调容量范围中 $t+1$ 时刻的上行、下行可调容量上报大电网。在大电网无需求响应请求时，将式(12-59)中 $t+1$ 时刻的控制变量下发，通过式(12-61)进行计算；在大电网有需求响应请求时，根据日内修正层提供的可调容量范围下发 $t+1$ 时刻的需求响应容量 $P_{\mathrm{DR}}(t+1|t)$，并通过式(12-62)对日内优化层提供的交互功率参考值进行更新。之后，重新优化求解并执行下一时段的修正计划。

$$P^{L}(t+1|t)=P_{0}^{L}(t)+\Delta U^{L}(t+1|t) \tag{12-61}$$

$$P_{\mathrm{ref}}^{\mathrm{ex}'}(t+1|t)=P_{\mathrm{ref}}^{\mathrm{ex}}(t+1|t)+P_{\mathrm{DR}}(t+1|t) \tag{12-62}$$

由于 $t+1$ 时刻交互功率已经满足需求响应请求，可调容量约束可修改为

$$\begin{cases}\sum\limits_{i_2=2}^{N^L} r^{\mathrm{up}}(t+i_2|t)\geqslant \alpha\sum\limits_{i_2=2}^{N^L} r_{\mathrm{ref}}^{\mathrm{up}}(t+i_2)\\ \sum\limits_{i_2=2}^{N^L} r^{\mathrm{dn}}(t+i_2|t)\geqslant \alpha\sum\limits_{i_2=2}^{N^L} r_{\mathrm{ref}}^{\mathrm{dn}}(t+i_2)\end{cases} \tag{12-63}$$

2. 算法求解流程

在并网型微电网中，考虑广义需求响应的微电网日内分层调度方法的具体流程如图 12-5 所示，具体过程描述如下：

(1) 获取大电网下发的购/售电价格和需求响应补偿价格。

(2) 读取未来预测时域内可再生能源及负荷的短期预测数据，并采集日内优化层最新的储能剩余能量初始值。

(3) 根据 MPC 思想，建立日内优化层预测时域内的储能剩余能量预测模型，如式(12-55)所示。

(4) 以综合成本最低为目标建立如式(12-29)所示的目标函数，采用改进鲸鱼优化算法优化求解预测时域内的最优控制序列，将最优控制序列中的第一组优化结果下发，根据式(12-55)求得下一时刻的状态变量，并将求解的满足经济性的调度结果下发给日内修正层。

(5) 进入日内修正层，读取未来预测时域内的可再生能源及负荷的超短期预测数据，并采集日内修正层最新的可控机组输出功率初始值。

(6) 根据 MPC 思想，建立日内修正层预测时域内可控机组输出功率的预测模型，如式(12-56)所示。

(7) 建立以交换功率和储能 SOC 为计划值的跟踪目标函数，如式(12-35)所示，采用改进鲸鱼优化算法优化求解预测时域内的最优控制序列和微电网可调容量范围序列，并将 $t+1$ 时刻的可调容量范围向大电网汇报。

(8) 若大电网有需求响应请求，则根据式(12-62)修改 $t+1$ 时刻的交互功率参考值以及根据式(12-63)修改微电网可调容量约束，重新计算未来预测时域内的最优控制序列并执行(9)；若大电网无需求响应请求，则直接执行(9)。

(9) 下发 $t+1$ 时刻控制变量序列，根据式(12-56)、式(12-57)、式(12-58)求解 $t+1$ 时刻的可控机组有功功率以及输出变量。

(10)进入反馈校正环节，以减小扰动和预测误差对微电网优化调度的影响。

(11)判断是否完成日内修正层预测时域内所有时刻的计算，若否，则跳入(5)；否则将修正层最后一次的储能系统剩余能量作为日内优化层下一时刻的初始值，跳入(2)。

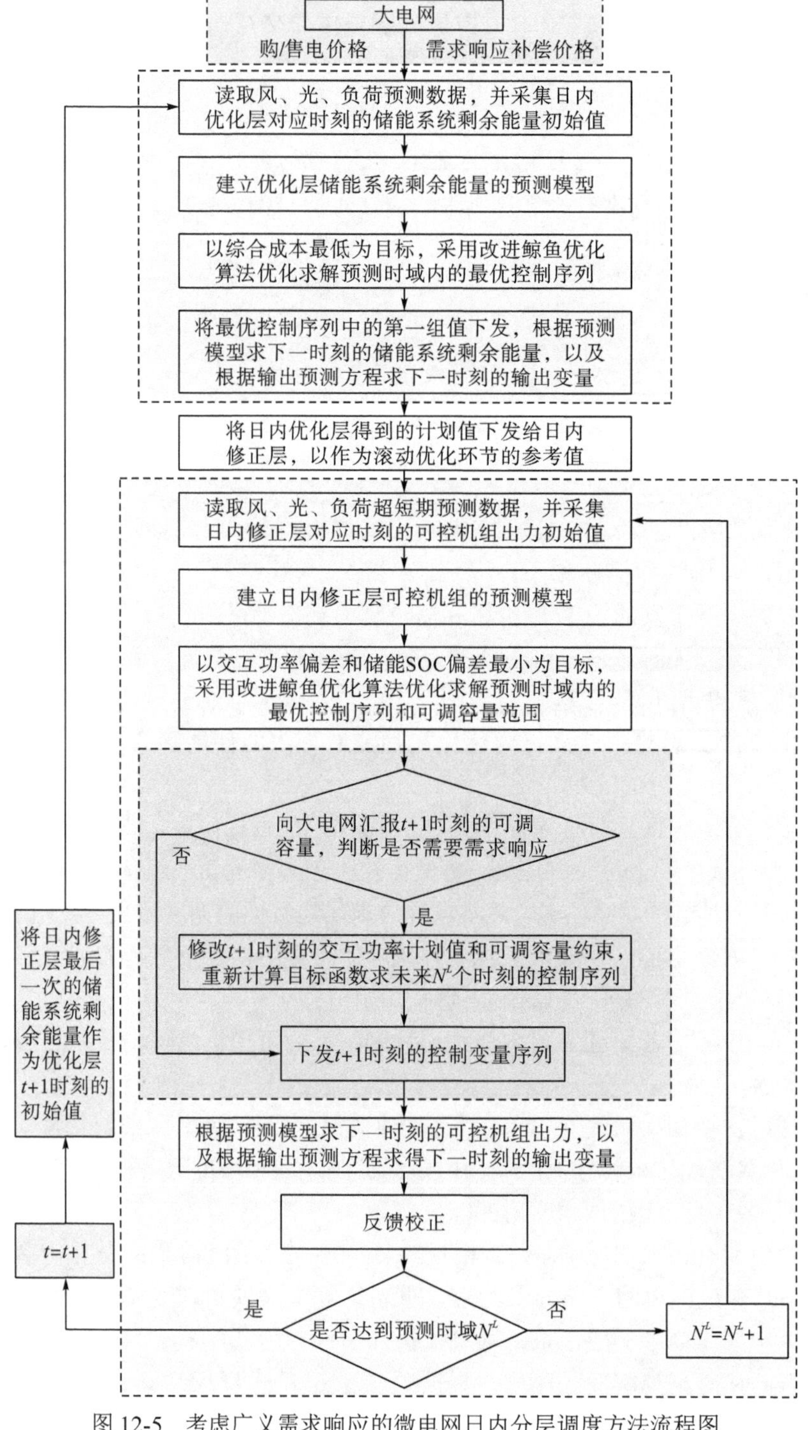

图 12-5　考虑广义需求响应的微电网日内分层调度方法流程图

12.3.3 算例分析

本节在并网型微电网的基础上，对所提考虑广义需求响应的微电网日内分层调度策略进行验证。为完善并网型微电网的结构，主要包含了风电系统、光伏系统、柴油发电机、储能系统、大电网以及负荷等单元。风电出力、光伏出力及负荷需求的数据参考文献[38]。微电网的分布式电源参数如表 12-1 所示，且在储能系统中，蓄电池自放电率 σ 为 0.1，蓄电池充电效率 η_c、蓄电池放电效率 η_d 分别为 0.9、0.9，初始 SOC 取值 0.5，储能 SOC 的上限和下限分别为 0.9 和 0.1。需求响应相关参数见文献[39]，需求响应补偿价格见图 12-6，可调容量比例因子 α 为 0.5，利用随机数模拟微电网在 12～14h 参与大电网调度的需求响应容量。

表 12-1 微电网的分布式电源参数

微电网	风机额定功率/kW	光伏额定功率/kW	柴油发电机额定功率/kW	蓄电池额定功率/kW	额定容量/(kW·h)
MG	600	350	500	300	1500

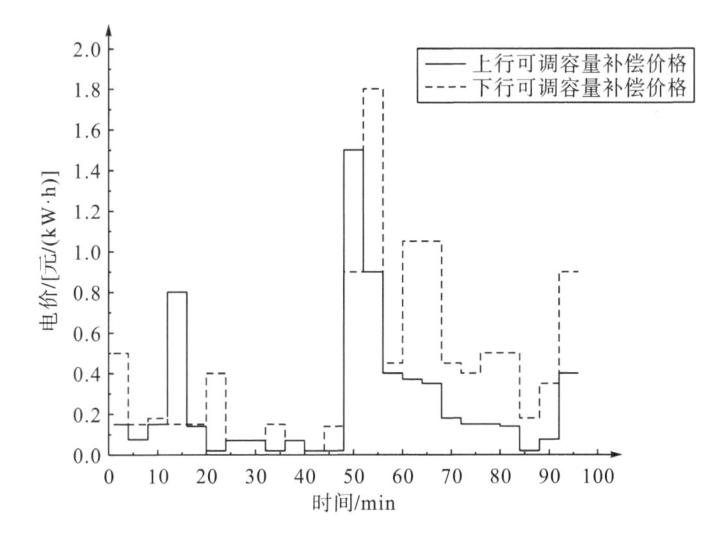

图 12-6 需求响应补偿价格

优化层运行成本参数、日内修正层目标函数的权重系数、日内优化层和日内修正层的预测时域以及调度时间周期、储能系统剩余能量自损耗系数等见 12.2 节，其他限值约束的参数如表 12-2 所示。

表 12-2 其他限值约束的参数

参数	取值	
	上限/kW	下限/kW
蓄电池充电功率 P_{ch}	300	—
蓄电池放电功率 P_{dis}	300	—
微电网与大电网交互功率	100	−100
柴油发电机输出功率 P_{diesel}	500	100
柴油发电机爬坡约束功率	200	−200

本节利用改进鲸鱼优化算法对日内优化层和日内修正层的优化调度模型进行求解，各层调度计划如图 12-7 和图 12-8 所示。在各层预测时域内的风电、光伏、负荷预测数据的基础上，合理配置储能系统充放电功率、柴油发电机输出功率和微电网与大电网的交互功率，以日内修正层为例，其具体情况如图 12-8 所示。在 12～14h，调度结果受需求响应补偿价格的影响较大，并且由于 MPC 是时域向前滚动式的有限时域优化策略，使得 12h 之前的预测时域时段和 14h 之后的预测时域时段的调度结果也会受到影响。在 12～14h，属于大电网用电高峰期，通过需求响应补偿价格影响储能系统和柴油发电机从而进行补给，由图 12-8 可见柴油发电机输出功率有明显的增加，并且整体的调度计划也会受到上层成本系数的影响。同时，由图 12-9 可知，在微电网参与大电网调度时，储能系统与柴油发电机可以协调配合，在满足微电网自身需求的基础上满足大电网容量需求。

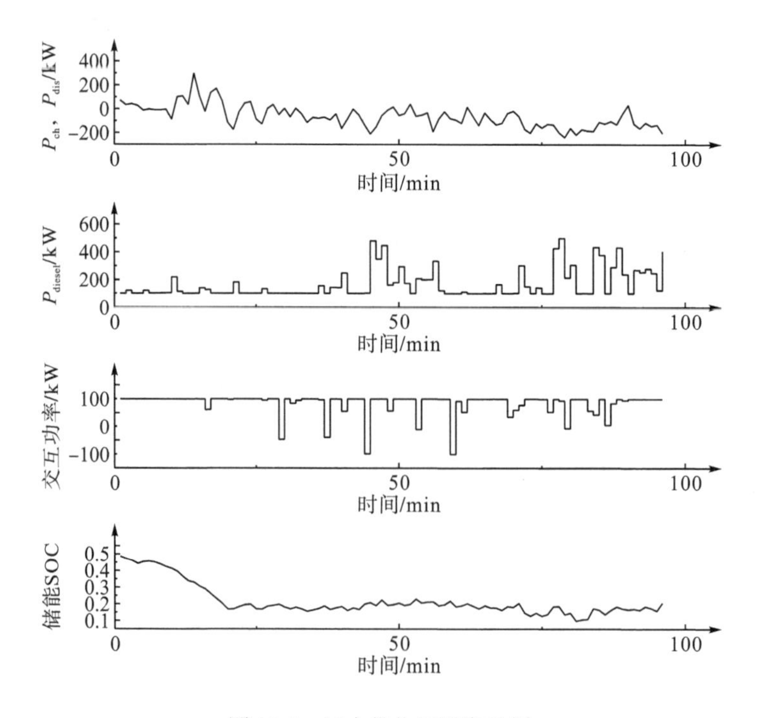

图 12-7 日内优化层调度计划

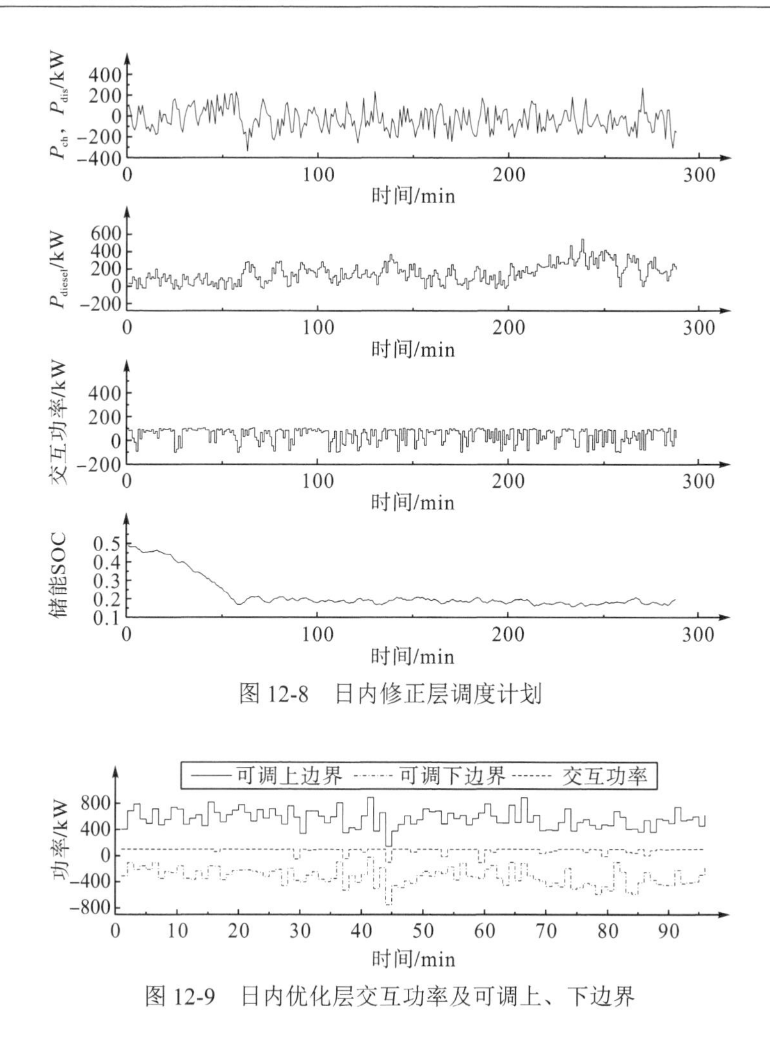

图 12-8　日内修正层调度计划

图 12-9　日内优化层交互功率及可调上、下边界

本节为了展示微电网对大电网容量需求的动态响应能力，利用随机数模拟微电网在 12～14h 参与大电网调度的需求响应容量，对比了在有无需求响应两种情况下的交互功率和储能 SOC 跟踪效果，如图 12-10 和图 12-11 所示。在参与需求响应时段，利用本节提出的考虑广义需求响应的微电网日内分层调度策略，既可以满足微电网参与大电网需求的容量，又可以保证微电网中交互功率和储能 SOC 的动态跟踪效果。

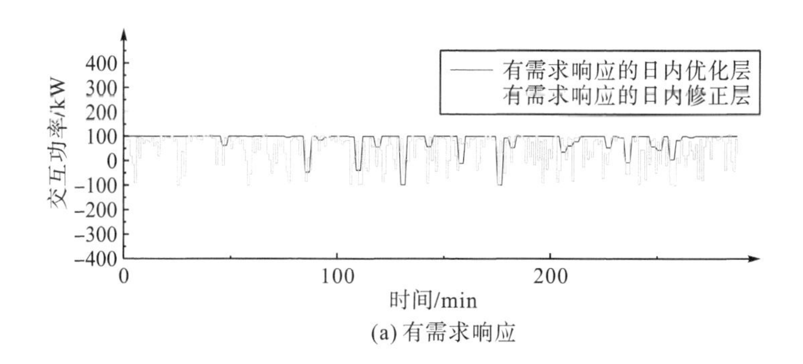

(a) 有需求响应

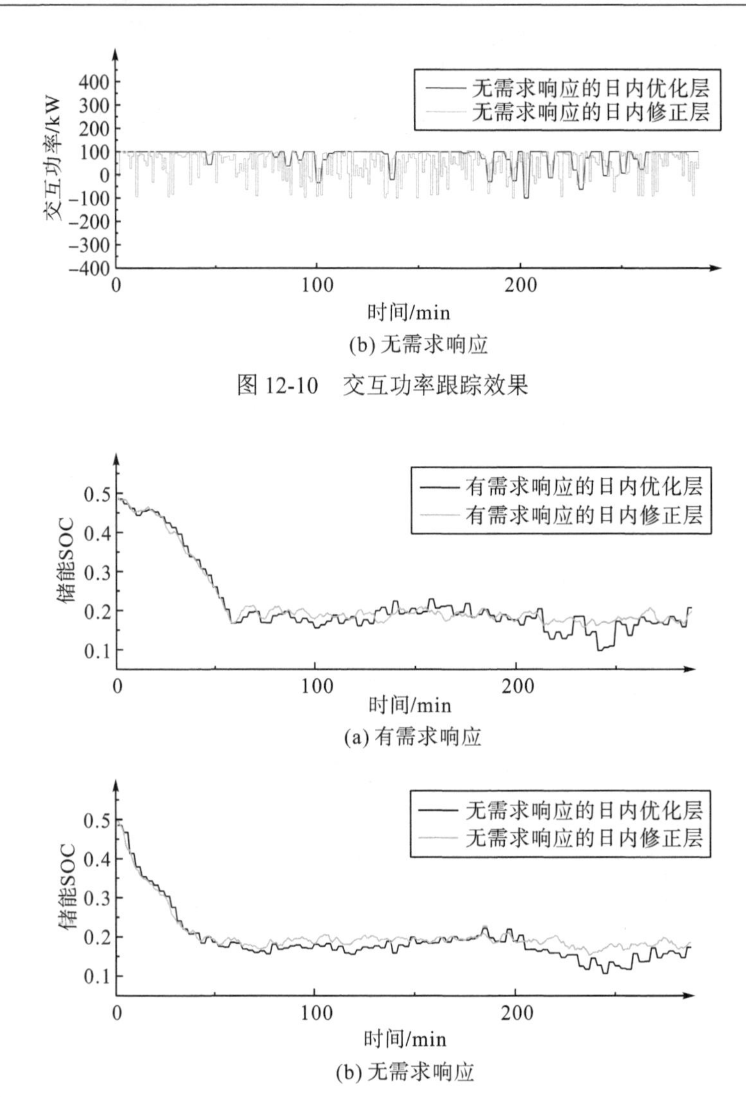

(b) 无需求响应

图 12-10 交互功率跟踪效果

(a) 有需求响应

(b) 无需求响应

图 12-11 储能 SOC 跟踪效果

12.4 本章小结

为研究潜在需求侧资源对微电网优化调度的影响，本章在包含可再生能源、柴油发电机、储能系统等元件的并网型系统中，采用 MPC 方法，并根据时间尺度和目标函数的不同建立考虑广义需求响应的微电网日内分层调度模型。各层都包含了完整的预测模型和滚动优化环节，保证了各层目标间的协调。通过滚动优化和反馈校正的结合，有效降低了不确定性问题和预测误差问题对微电网优化调度的影响。在滚动优化环节中，本章采用改进鲸鱼优化算法进行求解。在引入准反向学习策略、非线性收敛因子策略、自适应权重策略和随机差分变异策略后，算法在计算速度以及跳出局部最优等方面展现出优势，并通过算例验证了所提方法的有效性。

第 13 章　源荷储多时间尺度滚动优化调度研究

由于风力与光伏发电受环境影响具有较大的预测误差与不确定性，在进行全天的经济优化时，传统的方法直接依据历史数据获得风光的确定值，但该值与日内实际值之间将产生不可忽视的误差，将导致微电网达不到理想的经济性。因此，为确保微电网的经济运行，在优化调度时需计及不确定性。

13.1　微电网多时间尺度优化调度模型

13.1.1　日前长时间尺度调度模型

日前阶段目标函数为微电网一天内调度综合成本 F，其中包括柴油发电机调度综合成本、储能系统调度综合成本及微电网与大电网交互综合成本，如式(13-1)所示：

$$\min F=\min\sum_{t=1}^{24}[C_{\mathrm{DG}}(t)+C_{\mathrm{BA}}(t)+C_{\mathrm{GRID}}(t)] \tag{13-1}$$

式中，$C_{\mathrm{DG}}(t)$ 为 t 时刻柴油发电机调度的综合成本；$C_{\mathrm{BA}}(t)$ 为 t 时刻储能系统调度的综合成本；$C_{\mathrm{GRID}}(t)$ 为 t 时刻微电网与大电网交互的综合成本。

1)柴油发电机调度综合成本

柴油发电机调度综合成本由发电费用与维护费用构成，如式(13-2)所示：

$$C_{\mathrm{DG}}(t)=d_1P_{\mathrm{DG}}^2(t)+d_2P_{\mathrm{DG}}(t)+d_3 \tag{13-2}$$

式中，$P_{\mathrm{DG}}(t)$ 为柴油发电机输出功率；d_1、d_2、d_3 为柴油发电机输出功率综合成本系数。

2)储能系统调度综合成本

储能系统调度综合成本包括维护与损耗费用，储能系统调度综合成本与储能系统充放电功率呈二次关系，如式(13-3)所示：

$$C_{\mathrm{BA}}(t)=\omega_{\mathrm{BA}}P_{\mathrm{BA}}^2(t) \tag{13-3}$$

式中，P_{BA} 为储能系统输出功率；ω_{BA} 为储能系统输出功率综合成本系数。

3)与大电网交互综合成本

大电网交互综合成本与交互功率如式(13-4)所示：

$$C_{\mathrm{GRID}}(t)=\beta P_{\mathrm{GRID}}(t) \tag{13-4}$$

式中，$P_{\mathrm{GRID}}(t)$ 为微电网与大电网交互功率；β 为微电网与大电网交互综合成本系数。

13.1.2 日内短时间尺度调度模型

日内阶段，建立以跟踪性为性能指标的目标函数，目标函数为一个二次规划函数，如式(13-5)所示：

$$\begin{aligned}F_{\text{obj}} = \min\sum_{i=1}^{N_{\text{C}}}\{&[Y(t+i|t)-U(t+i)]^{\text{T}} w_v [Y(t+i|t)-U(t+i)]\\&+\Delta u^{\text{T}}(t+i|t) w_u \Delta u(t+i|t)\}\end{aligned} \tag{13-5}$$

式中，N_{C}为预测时域；$Y(t)$为日内柴油发电机、储能系统输出功率与大电网交互功率；$\Delta u(t)$为储能系统、柴油发电机调度计划变化量；$U(t)$为日前获得的柴油发电机、储能系统输出功率与大电网交互功率调度计划。

13.1.3 约束条件

1) 日前功率平衡约束

由于风光出力与负荷功率存在预测误差，为保证电力系统可靠运行，故需结合每个时刻的预测误差，日前功率平衡如式(13-6)所示：

$$\tilde{P}_{\text{WT}}(t)+\tilde{P}_{\text{PV}}(t)+P_{\text{BA}}(t)+P_{\text{DG}}(t)+P_{\text{GRID}}(t)=P_{\text{LOAD}}(t) \tag{13-6}$$

$$P_{\text{LOAD}}(t)=\tilde{P}_{\text{LOAD}}(t)+P_{\text{DR}}(t) \tag{13-7}$$

式中，$P_{\text{DR}}(t)$为需求响应负荷功率；$P_{\text{LOAD}}(t)$为需求响应后负荷总功率；$\tilde{P}(t)$表示实际功率，风、光和刚性负荷功率由 WT、PV、LOAD 表示。风、光和刚性负荷的实际功率分别为

$$\tilde{P}_{\text{WT}}(t)=P_{\text{WT}}(t)+\xi_{\text{WT}}\hat{P}_{\text{WT}}(t) \tag{13-8}$$

$$\tilde{P}_{\text{PV}}(t)=P_{\text{PV}}(t)+\xi_{\text{PV}}\hat{P}_{\text{PV}}(t) \tag{13-9}$$

$$\tilde{P}_{\text{LOAD}}(t)=P_{\text{LOAD}}(t)+\xi_{\text{LOAD}}\hat{P}_{\text{LOAD}}(t) \tag{13-10}$$

式中，$P(t)$表示预测功率；$\hat{P}(t)$表示预测功率误差；ξ表示波动比例。

2) 日内功率平衡约束

日内功率平衡约束为

$$P_{\text{WT}}^{0}(t)+P_{\text{PV}}^{0}(t)+P_{\text{DG}}^{0}(t)+P_{\text{BA}}^{0}(t)+P_{\text{GRID}}^{0}(t)=P_{\text{LOAD}}^{0}(t) \tag{13-11}$$

式中，$P^{0}(t)$表示日内实际功率。

3) 可控机组输出功率、交互功率上下限约束

可控机组输出功率、交互功率上下限约束为

$$\begin{cases}P_{\text{DGmin}}<P_{\text{DG}}(t)<P_{\text{DGmax}}\\P_{\text{BAmin}}<P_{\text{BA}}(t)<P_{\text{BAmax}}\\P_{\text{GRIDmin}}<P_{\text{GRID}}(t)<P_{\text{GRIDmax}}\end{cases} \tag{13-12}$$

式中，$P_{\max}$、$P_{\min}$分别表示输出功率上限和下限。

4) 柴油发电机、储能系统爬坡约束

柴油发电机、储能系统爬坡约束为

$$-P_{\mathrm{DGc}}\Delta t < P_{\mathrm{DG}}(t) - P_{\mathrm{DG}}(t-1) < P_{\mathrm{DGc}}\Delta t \tag{13-13}$$

$$-P_{\mathrm{BAc}}\Delta t < P_{\mathrm{BA}}(t) - P_{\mathrm{BA}}(t-1) < P_{\mathrm{BAc}}\Delta t \tag{13-14}$$

式中，P_{DGc}、P_{BAc} 分别表示柴油发电机、储能系统输出功率爬坡限制。

5) 储能 SOC 约束

储能 SOC 值与上一时刻的储能系统输出功率有关，其充、放电时 SOC 与储能系统充、放电功率关系如式(13-15)所示：

$$\mathrm{SOC}(t+1) = \begin{cases} \mathrm{SOC}(t) - \dfrac{P_{\mathrm{BA}}(t)\Delta t}{\eta_{\mathrm{BA\_d}} E_{\mathrm{BA\_r}}}, & P_{\mathrm{BA}}(t) \geqslant 0 \\ \mathrm{SOC}(t) - \dfrac{\eta_{\mathrm{BA\_d}} P_{\mathrm{BA}}(t)\Delta t}{E_{\mathrm{BA\_r}}}, & P_{\mathrm{BA}}(t) < 0 \end{cases} \tag{13-15}$$

储能系统运行时，由于容量限制，SOC 存在上下限约束，如式(13-16)所示，其次在运行时，为使下一次优化能够连续，需在优化周期结束时使 SOC 值回归初始值，SOC 始末状态约束如式(13-17)所示：

$$\mathrm{SOC}_{\min} \leqslant \mathrm{SOC}(t) \leqslant \mathrm{SOC}_{\max} \tag{13-16}$$

$$\mathrm{SOC}(0) = \mathrm{SOC}(T) \tag{13-17}$$

式中，T 为优化周期。

6) 旋转备用约束

为了提高微电网应对系统扰动的能力，确保稳定运行，运行时需满足旋转备用约束，如式(13-18)所示：

$$\frac{P_{\mathrm{BAmax}}(t) + P_{\mathrm{DGmax}}(t) + P_{\mathrm{GRIDmax}}(t) - P_{\mathrm{BA}}(t) - P_{\mathrm{DG}}(t) - P_{\mathrm{GRID}}(t)}{P_{\mathrm{BAmax}}(t) + P_{\mathrm{DGmax}}(t) + P_{\mathrm{GRIDmax}}(t)} \geqslant \varepsilon \tag{13-18}$$

式中，ε 为旋转备用率。

13.2　微电网多时间尺度滚动鲁棒优化调度

为了应对源荷预测误差与不确定性对微电网的扰动，确保微电网在实际运行状态发生大范围波动时仍然能够具备运行经济性。本节提出一种微电网多时间尺度滚动鲁棒优化调度方法，该方法由日前长时间尺度考虑电价型需求响应鲁棒优化调度和日内短时间尺度 MPC 滚动优化调度构成[40]。通过在不同时间尺度下优化调度微电网内的可控机组，确保微电网的经济运行。

13.2.1 鲁棒优化

鲁棒优化是在给定不确定因素区间内寻找最优解的方法。因此，在目前采用鲁棒优化研究微电网的经济调度，可使获得的调度计划能够适应微电网实际运行状态的大范围波动。以微电网成本最低为目标的鲁棒优化模型如式(13-19)所示：

$$\begin{cases} \min \boldsymbol{C}^{\mathrm{T}}\boldsymbol{U} \\ \text{s.t. } \boldsymbol{a}_i^{\mathrm{T}}U \leqslant \boldsymbol{\omega}_i^{\mathrm{T}}\boldsymbol{b}_i, \quad i=1,2,\cdots,I \end{cases} \tag{13-19}$$

式中，$\boldsymbol{C}^{\mathrm{T}}$为价值因子向量；$\boldsymbol{U}$为决策变量向量；$I$为约束条件个数；$i$代表第$i$个约束条件；$\boldsymbol{a}_i$为系数向量；$\boldsymbol{b}_i$为不确定参数向量；$\boldsymbol{\omega}_i$为$\boldsymbol{b}_i$的系数向量。

本节选择式(13-20)所示多面体不确定集描述微电网中风、光出力以及负荷需求的不确定性[41]，$\boldsymbol{b}_i$中的元素为b_{ij}，元素个数为j。

$$\begin{cases} \tilde{b}_{ij} = b_{ij} + \xi_{ij}\hat{b}_{ij}, \quad j \in J, \xi_{ij} \in \Omega_i \\ \Omega_i = \left\{ \xi_{ij} \middle| |\xi_{ij}| \leqslant 1, \sum_{j\in J_i} |\xi_{ij}| \leqslant \Gamma_i \right\} \end{cases} \tag{13-20}$$

式中，$\tilde{b}_{ij}$为不确定参数，其预测值为b_{ij}，最大波动为$\hat{b}_{ij}$；ξ_{ij}为波动比例；Ω_i为多面体不确定集；Γ_i为不确定度，对$\sum_{j\in J_i}|\xi_{ij}|$有限制作用。

不确定度Γ_i的值可根据中心极限定理选取：设$EX_{ij} = |\xi_{ij}| = |\tilde{b}_{ij} - b_{ij}|/b_{ij}$，$EX_{ij}$的期望值为$\mu_i$，方差为$\sigma^2$，并且独立同分布，根据中心极限定理可得

$$\lim_{j\to\infty}\sum_{j=1}^{i}\frac{EX_{ij} - n\mu_i}{\sigma_i\sqrt{n}} \to N(0,1) \tag{13-21}$$

式中，$N(0,1)$为标准正态分布。

当Γ_i按式(13-22)取值时，$\sum_{j\in J_i}|\xi_{ij}| \leqslant \Gamma_i$以置信概率$\alpha$成立。

$$\Gamma_i = n\mu_i + \sigma_i\sqrt{n}\Phi^{-1}(\alpha) \tag{13-22}$$

13.2.2 电价型需求响应

本节基于电价型需求响应(price-based demand response，PBDR)，实施分时电价引导负荷进行调整，以达到削峰填谷的目的。PBDR 数学模型如下：

$$\varepsilon = \frac{\Delta P_{\mathrm{LOAD}}}{\Delta D} \cdot \frac{D}{P_{\mathrm{LOAD}}} \tag{13-23}$$

$$\boldsymbol{E} = \begin{bmatrix} \varepsilon_{11} & \varepsilon_{12} & \cdots & \varepsilon_{1n} \\ \varepsilon_{21} & \varepsilon_{22} & \cdots & \varepsilon_{2n} \\ \vdots & \vdots & & \vdots \\ \varepsilon_{n1} & \varepsilon_{n1} & \cdots & \varepsilon_{nn} \end{bmatrix} \tag{13-24}$$

$$\boldsymbol{P}_{\text{LOADde}}=\boldsymbol{P}_{\text{LOADe}}+\boldsymbol{\Delta P}_{\text{LOADe}}$$

$$=\begin{bmatrix}P_{\text{LOADe}}(1)\\P_{\text{LOADe}}(2)\\\vdots\\P_{\text{LOADe}}(t)\end{bmatrix}+\begin{bmatrix}P_{\text{LOADe}}(1)&&&\\&P_{\text{LOADe}}(2)&&\\&&\ddots&\\&&&P_{\text{LOADe}}(t)\end{bmatrix}E\begin{bmatrix}\dfrac{\Delta D(1)}{D(1)}\\\dfrac{\Delta D(2)}{D(1)}\\\vdots\\\dfrac{\Delta D(t)}{D(t)}\end{bmatrix}\tag{13-25}$$

式中，ε 为电价弹性系数；ε_{ij} 和 ε_{ii} 分别为互弹性系数与自弹性系数；P_{LOAD} 和 ΔP_{LOAD} 为负荷功率及其变化量；D 和 ΔD 为电价及其变化量；$\boldsymbol{P}_{\text{LOADe}}(t)$ 和 $\Delta\boldsymbol{P}_{\text{LOADe}}(t)$ 分别为 t 时段经 PBDR 前后负荷需求及其变化量；$D(t)$ 和 $\Delta D(t)$ 分别为 t 时段经 PBDR 前后电价及其变化量；$\boldsymbol{P}_{\text{LOADde}}(t)$ 为响应后 t 时段的负荷功率。

在需求响应中，研究目的在于如何利用负荷对电价的响应特性以最大化消纳风电、光伏等微源输出功率。以风电、光伏为例，优化目标可设为负荷需求与风电、光伏输出功率最匹配，即最小化系统的净负荷，目标函数如式(13-26)所示：

$$f_{\text{DR}}=\min\sum_{t=1}^{T}[P_{\text{LOADde}}(t)-P_{\text{WT}}(t)-P_{\text{PV}}(t)]^2\tag{13-26}$$

约束条件包含PBDR前后负荷功率总量不变、负荷响应上限、峰谷电价比和负荷PBDR前后用电成本约束，如式(13-27)所示：

$$\begin{cases}\sum\limits_{t=1}^{T}P_{\text{LOADde}}(t)=\sum\limits_{t=1}^{T}P_{\text{LOADe}}(t)\\\Delta P_{\text{LOADe}}(t)\leqslant\delta^{\max}(t)P_{\text{LOADe}}(t)\\2\leqslant\dfrac{D_{\text{F}}}{D_{\text{G}}}\leqslant 5\\\sum\limits_{t=1}^{T}P_{\text{LOADde}}(t)[D(t)+\Delta D(t)]\leqslant\sum\limits_{t=1}^{T}P_{\text{LOADe}}(t)D(t)\end{cases}\tag{13-27}$$

式中，$\delta^{\max}(t)$ 为 t 时段允许最大负荷增率；D_{F}、D_{G} 为响应后的峰谷电价；$D(t)$ 为响应前 t 时段电价。

13.2.3　粒子群优化算法理论

粒子群优化算法是基于群体智能搜索，通过粒子间的竞争和协作对负载非线性空间进行启发式全局搜索的一种算法。在搜寻的过程中，鸟群相互沟通各自当前位置信息，向着目前最大的食物源(即局部最优解)移动，并最终聚集在全局最优食物源周围，该全局最优食物源即问题最优解。

有别于其他智能算法的是，粒子群优化算法的整个流程不包含交叉演算。在该算法中，每一个粒子都有可能成为种群中的最优粒子，即最优解，而每个粒子都由其单独的速度来决定下一次迭代时粒子的方向与位置。在每次迭代时，通过适应度值(fitness value)确定粒子当前位置的优劣与未来的速度和轨迹。经典粒子群优化算法流程如下。

对粒子群进行初始化，在定义范围内生成初代粒子。假设搜索空间的维度为 D，种群中有 N 个粒子。向量 $\boldsymbol{X}_i=(x_{i1},x_{i2},\cdots,x_{iD})$ 代表第 i 个粒子的当前位置。下一次运动的速度为 $\boldsymbol{V}_i=(v_{i1},v_{i2},\cdots,v_{iD})$。在寻优时，每个粒子通过记录当前位置信息并寻优适应度值作为个体的最佳位置，为 $\boldsymbol{p}_{\text{best}\_i}=(p_{i1},p_{i2},\cdots,p_{iD},)$，其中 $i=1,2,\cdots,N$。并比较个体最优位置，从中选取最优位置作为种群最优位置，为 $\boldsymbol{g}_{\text{best}}=(p_{g1},p_{g2},\cdots,p_{gD})$。搜索到个体与种群最优位置后，依据式(13-28)和式(13-29)更新粒子的速度和位置信息[42]：

$$v_{id}=wv_{id}+c_1\text{rand}_1(p_{id}-x_{id})+c_2\text{rand}_2(p_{gd}-x_{id}) \tag{13-28}$$

$$x_{id+1}=x_{id}+v_{id} \tag{13-29}$$

式中，w 为惯性权重系数；rand_1 与 rand_2 为[0,1]区间的随机数，每次粒子速度更新的同时也更新该随机数；c_1 与 c_2 为粒子的学习因子，也称为加速因子；v_{id} 为粒子的速度，$v_{id}\in[-v_{\max},v_{\max}]$，$v_{\max}$ 是常数，由用户自己设定以限制粒子的最大速度。图 13-1 为粒子群优化算法的流程图。

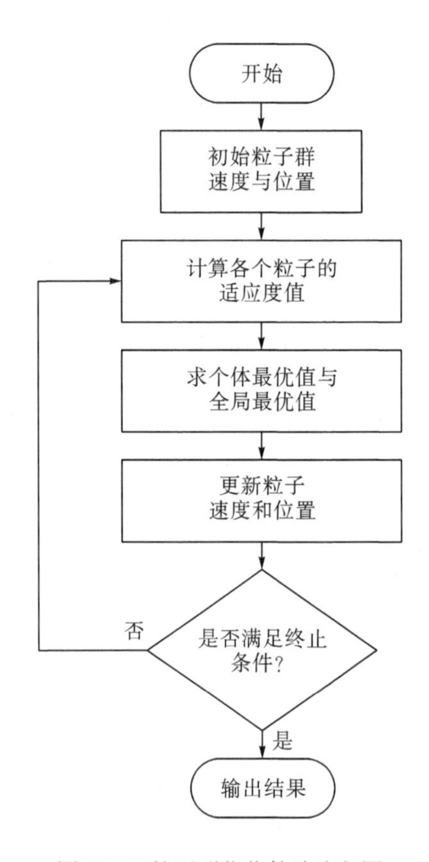

图 13-1 粒子群优化算法流程图

由于粒子群优化算法的原理是每个粒子向个体和种群最优位置运行，会使种群快速趋同，将导致寻优陷入局部最优、早熟收敛和停止现象。此外，粒子群优化算法的性能也受算法参数影响。为克服粒子群优化算法的上述缺点，对其寻优流程进行以下改进。

1) 对惯性权重系数 w 进行更新

惯性权重系数 w 可以反映粒子的收敛能力。为保持全局和局部收敛能力的平衡，采用式(13-30)随迭代次数减小惯性权重系数 w：

$$w = w_{\max} - (w_{\max} - w_{\min})\frac{D_{\mathrm{st}}}{D_{\mathrm{stmax}}} \tag{13-30}$$

式中，$w_{\max}$、$w_{\min}$ 分别为 w 在迭代时的最大值、最小值；D_{st} 为迭代当前次数；D_{stmax} 为迭代最大次数。通过式(13-30)更新惯性权重系数后，可使粒子群优化算法在初期扩大搜索范围，在后期提高收敛能力。

2) 对加速因子 c_1 和 c_2 进行更新

更新规则如下：

$$c_1 = (0.5-2.5)D_{\mathrm{st}} / D_{\mathrm{stmax}} + 2.5 \tag{13-31}$$

$$c_2 = (2.5-0.5)D_{\mathrm{st}} / D_{\mathrm{stmax}} + 0.5 \tag{13-32}$$

对加速因子 c_1 和 c_2 的更新类似于惯性权重系数 w，基于迭代次数更新加速因子 c_1 和 c_2，以使粒子群优化算法在前期充分搜寻整个解空间，后期可加速收敛的速度。

13.2.4　MPC 理论

MPC 具有对模型精度要求不高、闭环易控制、建模容易的优点，是一种基于模型的有限时域最优控制方法，其核心由预测模型、滚动优化与反馈校正组成，详细描述见第 15 章，这里不再赘述。

13.2.5　优化调度框架与流程

日前阶段，根据所提的电价型需求响应方法，引导电价型需求响应用户依据电价进行需求响应，通过此可提升风光消纳率并且使负荷曲线更加平滑，起到削峰填谷的作用。在获得经需求响应后的总负荷功率后，结合风电、光伏的日前预测值建立日前长时间尺度下鲁棒优化调度模型。采用粒子群优化算法求解该模型，获得每小时的鲁棒优化调度计划。

日内阶段，为满足微电网实际运行状态，以 15min 为控制时域间隔，1h 为预测时域，以与日前鲁棒优化调度计划偏差最小为目标，建立 MPC 滚动优化调度模型，实时跟踪并滚动修正日前调度计划。

微电网多时间尺度滚动鲁棒优化调度流程如图 13-2 所示。

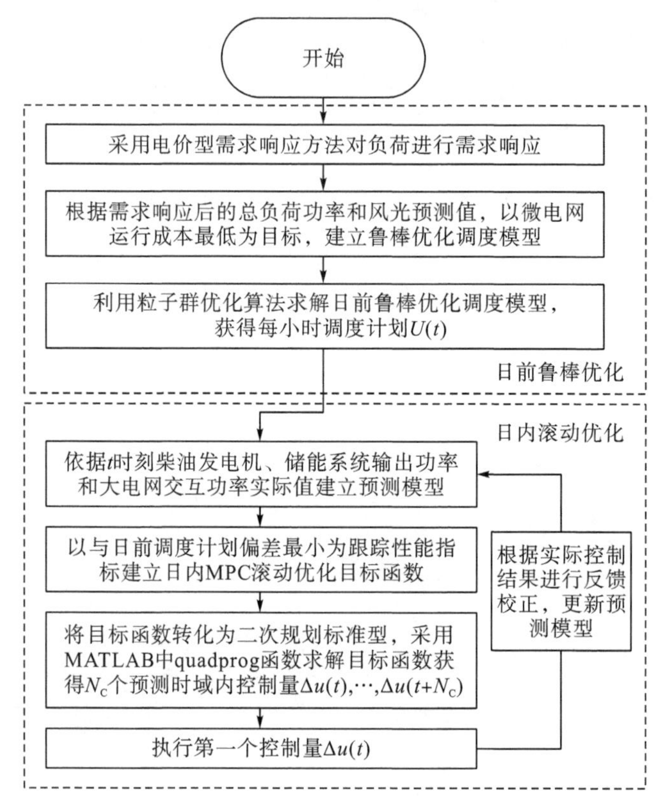

图 13-2 微电网多时间尺度滚动鲁棒优化调度流程图

13.3 算 例 分 析

为验证所提优化调度方法的有效性，本节在三种微电网实际运行状态下对比 4 种调度方法的仿真结果(表 13-1)。三种运行状态的源荷实际值由日前预测值偏移 3%、5%、10%(刚性负荷增大，风光出力减小)后再分别叠加 3%、5%、10%的随机误差构成。4 种调度方法分别为：①本章提出的微电网多时间尺度优化调度方法；②日前采用鲁棒优化进行经济调度，日内扰动采用大电网平衡扰动的方法；③日前采用随机优化场景法经济调度，日内采用 MPC 滚动优化的方法；④日前采用随机优化场景法经济调度，日内扰动采用大电网平衡扰动的方法。

表 13-1 四种调度方法

控制方法	控制策略	
	日前阶段	日内阶段
Robust + MPC	鲁棒优化	MPC
Robust + 开环控制	鲁棒优化	大电网平衡扰动
Stochastic + MPC	随机优化	MPC
Stochastic + 开环控制	随机优化	大电网平衡扰动

根据文献[43]提出的对等转化方法，将鲁棒优化模型不确定约束转化为确定约束进行求解，根据中心极限定理求出置信度为 95%下的鲁棒不确定度 Γ_i 为 2.4687；设置系统总负荷的 35%为电价型需求响应用户；微电网系统分时电价如表 13-2 所示，系统参数如表 13-3 所示；日前风电、光伏输出功率与经需求响应后的负荷需求功率预测值如图 13-3 所示，日内风电、光伏输出功率与经需求响应后的负荷需求功率实际值如图 13-4 所示。

表 13-2　微电网系统分时电价

时段类型	时段	购电价/[元/(kW·h)]	售电价/[元/(kW·h)]
峰时段	17:00～23:00	0.75	0.65
平时段	08:00～17:00	0.63	0.42
谷时段	23:00～08:00	0.41	0.23

表 13-3　微电网系统参数

参数	取值
柴油发电机输出功率上下限 P_{DGmax}、P_{DGmin}	150kW、15kW
储能系统输出功率上下限 P_{BAmax}、P_{BAmin}	150kW、-100kW
交互功率上下限 P_{GRIDmax}、P_{GRIDmin}	150kW、-150kW
储能系统额定容量 $E_{\mathrm{BA\_r}}$	200kW
系统旋转备用率 ε	5%
爬坡约束 P_{DGc}、P_{BAc}	30kW/h、20kW/h
储能充放电系数 $\eta_{\mathrm{BA\_c}}$、$\eta_{\mathrm{BA\_d}}$	0.9、0.9
储能 SOC 上下限 $\mathrm{SOC}_{\max}$、$\mathrm{SOC}_{\min}$	0.9、0.1
柴油发电机综合成本系数 d_1、d_2、d_3	3.76×10^{-4}、5.14×10^{-1}、1.74
储能系统综合成本系数 ω_{BA}	1.6×10^{-3}

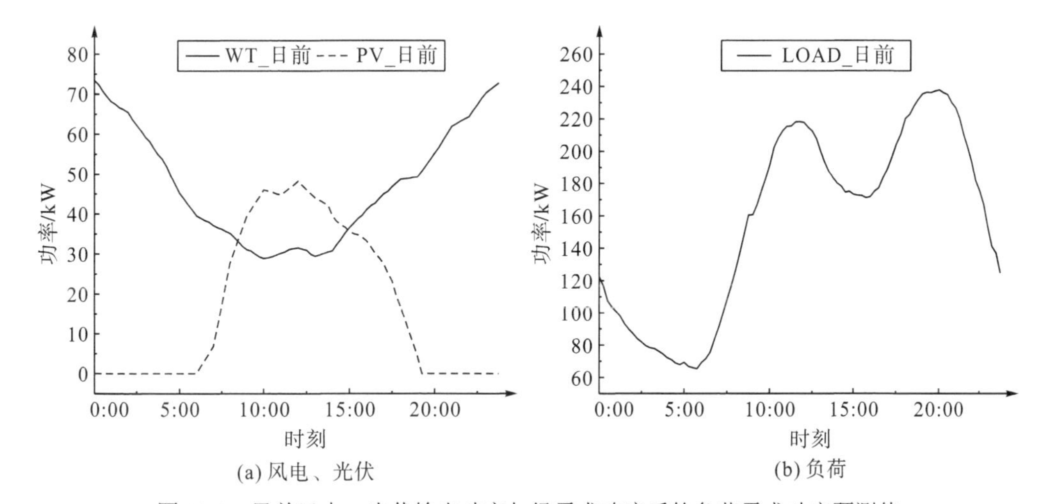

图 13-3　日前风电、光伏输出功率与经需求响应后的负荷需求功率预测值

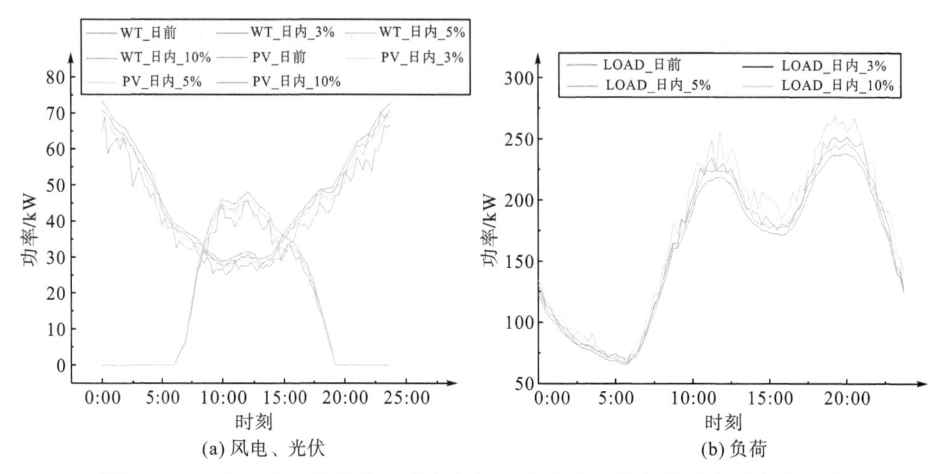

(a) 风电、光伏　　(b) 负荷

图 13-4　日内风电、光伏输出功率与经需求响应后的负荷需求功率实际值

依据本节所提微电网多时间尺度滚动鲁棒优化调度方法，在日前阶段利用粒子群优化算法求解鲁棒优化调度模型，获得柴油发电机、储能系统输出功率与大电网交互功率的鲁棒优化调度计划如图 13-5 所示，成本迭代曲线与 SOC 曲线如图 13-6 所示。

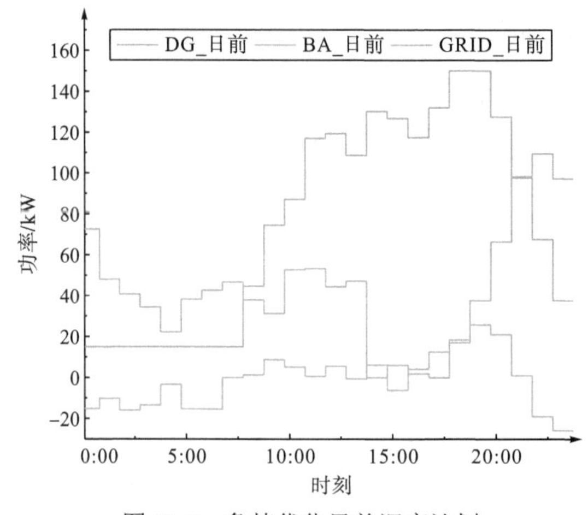

图 13-5　鲁棒优化日前调度计划

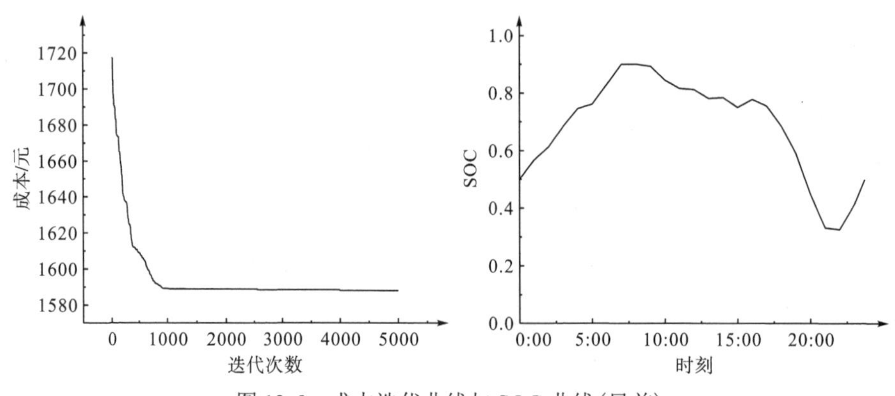

图 13-6　成本迭代曲线与 SOC 曲线(日前)

可以看出在鲁棒优化调度计划中，谷时段(23:00～08:00)微电网储能充电，柴油发电机维持最低输出功率，此时由大电网输出功率以满足功率平衡；平时段(08:00～17:00)购电成本升高，此时主要由柴油发电机与大电网输出功率以供应负荷；峰时段(17:00～23:00)主要由柴油发电机与储能系统输出功率来满足负荷；优化周期结束时(23:00～00:00)，SOC 回归初始值。

日内采用 MPC 实时跟踪并滚动修正日前鲁棒优化调度计划。因需求响应负荷于日前已制定用电计划，故在日内不再调整需求响应负荷，日内扰动因素由柴油发电机、储能系统、大电网共同平衡。经 MPC 滚动优化更新后的调度计划与 SOC 曲线如图 13-7 和图 13-8 所示。从图中可以看出，由于预测误差与不确定性的干扰，需修正日前调度计划来满足实际运行状态，达到系统功率平衡。随着实际运行状态波动增大，日内 MPC 滚动优化调度需修正的量减小，说明日前鲁棒调度计划可使微电网有充分的备用来应对源荷预测误差与不确定性。

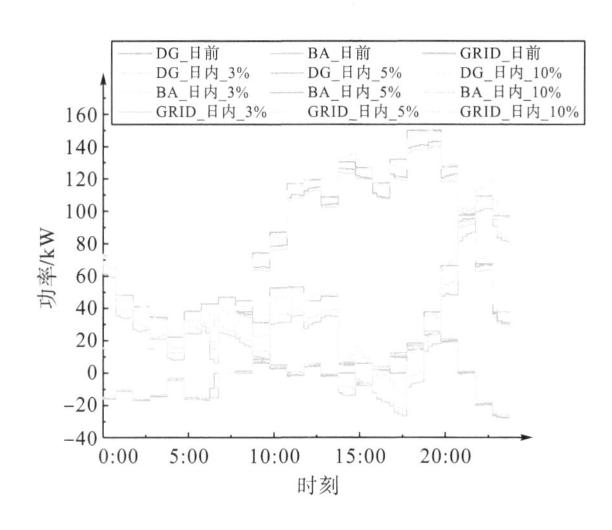

图 13-7　经 MPC 滚动优化更新后的日内调度计划

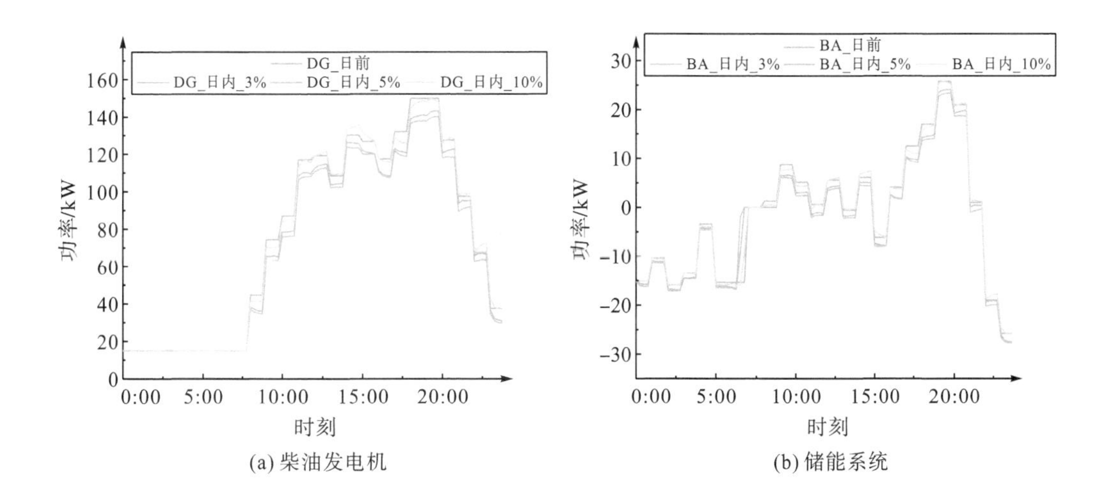

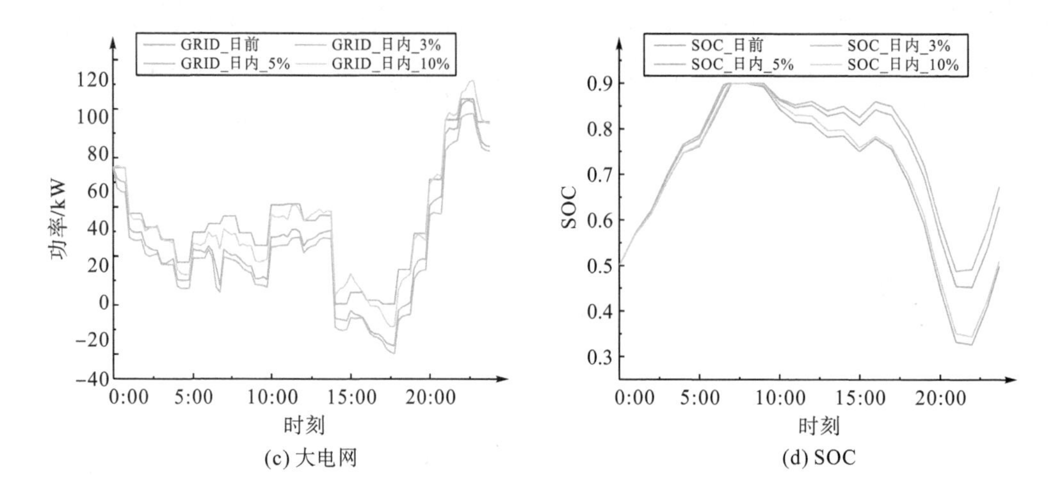

(c) 大电网 (d) SOC

图 13-8 经 MPC 滚动优化更新后的日内调度计划与 SOC 曲线

1. MPC 有效性对比

控制方法(Robust+MPC、Robust+开环控制)在三种运行状态下综合成本对比如表 13-4 所示，日内大电网交互功率修正量的绝对值对比如表 13-5 和图 13-9 所示。由表 13-4 可见，在三种运行状态下本节所提调度方法 Robust+MPC 运行成本均低于 Robust+开环控制。由表 13-5 可见，在三种运行状态下方法 Robust+MPC 的大电网交互功率修正量的绝对值均低于 Robust+开环控制。说明日内调度阶段采用 MPC 可减少交互功率调度计划的修正量进而减小波动，并相较于日内不采用 MPC 的开环控制可获得更好的经济性。

表 13-4 综合成本对比 (单位：元)

控制方法	日前调度	日内		
		3%误差	5%误差	10%误差/
Robust + MPC	1617.88	1311.31	1389.25	1581.09
Robust + 开环控制	1617.88	1380.11	1442.25	1602.67

表 13-5 电网交互功率日内修正量绝对值对比 (单位：kW)

控制方法	日内		
	3%误差/kW	5%误差/kW	10%误差/kW
Robust + MPC	404.07	302.02	109.80
Robust + 开环控制	423.46	314.03	135.68

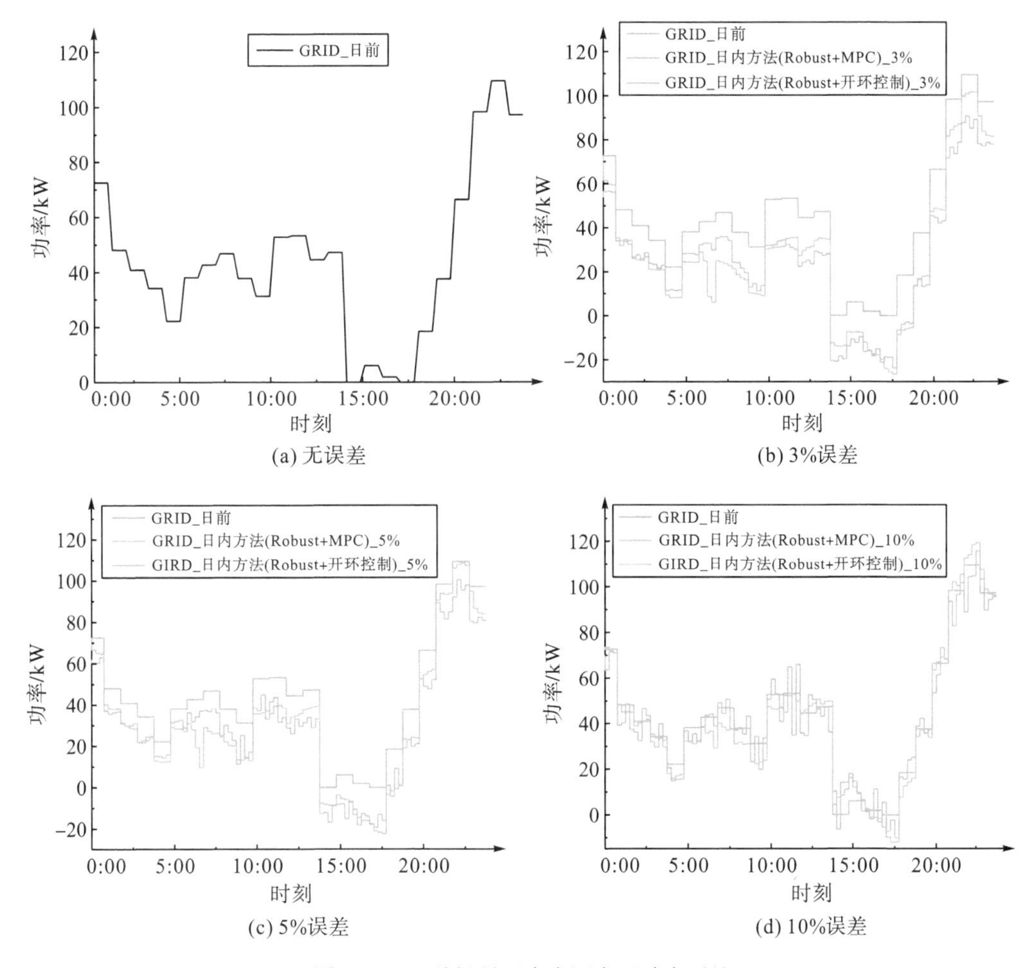

(a) 无误差 (b) 3%误差

(c) 5%误差 (d) 10%误差

图 13-9 三种场景下大电网交互功率对比

仿真结果表明，采用 MPC 滚动优化可很好地跟踪和修正日前调度计划以满足实际运行状态，使微电网在实际运行状态大范围波动时仍具备较好的经济性。

2. 鲁棒优化有效性对比

在上面同样的三种运行状态下，Robust+MPC、Stochastic+MPC、Stochastic+开环控制三种方法的日前与日内运行成本对比如表 13-6 所示。

表 13-6 日前与日内运行成本对比 (单位：元)

控制方法	日前调度	日内		
		3%误差	5%误差	10%误差
Robust + MPC	1617.88	1311.31	1389.25	1581.09
Stochastic + MPC	1290.61	1391.06	1471.04	1685.54
Stochastic +开环控制	1290.61	1384.95	1449.82	1611.07

由表 13-6 可见，虽然本节所提方法 Robust+MPC 采用鲁棒优化，舍弃了部分经济性以保证系统的稳定运行，导致其日前综合成本要高于不采用鲁棒优化的 Stochastic+MPC、Stochastic+开环控制，但在日内三种场景下，Robust+MPC 成本均低于 Stochastic+MPC、Stochastic+开环控制，并且 Stochastic+MPC 的成本均高于 Stochastic+开环控制。这是因为实际运行状态下源荷预测误差和不确定性不可避免，而 Stochastic+MPC 和 Stochastic+开环控制日前采用随机优化，输出的是特定场景下经济最优调度计划，该特定场景与实际运行状态有别。在日内实际运行时，日前获得的随机优化经济调度计划，不能适应实际运行状态，因此不能保证微电网的经济性，并且随着随机误差增大，日内采用 MPC 滚动优化跟踪该随机优化经济调度计划将使微电网的经济性更差。

13.4 本 章 小 结

受源荷预测误差与不确定性的影响，微电网实际运行状态会发生大范围波动，而在传统基于场景法的随机优化中，获取的调度计划会因无法适应该波动而导致微电网不能达到预期的运行经济性。日前调度阶段以鲁棒优化进行长时间尺度经济优化调度，并采用粒子群优化算法求解模型获取鲁棒优化调度计划，考虑不确定性因素的影响，实现对电价型需求响应负荷用户行为的引导。日内调度阶段则采用 MPC 依据实际运行状态实时滚动跟踪并修正日前调度计划。相较于传统方法，在实际运行状态发生大范围波动的情况下，日前获得的鲁棒优化调度计划可使得日内的跟踪调度更具有实际意义，进而在日内调度阶段采用 MPC 滚动优化以获得良好跟踪效果的同时获得更好的经济性。

第 14 章 计及风光不确定性的微电网弱鲁棒优化调度研究

可再生能源输出功率以及负荷的不确定性问题，给微电网的优化调度带来了新的挑战，所以在对微电网的优化调度研究中需对源荷不确定性进行充分的考虑；目前对计及不确定性的微电网优化调度研究大部分依然停留在对日前调度计划求解中，未对日内实际情况进行追踪，缺乏整体思考；偏远地区、海岛等大电网不能有效辐射的地区风光输出功率发生波动时，如何保证区域内用户的用电需求及能源利用的最大化，成为需要重点研究的问题。

考虑以上问题，本章对计及风光不确定性的微电网鲁棒优化调度进行研究，提出基于弱鲁棒与 MPC 的微电网日前-日内多时间尺度调度方法，针对微电网应用于海岛、偏远地区等提出基于弱鲁棒与 MPC 的微电网日前-日内多目标优化调度方法，并通过算例验证本章所提模型的正确性和有效性。

14.1 鲁棒优化基本理论

14.1.1 弱鲁棒优化模型

弱鲁棒优化模型[43]，是通过在传统鲁棒优化的约束条件中加入松弛变量，允许出现约束越限的情况发生，并对越限程度设置上限，该模型能够有效改善传统鲁棒优化模型的保守性。引入松弛变量后，弱鲁棒优化模型可以描述为

$$\begin{cases}\min \boldsymbol{c}^{\mathrm{T}}\boldsymbol{X}+\boldsymbol{k}^{\mathrm{T}}\gamma \\ \text{s.t. } \boldsymbol{a}_i^{\mathrm{T}}x-\gamma_i \leqslant \boldsymbol{\omega}_i^{\mathrm{T}}\boldsymbol{b}_i,\ i=1,2,\cdots,I \\ 0\leqslant \gamma_i \leqslant \gamma_i^{\max}, \quad i=1,2,\cdots,I\end{cases} \tag{14-1}$$

式中，γ 为弱鲁棒优化所引入的松弛变量；$\boldsymbol{k}$ 为其权重系数向量；$\gamma_i^{\max}$ 为第 i 个约束中松弛变量 γ_i 的最大值；$\boldsymbol{a}_i$ 为系数向量；$\boldsymbol{b}_i$ 为不确定参数向量；$\boldsymbol{\omega}_i$ 为 $\boldsymbol{b}_i$ 的系数向量。

14.1.2 不确定集基本理论

在微电网优化调度过程中，其调度模型含有大量的不确定因素，导致模型难以求解。

鲁棒优化模型采用不确定集表示模型中的不确定因素波动范围。鲁棒优化模型中不确定集的选取，对其优化结果影响较大，所以对不确定集合的选取应根据具体情况进行分析。常用的不确定集主要有盒式不确定集、椭球不确定集及多面体不确定集。盒式不确定集应用于鲁棒优化，可使其鲁棒性达到最强，但在经济调度中该方法保守性太强，会导致系统经济性下降；椭球不确定集相较于盒式不确定集降低了模型保守性，但其求解过于复杂，增加了鲁棒模型的求解难度；多面体不确定集可以看成椭球不确定集的一种特殊表现形式，虽然多面体不确定集在进行建模时，会出现集合部分覆盖区域无效的问题，但线性结构与控制方便等特点使其应用广泛。

考虑模型求解速度及本章所用弱鲁棒优化方法需要降低传统鲁棒优化模型的保守性，本节对式(14-1)所述的模型，采用多面体不确定集表示模型中的不确定参数：

$$\begin{cases}\tilde{\boldsymbol{b}}_{ij}=\boldsymbol{b}_{ij}+\xi_{ij}\hat{\boldsymbol{b}}_{ij},\ \ j\in J,\xi_{ij}\in\Omega_i\\ \Omega_i=\left\{\xi_{ij}\left||\xi_{ij}|\leqslant 1,\sum\limits_{j\in J_i}|\xi_{ij}|\leqslant\Gamma_i\right.\right\}\end{cases}\tag{14-2}$$

式中，$\tilde{\boldsymbol{b}}_{ij}$为不确定参数，其预测值为$\boldsymbol{b}_{ij}$，最大波动为$\hat{\boldsymbol{b}}_{ij}$；$\xi_{ij}$为波动比例；$\Omega_i$为多面体不确定集；$\Gamma_i$为不确定度，对$\sum\limits_{j\in J_i}|\xi_{ij}|$有限制作用。

14.1.3 对等转换理论

由于鲁棒优化模型中含有不确定参数，通常情况很难求解，所以在求解前需要处理模型中的不确定参数。文献[43]提出排序截断法，该方法可用于解决弱鲁棒优化模型中的不确定因素，可快速将模型转化为易处理的确定性模型，可有效加快模型的求解速度。将式(14-2)代入式(14-1)可得

$$\boldsymbol{a}_i^{\mathrm{T}}x-\gamma_i\leqslant\sum_{j\in J_i}\omega_{ij}(\boldsymbol{b}_{ij}+\xi_{ij}\hat{\boldsymbol{b}}_{ij})\tag{14-3}$$

式中，ω_{ij}为不确定参数$\tilde{\boldsymbol{b}}_{ij}$的系数。

式(14-3)等价为

$$\boldsymbol{a}_i^{\mathrm{T}}x-\gamma_i\leqslant\sum_{j\in J_i}\omega_{ij}\boldsymbol{b}_{ij}-\max\sum_{j\in J_i}|\xi_{ij}||\omega_{ij}\hat{\boldsymbol{b}}_{ij}|\tag{14-4}$$

从小到大依次排列$\{|\omega_{ij}\hat{\boldsymbol{b}}_{ij}|\}$中的各个元素，排列后为$\{|\omega'_{ij}\hat{\boldsymbol{b}}'_{ij}|\}$，由于$\sum\limits_{j\in J_i}|\xi_{ij}|\leqslant\Gamma_i$，记$\Gamma_i$为向下取整为$\lfloor\Gamma_i\rfloor$，当$\sum\limits_{j\in J_i}|\xi_{ij}||\omega_{ij}\hat{\boldsymbol{b}}_{ij}|$为最大值时，序列$\{|\omega'_{ij}\hat{\boldsymbol{b}}'_{ij}|\}$前$\lfloor\Gamma_i\rfloor$个元素对应的$|\xi_{ij}|=1$，第$\lfloor\Gamma_i\rfloor+1$个元素对应的$|\xi_{ij}|=\Gamma_i-\lfloor\Gamma_i\rfloor$，其余元素对应的$|\xi_{ij}|=0$，式(14-4)转化为

$$\boldsymbol{a}_i^{\mathrm{T}}x-\gamma_i\leqslant\sum_{j\in J_i}\omega_{ij}\boldsymbol{b}_{ij}-\sum_{j=1}^{\lfloor\Gamma_i\rfloor}|\omega'_{ij}\hat{\boldsymbol{b}}'_{ij}|-(\Gamma_i-\lfloor\Gamma_i\rfloor)|\omega'_{i,\lfloor\Gamma_i\rfloor+1}\hat{\boldsymbol{b}}'_{i,\lfloor\Gamma_i\rfloor+1}|\tag{14-5}$$

将式(14-1)中含有不确定参数的约束条件替换为式(14-5)，则将不确定约束转化为确定约束，并且替换后的约束为线性约束，更易求解。

弱鲁棒模型中多面体不确定集中不确定度 Γ_i 的值可根据中心极限定理选取：设 $\mathrm{EX}_{ij}=\left|\xi_{ij}\right|=\left|\tilde{\boldsymbol{b}}_{ij}-\boldsymbol{b}_{ij}\right|/\boldsymbol{b}_{ij}$，假设 EX_{ij} 的期望为 μ_i，方差为 σ_i^2，并且 $\tilde{\boldsymbol{b}}_{ij}$ 独立同分布，则根据中心极限定理可得

$$\lim_{j\to\infty}\sum_{j=1}^{j}\frac{\mathrm{EX}_{ij}-n\mu_i}{\sigma_i\sqrt{n}}\to N(0,1) \tag{14-6}$$

式中，$N(0,1)$为标准正态分布。

当 Γ_i 按式(14-7)取值时，$\sum_{j\in J_i}\left|\xi_{ij}\right|\leqslant\Gamma_i$ 使置信概率 α 成立。

$$\Gamma_i=n\mu_i+\sigma_i\sqrt{n}\Phi^{-1}(\alpha) \tag{14-7}$$

由于本章选择多面体不确定集描述微电网中风光输出功率以及负荷需求的不确定性[44]，模型的功率平衡约束中含有不确定参数，其不确定集的预算值应满足：

$$\left|\xi_{\mathrm{WT}}\right|+\left|\xi_{\mathrm{PV}}\right|+\left|\xi_{\mathrm{L}}\right|\leqslant\Gamma_t\leqslant 3 \tag{14-8}$$

式中，Γ_t 为 t 时刻功率平衡约束的不确定集预算值。

14.2　基于弱鲁棒与 MPC 的微电网日前-日内多时间尺度调度

本节考虑源荷预测误差与不确定性对微电网影响的问题，提出一种弱鲁棒优化与 MPC 结合的微电网日前-日内多时间尺度调度方法。该方法在日前弱鲁棒优化调度阶段获得每小时的可控机组、储能系统、大电网调度计划，以解决源荷预测误差与不确定性对微电网所带来的影响；在日内阶段依据 MPC，以与日前弱鲁棒优化调度计划偏差最小为目标，每 15min 为一个间隔，滚动优化求解日内调度计划，实现闭环跟踪控制。

14.2.1　多时间尺度微电网弱鲁棒优化调度模型

1. 目标函数

在本篇前述章节中已对电价型需求响应基本原理、本章所用分布式电源模型及 MPC 理论进行了介绍，故本节不再赘述，本节重点介绍基于弱鲁棒与 MPC 的微电网日前-日内多时间尺度调度模型。

1)日前长时间尺度弱鲁棒优化调度目标函数

在日前阶段，采用激励与电价两类需求响应共同协助风光消纳，根据风电、光伏预测值以及电价型需求响应后的负荷数据，建立弱鲁棒优化调度模型目标函数，如式(14-9)所示：

$$\min F=\min\sum_{t=1}^{24}[C_{\mathrm{DE}}(t)+C_{\mathrm{BA}}(t)+C_{\mathrm{GRID}}(t)+C_{\mathrm{IDR}}(\mathrm{t})] \tag{14-9}$$

式中，$C_{\mathrm{DE}}(t)$为柴油发电机t时刻的总成本；$C_{\mathrm{BA}}(t)$为储能系统t时刻的总成本；$C_{\mathrm{GRID}}(t)$为t时刻微电网与大电网交互的总成本；上述三种成本计算方法与第10章一致；$C_{\mathrm{IDR}}(t)$为t时刻可中断负荷激励型需求响应成本，激励型需求响应是指通过电网公司改变该类型用户用电计划时对其进行赔偿[45]，将其作为弱鲁棒模型的松弛变量引入目标函数中可提高微电网调度的经济性。具体模型为

$$C_{\mathrm{IDR}}=\lambda_{\mathrm{loss}}P_{\mathrm{loss}} \tag{14-10}$$

式中，λ_{loss}为切负荷惩罚系数；P_{loss}为切负荷量。

2）日内短时间尺度MPC滚动优化调度目标函数

为减小微电网实际调度计划与日前弱鲁棒优化调度计划的偏差，日内阶段以15min为控制时域间隔，1h为预测时域，以与日前弱鲁棒优化调度计划偏差最小为目标，建立MPC滚动优化调度模型，实时跟踪并滚动修正日前调度计划。以跟踪性为性能指标的目标函数建立方法与第9章一致。

2. 约束条件

1）日前功率平衡约束

引入松弛变量后，微电网的运行需要满足的功率平衡约束如式(14-11)所示：

$$P_{\mathrm{LOAD}}(t)-P_{\mathrm{loss}}(t)=\tilde{P}_{\mathrm{WT}}(t)+\tilde{P}_{\mathrm{PV}}(t)+P_{\mathrm{BA}}(t)+P_{\mathrm{DE}}(t)+P_{\mathrm{GRID}}(t) \tag{14-11}$$

$$P_{\mathrm{LOAD}}(t)=\tilde{P}_{\mathrm{LOAD}}(t)+P_{\mathrm{BDR}}(t) \tag{14-12}$$

式中，$P_{\mathrm{LOAD}}(t)$为需求响应后t时刻负荷总功率；$P_{\mathrm{BDR}}(t)$为响应后t时段用电负荷功率；$\tilde{P}(t)$代表实际功率，风、光和刚性负荷分布由下标WT、PV和LOAD表示。

2）日内功率平衡约束

日内功率平衡约束为

$$P_{\mathrm{LOAD}}^{0}(t)-P_{\mathrm{loss}}(t)=P_{\mathrm{WT}}^{0}(t)+P_{\mathrm{PV}}^{0}(t)+P_{\mathrm{BA}}^{0}(t)+P_{\mathrm{DE}}^{0}(t)+P_{\mathrm{GRID}}^{0}(t) \tag{14-13}$$

式中，$P^{0}(t)$表示日内实际功率。

3）激励型需求响应负荷上下限约束

激励型需求响应负荷上下限约束满足：

$$0\leqslant P_{\mathrm{loss}}(t)\leqslant P_{\mathrm{loss}}^{\max}(t) \tag{14-14}$$

式中，$P_{\mathrm{loss}}^{\max}(t)$为切负荷功率上限。

其余约束条件：可控机组输出功率约束、交互功率上下限约束、柴油发电机约束、储能系统爬坡约束、储能SOC约束与第10章一致。

3. 功率平衡对等式

由于弱鲁棒优化模型的约束中存在不确定参数，通常情况很难求解，可使用对等转化的方法[46]，将约束转化为易处理的确定性约束。根据14.1.3所述的对等转换理论，将式(14-11)的功率平衡约束转化为

$$P_{\mathrm{LOAD}}(t)-P_{\mathrm{loss}}(t)=\tilde{P}_{\mathrm{WT}}(t)+\tilde{P}_{\mathrm{PV}}(t)+P_{\mathrm{BA}}(t)+P_{\mathrm{DE}}(t)+P_{\mathrm{GRID}}(t)-\sum_{j=1}^{\lfloor\Gamma_t\rfloor}(\hat{P}_{\mathrm{WT}},\hat{P}_{\mathrm{PV}},\hat{P}_{\mathrm{LOAD}})-(\Gamma_t-\lfloor\Gamma_t\rfloor)(\hat{P}_{\mathrm{WT}},\hat{P}_{\mathrm{PV}},\hat{P}_{\mathrm{LOAD}}) \tag{14-15}$$

4. 多时间尺度调度流程

本节基于弱鲁棒与 MPC 的微电网日前-日内多时间尺度调度流程如图 14-1 所示。

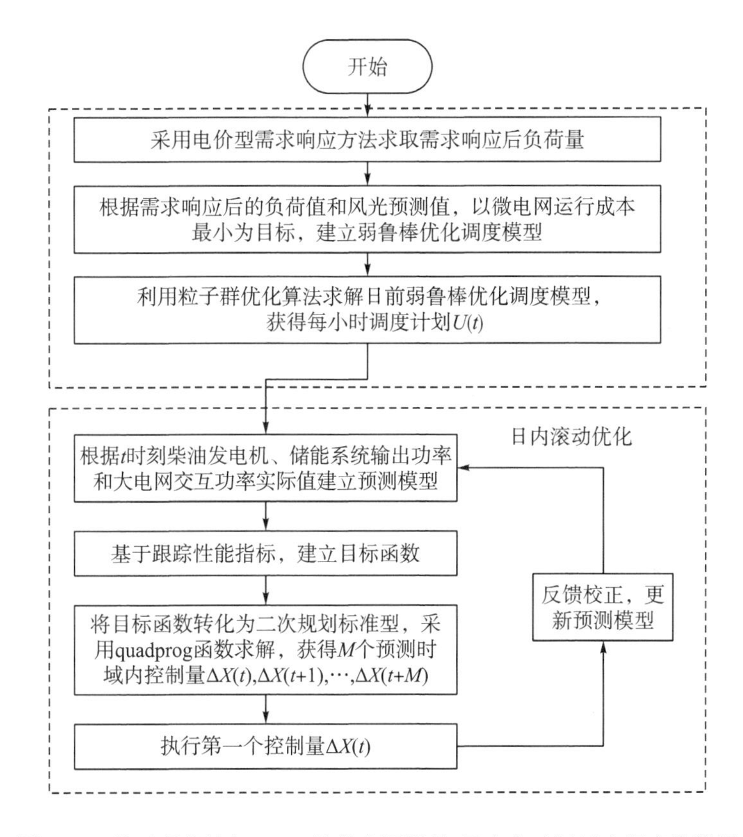

图 14-1 基于弱鲁棒与 MPC 的微电网日前-日内多时间尺度调度流程图

14.2.2 算例分析

1. 系统参数设置

本算例模拟三种运行场景，分别由日前源荷预测值向劣(刚性负荷增大、风光输出功率减小)偏移 3%、5%、10%后再叠加 3%、5%、10%的随机误差作为源荷实际值，具体输出功率如图 14-2 所示。设置系统总负荷的 35%为电价型需求响应，4%为激励型需求响应，其日前电价型需求响应后负荷值与日内实际值如图 14-3 所示。

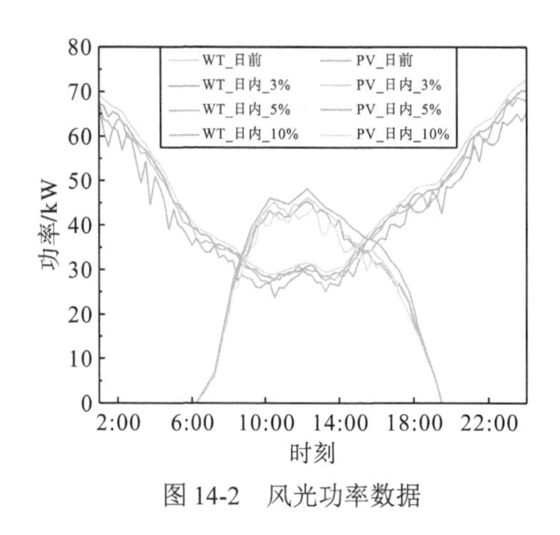

图 14-2 风光功率数据

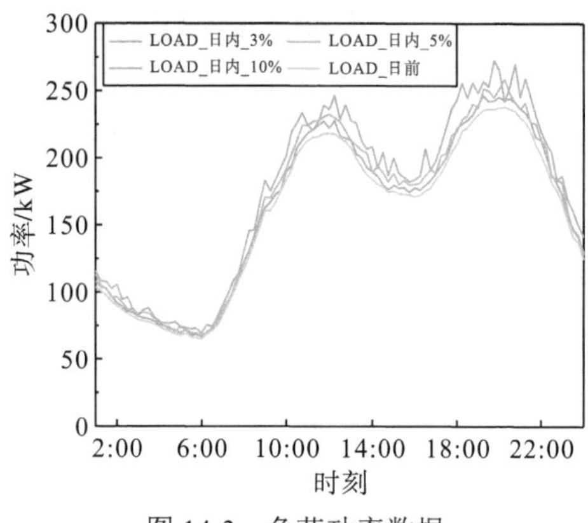

图 14-3 负荷功率数据

为减少柴油发电机启停次数，故使柴油发电机保持开机状态，输出功率上限和下限分别为 150kW 和 15kW，爬坡约束为 30kW/h 和 20kW/h，成本系数 $[d_1,d_2,d_3]^{\mathrm{T}}=[0.0037583,$ $0.078283，1.73708]^{\mathrm{T}}$；储能系统额定功率为 150kW/h，储能系统最大容量为 230kW，输出功率上限和下限为 150kW 和−100kW，综合成本 $\varpi=0.0016$；SOC 上限和下限约束分别为 0.9 和 0.1，初始值设置为 0.5；大电网输出功率上限和下限分别为 150kW 和−150kW。为更好地应对不确定性以提高供电可靠性；根据中心极限定理求出置信度为 95%下的鲁棒不确定度 Γ_i 为 2.4687；设置大电网分时电价与第 10 章一致。

2. 多时间尺度微电网弱鲁棒优化调度仿真结果分析

为验证所提优化调度方法的有效性，本部分对比了 4 种调度方法的仿真结果。4 种调度方法分别为：①本节提出的微电网多时间尺度优化调度方法；②日前采用弱鲁棒优化调度，日内误差采用大电网承担的开环控制方法；③日前采用随机优化算法寻优调度，日内采用 MPC 滚动优化的方法；④日前采用随机优化算法寻优调度，日内误差采用大电网承担的开环控制方法。

1) 仿真结果分析

日前柴油发电机输出功率、储能系统充放电功率与大电网交互的弱鲁棒调度计划如图 14-4 所示，储能 SOC 如图 14-5 所示。

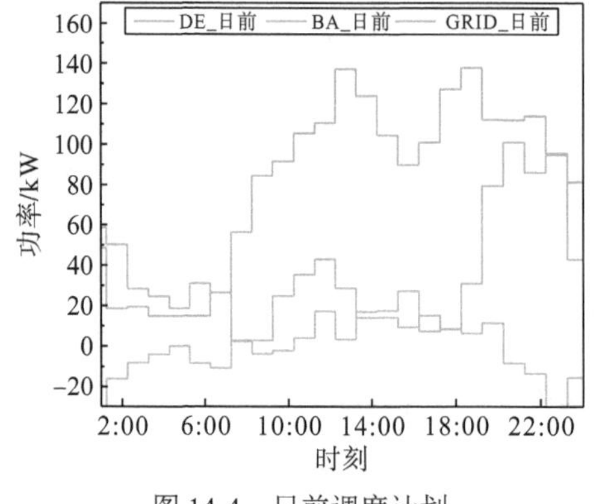

图 14-4 日前调度计划

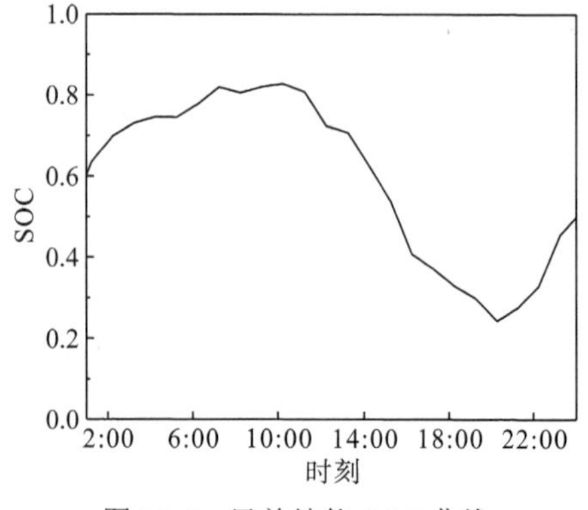

图 14-5 日前储能 SOC 曲线

从图 14-4、图 14-5 可以看出弱鲁棒调度计划中，谷时段(23:00～01:00)购电成本低，微电网储能系统大量充电，此时靠柴油发电机与微电网向大电网购电来保证功率平衡，谷时段(01:00～08:00)储能系统充电放缓，柴油发电机维持最低输出功率，微电网向大电网购电来保证功率平衡；平时段(08:00～17:00)，购电成本升高，此时主要由柴油发电机与大电网供应净负荷；峰时段(17:00～23:00)购电成本高，微电网主要由柴油发电机与储能来供应负荷以降低成本；在优化周期结束阶段(23:00～24:00)，储能系统充电使 SOC 回归至初始值。

进一步以日前期望调度策略为基准，进行日内滚动优化，由于日内时间尺度进一步细化，需求响应负荷难以及时调整，所以不考虑参与日内调度，其余预测误差与不确定性因素由柴油发电机、储能系统、大电网共同应对，在实际运行时，由于存在随机因素干扰，日内调度计划需调整以满足系统功率平衡，并且反馈校正提高了控制策略的准确性，在三种场景下采用 MPC 日内滚动优化后的调度计划和 SOC 曲线分别如图 14-6 和图 14-7 所示。

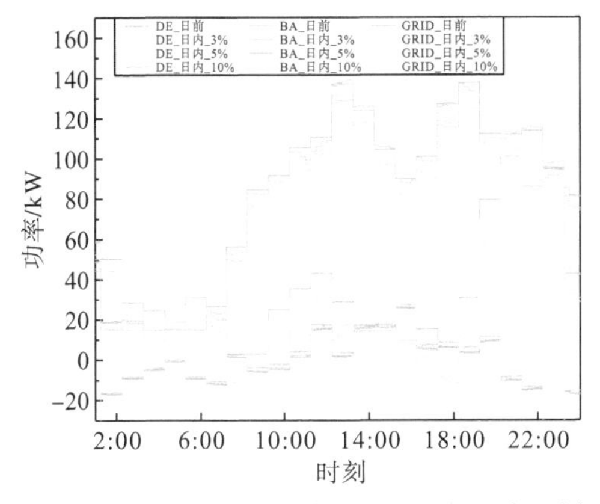

图 14-6　采用 MPC 日内滚动优化后的调度计划

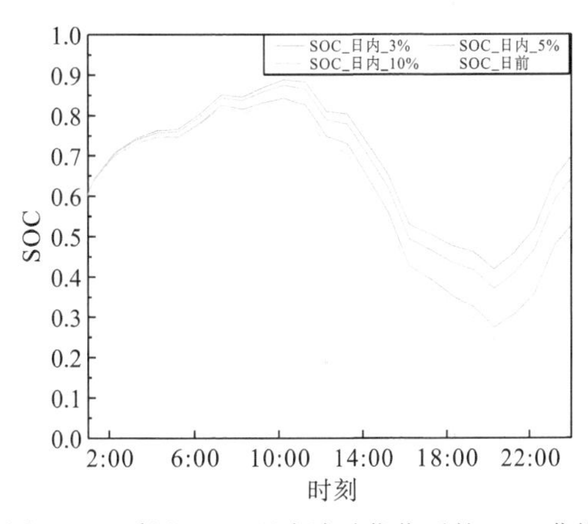

图 14-7　采用 MPC 日内滚动优化后的 SOC 曲线

从图 14-6 和图 14-7 中可以看出，由于日内实际情况存在不确定因素影响，MPC 会根据日内实际情况对日前调度计划进行修正，调整输出功率计划，满足系统功率平衡要求。

2) MPC 性能对比

控制方法在三种误差场景下运行成本比较如表 14-1 所示。

表 14-1　运行成本对比　(单位：元)

调度方法	日前	日内		
		3%误差	5%误差	10%误差
Light Robust +MPC	1619.37	1314.19	1398.82	1585.36
Light Robust	1619.37	1381.40	1448.54	1601.36

如表 14-1 所示，三种误差场景下分别使用不同调度方法，本节所提调度方法 Light Robust+MPC 的运行成本均低于 Light Robust，在日内实际运行情况下，通过 MPC 可以降

低机组的输出功率及向大电网购电电量，甚至将多余的能量售给大电网，因此降低了微电网的全天综合成本。日内大电网交互功率计划与日前大电网调度计划偏差绝对均值对比如表 14-2 所示。

表 14-2 日内大电网交互功率计划与日前大电网调度计划偏差绝对均值对比（单位：kW）

调度方法	日内		
	3%误差	5%误差	10%误差
Light Robust +MPC	15.60	11.33	3.87
Light Robust	17.97	12.94	5.40

由表 14-2 对比可见，三种场景下本节所提调度方法 Light Robust+MPC 的偏差绝对均值均低于 Light Robust。三种场景下 Light Robust+MPC 和 Light Robust 大电网交互功率如图 14-8～图 14-10 所示，在日前调度计划相同时，日内采用 MPC 滚动优化的经济性与跟踪性均优于非 MPC 滚动优化。

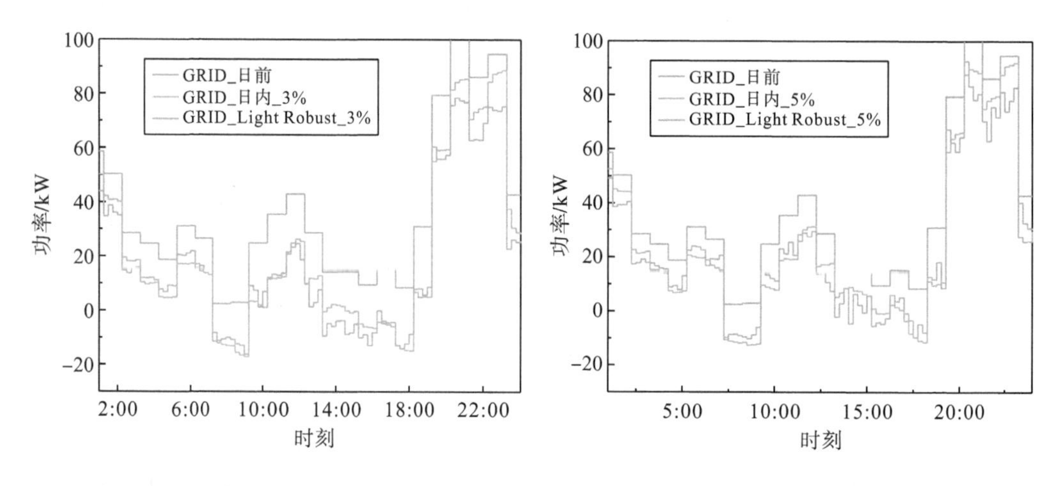

图 14-8 3%误差下电网交互功率对比　　图 14-9 5%误差下电网交互功率对比

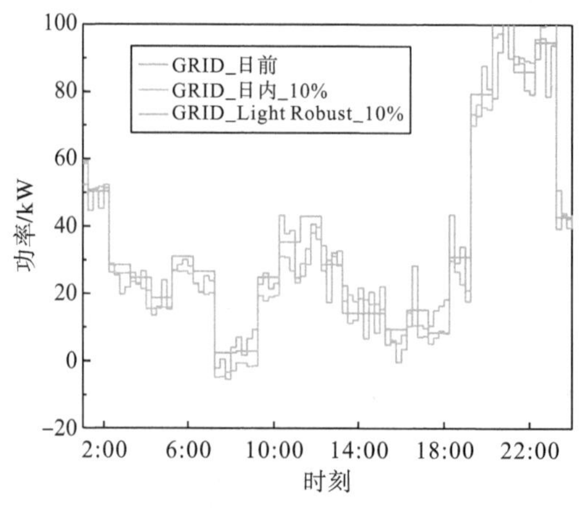

图 14-10 10%误差下电网交互功率对比

仿真结果表明，在日内实际运行状态下，采用 MPC 滚动优化可很好地跟踪和修正日前调度计划以满足实际运行状态，使微电网在实际运行状态大范围波动时仍具备较好的经济性，并且可使全天大电网交互功率修正的总量更小，因此减少了微电网交互功率调度计划的变动，进而减小了对大电网产生的波动。

3) 鲁棒性能对比

分别在日前、日内 3%、5%和 10%三种误差情况下对比 Light Robust+MPC、Stochastic+MPC、Stochastic 三种方法的综合成本，如表 14-3 所示。

表 14-3 综合成本对比　（单位：元）

调度方法	日前	日内		
		3%误差	5%误差	10%误差
Light Robust + MPC	1619.37	1314.19	1398.82	1585.36
Stochastic + MPC	1284.22	1389.27	1476.30	1666.75
Stochastic	1284.22	1379.26	1452.17	1610.20

表 14-3 对比可见，虽然本节所提方法 Light Robust+MPC 在日前综合成本要高于不采用弱鲁棒优化的 Stochastic+MPC、Stochastic，但是在源荷预测误差与不确定性不可避免的实际运行场景下，Stochastic+MPC、Stochastic 的综合成本均高于 Light Robust+MPC。在三种实际运行场景下，Stochastic+MPC 的成本高于 Stochastic，这是因为日前采用非弱鲁棒优化时输出的是特定场景下经济最优调度计划，当实际运行时，随着随机误差增大，调度计划偏差也会变大，继续采用 MPC 跟踪非弱鲁棒的调度计划将导致微电网的日内运行成本增加。通过对比分析可知，实际运行场景必然会受到源荷预测误差和不确定性的影响，因此在日前调度阶段采用弱鲁棒优化调度计划使得日内的跟踪调度更具有实际意义。

14.3 基于弱鲁棒与 MPC 的微电网日前-日内多目标优化调度

14.2 节对微电网并网情况下的优化调度问题提出了解决方法，并证明了所提方法在并网条件下对微电网的优化调度具有一定优势，但是对微电网应用于海岛、偏远山区等很难与大电网相连的地区以及微电网的环境因素考虑不足，所以本节在日前调度阶段采用弱鲁棒优化方法考虑满足经济性与环保性的多目标调度计划，日内阶段采用 MPC 跟踪日前调度计划，实现闭环跟踪控制。

14.3.1 多时间尺度微电网弱鲁棒多目标优化调度模型

本节日前阶段通过弱鲁棒多目标优化调度方法，以微电网运行成本最低以及污染气体排放与弃风弃光折算后的总量最低为优化目标，用 NSGA-II 求解日前考虑经济性与环保性的多目标调度计划。日内阶段以15min为控制时域，1h为预测时域采用跟踪性为性能指标，建立MPC滚动优化调度模型。

1. 目标函数

1) 日前长时间尺度弱鲁棒优化调度目标函数

本节考虑微电网处于孤网运行模式，弱鲁棒优化方法的松弛变量γ物理意义为弃风、弃光、切负荷的风险运行变量，第一个目标函数为运行成本最低，由微电网运行成本C_0和风险成本C_{cut}组成，如式(14-16)所示：

$$F_{(1)} = \min(C_0 + C_{cut}) \tag{14-16}$$

$$C_0 = C_{DG} + C_{BA} + C_{DDR} \tag{14-17}$$

式中，C_{DG}为燃气轮机的发电成本；C_{BA}为储能系统的充放电成本；C_{DDR}为需求响应负荷调度成本。本节以式(14-18)所示$F_{(2)}$污染气体排放与弃风弃光折算总量最小为第二个目标函数：

$$F_{(2)} = aP_{DG}^2 + bP_{DG} + c + d(\gamma_{qwt} + \gamma_{qpv}) \tag{14-18}$$

式中，P_{DG}为燃气轮机的输出功率；γ_{qwt}为弃风量；γ_{qpv}为弃光量；a、b和c为微型燃气轮机运行时的污染气体CO_2、SO_2和NO_x的排放系数；d为弃风、弃光折算污染系数。各类成本具体计算方式如下：

(1) 微型燃气轮机。由于本节考虑孤网模式下的优化调度，需要响应更快的可控机组参与，所以选择微型燃气轮机的运行效率如式(14-19)所示：

$$\eta_{DG}(t) = 0.0753\left[\frac{P_{DG}(t)}{65}\right]^3 - 0.3095\left[\frac{P_{DG}(t)}{65}\right]^2 + 0.4174\frac{P_{DG}(t)}{65} + 0.1068 \tag{14-19}$$

式中，$P_{DG}(t)$为燃气轮机的输出功率；$\eta_{DG}(t)$为其运行效率。燃气轮机通过消耗燃料发电，在运行过程中会产生燃料费用和运维费用，具体计算如式(14-20)、式(14-21)所示：

$$C_{DG}(t) = K_{DG}P_{DG}(t) + C_{G.F}(t) \tag{14-20}$$

$$C_{G.F}(t) = \frac{C_{ON}}{\text{LHV}}\frac{P_{DG}(t)}{\eta_{DG}(t)} \tag{14-21}$$

式中，$C_{DG}(t)$为燃气轮机的发电成本；$C_{G.F}(t)$为燃气轮机的燃料成本；K_{DG}为燃气轮机的运维成本；t代表t时间段；C_{ON}为燃气费用；LHV为燃气低热值。

(2) 需求侧响应。当微电网调整需求响应负荷用电计划时，会影响需求响应负荷的正常用电计划，微电网会根据新的调度计划给予需求响应用户一定的补偿，调度成本$C_{DDR}(t)$可表示为

$$C_{DDR}(t) = K_{DDR}\,|P_{DDR}(t) - P_{DDR}^*(t)|\,\Delta t \tag{14-22}$$

式中，$P_{DDR}(t)$为需求响应负荷在最终调度计划的实际调度功率；K_{DDR}为电网给予需求响应负荷的补偿费用与调度成本；$P_{DDR}^*(t)$为日前需求响应用户所提供的期望用电功率。

(3) 风险成本。本节中的风险成本是指当可再生能源出力或负荷场景不满足微电网功率平衡时，产生的弃风、弃光和切负荷成本，其成本如式(14-23)、式(14-24)所示：

$$C_{cut} = C_{loss} + C_{qwt} + C_{qpv} \tag{14-23}$$

$$\begin{cases} C_{\text{loss}} = \lambda_{\text{loss}} \gamma_{\text{loss}} \Delta t \\ C_{\text{qwt}} = \lambda_{\text{qwt}} \gamma_{\text{qwt}} \Delta t \\ C_{\text{qpv}} = \lambda_{\text{qpv}} \gamma_{\text{qpv}} \Delta t \end{cases} \tag{14-24}$$

式中，C_{qwt} 为弃风成本；C_{qpv} 为弃光成本；C_{loss} 为切负荷成本；λ_{qwt} 为弃风惩罚系数；λ_{qpv} 为弃光惩罚系数；λ_{loss} 为切负荷惩罚系数；γ_{loss} 为切负荷量。

2) 日内短时间尺度 MPC 滚动优化调度目标函数

在日内阶段，为满足微电网实际调度计划与日前弱鲁棒优化调度计划偏差的问题。日内以 15min 为控制时域，1h 为预测时域采用跟踪性为性能指标，建立与第 9 章一致的 MPC 滚动优化调度模型。

2. 约束条件

1) 日前功率平衡约束

引入松弛变量后，微电网的运行需要满足的功率平衡约束如式(14-25)所示：

$$\tilde{P}_{\text{LOAD}} - \gamma_{\text{loss}} = \tilde{P}_{\text{WT}}(t) + \tilde{P}_{\text{PV}}(t) + P_{\text{DG}}(t) + P_{\text{BA}}(t) - P_{\text{DDR}}(t) - \gamma_{\text{qwt}} - \gamma_{\text{qpv}} \tag{14-25}$$

其中，微电网调度后总负荷功率为

$$P_{\text{LOAD}} = \tilde{P}_{\text{L}}(t) + P_{\text{DDR}}(t) \tag{14-26}$$

式中，P_{LOAD} 为调度后总负荷功率。

2) 日内功率平衡约束

日内功率平衡约束为

$$\tilde{P}_{\text{LOAD}} - \gamma_{\text{loss}} = \tilde{P}_{\text{WT}}^{0}(t) + \tilde{P}_{\text{PV}}^{0}(t) + P_{\text{DG}}^{0}(t) + P_{\text{BA}}^{0}(t) - P_{\text{DDR}}(t) - \gamma_{\text{qwt}} - \gamma_{\text{qpv}} \tag{14-27}$$

3) 燃气轮机功率约束

由于燃气轮机响应快，因此只考虑输出功率约束，忽略其爬坡约束[47]，输出功率约束为

$$P_{\text{DG}}^{\min} \leqslant P_{\text{DG}}(t) \leqslant P_{\text{DG}}^{\max} \tag{14-28}$$

式中，$P_{\text{DG}}^{\max}$ 和 $P_{\text{DG}}^{\min}$ 分别表示燃气轮机的最大和最小输出功率。

4) 需求响应约束

需求响应负荷主要考虑负荷平移问题，应满足：

$$\sum_{t=1}^{N_T} P_{\text{DDR}}(t) \Delta t = S_{\text{DDR}} \tag{14-29}$$

$$S_{\text{DDR}}^{\min}(t) \leqslant P_{\text{DDR}}(t) \Delta t \leqslant S_{\text{DDR}}^{\max}(t) \tag{14-30}$$

式中，S_{DDR} 为调度周期内的总用电需求；$S_{\text{DDR}}^{\max}(t)$ 和 $S_{\text{DDR}}^{\min}(t)$ 分别为各时段需满足需求响应最大和最小负荷。

5) 弃风弃光切负荷约束

弃风弃光切负荷约束为

$$\begin{cases} 0 \leqslant \gamma_{\text{loss}} \leqslant \gamma_{\text{loss}}^{\max} \\ 0 \leqslant \gamma_{\text{qwt}} \leqslant \gamma_{\text{qwt}}^{\max} \\ 0 \leqslant \gamma_{\text{qpv}} \leqslant \gamma_{\text{qpv}}^{\max} \end{cases} \tag{14-31}$$

式中，$\gamma_{\text{loss}}^{\max}$、$\gamma_{\text{qwt}}^{\max}$和$\gamma_{\text{qpv}}^{\max}$分别表示切负荷、弃风和弃光功率上限。其余约束条件与 14.2.1 节约束条件相同，在此不再赘述。

3. 功率平衡对等式

根据 14.1.3 节所述对等转换理论，式(14-25)的功率平衡约束转化为

$$
\begin{aligned}
P_{\text{LOAD}}(t)-\gamma_{\text{loss}} &= P_{\text{WT}}(t)+P_{\text{PV}}(t)+P_{\text{DG}}(t)+P_{\text{BA}}(t)-P_{\text{DDR}}(t)-\gamma_{\text{qwt}}-\gamma_{\text{qpv}} \\
&\quad -\sum_{j=1}^{\lfloor \Gamma_t \rfloor}(\hat{P}_{\text{WT}},\hat{P}_{\text{PV}},\hat{P}_{\text{LOAD}})-(\Gamma_t-\lfloor \Gamma_t \rfloor)(\hat{P}_{\text{WT}},\hat{P}_{\text{PV}},\hat{P}_{\text{LOAD}})
\end{aligned}
\tag{14-32}
$$

14.3.2　算例分析

1. 系统参数设置

本节在孤网模式下模拟三种运行场景，分别由日前源荷预测值向劣(刚性负荷增大，风光输出功率减小)偏移 3%、5%、10%后再叠加 3%、5%、10%的随机误差作为源荷实际值，具体输出功率数据如图 14-11 和图 14-12 所示；负荷预测波动比例为 10%，风、光功率数据预测误差波动比例为 15%。各类惩罚费用分别为 $\lambda_t=[\lambda_{\text{loss}},\lambda_{\text{qwt}},\lambda_{\text{qpv}}]^{\text{T}}$=[1.2，1，1]^{T}，任意时刻排放系数 $[a,b,c]^{\text{T}}$=[0.00079，0.025，21.9]^{T}，根据计算鲁棒不确定度 Γ_t=2.4867 允许最大风险运行的最大越限比例为 10%，各类成本具体计算方式如下所示。

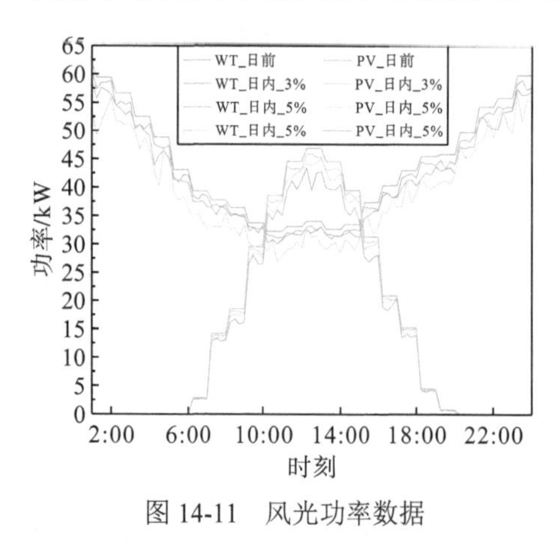

图 14-11　风光功率数据

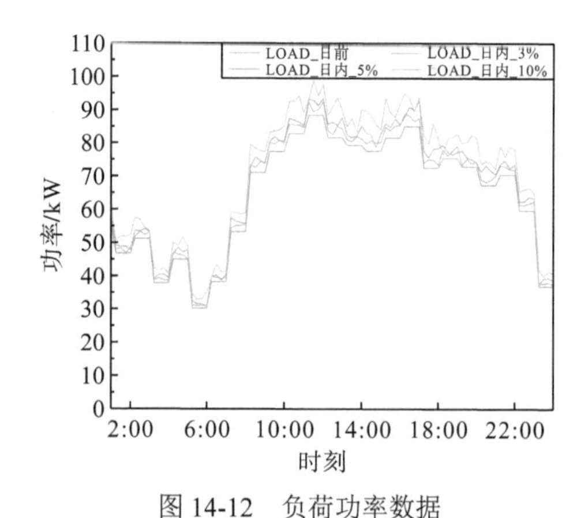

图 14-12　负荷功率数据

2. 多时间尺度微电网弱鲁棒多目标优化调度仿真分析

本节为验证该方法在孤网模式下的可行性，设置 4 种调度方法。4 种调度方法分别为：①本节提出的微电网多时间尺度优化调度方法；②日前采用弱鲁棒优化调度，日内误差选择弃风弃光切负荷处理的开环控制方法；③日前采用随机优化算法寻优调度，日内采用 MPC 滚动优化方法；④日前采用传统鲁棒优化调度，日内采用 MPC 滚动优化方法。

1) 仿真结果分析

本节所提模型在场景一情况下的调度结果如图 14-13～图 14-15 所示，图 14-13 表示燃气轮机输出功率，由于 1:00～7:00 和 24:00 用电负荷较小，风电输出功率较大，所以燃气轮机选择最小方式运行；图 14-14 为储能系统充放电功率，由于夜间负荷需求较低，储能系统在 2:00、4:00～5:00、6:00 和 24:00 进行充电，在 10:00 和 19:00～21:00 进行放电，以满足高峰时期负荷用电。需求响应负荷调度前后如图 14-15 所示，其给出的期望用电计划主要集中在负荷高峰时段。微电网在满足总电力需求和各时段电力约束的前提下，将 10:00～12:00 和 16:00～22:00 的电力需求分别调整至 1:00～7:00 和 24:00，减少了高峰时段的负荷不足和低谷时段的弃风功率。图 14-16 为弱鲁棒多目标优化模型的帕累托(Pareto)前沿；运行成本为 673.11 元，环境污染量为 846.77kg。

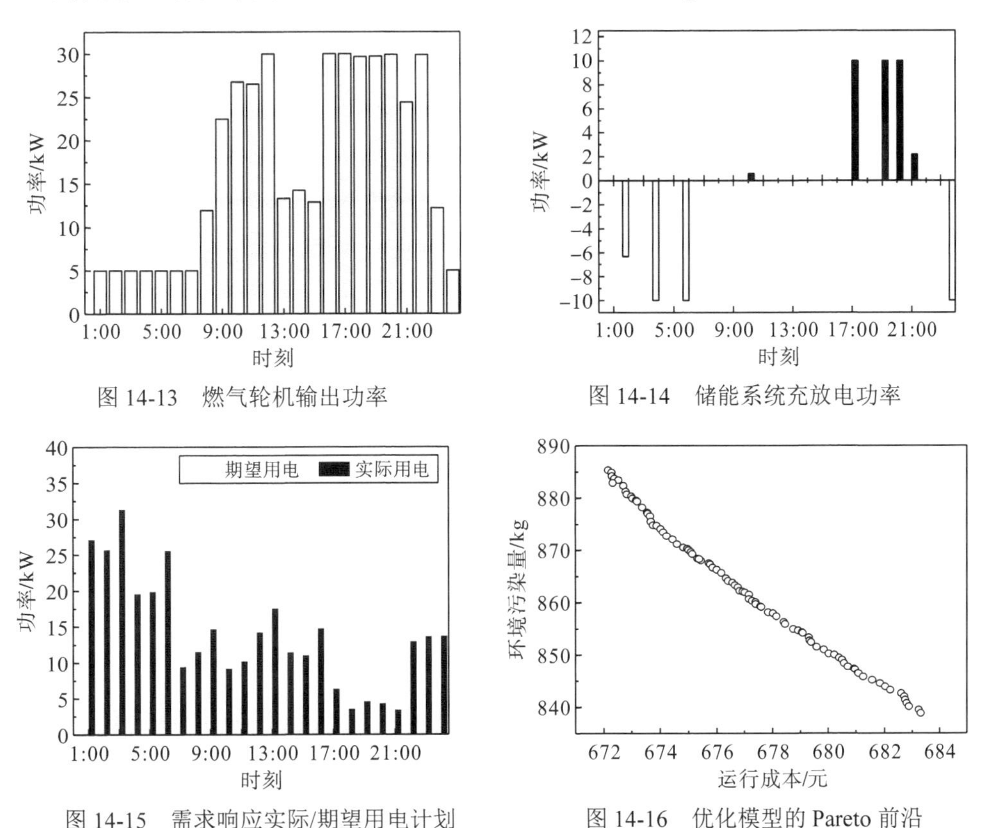

图 14-13　燃气轮机输出功率

图 14-14　储能系统充放电功率

图 14-15　需求响应实际/期望用电计划

图 14-16　优化模型的 Pareto 前沿

三种场景下采用 MPC 日内滚动优化后的调度计划如图 14-17 所示，其中，风险运行正值表示切负荷量，负值表示弃风、弃光量。在日内调度时，预测误差与不确定性因素由微型燃气轮机、储能系统共同应对，由于日内实际存在不确定因素影响，MPC 根据日内实际情况对日前调度计划进行修正，调整输出功率计划，满足系统功率平衡要求。

2) MPC 性能对比

对比表 14-4 可见，三种场景下本节所提的调度方法 Light Robust+MPC 日内运行成本均低于 Light Robust。由于孤网运行时，日前制定计划考虑了日内源荷发生波动的情况，所以日内波动过小时，多余的风光会被抛弃掉，所以波动情况小时，日内环境污染量略高于日前。在日内实际运行时，MPC 可以降低机组的输出功率，以减少弃风、弃光的情况出现，减少微电网的全天综合成本。对比表 14-5 可知，三种场景下本节所提方法 Light Robust+MPC 的日内风险运行功率与日前风险运行计划偏差绝对均值都低于 Light Robust。

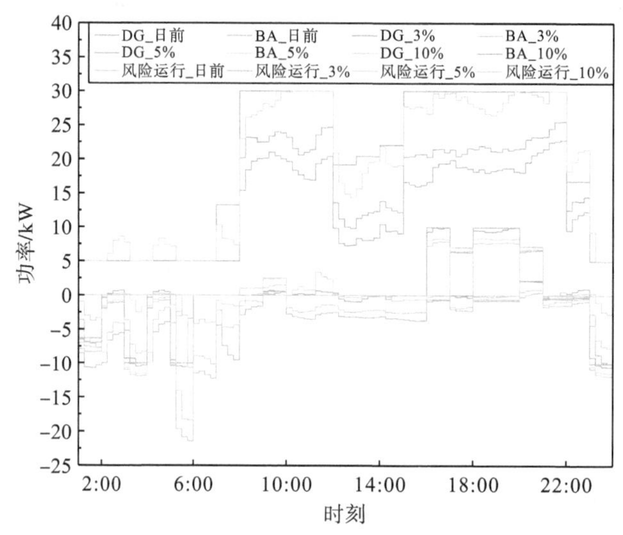

图 14-17　三种场景下采用 MPC 日内滚动优化后的调度计划

表 14-4　综合成本与环境污染量对比

控制方法	日前		日内					
			3%误差		5%误差		10%误差	
	综合成本/元	环境污染量/kg	综合成本/元	环境污染量/kg	综合成本/元	环境污染量/kg	综合成本/元	环境污染量/kg
Light Robust +MPC	673.11	846.77	576.09	1010.87	580.84	972.23	612.15	916.36
Light Robust	673.11	846.77	826.01	1366.62	748.27	1204.52	650.37	933.97

表 14-5　风险运行功率偏差绝对均值对比　（单位：kW）

控制方法	日内		
	3%误差	5%误差	10%误差
Light Robust +MPC	5.03	3.72	1.60
Light Robust	8.69	5.98	2.58

三种场景下两种方法的风险运行功率如图 14-18～图 14-20 所示，在日前调度计划相同，日内实际运行状态下，采用 MPC 滚动优化可以很好地跟踪和修正日前调度计划以满足实际运行状态，使微电网在实际运行状态大范围波动时仍具备较好的经济性，并且可使全天风险运行功率修正的总量更小，减少微电网风险运行功率调度计划的变动，保证微电网能够满足其经济运行。

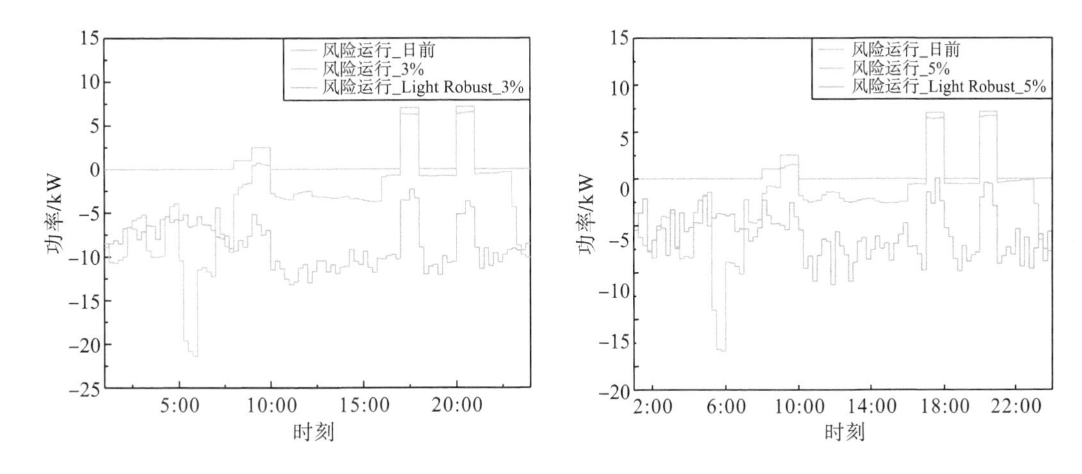

图 14-18　3%误差下两种方法的风险运行功率对比　图 14-19　5%误差下两种方法的风险运行功率对比

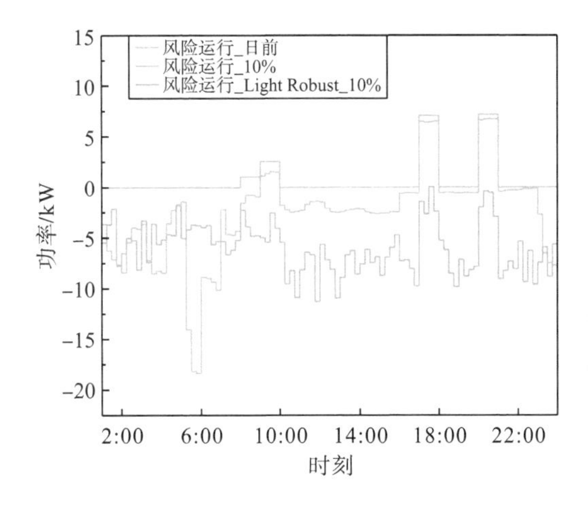

图 14-20　10%误差下两种方法的风险运行功率对比

3) 鲁棒性能对比

本部分分别针对日前、日内 3%、5%和 10%误差场景下对比 Light Robust+MPC、Stochastic+MPC、Robust+MPC 三种方法的综合成本及环境污染量，如表 14-6 所示。

表 14-6　综合成本与环境污染量对比

控制方法	日前		日内					
			3%误差		5%误差		10%误差	
	综合成本/元	环境污染量/kg	综合成本/元	环境污染量/kg	综合成本/元	环境污染量/kg	综合成本/元	环境污染量/kg
Light Robust +MPC	673.11	846.77	576.09	1010.87	580.84	972.23	612.15	916.36
Stochastic + MPC	636.66	812.47	607.81	991.00	666.60	1008.08	860.23	1139.99
Robust +MPC	695.22	875.91	893.90	1478.11	806.97	1318.64	621.26	951.13

由表 14-6 可见，虽然 Light Robust+MPC 在日前综合成本高于不采用弱鲁棒优化的方法，但是在源荷预测误差与不确定性不可避免的实际运行场景下，日内综合成本低于不采用弱鲁棒优化的方法，波动程度越大，Light Robust+MPC 的综合成本与环境污染量越低。通过对比 Light Robust+MPC 和 Robust+MPC 可见，虽然传统鲁棒优化在制定日前调度计划时能满足任何情况下该计划的可行性，保证系统安全，但在允许情况下出现风险运行情况可以更好地适应多种场景，且有利于追求综合效益最优。

由表 14-7 可见，Light Robust+MPC 的风险运行总功率相较于其他两种方法，在日内波动误差越大的情景下，调度计划越优。对比分析得出，由于实际运行场景下必然会存在源荷预测误差和不确定性影响，日前采用随机优化的方法获得的调度计划为特定场景下的经济最优调度计划，当实际运行时，随着随机误差增大，调度计划偏差也会变大，继续采用 MPC 跟踪随机优化获得的调度计划将导致微电网的日内运行成本以及风险运行功率偏差增加。而采用传统鲁棒优化，所制定的日前经济最优调度计划过于保守，适用性较差，因此在日内跟踪期调度计划时无法保证其经济最优。所以在日前调度阶段采用弱鲁棒优化调度计划使得日内的跟踪调度更具有实际意义。

表 14-7 风险运行功率偏差绝对值对比 （单位：kW）

控制方法	日前	日内		
		3%误差	5%误差	10%误差
Light Robust +MPC	0.74	5.03	3.72	1.60
Stochastic + MPC	3.68	4.32	4.24	5.59
Robust +MPC	0.00	10.43	7.67	1.68

14.4 本 章 小 结

本章首先对弱鲁棒优化的基本理论进行了介绍，在微电网考虑源荷预测误差与不确定性的优化调度问题时，提出了一种弱鲁棒优化与 MPC 结合的多时间尺度经济优化调度方法，通过算例分析验证所提方法能够在含预测误差与不确定性的实际场景下，具有更好的经济性与实用性；接着针对微电网孤网运行地区，考虑环境污染因素，建立了基于弱鲁棒优化与 MPC 的微电网日前-日内多目标优化调度模型，通过算例分析验证该方法在孤网模式下，不仅能保证多数情况下微电网风光消纳能力以及负荷需求，而且能提高微电网经济性与环保性，有效改善传统鲁棒优化的保守性，在保证较好鲁棒性的同时兼顾了经济性与环保性。

第15章　计及需求响应的微电网多目标优化调度研究

我国对可再生能源的开发越来越重视，其中对风力发电、光伏发电的研发已投入较多资金。微电网中聚集了很多分布式电源，相当于是分布式电源的载体，微电网可以看成一个电力系统。如何在满足经济运行要求的前提下，进行合理调度是微电网非常重要的研究内容。

为解决上述问题，本章研究计及需求响应的微电网多目标优化调度，采用区间数描述风机、光伏出力的不确定性，建立基于需求响应的微电网多目标优化模型。利用区间序关系将目标函数区间不确定性模型转换成确定性模型，再利用区间可能度方法将不确定性约束转换成确定性约束，采用基于水平群优化的高效多目标优化算法求解模型，并采用改进熵权的灰色关联分析法确定最终折中调度方案。

15.1　多目标求解相关理论及其优越性分析

15.1.1　EMOSO

水平群优化的高效多目标优化算法(efficient multi-objective optimization algorithm based on level swarm optimizer，EMOSO)是对粒子群多目标优化算法进行改进的一种算法，其具体流程包含适应值排序和层次学习[48]。

1. 基于适应度值排序

基于适应度值的排序有两个步骤。在第一步中，计算粒子 p 与种群中其他粒子之间的最小距离，该距离采用基于移位的密度估计(shift-based density estimation，SDE)策略[49]。基于 SDE 的最小距离[50]为

$$\mathrm{Dist}_{\min}(p)=\min_{q\in P\setminus\{p\}}\sqrt{\sum_{m=1}^{M}\left(\max\left\{0,f_m(q)-f_m(p)\right\}\right)^2} \tag{15-1}$$

式中，$f_m(p)$ 表示粒子 p 的第 m 个目标函数值；M 表示目标数量。SDE 策略结合了粒子的分布和收敛信息，能够反映粒子与 Pareto 前沿的相对接近程度。

在第二步中，通过文献[50]中基于非支配排序以及拥挤距离对粒子进行排序，将粒子按适应度值从大到小进行排序。计算公式为

$$\mathrm{Fit}(p) = \mathrm{Dist}_{\min}(p) - \frac{h_p}{N} \tag{15-2}$$

式中，p 表示种群中的第 p 个粒子；N 表示种群的数量；h_p 表示通过文献[51]中基于非支配排序以及拥挤距离对粒子进行排序后的第 p 个粒子的索引值。

2. 层次学习策略

在进化过程中，粒子通常具有不同的进化状态，这使得粒子在搜索空间中具有不同的探索和利用能力，所以采用层次学习策略开发粒子的探索和利用能力。在基于层次学习策略中，根据适应度值排序将种群 P 划分为 NL 层，适应度值越高的粒子属于越高的层，层次越高，其层次索引越小。最高层用 L_1 表示，最低层用 L_{NL} 表示。假设所有层都有相同数目的粒子，每层粒子数目由 LS 表示，即 LS=[N/NL]，[·]代表四舍五入。应该注意的是，当种群不能以 LS=[N/NL]完全分配时，多余的粒子放置在最后一层 L_{NL}。最低层的粒子数用 LSN 表示，即 LSN=[N−(NL−1) LS]。

将粒子分配到不同层后，将创建领导层，该领导层由通过基于非支配排序和拥挤距离排序后排名前五个的粒子组成。最高层的领导者和粒子将被用来指导当前种群中较低层的粒子进化。应当注意，粒子的进化从最高层 L_1 开始，然后更新第二层 L_2、第三层直至最低层。最高层的更新方式与其他级别的更新方式有很大的不同。最后，采用多项式变异策略进一步提高 EMOSO 的性能。较低层更新方式如下：

$$\begin{aligned} V_{i,j}(t+1) &= r_1 V_{i,j}(t) + r_2(E_{i,j} - \mathrm{MP}) \\ &\quad + r_3(X_{\mathrm{leader}} - X_{i,j}) \\ X_{i,j}(t+1) &= X_{i,j}(t) + V_{i,j}(t+1) \end{aligned} \tag{15-3}$$

式中，$X_{i,j}$ 表示 L_i 层第 j 个粒子的位置；$V_{i,j}$ 表示 L_i 层第 j 个粒子的速度；r_1、r_2 和 r_3 表示[0,1]范围内的三个随机系数量；X_{leader} 表示领导层中的随机粒子；$E_{i,j}$、MP 可分别表示为

$$\begin{aligned} E_{i,j} &= \frac{c_1 X_{l_1,k_1} + c_2 X_{l_2,k_2}}{c_1 + c_2} \\ \mathrm{MP} &= \mathrm{mean}\{X_1, X_2, \cdots, X_N\} \end{aligned} \tag{15-4}$$

式中，X_{l_1,k_1} 和 X_{l_2,k_2} 表示从 L_{l_1} 和 L_{l_2} 两层中任意选取的两个粒子的位置；c_1、c_2 表示[0,1]范围内的两个随机系数；$l_1, l_2 \in [1, \mathrm{NL}-1]$ 且 $l_1 \neq l_2$；k_1、k_2 表示当前层 l_1、l_2 两个粒子的位置索引，$k_1, k_2 \in [1, \mathrm{LS}]$。

最高层 L_1 更新方式如下：

$$\begin{aligned} V_{1,j}(t+1) &= r_4 V_{1,j}(t) + r_5(\mathrm{MP} - X_{1,j}) \\ &\quad + r_6(X_{\mathrm{leader}} - X_{1,j}) \\ X_{1,j}(t+1) &= X_{1,j}(t) + V_{1,j}(t+1) \end{aligned} \tag{15-5}$$

式中，r_4、r_5、r_6 和是在[0,1]范围内的三个随机系数。

15.1.2　灰色关联分析法(折中解选择)

灰色关联分析法是一种定量描述两个指标之间关联程度的方法，其实质就是通过比较两个指标的属性值与序列曲线的接近程度。所得的形状与序列曲线越相近，说明两者之间的关联程度越高，反之说明两者之间的关联程度越低。其计算步骤如下：

(1) 评价矩阵 $\boldsymbol{X}=(x_{ij})_{m\times n}$ 转化为标准化矩阵。

(2) 确定参考序列。一般把各评价指标的最优值集合当作理想参考序列，并标准化。

(3) 关联系数计算。

$$\gamma_{ij}=\frac{\min\limits_{1\leqslant i\leqslant m}\min\limits_{1\leqslant j\leqslant n}\left|x_{i0}^{*}-x_{ij}^{*}\right|+\eta\max\limits_{1\leqslant i\leqslant m}\max\limits_{1\leqslant j\leqslant n}\left|x_{i0}^{*}-x_{ij}^{*}\right|}{\left|x_{i0}^{*}-x_{ij}^{*}\right|+\eta\max\limits_{1\leqslant i\leqslant m}\max\limits_{1\leqslant j\leqslant n}\left|x_{i0}^{*}-x_{ij}^{*}\right|} \tag{15-6}$$

式中，η 为分辨系数，η 的取值范围为 $\eta\in[\xi,2\xi]\subseteq[0,1]$，当 $\xi<1/3$ 时，$\eta\in[\xi,1.5\xi]$；当 $\xi\geqslant 1/3$ 时，$\eta\in[1.5\xi,2\xi]$。

$$\xi=\frac{\sum\limits_{i=1}^{m}\sum\limits_{j=1}^{n}\left|x_{i0}^{*}-x_{ij}^{*}\right|}{\max\limits_{1\leqslant i\leqslant m}\max\limits_{1\leqslant j\leqslant n}\left|x_{i0}^{*}-x_{ij}^{*}\right|\cdot mn} \tag{15-7}$$

(4) 根据各关联系数计算熵权灰色关联度：

$$r_{0j}=\sum_{i=1}^{m}w_i'\gamma_{ij} \tag{15-8}$$

依据关联度排序，得出折中解。

15.1.3　改进熵权法(权重赋值)

计算灰色关联度时，每个指标的权重需要决策者计算，而不同的决策者对每个指标的偏好是不一样的。层次分析法、专家调查法常常需要依赖决策者的主观判断以及专家以往的经验知识来确定各指标的权重，缺乏理论支撑。模糊综合评价法过于看重极值，这使得有效的信息容易丢失。熵权法是一种客观赋权法，而改进熵权法能避免权重的不合理分配问题。熵权法计算步骤如下：

(1) 数据处理。将由 m 项指标和 n 个对象构成的评价矩阵表示为 $\boldsymbol{X}=(x_{ij})_{m\times n},i=1,2,\cdots,m,\ j=1,2,\cdots,n$，再将评价矩阵转化为规范化矩阵，即

$$y_{ij}=\begin{cases}\dfrac{x_{ij}-\min x_{ij}}{\max x_{ij}-\min x_{ij}}, & \text{正向指标}\\[2ex] \dfrac{\max x_{ij}-x_{ij}}{\max x_{ij}-\min x_{ij}}, & \text{负向指标}\end{cases} \tag{15-9}$$

(2) 标准化处理。计算第 i 个指标的第 j 个对象的指标值的比重，即

$$P_{ij} = y_{ij} \Big/ \sum_{j=1}^{n} y_{ij} \tag{15-10}$$

(3)计算信息熵 e_i。计算第 i 个指标的熵值，即

$$e_i = -\left(\sum_{j=1}^{n} P_{ij} \ln P_{ij} \right) / \ln n \tag{15-11}$$

(4)计算熵权。在传统熵权法中，常见的处理方式为

$$\begin{cases} w_i = (1-e_i) \Big/ \sum_{i=1}^{m} (1-e_i) \\ \sum_{i=1}^{m} w_i = 1 \end{cases} \tag{15-12}$$

当 $e_i \to 1$ 时，会出现不同指标的熵值差别很小，但熵权值却差别很大的现象。从熵权原理可知，假如对象的熵值差异很小，表明这些对象体现出的信息量也差不多，则对应的权重也差异不大。上述现象显然不合理，因此本节采用改进熵权法替代传统熵权法，如式(15-13)所示：

$$\begin{cases} w_i' = \dfrac{\sum_{k=1}^{m} e_i + 1 - 2e_i}{\sum_{s=1}^{m} \left(\sum_{k=1}^{m} e_i + 1 - 2e_i \right)} \\ \sum_{i=1}^{m} w_i' = 1 \end{cases} \tag{15-13}$$

熵权法是一种客观赋权法，当决策者使用该方法时，在熵值取值越接近 1 时，熵权会有很大变化，进而对最优方案的选取造成影响。而改进熵权法能避免权重的不合理分配问题，因此本节将改进熵权法、灰色关联分析法用于折中解的选取。

15.1.4 EMOSO 优越性仿真实验与分析

本节选用常用的[52]ZDT1、ZDT2、ZDT3 和 DTLZ2、DTLZ6、DTLZ7 共 7 个测试函数验证所提算法的性能，其中 ZDT 是二维测试函数，DTLZ 既有二维又有三维测试函数。

1. 评价指标

采用综合指标[53](IGD)对算法优劣进行性能评价。IGD 是一个反映了经过算法运算后得到的近似 Pareto 解集与真实 Pareto 解集重合程度的指标，它既可以说明算法的收敛性，也可以说明算法的多样性。IGD 的值越小，表示二者之间的重合程度越高，如式(15-14)所示：

$$\mathrm{IGD}(Y, Y^*) = \frac{\sum_{i=1}^{|Y|} d(Y_i, Y^*)}{|Y|} \tag{15-14}$$

式中，Y 代表真实 Pareto 解集中的一组均匀采样；Y^* 代表经过多目标算法求解后的近似 Pareto 解集；$|Y|$ 代表种群 Y^* 的规模；$d(Y_i,Y^*)$ 代表 Y_i 与 Y^* 的最小欧氏距离。

2. 算例分析

将 EMOSO 中的有关参数设置为：NL=4，种群大小为 100，变量为 30 维，最大迭代次数为 300。将 NSGA-II 中的有关参数设置为：交叉概率为 0.11，种群规模为 100，变量 (D) 为 30 维，目标数 (M) 为 2 和 3，最大迭代次数为 300。所有测试都在相同环境，分别对非支配排序遗传算法 NSGA-II 和 EMOSO 进行测试，Pareto 前沿解如图 15-1 所示。

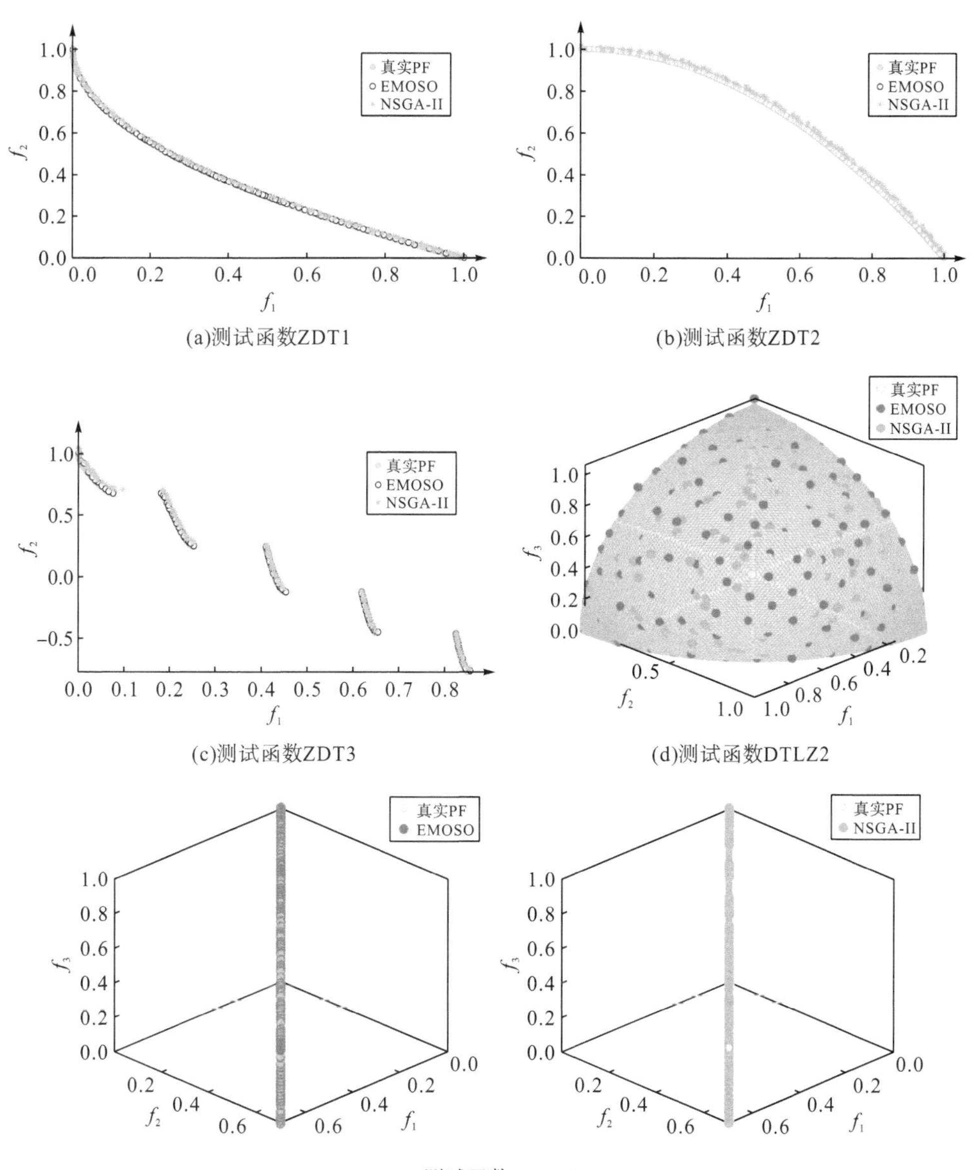

(a)测试函数ZDT1　(b)测试函数ZDT2

(c)测试函数ZDT3　(d)测试函数DTLZ2

(e)测试函数DTLZ6

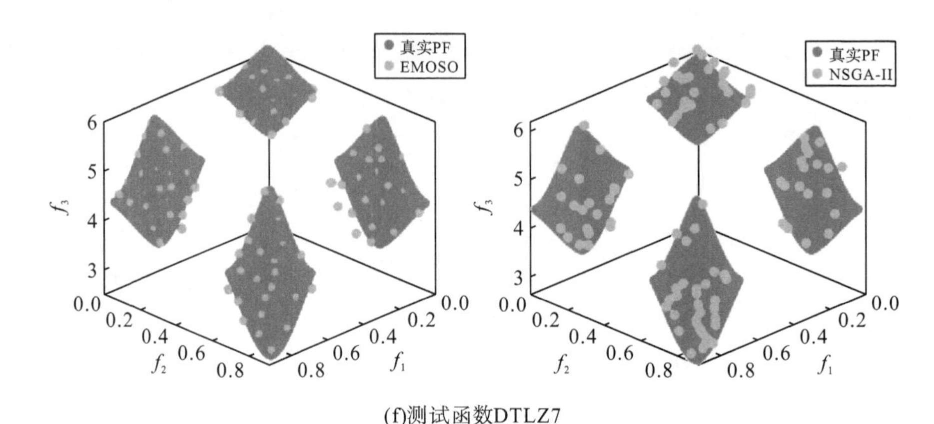

(f)测试函数DTLZ7

图 15-1 两种算法对测试函数评价的 Pareto 前沿解图

由图 15-1 可以看出，与 NSGA-II 相比，EMOSO 求得的 Pareto 前沿与真实前沿重合程度更接近，验证了 EMOSO 的优势。量化分析所比较的两种算法的优劣，在相同的条件下，两种算法用测试函数测试 30 次，计算出 IGD 的平均值(Mean)和标准差(Std)，如表 15-1 所示。

表 15-1 IGD 指标

函数	指标		EMOSO		NSGA-II	
	M	*D*	Mean	Std	Mean	Std
ZDT1	2	30	4.9359×10^{-3}	2.14×10^{-4}	1.2202×10^{-2}	1.95×10^{-3}
ZDT2	2	30	4.3804×10^{-3}	1.51×10^{-4}	4.7402×10^{-2}	7.83×10^{-2}
ZDT3	2	30	6.9001×10^{-3}	6.85×10^{-4}	1.3490×10^{-2}	9.65×10^{-3}
DTLZ2	2	11	4.6924×10^{-3}	1.13×10^{-4}	5.1069×10^{-3}	1.83×10^{-4}
DTLZ6	2	11	4.4862×10^{-3}	4.41×10^{-5}	5.6534×10^{-3}	3.07×10^{-4}
DTLZ7	2	21	4.7251×10^{-3}	7.31×10^{-5}	7.5193×10^{-3}	8.89×10^{-4}
DTLZ2	3	12	5.8987×10^{-2}	9.35×10^{-4}	6.9030×10^{-2}	2.81×10^{-3}
DTLZ6	3	12	4.4641×10^{-3}	4.23×10^{-4}	6.9312×10^{-3}	2.85×10^{-3}
DTLZ7	3	22	6.9669×10^{-2}	2.28×10^{-3}	9.6820×10^{-2}	8.58×10^{-3}

由表 15-1 可知，EMOSO 的 Mean 和 Std 均小于 NSGA-II，表明 EMOSO 的收敛性和多样性均优于 NSGA-II 算法。综上分析，验证了 EMOSO 算法的优越。

15.2 基于需求响应的微电网多目标优化调度

本章结合第 7 章所描述的各元件的数学模型，首先建立计及需求响应的微电网多目标经济调度模型；其次针对多目标进化算法存在非支配解的多样性和收敛性难以平衡的问题，采用一种基于水平群优化的高效多目标优化算法求解多目标模型；最后介绍改进熵权法以及灰色关联分析法的理论和计算方法，改进熵权法能避免权重的不合理分配问题，因此将改进熵权法与灰色关联分析法结合，用于折中解的选择。

15.2.1 微电网多目标优化模型

微电网的优化调度是一个含有多个目标函数和多个约束条件的复杂问题[54]。本节主要考虑微电网的经济性(微电网的运行成本最低)和波动性(微电网系统与大电网连接线之间的相互作用功率波动最小)。

(1)经济性。在并网模式下，微电网运行成本包括柴油发电机总成本、微电网的购电成本与售电收益、污染物处理成本以及储能系统的维护成本。提出的调度模型如式(15-15)和式(15-16)所示：

$$\min f_1 = \sum_{t=1}^{T} C_{\text{grid}}(t) + C_{\text{bess}}(t) + C_{\text{DE}}(t) \tag{15-15}$$

$$\begin{cases} C_{\text{grid}}(t) = C_{\text{buy}}(t) + C_{\text{sell}}(t) + C_{\text{GRID.EN}}(t) \\ C_{\text{buy}}(t) = c_{\text{buy}}(t) P_{\text{buy}}(t) \\ C_{\text{sell}}(t) = c_{\text{sell}}(t) P_{\text{sell}}(t) \\ C_{\text{GRID.EN}}(t) = \sum\limits_{k=1}^{k} (C_{\text{grid}\,k} \gamma_{\text{grid},k}) \cdot P_{\text{buy}}(t) \\ C_{\text{bess}}(t) = \lambda \left| P_{\text{bess}}(t) \right| \\ C_{\text{DE}}(t) = C_{\text{DE.OM}}(t) + C_{\text{DE.F}}(t) + C_{\text{DE.EN}}(t) \end{cases} \tag{15-16}$$

式中，$C_{\text{grid}}(t)$ 为 t 时刻微电网与大电网相互作用的总成本；$C_{\text{bess}}(t)$ 为 t 时刻储能系统的维护成本；$C_{\text{DE}}(t)$ 为 t 时刻柴油发电机总运行成本；λ 为储能系统维护的成本系数；$P_{\text{bess}}(t)$ 为储能系统在时间 t 的功率；$P_{\text{sell}}(t)$ 为 t 时刻微电网的售电功率；$P_{\text{buy}}(t)$ 为 t 时刻微电网的购电功率；$C_{\text{GRID.EN}}(t)$ 为大电网的污染物处理成本；$\gamma_{\text{grid},k}$ 为大电网运行产生的 k 类污染物的排放量；$C_{\text{grid}\,k}$ 为大电网处理 k 类污染物的成本系数；$c_{\text{buy}}(t)$ 为 t 时刻微电网从大电网处购电的电价；$c_{\text{sell}}(t)$ 为 t 时刻微电网卖电给大电网的电价。

(2)波动性。微电网的波动主要体现在微电网系统与大电网连接线之间的相互作用功率波动最小：

$$\min f_2 = \sum_{t-1}^{T-1} \left| P_{\text{grid}}(t+1) - P_{\text{grid}}(t) \right| \tag{15-17}$$

式中，$P_{\text{grid}}(t)$ 非负代表微电网从大电网处购电，为负代表微电网售电给大电网。

15.2.2 算例分析

本节微电网优化模型的水平群优化算法流程如图 15-2 所示。

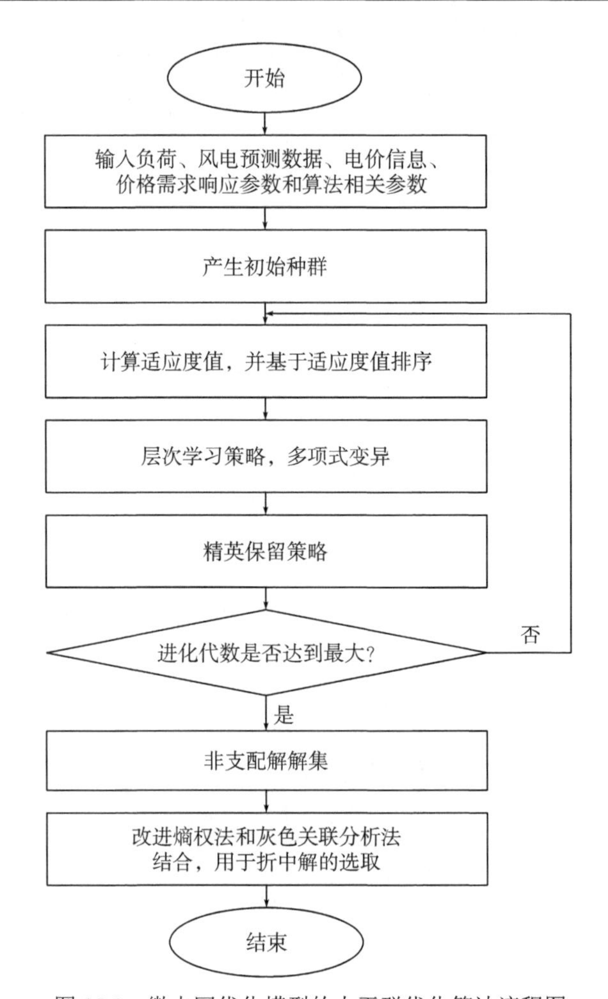

图 15-2 微电网优化模型的水平群优化算法流程图

1. 微电网相关参数

本节微电网系统包含各种分布式电源，如光伏(PV)、风机(WT)、柴油发电机(DE)和储能系统(BESS)，用户用电价格弹性系数见文献[55]，采用文献[56]的方法对用户用电时刻进行划分：谷时段为 0:00～10:00，平时段为 10:00～13:00、21:00～24:00，峰时段为 13:00～21:00。假定需求响应前购电电价为 0.5 元/(kW·h)，$r_{ze}^{\min}$ 取 0.11；微电网与大电网购售电价格如表 15-2 所示；任何时刻负荷最大增率 $\delta^{\max}=0.1$ 。EMOSO 中，种群大小为 30，迭代次数为 250，层数为 4。

表 15-2 微电网与大电网购售电价格(一) [单位：元/(kW·h)]

交易方式	价格		
	峰时段	平时段	谷时段
购电	0.83	0.52	0.27
售电	0.65	0.38	0.16

微电网中分布式电源的设置机组参数如表 15-3 所示，分布式电源的污染物排放系数及成本[57]如表 15-4 所示，储能系统参数如表 15-5 所示。

表 15-3　机组参数(一)

参数名称	柴油发电机	风机	光伏	大电网
功率上限/kW	65	310	110	100
功率下限/kW	0	0	0	-100
爬坡功率上限/(kW/min)	1.5	0	0	0
运维单价/[元/(kW·h)]	0.04	0	0	0

表 15-4　污染物排放系数及成本(一)

污染物类型	治理费用/(元/kg)	污染物排放系数/[g/(kW·h)]			
		光伏	风机	柴油发电机	大电网
CO_2	0.023	0	0	680	889
SO_2	6	0	0	0.306	1.8
NO_x	8	0	0	10.09	1.6

表 15-5　储能系统参数(一)

类型	参数	数值	参数	数值
蓄电池	最大容量/(kW·h)	150	初始储能容量/(kW·h)	50
	最小容量/(kW·h)	5	最大输出功率/kW	30
	最大输入功率/kW	30	充放率	0.9
	运维单价/[元/(kW·h)]	0.045	—	—

微电网典型日的风、光总功率和负荷日前预测值如图 15-3 所示。

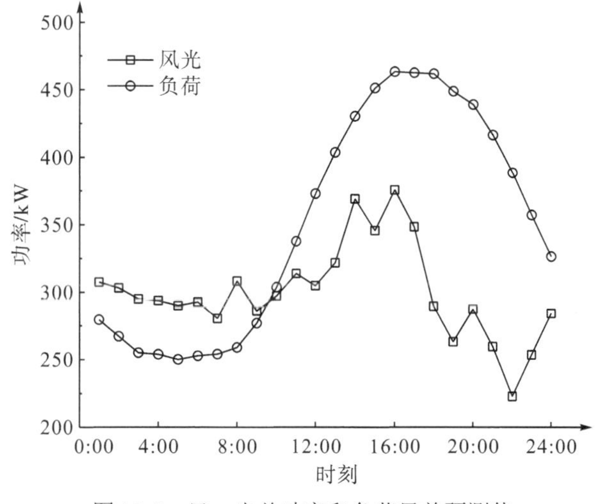

图 15-3　风、光总功率和负荷日前预测值

2. EMOSO 性能分析

为了验证 EMOSO 的有效性，与 NSGA-II 进行比较。由图 15-4、图 15-5、图 15-6 和图 15-7 可以看出，EMOSO 在寻找有需求响应和无需求响应两种情况下的运行成本和功率波动之间的最优交互点方面都具有更好的性能，本节算法相比于 NSGA-II 所得 Pareto 解集分布得更加多样、均匀。

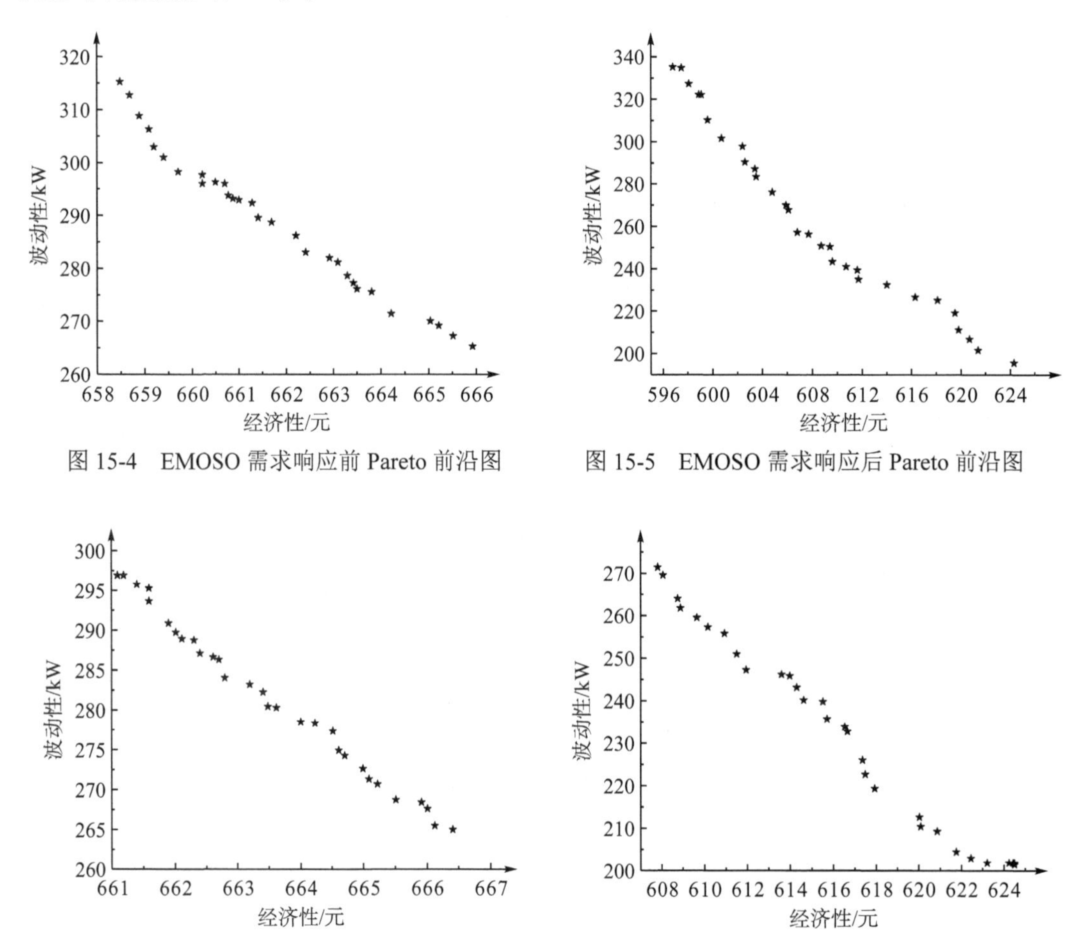

图 15-4 EMOSO 需求响应前 Pareto 前沿图

图 15-5 EMOSO 需求响应后 Pareto 前沿图

图 15-6 NSGA-II 需求响应前 Pareto 前沿图

图 15-7 NSGA-II 需求响应后 Pareto 前沿图

3. 调度结果分析

实施需求响应后，微电网内部售电电价为峰时段 0.68 元/(kW·h)，平时段 0.5 元/(kW·h)，谷时段 0.24 元/(kW·h)。用电负荷在实施分时电价下进行转移，增加了电价低时段的用电需求，同时，由于用电高峰时段，微电网购电价格较高，峰时段的负荷转移到其他时段，降低了该时段微电网购电成本，提高了微电网运行经济性。实施需求响应前后的负荷曲线如图 15-8 所示。

表 15-6 列出了两种算法所获得的折中解，分析可知，采用 EMOSO 在需求响应前后的经济性和波动性优于 NSGA-II 所得结果。

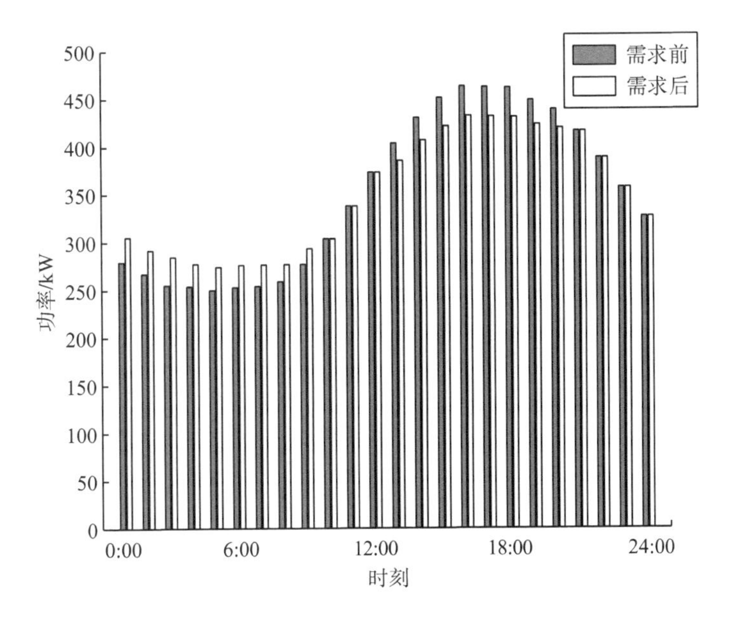

图 15-8　需求响应前后负荷

表 15-6　折中解比较

方式	指标	EMOSO	NSGA-II
需求响应前	经济性/元	662.4	662.8
	波动性/kW	283.1	284.1
需求响应后	经济性/元	609.6	613.6
	波动性/kW	243.4	245.9

由图 15-8、图 15-9、图 15-10 及表 15-6 综合分析可知，引入需求响应后，运行成本和波动功率较需求响应前分别降低 7.9%和 14%，分析原因可知：负荷处于谷时段时，风光有功功率大于负荷需求，无需求响应时，风光输出功率一方面满足负荷需求，另一方面也给蓄电池以最大功率充电，多余的功率以低价卖给大电网；而有需求响应时，风光输出功率一方面满足负荷需求，另一方面多余的功率给蓄电池充电并以低价从大电网购电给储能系统充电，然后在峰时段放电，储能系统以“低储高放”获取经济收益。负荷处于平时段时，储能系统和柴油发电机优先满足负荷需求，满足不了的负荷需求由购电满足。负荷处于峰时段无需求响应时，储能系统放电以及柴油发电机满发不能够满足负荷的需求，因此从大电网以高价购电满足负荷的需求。有需求响应时，峰时段的负荷转移到谷时段，减少了购电功率，特别是在 13:00～17:00 柴油发电机和储能系统能够满足负荷需求，柴油发电机满发将多余的电以高价卖给大电网以获取收益。

综上，与实施需求响应前相比，实施需求响应后，峰时段的部分负荷转移到谷时段，有利于可再生能源消纳，并且减少了从大电网购电功率，提高了经济性及降低了功率波动。

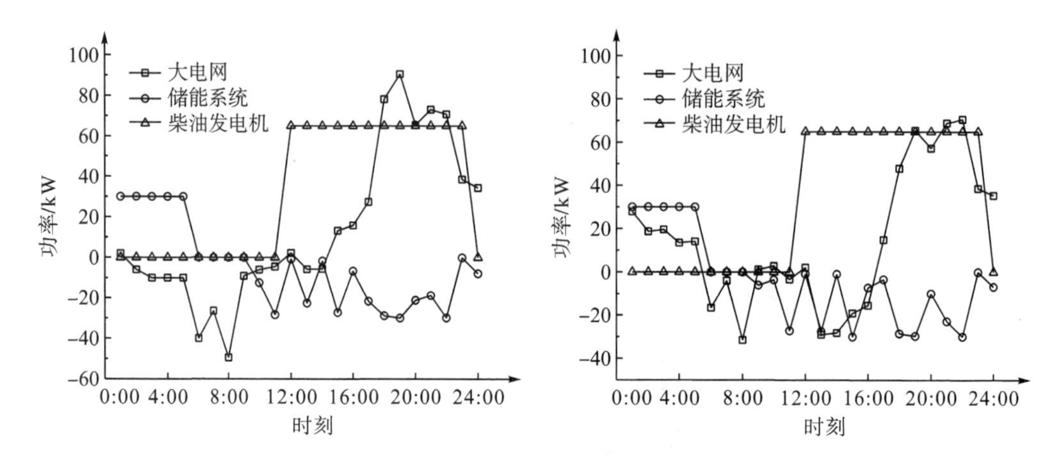

图 15-9 EMOSO 需求响应前折中方案输出功率 图 15-10 EMOSO 需求响应后折中方案输出功率

15.3 基于需求响应的微电网区间优化调度

15.3.1 区间数的定义及对应模型的转换

随机优化方法要求不确定量的准确概率分布函数已知，但是，获得准确的概率分布十分困难。鲁棒优化不需要获得不确定量的准确概率分布函数，它是对不确定量区间边界下最恶劣情况实施优化，所优化得到的机组发电调度策略一般被认为趋于保守。因此，使用区间理论为描述不确定量提供了一个方法，区间数一般认为是实数的延展，也认为是实数集的子集。区间数所表征的意思是不确定量变化的范围。

1. 区间数的定义

区间数表示通过上下边界限制随机变量可取得所有可能值的集合[58]：

$$A^{\mathrm{I}}=\left[A^{\mathrm{d}},A^{\mathrm{u}}\right]=\left\{x\middle|A^{\mathrm{d}}\leqslant x\leqslant A^{\mathrm{u}}\right\} \tag{15-18}$$

式中，A^{I}代表区间数；A^{d}代表区间数下边界；A^{u}代表区间数上边界。当$A^{\mathrm{d}}=A^{\mathrm{u}}$时，区间数$A^{\mathrm{I}}$为实数。

区间数也可以定义为

$$A^{\mathrm{I}}=\left\langle A^{\mathrm{m}},A^{\mathrm{n}}\right\rangle=\left\{x\middle|A^{\mathrm{m}}-A^{\mathrm{n}}\leqslant x\leqslant A^{\mathrm{m}}+A^{\mathrm{n}}\right\} \tag{15-19}$$

式中，A^{m}和A^{n}分别为区间数A^{I}的中点和半径，可以表示为

$$A^{\mathrm{m}}=\frac{A^{\mathrm{d}}+A^{\mathrm{u}}}{2} \tag{15-20}$$

$$A^{\mathrm{n}}=\frac{A^{\mathrm{u}}-A^{\mathrm{d}}}{2} \tag{15-21}$$

其几何表达方式如图 15-11 所示。

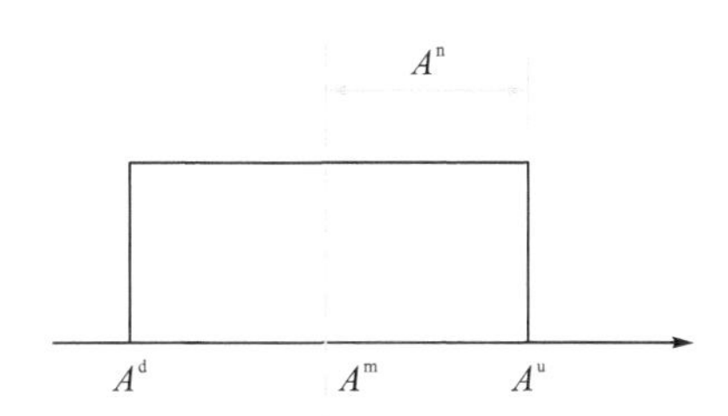

图 15-11　区间数的几何表达方式

2. 区间数的运算

1) 区间数与实数乘法运算

当实数的值为非负时，实数与区间数相乘得到的区间数上下边界等于实数与区间数上边界与下边界各自相乘；当实数的值为负时，实数与区间数相乘得到的区间数上下边界等于实数与区间数的下边界与上边界各自相乘，其表达式为

$$\rho \cdot A^{\mathrm{I}}=\rho \cdot \left[A^{\mathrm{d}}, A^{\mathrm{u}}\right]=\begin{cases}\left[\rho A^{\mathrm{d}}, \rho A^{\mathrm{u}}\right], & \rho \geqslant 0 \\ \left[\rho A^{\mathrm{u}}, \rho A^{\mathrm{d}}\right], & \rho<0\end{cases} \tag{15-22}$$

2) 区间数之间的加减法运算

两个区间数相加后的中点值等价于各自区间的中点值相加；两个区间数相减后的中点值等价于各自区间的中点值相减；两个区间数相加后的半径值等价于各自区间的半径值相加；两个区间数相减后的半径值等价于各自区间的半径值相加，其表达式如式(15-23)、式(15-24)所示：

$$(A^{\mathrm{I}} \pm B^{\mathrm{I}})^{\mathrm{m}} = A^{\mathrm{m}} \pm B^{\mathrm{m}} \tag{15-23}$$

$$(A^{\mathrm{I}} \pm B^{\mathrm{I}})^{\mathrm{n}} = A^{\mathrm{n}} + B^{\mathrm{n}} \tag{15-24}$$

3) 区间数之间的乘法运算

两个区间数的乘积得到的区间上下边界等于区间数的上下边界与另一个区间数的上下边界依次相乘，找出其中的最大值与最小值，其表达式为

$$A^{\mathrm{I}} \cdot B^{\mathrm{I}} = \left[\min w, \max w\right] \tag{15-25a}$$

$$w = \{A^{\mathrm{d}}B^{\mathrm{d}}, A^{\mathrm{d}}B^{\mathrm{u}}, A^{\mathrm{u}}B^{\mathrm{d}}, A^{\mathrm{u}}B^{\mathrm{u}}\} \tag{15-25b}$$

3. 基于区间序关系处理不确定性目标

在已有区间优化理论的研究方法中，区间序关系是一种定性判断目标函数区间优劣的方法。考虑到建立的目标函数是以区间形式描述的，即目标函数区间是由区间变量构成的，它的取值构成不确定性区间。所以，决策者需要在各个区间变量的值不同时，比较对应的不同目标函数区间的优劣，从中找到最优目标函数区间，进而得到最优区间变量。文献[59]归纳了 5 种常使用的区间序关系：①决策者着重关注的是区间上边界与区间下边界，则区

间序关系可以用$\leqslant_{du}$表示；②决策者着重关注的是区间中点与区间半径，则区间序关系可以用$\leqslant_{mn}$表示；③决策者着重关注的是区间中点与区间下边界，则区间序关系可以用$\leqslant_{md}$表示；④决策者着重关注的是区间中点与区间上边界，则区间序关系可以用$\leqslant_{mu}$表示；⑤决策者着重关注的是区间下边界，则区间序关系可以用$\leqslant_{d}$表示。本章侧重于研究不确定性对微电网调度的影响，采用$\leqslant_{mn}$的序关系处理不确定性目标。

假设区间数A^{I}和区间数B^{I}是极小化问题的两个目标区间值，且区间数中点A^{m}不大于区间数中点B^{m}，如式(15-26)所示，区间数A^{I}的半径A^{n}、区间数B^{I}的半径B^{n}可分以下两种情况讨论：

$$A^{m}\leqslant B^{m} \tag{15-26}$$

$$\begin{cases}\text{情况一：}A^{n}\leqslant B^{n}\\ \text{情况二：}A^{n}>B^{n}\end{cases} \tag{15-27}$$

在情况一中，区间数A^{I}的中点与半径都小于区间数B^{n}的，则可以得出：区间数A^{I}明显优于区间数B^{I}；在情况二中，区间数A^{I}的中点小于区间数B^{I}的，但区间数A^{I}的半径A^{n}大于区间数B^{I}的半径B^{n}，此时很难判断A^{I}与B^{I}的优劣。此时，在情况二下，决策者需要在区间中点和区间半径之间进行权衡。鉴于这种情况，定义模糊集$C=\{(B,A)\big|A^{m}\leqslant B^{m},A^{n}>B^{n}\}$，其概率$P(C)$代表在区间数$A^{I}$与区间数$B^{I}$之间的偏好程度(拒绝$A^{I}$而接受$B^{I}$的概率，即$A^{I}$的拒绝程度)，具体表达为

$$P(C)=\begin{cases}1, & B^{m}=A^{m}\\ \dfrac{(A^{u}-B^{n})-B^{m}}{(A^{u}-B^{n})-A^{m}}, & A^{m}<B^{m}\leqslant A^{u}-B^{n}\\ 0, & \text{其他}\end{cases} \tag{15-28}$$

从式(15-28)可得，$P(C)$的值随着B^{m}以及B^{n}增大而减小。若$P(C)$等于1，则代表区间数A^{I}完全被拒绝；若$P(C)$等于0，则代表区间数A^{I}完全被接受；若$P(C)$介于0和1之间，则$P(C)$代表A^{I}被拒绝而B^{I}被接受的程度。

在这里，给出一个阈值δ来表示决策者对区间数不确定性水平的风险容忍度[60]，并规定当$P(C)$大于容忍度δ时，表示接受B^{I}，拒绝A^{I}，则区间序关系可以定义为

(1)当$P(C)>\delta$时，B^{I}优于A^{I}。

(2)当$P(C)<\delta$时，A^{I}优于B^{I}。

(3)当$P(C)=\delta$时，B^{I}等于A^{I}。

由区间序关系的定义可以得出：若容忍度$\delta=0$，则代表任意B^{I}，只需$B^{n}<A^{n}$，那么B^{I}优于A^{I}，A^{I}被拒绝，意味着决策者不比较区间中点值，只比较区间数的半径，表明决策者对不确定性的容忍度最小；若容忍度$\delta=1$，则代表任意B^{I}，只需$B^{m}>A^{m}$，那么B^{I}优于B^{I}，A^{I}被接受，意味着决策者只比较区间中点，表明决策者对不确定性的容忍度最大。综上可得，随着容忍度δ的取值逐渐增大，意味着决策者越着重关注区间数的中点，对区间数的半径就越少关注。所以，比较区间数A^{I}与区间数B^{I}的优劣与比较$P(C)$与δ的大小等价。将式(15-20)、式(15-21)代入式(15-28)，$P(C)<\delta$可转化为

$$A^{m}+(1-\delta)A^{n}<B^{m}+(1-\delta)B^{n} \tag{15-29}$$

4. 基于区间可能度方法处理不确定约束

在采用随机优化来处理不确定性时，通常需要设置置信水平，目的是让随机约束的概率满足置信水平，这样就可以把不确定性约束变为确定性约束。同样，在基于区间优化理论处理不确定问题时，通过设置可能度水平，让不确定约束在设置的可能度下得到满足，这个方法通常用来处理非线性区间优化问题。

考虑到调度模型中的不等式区间约束是区间和实数的比较，引入了 $A^{\mathrm{I}} \leqslant z$ 的可能度定义。应该注意的是，$A^{\mathrm{I}} \leqslant B^{\mathrm{I}}$ 并不意味着 A^{I} 比 B^{I} 小，因为这不是两个实数之间的比较；相反，它代表 A^{I} 优于 B^{I}，$A^{\mathrm{I}} \leqslant z$ 的含义与 $A^{\mathrm{I}} \leqslant B^{\mathrm{I}}$ 含义相似。区间 A^{I} 和实数 z 之间的几何关系如图 15-12 所示，$A^{\mathrm{I}} \leqslant z$ 的可能度定义如下：

$$P\{A^{\mathrm{I}} \leqslant z\} = \begin{cases} 0, & z \leqslant A^{\mathrm{d}} \\ \dfrac{z - A^{\mathrm{d}}}{A^{\mathrm{u}} - A^{\mathrm{d}}}, & A^{\mathrm{d}} < z < A^{\mathrm{u}} \\ 1, & z \geqslant A^{\mathrm{u}} \end{cases} \tag{15-30}$$

相当于

$$P\{A^{\mathrm{I}} \leqslant z\} = \begin{cases} 0, & z \leqslant A^{\mathrm{m}} - A^{\mathrm{n}} \\ \dfrac{z - A^{\mathrm{m}} + A^{\mathrm{n}}}{2A^{\mathrm{n}}}, & A^{\mathrm{m}} - A^{\mathrm{n}} < z < A^{\mathrm{m}} + A^{\mathrm{n}} \\ 1, & z \geqslant A^{\mathrm{m}} + A^{\mathrm{n}} \end{cases} \tag{15-31}$$

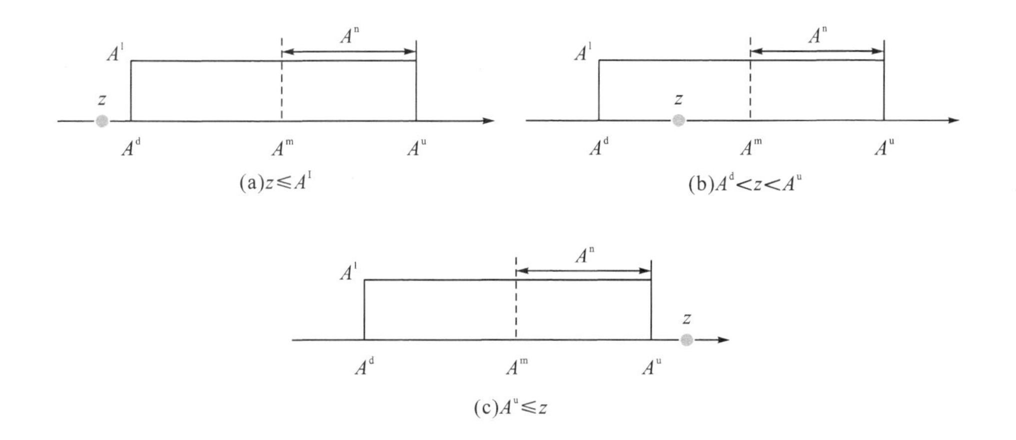

图 15-12　区间与实数的关系

根据区间运算规则，$P\{z \geqslant A^{\mathrm{I}}\} = P\{-z \leqslant -A^{\mathrm{I}}\} = P\{z' \leqslant A'^{\mathrm{I}}\}$，其中 $z' = -z$ 与 $A'^{\mathrm{I}} = -A^{\mathrm{I}}$。因此，简单起见，省略了 $P\{z \geqslant A^{\mathrm{I}}\}$ 的可能性程度定义。

假设一个阈值 $\psi \in [0,1]$ 表示区间约束 $A^{\mathrm{I}} \leqslant z$ 的可能度水平，并规定 $P\{A^{\mathrm{I}} \leqslant z\} \geqslant \psi$，根据式(15-31)，区间约束 $A^{\mathrm{I}} \leqslant z$ 可以转换成确定性的不等式约束：

$$A^{\mathrm{m}} + (2\psi - 1)A^{\mathrm{n}} < z \tag{15-32}$$

规定的ψ代表决策者容忍区间不确定性风险的程度。基于区间约束$A^{\mathrm{I}}\leqslant z$的可能性定义，可以得出结论：规定的$\psi$越大，决策者作出的决策就越不乐观。特别指出的是，可能度$\psi=0$［即$P\{A^{\mathrm{I}}\leqslant z\}\geqslant 0$］，意味着决策者作出绝对乐观的决策，而$\psi=1$［即$P\{A^{\mathrm{I}}\leqslant z\}\geqslant 1$］，意味着决策者作出绝对不乐观的决策。

15.3.2 微电网区间优化模型转换

1. 目标函数转换

利用区间序关系，将式(15-15)转换成如下形式：

$$\begin{aligned}\min f_1^{\mathrm{m}}+(1-\delta)f_1^{\mathrm{n}}=\sum_{t=1}^{T}&C_{\mathrm{grid}}^{\mathrm{m}}(t)+C_{\mathrm{MT}}^{\mathrm{m}}(t)+C_{\mathrm{bess}}(t)+C_{\mathrm{DE}}^{\mathrm{m}}(t)\\&+(1-\delta)C_{\mathrm{grid}}^{\mathrm{n}}(t)+(1-\delta)C_{\mathrm{MT}}^{\mathrm{n}}(t)+(1-\delta)C_{\mathrm{DE}}^{\mathrm{n}}(t)\end{aligned}\tag{15-33}$$

同理，利用区间序关系，将式(15-17)转换成如下形式：

$$\begin{aligned}\min f_2^{\mathrm{m}}+(1-\delta)f_2^{\mathrm{n}}=\sum_{t=1}^{T}&C_{\mathrm{GRID.EN}}^{\mathrm{m}}(t)+C_{\mathrm{MT.EN}}^{\mathrm{m}}(t)+C_{\mathrm{DE.EN}}^{\mathrm{m}}(t)\\&+(1-\delta)C_{\mathrm{GRID.EN}}^{\mathrm{n}}(t)+(1-\delta)C_{\mathrm{MT.EN}}^{\mathrm{n}}(t)\\&+(1-\delta)C_{\mathrm{DE.EN}}^{\mathrm{n}}(t)\end{aligned}\tag{15-34}$$

2. 不等式约束条件转换

对于含区间变量的不等式约束转换，假定区间可能度ψ用于将其转换成如下确定性不等式约束：

(1) 柴油发电机输出功率不等式约束转换

$$\begin{cases}p_{\mathrm{DE}}^{\mathrm{m}}(t)+(2\psi-1)p_{\mathrm{DE}}^{\mathrm{n}}(t)\leqslant P_{\mathrm{DE}}^{\max}(t)\\p_{\mathrm{DE}}^{\mathrm{m}}(t)-(2\psi-1)p_{\mathrm{DE}}^{\mathrm{n}}(t)\geqslant P_{\mathrm{DE}}^{\min}(t)\end{cases}\tag{15-35}$$

(2) 微型燃气轮机输出功率不等式约束转换

$$\begin{cases}p_{\mathrm{MT}}^{\mathrm{m}}(t)+(2\psi-1)p_{\mathrm{MT}}^{\mathrm{n}}(t)\leqslant P_{\mathrm{MT}}^{\max}(t)\\p_{\mathrm{MT}}^{\mathrm{m}}(t)-(2\psi-1)p_{\mathrm{MT}}^{\mathrm{n}}(t)\geqslant P_{\mathrm{MT}}^{\min}(t)\end{cases}\tag{15-36}$$

(3) 联络线传输功率不等式约束转换

$$\begin{cases}p_{\mathrm{grid}}^{\mathrm{m}}(t)+(2\psi-1)p_{\mathrm{grid}}^{\mathrm{n}}(t)\leqslant P_{\mathrm{grid}}^{\max}(t)\\p_{\mathrm{grid}}^{\mathrm{m}}(t)-(2\psi-1)p_{\mathrm{grid}}^{\mathrm{n}}(t)\geqslant P_{\mathrm{grid}}^{\min}(t)\end{cases}\tag{15-37}$$

3. 等式约束条件转换

假定将区间可能度ψ_{e}用于含区间变量的等式约束，通过式(15-32)，将式(15-34)转换成确定性约束：

$$P_f^{\mathrm{I}}(t)=p_{\mathrm{pv}}^{\mathrm{I}}(t)+p_{\mathrm{wt}}^{\mathrm{I}}(t)+p_{\mathrm{grid}}^{\mathrm{I}}(t)+p_{\mathrm{DE}}^{\mathrm{I}}(t)+p_{\mathrm{MT}}^{\mathrm{I}}(t)-p_{\mathrm{bess}}(t)-p_{\mathrm{load}}(t)\tag{15-38}$$

则有

$$\begin{cases} P_f^{\mathrm{m}}(t)+(2\psi_{\mathrm{e}}-1)P_f^{\mathrm{n}}(t)\leqslant 0 \\ P_f^{\mathrm{m}}(t)+(2\psi_{\mathrm{e}}-1)P_f^{\mathrm{n}}(t)\geqslant 0 \end{cases} \tag{15-39}$$

从而有

$$P_f^{\mathrm{m}}(t)+(2\psi_{\mathrm{e}}-1)P_f^{\mathrm{n}}(t)=0 \tag{15-40}$$

式中

$$\begin{cases} P_f^{\mathrm{m}}(t)=p_{\mathrm{pv}}^{\mathrm{m}}(t)+p_{\mathrm{wt}}^{\mathrm{m}}(t)+p_{\mathrm{grid}}^{\mathrm{m}}(t)+p_{\mathrm{DE}}^{\mathrm{m}}(t)+p_{\mathrm{MT}}^{\mathrm{m}}(t)-p_{\mathrm{bess}}(t)-p_{\mathrm{load}}(t) \\ P_f^{\mathrm{n}}(t)=p_{\mathrm{pv}}^{\mathrm{n}}(t)+p_{\mathrm{wt}}^{\mathrm{n}}(t)+p_{\mathrm{grid}}^{\mathrm{n}}(t)+p_{\mathrm{DE}}^{\mathrm{n}}(t)+p_{\mathrm{MT}}^{\mathrm{n}}(t) \end{cases} \tag{15-41}$$

15.3.3　求解流程

为了对所提模型进行有效求解，本节采用 EMOSO 与区间优化法相结合的方法，其求解流程如图 15-13 所示。与其他多目标算法相比，NSGA-II 在计算速度和准确度方面都有很好的性能，而在第 3 章中已经验证了所采用的 EMOSO 比 NSGA-II 算法有一定优势，所以采用 EMOSO 能够满足本节模型的求解需求。

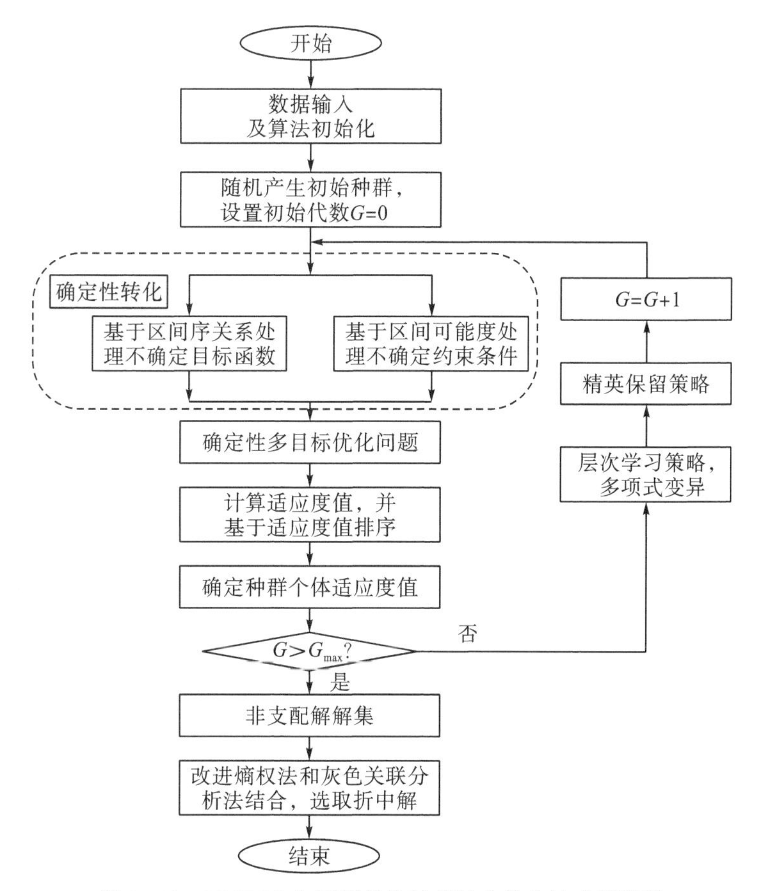

图 15-13　EMOSO 与区间优化法相结合的方法求解流程

15.3.4 算例分析

1. 算例参数

本节微电网系统包含各种分布式电源，包括光伏(PV)、风机(WT)、柴油发电机(DE)、燃气轮机(MT)和储能系统(BESS)，自弹性系数为-0.2，交叉弹性系数为0.03，采用文献[56]的方法对用户用电负荷时刻划分得到：谷时段为0:00～6:00、23:00～24:00，平时段为6:00～11:00、13:00～16:00、21:00～23:00，峰时段为11:00～13:00、16:00～21:00。假定需求响应前购电电价为0.5元/(kW·h)，$r_{ze}^{\min}$取0.11；微电网与大电网购售电价格如表15-7所示；微电网中分布式电源的设置机组参数如表15-8所示；储能系统参数如表15-9所示；分布式电源的污染物排放系数及成本如表15-10所示；风机、光伏输出功率变化曲线如图15-14所示；负荷有功功率预测曲线如图15-15所示。在这里假定风机、光伏的预测误差范围为±20%。为了降低分析难度，令区间不等式约束的可能度ψ=1，意味着区间变量完全满足不等式约束，换句话说，决策者对区间不等式约束是不乐观的。

表15-7 微电网与大电网购售电价格(二) [单位：元/(kW·h)]

交易方式	价格		
	峰时段	平时段	谷时段
购电	1.30	0.70	0.36
售电	1.15	0.63	0.30

表15-8 机组参数(二)

参数名称	柴油发电机	大电网	燃气轮机
功率上限/kW	30	40	30
功率下限/kW	6	-40	3
爬坡功率上限/(kW/min)	1.5	0	1.5
运维单价/[元/(kW·h)]	0.04	0	0.025

表15-9 储能系统参数(二)

类型	参数	数值	参数	数值
蓄电池	最大容量/(kW·h)	300	初始储能容量/(kW·h)	30
	最小容量/(kW·h)	30	最大输出功率/kW	50
	最大输入功率/kW	50	充放率	0.9
	运维单价/[元/(kW·h)]	0.045	—	—

表 15-10　污染物排放系数及成本(二)

污染物类型	治理费用/(元/kg)	污染物排放系数/[g/(kW·h)]				
		PV	WT	DE	MT	GIRD
CO_2	0.023	0	0	680	724	889
SO_2	6	0	0	0.306	0.0036	1.8
NO_x	8	0	0	10.09	0.2	1.6

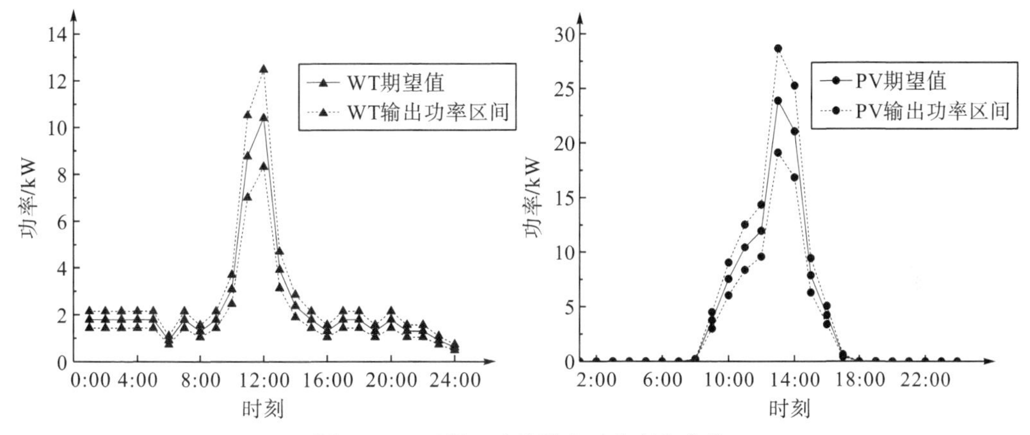

图 15-14　风机、光伏输出功率变化曲线

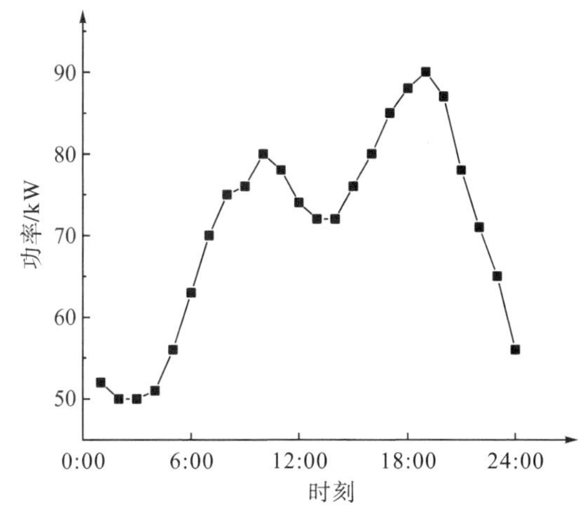

图 15-15　负荷有功功率预测曲线

2. 结果分析

1) 需求响应结果

实施 PBDR 后，负荷峰值变化如表 15-11 所示。由表 15-11 可以看出，负荷的峰谷差由实施前的 40kW 下降到 24.5125kW，峰谷差率由实施前的 0.44 下降到 0.31；说明实施需求响应后，起到了一定的削峰填谷的作用。

表 15-11 负荷峰值变化

最大负荷/kW		最小负荷/kW		峰谷差/kW		峰谷差率	
实施前	实施后	实施前	实施后	实施前	实施后	实施前	实施后
90	79.665	50	55.1525	40	24.5125	0.44	0.31

由图 15-16 中可以看出，在δ=0.3、$\psi_e=0.3$的情况下，需求响应后所得 Pareto 前沿解集比需求响应前所得的优，说明实施需求响应能有效降低微电网运行成本和环境保护成本。

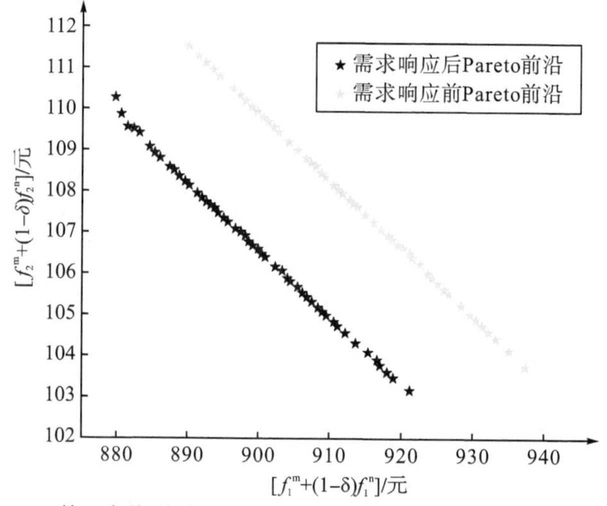

图 15-16 EMOSO 基于电价型需求响应前后最优调度的 Pareto 前沿（δ=0.3、$\psi_e=0.3$）

2) 优化调度结果

优先利用风光输出功率满足负荷功率需求，并且在满足系统所要求的约束条件下，优化各分布式电源的输出功率。本部分选取需求响应前后且容忍度δ=0.3、可能度$\psi_e=0.3$，经过改进熵权灰色关联分析选取折中解进行仿真案例分析，所得结果如图 15-17 所示。

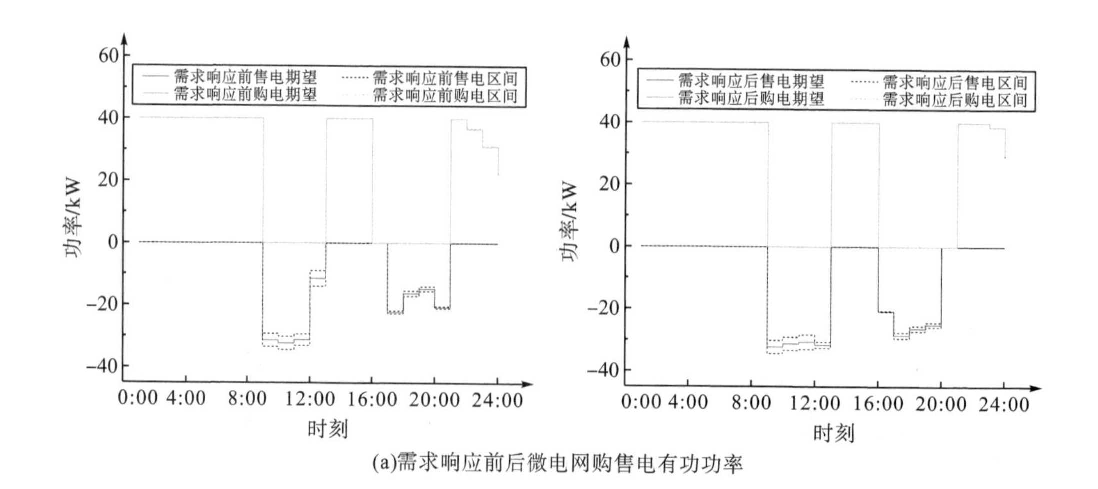

(a)需求响应前后微电网购售电有功功率

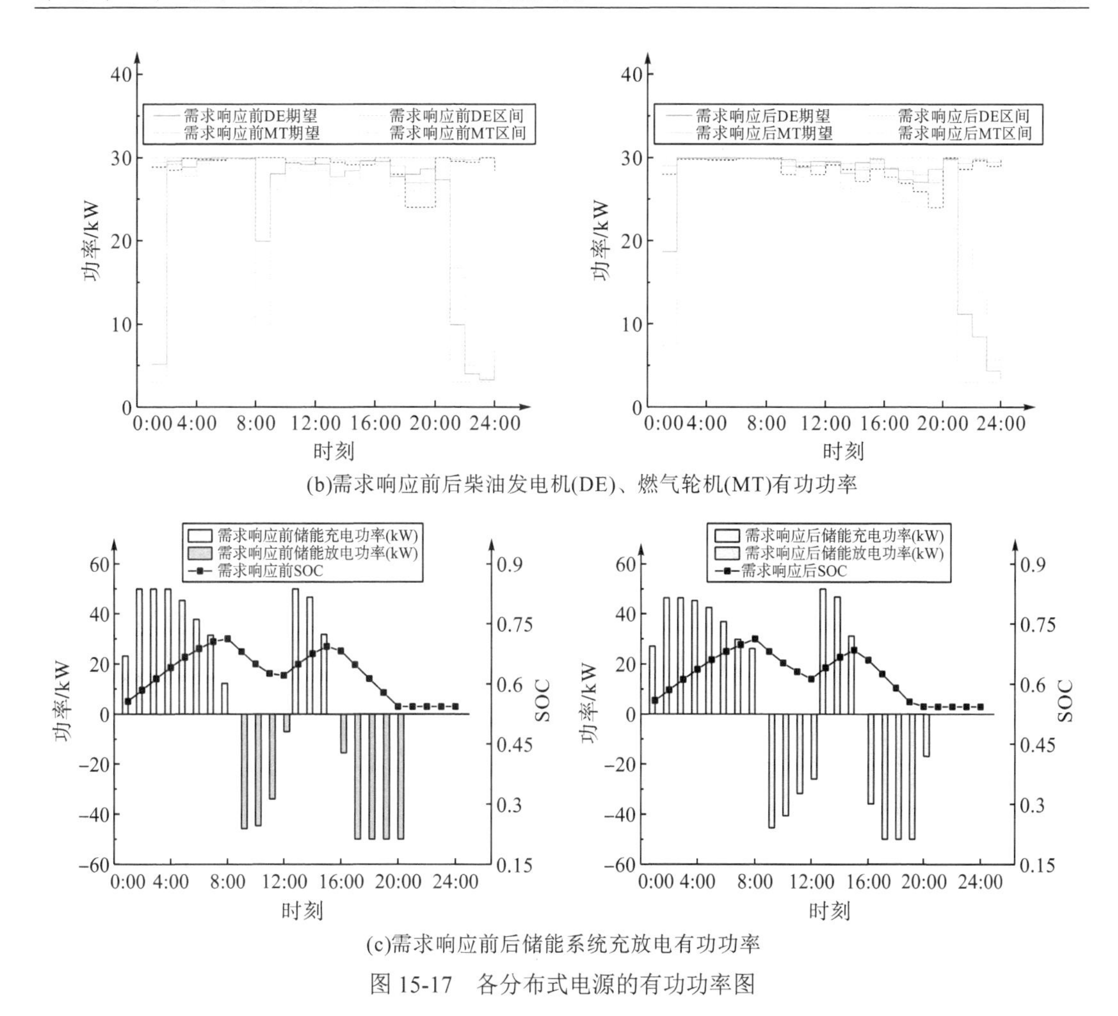

(b)需求响应前后柴油发电机(DE)、燃气轮机(MT)有功功率

(c)需求响应前后储能系统充放电有功功率

图 15-17　各分布式电源的有功功率图

从图 15-17 中可以看出，需求响应前后各分布式电源的有功功率趋势基本相同，谷时段，风机、光伏有功功率较少，负荷需求也相对较轻，微电网内部负荷依然存在少量缺额，一方面柴油发电机与燃气轮机发电满足负荷缺额，另一方面从大电网进行购电来对储能系统进行充电，这是由于谷时段购电电价比较低，尽可能对储能系统进行充电，为在负荷高峰时放电，起到“低储高放”的作用，有利于提高经济性；平时段，风机、光伏有功功率较多，负荷需求也逐渐提高，其中 6:00～11:00，柴油发电机、燃气轮机以较高功率发电，储能系统继续充电且从大电网购电，13:00～16:00，从大电网大量购电对储能系统进行充电，为负荷高峰期做准备，21:00～23:00，储能系统此时放电已达最低限值，负荷需求由柴油发电机、燃气轮机和大电网购电满足；峰时刻，负荷达到高峰，此时购售电电价也达到高峰，储能放电，柴油机、燃气轮机以较大功率进行发电，一部分电量满足负荷需求，剩余的电量卖给大电网，从中获得利润，提高了经济性。特别地，从图 15-17(a)可以看出需求响应后微电网购电功率与需求响应前相差无几，而需求响应后微电网售电功率比需求响应前多，这是因为实施需求响应后，峰时段的部分负荷被转移到谷时段，峰时段的负荷减少，使得柴油发电机、燃气轮机、储能系统除满足负荷需求外，有更多的功率售电给大电网，从而降低成本。

3) 容忍度 δ 与可能度 ψ_e 的影响

随着容忍度 δ 与可能度 ψ_e 取值的不同，选取需求响应前后折中解的微电网成本区间结果如表 15-12 所示。

表 15-12　容忍度 δ、可能度 ψ_e 对微电网成本区间影响

容忍度(δ)	可能度(ψ_e)	需求响应前成本(〈f_1^m, f_1^n〉, 〈f_2^m, f_2^n〉)	需求响应后成本(〈f_1^m, f_1^n〉, 〈f_2^m, f_2^n〉)
0.0	0.0	〈928, 57.39〉, 〈112.43, 7.78〉	〈875.23, 56.34〉, 〈112.59, 7.81〉
0.0	0.3	〈877.14, 61.25〉, 〈107.34, 8.39〉	〈861.12, 62.71〉, 〈106.25,8.2〉
0.0	0.6	〈855.09, 65.43〉, 〈101.27, 8.75〉	〈853.63, 66.82〉, 〈100.58, 8.62〉
0.0	1.0	〈823, 72.12〉, 〈96.93, 9.64〉	〈822.35, 67.65〉, 〈97.41, 9.06〉
0.3	0.0	〈880.45, 58.56〉, 〈105.32, 7.96〉	〈863.51, 59.73〉, 〈100.96, 8.31〉
0.3	0.3	〈872.06, 62.94〉, 〈101.16, 8.68〉	〈853.644, 61.58〉, 〈101.088, 8.56〉
0.3	0.6	〈797.8, 71.14〉, 〈99.61, 9.59〉	〈784.39, 82.45〉, 〈96.625, 9.114〉
0.3	1.0	〈783.48, 74.44〉, 〈93.704, 10.27〉	〈760.39, 84.50〉, 〈90.67, 10.36〉
0.6	0.0	〈871.65, 60.24〉, 〈102.14, 8.97〉	〈848.30, 60.63〉, 〈98.85, 9.18〉
0.6	0.3	〈849.31, 66.15〉, 〈95.03, 9.62〉	〈839.58, 65.39〉, 〈93.712, 9.58〉
0.6	0.6	〈783.75, 72.88〉, 〈91.56, 10.27〉	〈728.79, 91.80〉, 〈89.0625, 9.85〉
0.6	1.0	〈773.54, 76.68〉, 〈90.69, 10.763〉	〈716.33, 98.98〉, 〈86.88, 10.28〉
1.0	0.0	〈860.86, 60.61〉, 〈100.09, 9.014〉	〈837.88, 57.02〉, 〈97.6482, 9.16〉
1.0	0.3	〈840.84, 68.68〉, 〈94.061, 10.03〉	〈829.30, 61.672〉, 〈90.81, 9.99〉
1.0	0.6	〈779.71, 73.64〉, 〈91.10, 10.42〉	〈725.451,62.6944〉, 〈85.6413,10.402〉
1.0	1.0	〈759.43, 77.93〉, 〈89.27, 12.07〉	〈702.588, 64.1984〉, 〈82.336, 10.93〉

由表 15-12 可以看出，在相同的容忍度(δ)下，随着可能度增加，需求响应前后各自的成本区间中点在逐渐减小，而成本区间半径逐渐增大，这是因为随着可能度增加，决策者期望的可再生资源的发电量增加，减少了对可控机组发电量的需求，为降低成本，对预测不确定性的风险增大。在相同的可能度(ψ_e)下，随着容忍度增加，需求响应前后各自的成本区间中点在逐渐减小，而成本区间半径逐渐增大，这是因为随着容忍度增加，决策者对区间数中点的偏好就越多，愿意容忍更多的不确定性，也增加了微电网的调度难度。从需求响应前后看，由式(15-29)可以得出，在相同的容忍度下，需求响应后的成本区间优于需求响应前的成本区间，说明在需求响应作用下，负荷峰谷差减小，有助于提高微电网的经济性。

(4) 风光预测不确定性的影响。图 15-18～图 15-21 给出了风光输出功率在±0%、±10%、±20%、±30%、±40%、±50%变化，以及在 δ=0.3、$\psi_e=0.3$ 情况下选取需求响应前后折中解的微电网系统运行成本和环保成本结果。

由图 15-18～图 15-21 可以看出，在风光输出功率波动从±0%到±50%变化过程中，需求响应前后的成本区间上边界都逐步递增，且成本区间下边界都逐步递减，换句话说，成本区间半径呈现越来越宽的趋势，并且成本区间中点也在增大。从需求响应前后角度看，需求响应前的运行成本的中点比需求响应后的略大。上述结果表明，风光输出功率波动程度越大，微电网系统的不确定性也越大，从而发电系统的调度难度也会越大，由此，在实际的微电网调度过程中，风光预测的精度越高，其调度的准确度也越高，所以风光预测也是保证微电网实现经济调度的重要因素。

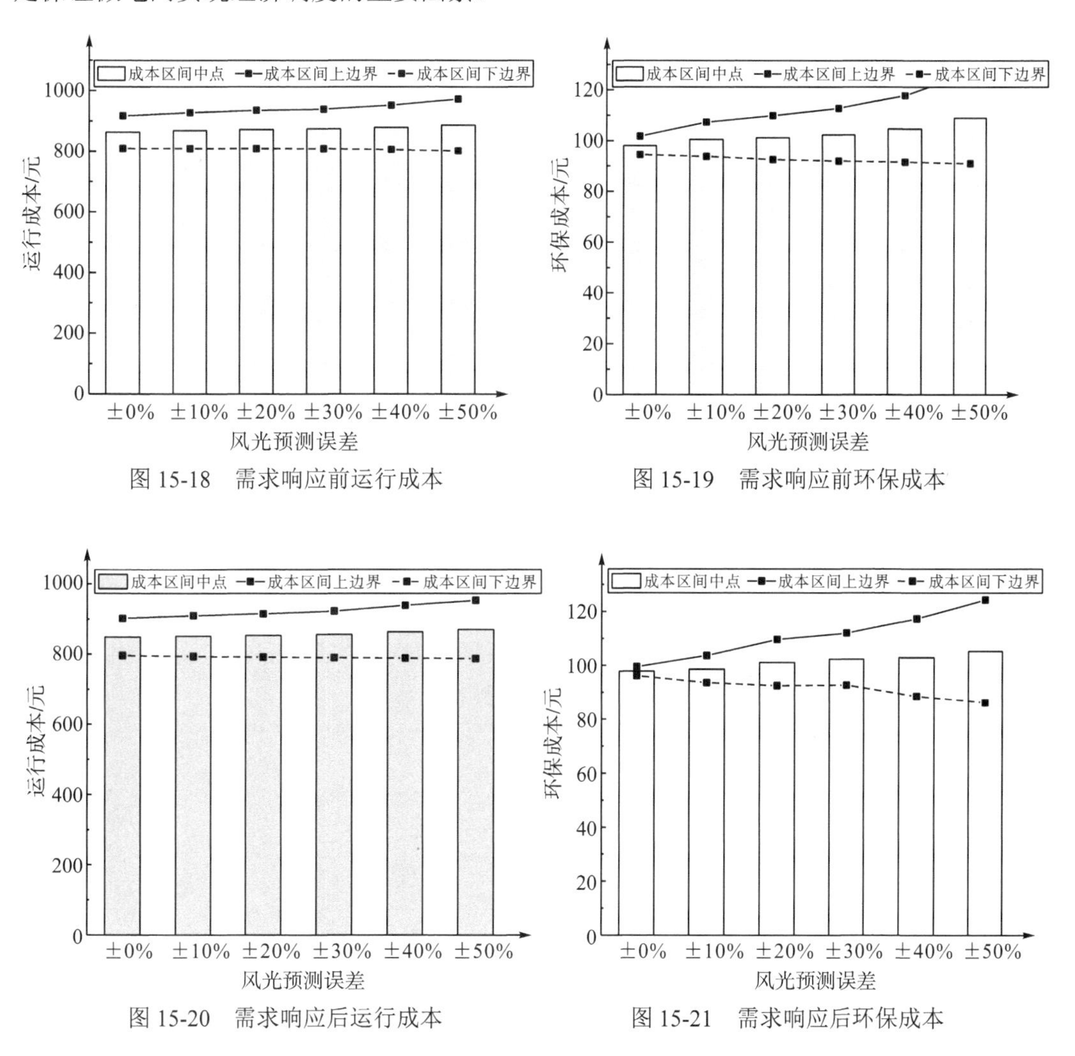

图 15-18　需求响应前运行成本

图 15-19　需求响应前环保成本

图 15-20　需求响应后运行成本

图 15-21　需求响应后环保成本

15.4　本 章 小 结

本章采用区间数描述风机、光伏输出功率的不确定性，建立了基于需求响应的微电网区间多目标优化模型；利用区间序关系将目标函数区间不确定性模型转换成确定性模型，再利用区间可能度方法将不确定性约束转换成确定性约束；采用基于水平群优化的高效多目标优化算法求解模型，并采用改进熵权的灰色关联分析法确定最终折中调度方案。

第 16 章　微电网运行控制的平滑解列

微电网运行模式平滑切换是微电网运行与控制中的重要问题，其本质是解决微电网解列后功率不平衡导致的暂态稳定问题。本章利用虚拟同步发电机(VSG)灵活有效的控制特性，研究其优化协调控制策略，分析 VSG 参数改变对动态过程的影响，提出参数 Bang-Bang 控制策略，同时采用粒子群优化算法对优化问题进行求解，实现微电网运行模式切换平滑控制。

16.1　VSG 基本理论

VSG 是一种模拟同步发电机外特性的新型逆变器控制技术，能为系统提供惯性，并且有灵活的运行方式，是一种极有潜力的可再生能源逆变器控制方法。本节主要介绍 VSG 的基本数学模型和控制结构，同时分析 VSG 的暂态过程。

16.1.1　VSG 的数学模型和控制结构

1. VSG 的数学模型

VSG 控制分为有功频率控制和无功电压控制。有功频率控制的关键是模拟传统同步发电机的摇摆方程，无功电压控制则给定其输出电压。VSG 的转子运动方程可表示为[61]

$$\begin{cases} \dfrac{\mathrm{d}\delta}{\mathrm{d}t} = \omega - \omega_0 \\ J\dfrac{\mathrm{d}\omega}{\mathrm{d}t} = \dfrac{P_\mathrm{m} - P_\mathrm{e}}{\omega} - D(\omega - \omega_0) \end{cases} \tag{16-1}$$

式中，δ 为 VSG 的虚拟功角；ω 为 VSG 的虚拟角速度；ω_0 为电网的额定角速度；J 为虚拟转动惯量；P_m 为 VSG 的虚拟机械功率；P_e 为 VSG 向电网输出的有功功率；D 为 VSG 的阻尼系数。逆变器端口电气方程可以表示为

$$\dot{E} = \dot{U} + \dot{I}(r + \mathrm{j}X_L) \tag{16-2}$$

式中，$\dot{E}$ 表示 VSG 的电势；$\dot{U}$ 表示电网侧电压；X_L 表示逆变器输出电抗，通常指逆变器端口的滤波电抗。

当输出电抗远大于输出电阻时，可忽略电阻 r 的影响，VSG 向电网输出的有功功率

和无功功率可以近似由式(16-3)表示[62]：

$$P_{\mathrm{e}} = \frac{EU}{X_L}\sin\delta \tag{16-3}$$

$$Q_{\mathrm{e}} = \frac{EU}{X_L}\cos\delta - \frac{U^2}{X_L} \tag{16-4}$$

VSG 的外部整体控制结构示意图如图 16-1 所示。

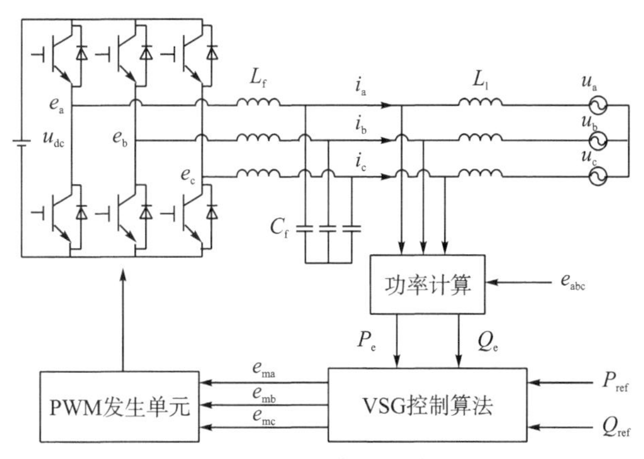

图 16-1　VSG 的外部整体控制结构示意图

PWM 指脉宽调制

2. VSG 的有功-频率环节控制结构

类似传统发电机一次调频，VSG 的虚拟调速器设计方法最常见的是基于有功-频率下垂特性的控制系统，如图 16-2 所示。

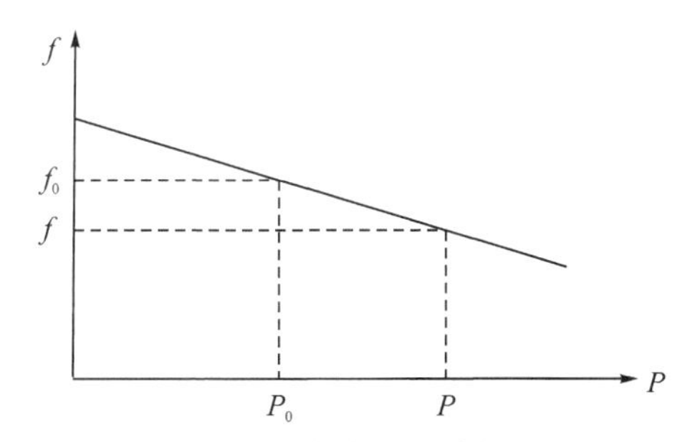

图 16-2　有功-频率下垂特性示意图

传统同步发电机调频系数 K_ω 通常定义为有功功率变化与频率变化的比值：

$$K_\omega = \frac{P_{\mathrm{ref}} - P}{\omega_0 - \omega} \tag{16-5}$$

式(16-5)变形推导可得到有功-频率下垂特性表达式为

$$P = P_{\mathrm{ref}} + K_\omega(\omega_0 - \omega) \tag{16-6}$$

特别地，分析传统下垂控制有功-频率表达式：

$$\omega = \omega_0 - m(P_m - P_{ref}) \tag{16-7}$$

式中，P_{ref} 指有功参考值，变形推导同样可得

$$P_m = P_{ref} + \frac{1}{m}(\omega_0 - \omega) \tag{16-8}$$

m 为有功调节系数。

经上述推导可以得到 VSG 有功-频率控制环节的控制框图如图 16-3 所示。

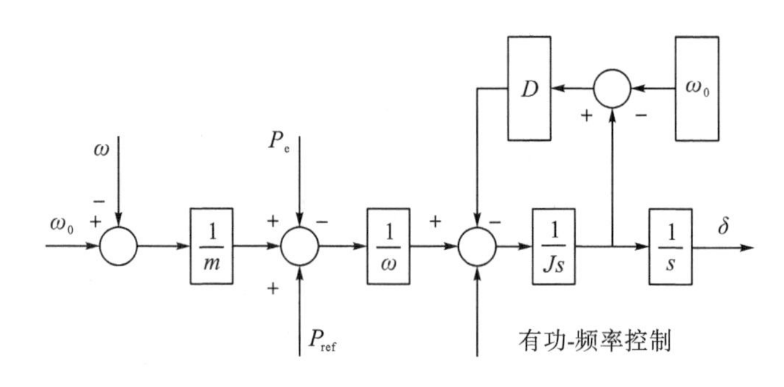

图 16-3 有功-频率控制环节的控制框图

3. VSG 的无功-电压环节控制结构

同步发电机通过励磁调节器来调节其机端电压和无功功率输出，VSG 同样可以通过改变逆变器电势来调节无功功率的输出。由式(16-4)可知，当输出电抗远大于输出电阻且功角较小时，VSG 输出无功功率可以简化为

$$Q_e \approx \frac{EU - U^2}{X_L} \tag{16-9}$$

由式(16-9)可知，VSG 输出的无功功率 Q_e 与电势 E 呈正相关，可以通过线性化的下垂特性来近似等效，于是得到无功-电压传统下垂特性表达式：

$$E = E_0 - n(Q_e - Q_{ref}) \tag{16-10}$$

式中，Q_{ref} 为无功参考值。在 VSG 的无功-电压环节，虚拟电势 E 通常由三部分组成：第一个部分是 VSG 的空载电势 E_0，由空载离网运行时给定；第二部分是无功功率调节部分；第三部分是对应机端电压调节部分。若将第三部分简化为比例环节，可得到其表达式为

$$E = E_0 + n(Q_{ref} - Q_e) + k_u(U_{ref} - U) \tag{16-11}$$

式中，n 为 VSG 无功调节系数，同样可以看出其取值对应下垂控制的无功下垂系数；k_u 为电压调节系数。忽略机端电压调节部分，得到本节所采用的虚拟电势表达式：

$$E = E_0 + n(Q_{ref} - Q_e) \tag{16-12}$$

通过上述分析可以得到 VSG 无功-电压环节的控制框图如图 16-4 所示。

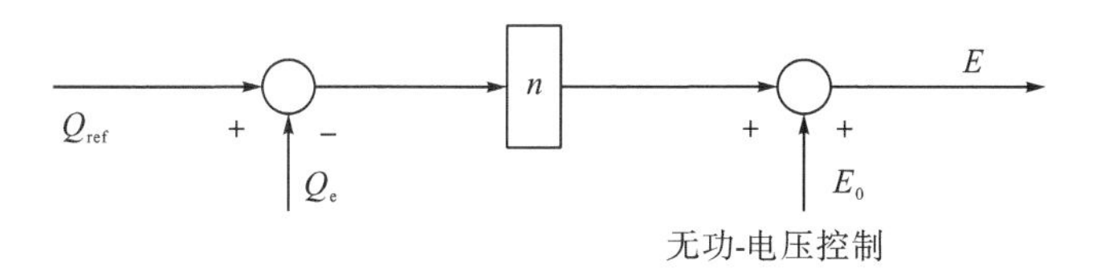

图 16-4 无功-电压环节的控制框图

16.1.2 VSG 控制逆变器和同步发电机的对应关系

采用 VSG 控制策略的逆变器在外特性上拥有和传统同步发电机相似的动态特性，同时在拓扑结构上也能够与同步发电机相对应。VSG 拓扑结构与同步发电机对应关系如图 16-5 所示。

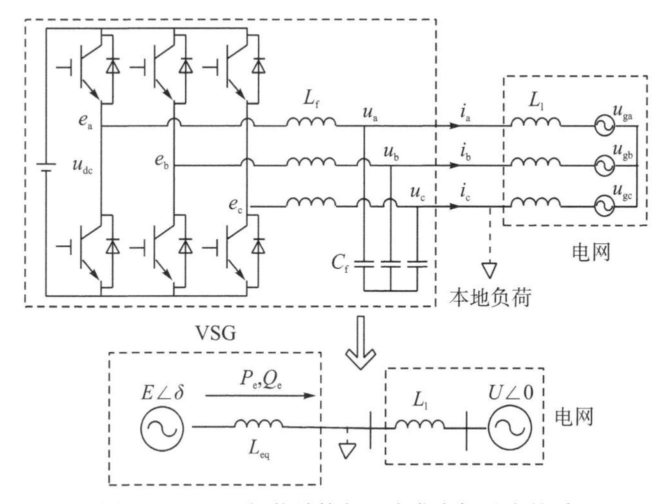

图 16-5 VSG 拓扑结构与同步发电机对应关系

由图 16-5 所示的拓扑结构可以得到 VSG 的电磁方程：

$$L_{fabc}\frac{di_{abc}}{dt}=e_{abc}-u_{abc}-Ri_{abc} \tag{16-13}$$

式中，L_{fabc} 为 VSG 滤波器电感；i_{abc} 为输出电流；e_{abc} 为 VSG 电势；u_{abc} 为 VSG 的机端电压；R 为 VSG 的等效输出电阻。

将图 16-5 所示的拓扑结构各部分与同步发电机对比可知，采用 VSG 控制策略的逆变器能够在结构形式上与同步发电机相对应，这有利于借鉴同步发电机的分析方法，对其运行性能、控制结构、稳定性等方面进行分析。

16.1.3 VSG 的暂态过程分析

提升微电网的电网强度，是从本质上解决微电网解列暂态稳定问题的一种思路。VSG

通过引入虚拟的转动惯量，配备一定容量的储能系统后，能对暂态过程进行缓冲，同时能够灵活调节参数，达到增加系统强度的目的。

1. VSG 的暂态过程

由 VSG 的转子运动方程(16-5)可知，与同步发电机类似，VSG 的暂态过程也可以通过功角曲线来说明。

如图 16-6 所示，正常运行时 VSG 的虚拟机械功率取值为 P_0，VSG 运行在曲线 I 上，与 $P_m = P_0$ 的交点为 o_1 和 o_a。由于通常运行点 o_a 是不稳定的，故 VSG 在正常运行时的运行点用 o_1 表示。根据虚拟机械功率与 VSG 输出功率的大小关系，在暂态扰动发生时有两种情况。

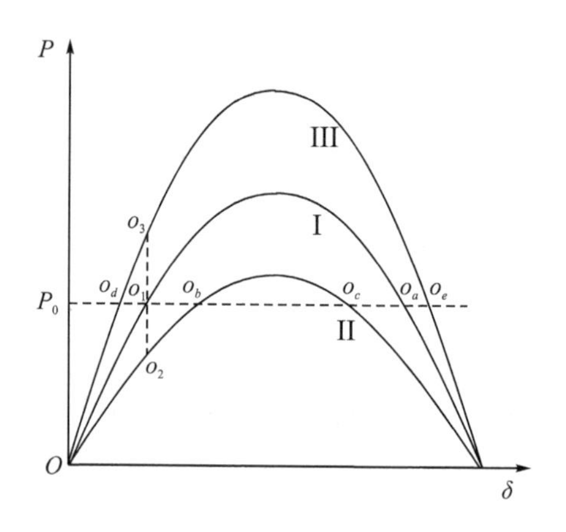

图 16-6　VSG 暂态过程功角曲线

情况一：P_e 减小，P_m 大于 P_e。此时 VSG 运行在曲线 II 上，由于功角没有突变，此时运行点落在 o_2，VSG 的虚拟角速度会增加，与电网的角速度产生偏差，VSG 的虚拟功角摆开，由式(16-3)可知，P_e 增大，运行点到达 o_b 点，但虚拟角速度与电网角速度的偏差仍大于零，运行点会越过 o_b，继续沿着曲线往虚拟功角增大的方向运动，当运行点到达 o_c 时，若此时角速度偏差小于零，运行点往回运动，同样在回到 o_b 仍会继续朝虚拟功角减小的方向运动，如此往复，最后收敛至运行点 o_b，系统达到新的稳定平衡点。

情况二：P_e 增大，P_m 小于 P_e。此时 VSG 运行在曲线 III 上，由于功角不会发生突变，此时 VSG 对应的运行点落在 o_3，VSG 与电网的角速度出现偏差，VSG 的虚拟功角减小，由式(16-3)可知，P_e 减小，运行点到达 o_d 点。由于与电网的角速度产生偏差，会如同情况一一样如此往复，在不断移动后，最后收敛至运行点 o_d，系统达到新的稳定平衡点。借鉴传统分析方法，同样可以采用加速面积和减速面积来判断系统的暂态稳定性。

2. VSG 无功参考值对暂态过程的影响

采用 VSG 控制策略的分布式电源通过给定的参考值向电网提供有功功率和无功功

率，其调节更加灵活。VSG 无功功率参考值决定了其输出电压。在图 16-7 中，功角曲线 I 表示初始运行状态功角曲线，稳态时系统运行在点 o_1，当发生故障时，运行状态对应的功角曲线由 I 变化到 II，运行点由 o_1 变化到 o_2。由式(16-3)、式(16-4)和式(16-12)可知，VSG 的有功功率、E 与 Q_{ref} 之间呈正相关。随着 VSG 的运行点沿功角特性曲线族由 Q_{ref} 较小时过渡到较大时，可以得到如 III 所示的功角特性曲线。当功角 δ >90°时，曲线 III 仍保持上升的趋势，这是因为在 δ >90°附近，Q_{ref} 上升带来的 E 增大要超过 $\sin\delta$ 的减小。总而言之，当对 VSG 的 Q_{ref} 采用有效的控制策略后，会使得系统的加速面积减小，减速面积增加，由此提高 VSG 的暂态稳定性。

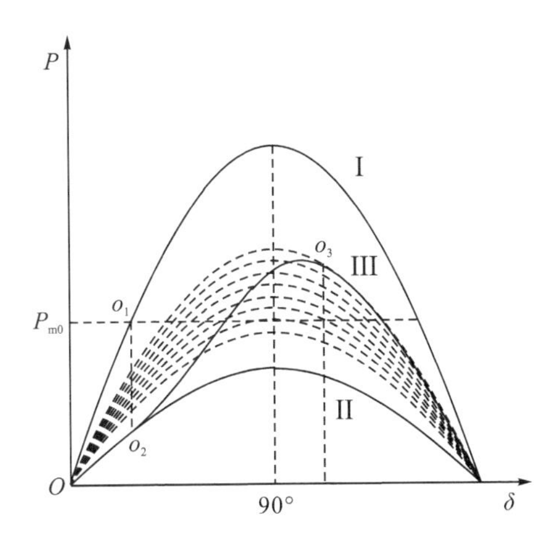

图 16-7 无功参考值对暂态稳定性的影响

16.2 含 VSG 的微电网解列稳定控制策略

本节从主动解列和被动解列两个方面对含 VSG 的微电网展开研究。首先采用协同控制理论研究以无功参考值为控制变量的 VSG 暂态稳定协同控制策略；接着对多 VSG 微电网被动解列进行研究，介绍其暂态稳定计算方法，分析 VSG 参数改变对动态过程的影响，提出参数 Bang-Bang 控制策略；最后研究微电网主动解列，通过建立包含联络线功率、控制量、控制前后电压偏差、动态过程频率差、电压差积分的目标函数，设计主动解列优化协调控制策略，旨在保证暂态冲击足够小的同时能够减小控制代价[63]。

16.2.1 基于协同控制理论的 VSG 暂态稳定控制策略

VSG 通常受容量限制，导致其承受频率和功率波动的能力不及同步发电机，而采用 VSG 的非线性控制能够对微电网的平滑解列起到重要作用。

1. 协同控制理论

协同控制是一种状态空间下的非线性控制策略，有使被控系统降阶、设置参数少、对模型精度不敏感等优点[64]。协同控制的核心是设计一个由系统状态变量组成的控制流形，控制系统将沿着所设计的控制流形收敛到平衡状态。

2. 协同控制器设计方法

受控非线性系统如下所示：

$$\dot{\boldsymbol{x}} = f(\boldsymbol{x},\boldsymbol{u},t) \tag{16-14}$$

式中，$\boldsymbol{x}$ 为系统状态变量；$\boldsymbol{u}$ 为控制变量；t 为时间。控制变量 $\boldsymbol{u}$ 的控制律与宏变量ψ 有关，为使得系统能在有限时间内收敛到$\psi(\boldsymbol{x},t)=0$上。宏变量收敛的过程如下：

$$T\dot{\psi}+\psi=0,\quad T>0 \tag{16-15}$$

式中，T 为设计参数，表示状态变量经动态过程收敛到控制流形的时间。T 的取值应远小于系统固有时间常数。宏变量是系统中状态变量的函数，对宏变量求导可得

$$\dot{\psi}=\frac{\mathrm{d}\psi}{\mathrm{d}\boldsymbol{x}}\dot{\boldsymbol{x}} \tag{16-16}$$

将式(16-14)、式(16-16)代入式(16-15)得

$$T\frac{\mathrm{d}\psi}{\mathrm{d}x}f(\boldsymbol{x},\boldsymbol{u},t)+\psi=0 \tag{16-17}$$

由式(16-17)可以得到控制变量 $\boldsymbol{u}$ 的控制率，从而保证系统趋近并收敛于控制流形$\psi(\boldsymbol{x},t)=0$上，并沿着控制流形运动。

3. VSG 协同控制设计

采用协同控制理论设计控制方案时，为了使 VSG 在暂态过程中保持稳定，将 VSG 虚拟功角和角速度的线性组合作为宏变量：

$$\psi=(\delta-\delta_{\mathrm{ref}})+K(\omega-\omega_{\mathrm{ref}}) \tag{16-18}$$

式中，δ_{ref} 和 ω_{ref} 分别为虚拟功角和虚拟角速度的参考值，此处取为稳态值；K 为虚拟功角偏差和虚拟角速度偏差的取值关系系数。为了使控制系统状态变量沿某一路径收敛至控制流形$\psi(\boldsymbol{x},t)=0$上，将式(16-18)代入式(16-15)得

$$T(\dot{\delta}+K\dot{\omega})+(\delta-\delta_{\mathrm{ref}})+K(\omega-\omega_{\mathrm{ref}})=0 \tag{16-19}$$

将式(16-1)代入式(16-19)得

$$T\left[\omega-\omega_0+K\left(\frac{P_{\mathrm{m}}-P_{\mathrm{e}}}{J\omega}\right)-\frac{D}{J}(\omega-\omega_0)\right]+(\delta-\delta_{\mathrm{ref}})+K(\omega-\omega_{\mathrm{ref}})=0 \tag{16-20}$$

将式(16-20)结合式(16-3)、式(16-4)、式(16-8)、式(16-12)联立解出控制律为

$$\begin{aligned}Q_{\mathrm{ref}}=-\Bigg(\Bigg\{\Bigg[&\frac{(\delta-\delta_{\mathrm{ref}})+K(\omega-\omega_{\mathrm{ref}})}{TK}+\frac{\omega-\omega_0}{K}+\frac{D}{J}(\omega-\omega_0)\Bigg]\\&\times J\omega-P_{\mathrm{ref}}-\frac{1}{m}\Bigg\}\times\frac{X_L+nU\cos\delta}{U\sin\delta}+E_0+\frac{nU^2}{X_L}\Bigg)\Bigg/n\end{aligned} \tag{16-21}$$

式中，虚拟功角 δ 难以直接测量，但可以由式(16-22)计算[65]：

$$\delta = \int (\omega - \omega_0) \mathrm{d}t \tag{16-22}$$

由式(16-21)可以看出控制律只需要测量角速度 ω 即可得出。控制律中的 K 和 T 是可以调节的参数，T 决定了动态过程的收敛时间，K 决定了控制流形的具体形式。

4. 算例分析

本部分在 MATLAB 环境下对如图 16-8 所示的系统进行仿真研究。

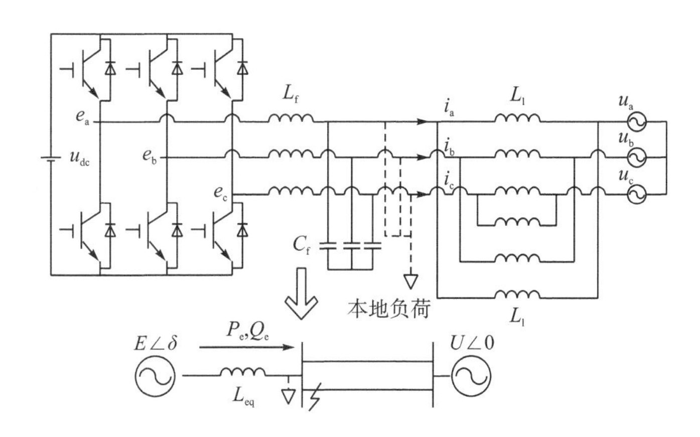

图 16-8　VSG 算例系统

图 16-8 所示系统的主要参数见表 16-1。系统额定电压为 380V，VSG 容量为 150kV·A，正常运行时有功功率为 100kW。

表 16-1　算例系统参数取值

参数	取值	参数	取值
L_f	2mH	m	3.3×10^4Hz/kW
L_l	0.2mH	n	5×15^{-5}V/kvar
C_f	50μF	K	995
J	1kg/m^2	T	0.05
D	10N·m·s/rad	—	—

本节主要研究三种场景，并与传统 VSG 控制策略的仿真结果进行对比。场景一是 0.4s 时三相短路故障，故障发生在如图 16-8 所示的线路首端，0.5s 时切除故障线路。场景二是 0.4s 时一条线路开断。场景三是 VSG 并网时带 120kW 负载，0.4s 时系统解列。

三种场景下的虚拟功角响应曲线、频率响应曲线、有功功率响应曲线和无功功率响应曲线分别如图 16-9、图 16-10 和图 16-11 所示。

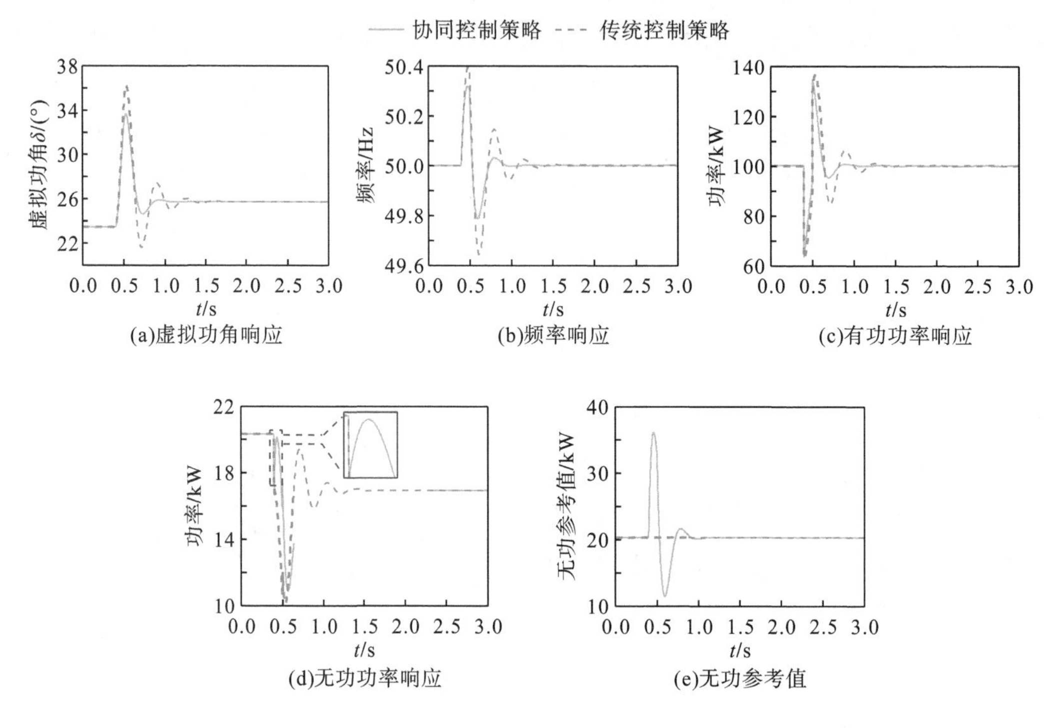

图 16-9 三相短路故障响应曲线

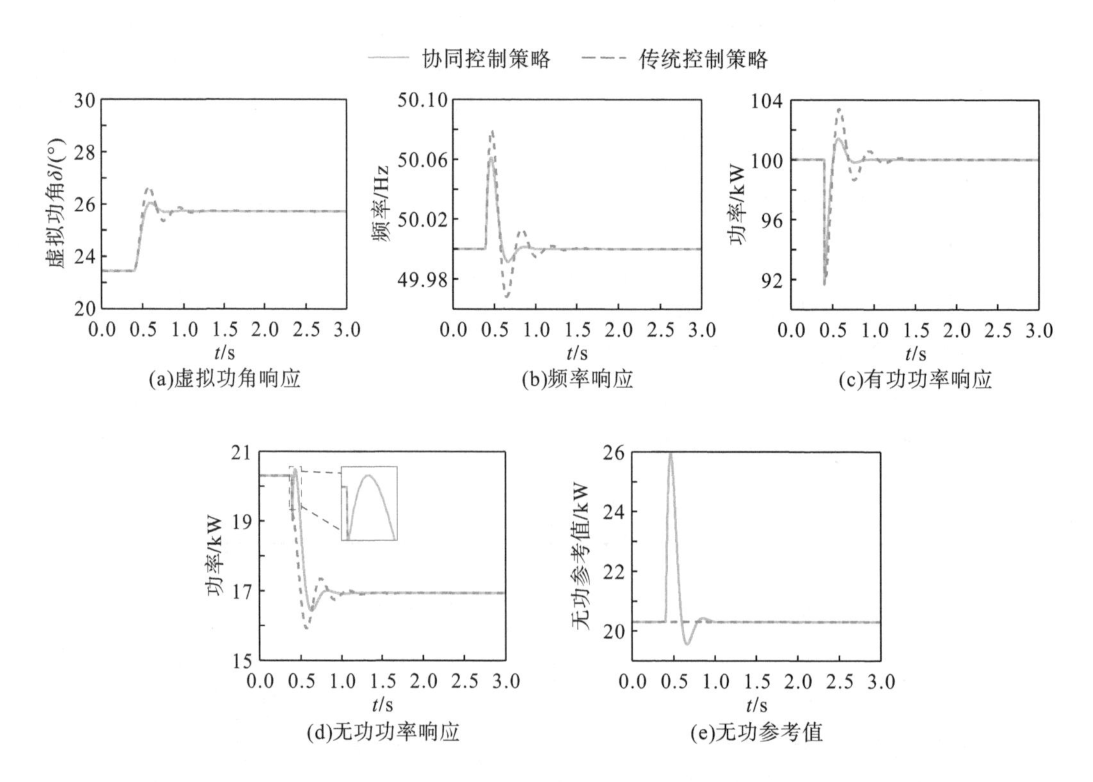

图 16-10 线路开断响应曲线

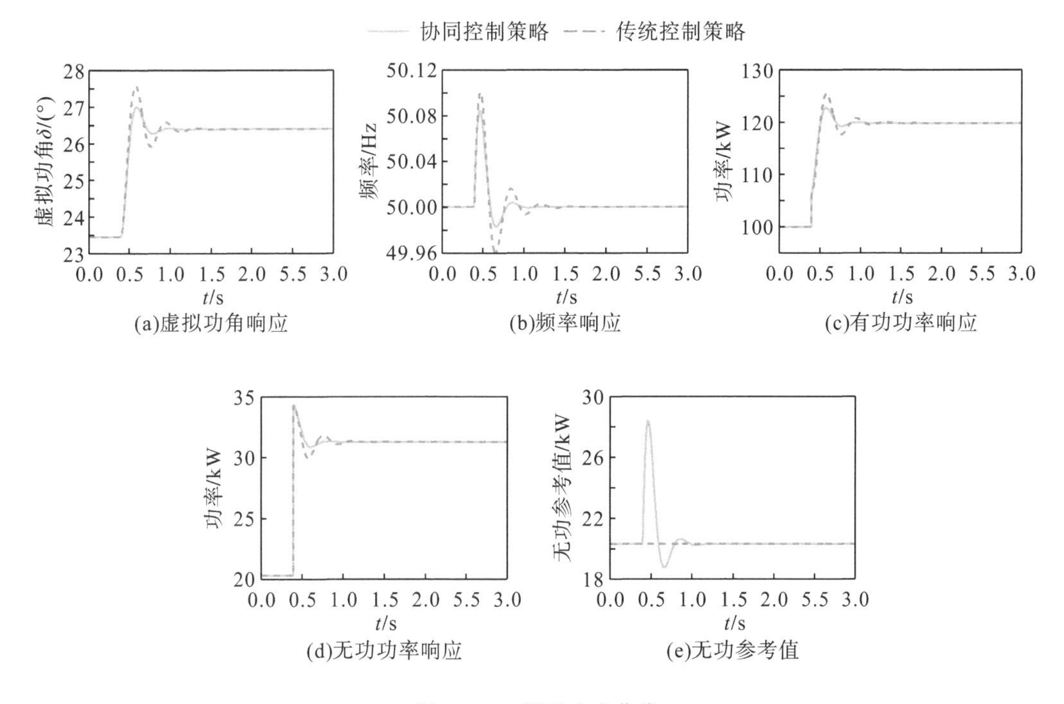

图 16-11　解列响应曲线

由图 16-9(a)可知，三相短路故障时，协同控制策略相对传统控制策略来说功角的振荡更小，暂态过程更短。图 16-9(b)表明采用协同控制策略后可将频率波动峰值减小，并且快速恢复平稳。VSG 有功功率响应曲线对比如图 16-9(c)所示，采用协同控制策略使得虚拟电势上升较快，有功功率恢复快于传统控制策略。由图 16-9(d)和(e)可以得知，故障发生后，协同控制能快速调整无功参考值，在一定时间内强制提高无功功率，减缓暂态无功功率跌落并快速稳定。

由图 16-10(a)可以看出，线路开断时传统控制策略虚拟功角振荡的动态过程超过1.0s。采用协同控制策略后，使虚拟功角振荡幅值减小，同时缩短动态过程。图 16-10(b)显示频率振荡的幅值减小，使频率迅速恢复到稳态值。由图 16-10(c)可以看出，采用协同控制策略的响应曲线上升较快，减小了功率波动的峰值，并且快速恢复到稳态输出。

由图 16-11(a)所示，当系统解列由 VSG 单独向负荷供电时，由于扰动导致虚拟功角增大。由图 16-11(c)可以看出有功输出增加，最后收敛至稳定运行点，单独带负载运行。在此次仿真中，协同控制策略通过改变无功参考值能够使虚拟功角、频率和有功功率快速进入稳态，缩短了暂态过程，VSG 的暂态稳定性得到提高。

16.2.2　基于 Bang-Bang 控制的多 VSG 微电网解列研究

VSG 控制系统中参数灵活可调是该方法的重要优点之一。现有多数研究均建立在单机系统或者等值系统下，多 VSG 微电网中参数动态调节控制和多 VSG 参数 Bang-Bang

控制用于微电网的平滑解列控制研究也鲜有报道，因此本节对含多 VSG 微电网解列的 VSG 参数 Bang-Bang 控制策略开展了相应研究。

1. 复杂电力系统暂态稳定计算

电力系统暂态稳定仿真模型通常用一组微分-代数方程组描述：

$$\begin{cases} \dot{\boldsymbol{x}}(t) = f[\boldsymbol{x}(t), \boldsymbol{y}(t)] \\ g[\boldsymbol{x}(t), \boldsymbol{y}(t)] = 0 \end{cases} \tag{16-23}$$

式中，$\boldsymbol{x}$ 表示系统的状态变量；$\boldsymbol{y}$ 表示系统代数变量。

暂态计算时，VSG 电压方程要与微电网网络方程联系起来。当采用直角坐标系表示网络方程时，假设坐标系由 x 轴和超前 90°的 y 轴组成，电压电流都以该坐标下的分量表示。VSG 虚拟转子 q 轴分量与 x 轴的夹角即 VSG 的绝对角 δ，如图 16-12 所示。

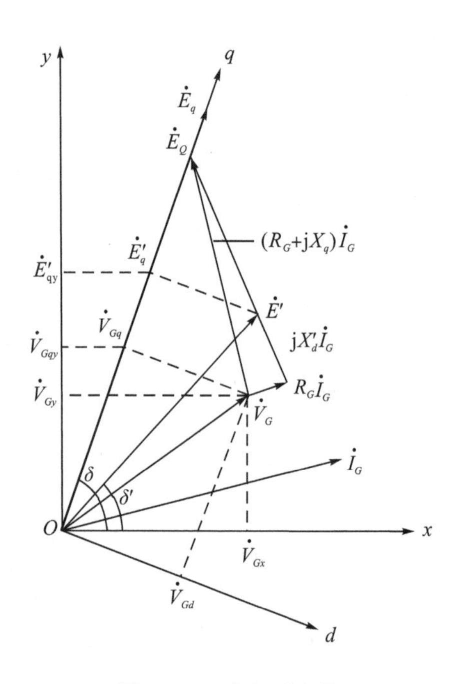

图 16-12　坐标系变换

VSG 端电压在 dq 坐标系和 xy 坐标系下之间的分量有如下关系：

$$\begin{bmatrix} V_{Gq} \\ V_{Gd} \end{bmatrix} = \begin{bmatrix} \cos\delta & \sin\delta \\ \sin\delta & -\cos\delta \end{bmatrix} \begin{bmatrix} V_{Gx} \\ V_{Gy} \end{bmatrix} \tag{16-24}$$

其逆变换为

$$\begin{bmatrix} V_{Gx} \\ V_{Gy} \end{bmatrix} = \begin{bmatrix} \cos\delta & \sin\delta \\ \sin\delta & -\cos\delta \end{bmatrix} \begin{bmatrix} V_{Gq} \\ V_{Gd} \end{bmatrix} \tag{16-25}$$

当发电机电压用 E'_q 表示时，在 dq 坐标系下可建立电压代数方程：

$$\begin{bmatrix} E'_q \\ 0 \end{bmatrix} = \begin{bmatrix} R_G & X'_d \\ -X_q & R_G \end{bmatrix} \begin{bmatrix} I_{Gq} \\ I_{Gd} \end{bmatrix} + \begin{bmatrix} V_{Gq} \\ V_{Gd} \end{bmatrix} \tag{16-26}$$

对电流也有类似坐标变换关系，因此对式(16-26)进行坐标变换可得

$$\begin{bmatrix} I_{Gx} \\ I_{Gy} \end{bmatrix} = -\begin{bmatrix} G_x & B_x \\ B_y & G_y \end{bmatrix} \begin{bmatrix} V_{Gx} \\ V_{Gy} \end{bmatrix} + \begin{bmatrix} C_x \\ C_y \end{bmatrix} E'_q \tag{16-27}$$

式中

$$\begin{cases} G_x = \dfrac{R_G + (X_q - X'_d)\sin\delta\cos\delta}{R_G^2 + X_q X'_d} \\ G_y = \dfrac{R_G - (X_q - X'_d)\sin\delta\cos\delta}{R_G^2 + X_q X'_d} \\ B_x = \dfrac{X'_d - (X_q - X'_d)\sin^2\delta}{R_G^2 + X_q X'_d} \\ B_y = -\dfrac{X'_d - (X_q - X'_d)\cos^2\delta}{R_G^2 + X_q X'_d} \\ C_x = \dfrac{R_G\cos\delta + X_q\sin\delta}{R_G^2 + X_q X'_d} \\ C_y = \dfrac{R_G\sin\delta - X_q\cos\delta}{R_G^2 + X_q X'_d} \end{cases} \tag{16-28}$$

暂态过程中用到的网络方程可表示为

$$\dot{I}_i = \sum_{j=1}^{n} Y_{ij}\dot{V}_j \tag{16-29}$$

将 Y_{ij} 分解为电导和电纳并写成矩阵形式有

$$\begin{bmatrix} I_{ix} \\ I_{iy} \end{bmatrix} = \sum_{j=1}^{n} \begin{bmatrix} G_{ij} & -B_{ij} \\ B_{ij} & G_{ij} \end{bmatrix} \begin{bmatrix} V_{jx} \\ V_{jy} \end{bmatrix} \tag{16-30}$$

将式(16-27)代入式(16-30)的左边，将表示机端电压的有关项合并，得到用于计算暂态稳定的网络方程：

$$\begin{bmatrix} I'_{ix} \\ I'_{iy} \end{bmatrix} = \sum_{\substack{j=1 \\ j\neq i}}^{n} \begin{bmatrix} G_{ij} & -B_{ij} \\ B_{ij} & G_{ij} \end{bmatrix} \begin{bmatrix} V_{jx} \\ V_{jy} \end{bmatrix} + \begin{bmatrix} G_{ii} + G_{ix} & -B_{ii} + B_{ix} \\ B_{ii} + B_{iy} & G_{ii} + G_{iy} \end{bmatrix} \begin{bmatrix} V_{ix} \\ V_{iy} \end{bmatrix} \tag{16-31}$$

式中

$$\begin{bmatrix} I'_{ix} \\ I'_{iy} \end{bmatrix} = \begin{bmatrix} C_{ix} \\ C_{iy} \end{bmatrix} E'_{qi} \tag{16-32}$$

如此通过式(16-32)计算注入电流并代回式(16-31)，按式(16-28)修改网络 $\boldsymbol{Y}$ 矩阵中的 VSG 节点导纳，这样就把 VSG 节点引入了网络方程中。在负荷节点上，以恒阻抗负荷模型为例，需要计算初始条件下负荷节点的电压和功率，从而计算负荷的恒定导纳：

$$Y_{\mathrm{LD}}=\frac{S_{\mathrm{LD0}}^{*}}{V_{\mathrm{LD0}}^{2}}=\frac{P_{\mathrm{LD0}}-\mathrm{j}Q_{\mathrm{LD0}}}{V_{\mathrm{LD0}}^{2}}=G_{\mathrm{LD}}+\mathrm{j}B_{\mathrm{LD}} \tag{16-33}$$

由于负荷节点的注入电流为零，可以将式(16-30)做如下修改：

$$\begin{bmatrix}0\\0\end{bmatrix}=\sum_{\substack{j=1\\j\neq k}}^{n}\begin{bmatrix}G_{kj} & -B_{kj}\\B_{kj} & G_{kj}\end{bmatrix}\begin{bmatrix}V_{jx}\\V_{jy}\end{bmatrix}+\begin{bmatrix}G_{kk}+G_{\mathrm{LD}} & -B_{ij}-B_{\mathrm{LD}}\\B_{kk}+B_{\mathrm{LD}} & G_{kj}+G_{\mathrm{LD}}\end{bmatrix}\begin{bmatrix}V_{kx}\\V_{ky}\end{bmatrix} \tag{16-34}$$

在暂态计算中，解算微分方程得到各时刻各 VSG 的 δ 后，根据式(16-28)更新发电机导纳系数，用式(16-32)计算注入电流 I'_{ix} 和 I'_{iy}，之后便可求解网络方程，得到 VSG 机端电压 V_x 和 V_y，再用式(16-27)求得发电机定子电流 I_x 和 I_y，最后即可计算发电机电磁功率：

$$P_{\mathrm{e}}=V_xI_x+V_yI_y+(I_x^2+I_y^2)R_G \tag{16-35}$$

2. 多 VSG 微电网暂态稳定判定方法

多机系统中的电力系统暂态稳定性是采用机组间的功角相对变化情况来进行判断的。在多 VSG 微电网中，可用相对于系统惯性中心(center of inertia，COI)的电压角偏差(voltage angle deviations，VAD)作为多 VSG 微电网暂态稳定性的评估指标[66]。设 θ_i 为第 i 个 VSG 电压与电网参考电压的夹角，即

$$\theta_i=\theta_{i0}+\omega_i t \tag{16-36}$$

COI 的电压角通常由系统中同步发电机(synchronous generator，SG)和 VSG 共同参与计算。COI 的电压角可由式(16-37)表示：

$$\theta_{\mathrm{COI}}=\frac{\sum_{i=1}^{N}J_i\theta_i}{\sum_{i=1}^{N}J_i}=\frac{\sum_{i=1}^{N}J_i\theta_{i0}}{\sum_{i=1}^{N}J_i}+\frac{\sum_{i=1}^{N}J_i\omega_i}{\sum_{i=1}^{N}J_i}t=\theta_{\mathrm{COI0}}+\omega_{\mathrm{COI}}t \tag{16-37}$$

式中，N 为发电机的数量；θ_{i0} 为第 i 个 VSG 的电压角初值；ω_{COI} 为 COI 的速度，用来代表电网的平均角速度。由此可得到 VAD 的计算方法：

$$\Delta\theta_i=\theta_i-\theta_{\mathrm{COI}} \tag{16-38}$$

为了保证微电网稳定，应保证式(16-39)成立：

$$|\Delta\theta_i|\leqslant\theta_{\max} \tag{16-39}$$

式中，$\theta_{\max}$ 为 VAD 允许的最大值，其具体取值目前有多种方法，这里取 $\theta_{\max}$ 为 180°，来判断微电网暂态稳定性。

3. 动态过程中参数变化分析

VSG 有功功率-虚拟功角曲线如图 16-13 所示，假设在运行过程中 VSG 的输出功率突然跃变至 P_{m0}，系统的运行点如图 16-13 所示，a、c 点往返衰减至新平衡点 b。按照暂态过程中角速度与角加速度的取值，可以将暂态过程分为四个阶段。

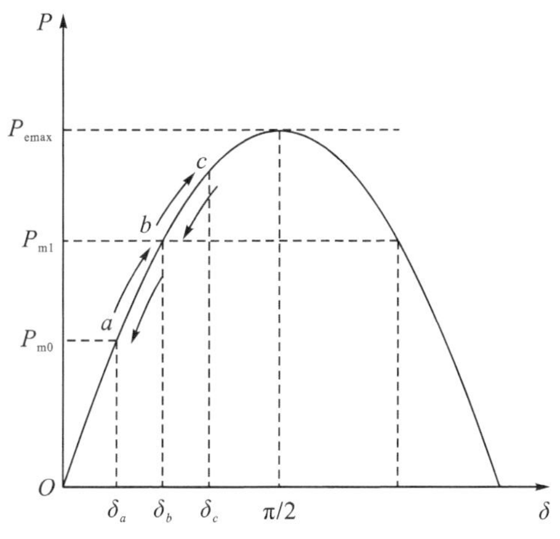

图 16-13　VSG 有功功率-虚拟功角曲线

各阶段控制策略参数取值如表 16-2 所示。

表 16-2　控制策略参数取值

阶段序号	$\Delta\omega=\omega-\omega_0$	$\mathrm{d}\omega/\mathrm{d}t$	J	D
1	>0	>0	$J_{\max}$	$D_{\max}$
2	>0	<0	$J_{\min}$	$D_{\max}$
3	<0	<0	$J_{\max}$	$D_{\min}$
4	<0	>0	$J_{\min}$	$D_{\min}$

表 16-2 中，$J_{\max}$ 和 $J_{\min}$ 分别表示虚拟转动惯量取值范围内的最大值和最小值；$D_{\max}$ 和 $D_{\min}$ 分别表示阻尼系数取值范围内的最大值和最小值。

第一阶段可以通过增大虚拟转动惯量、阻尼系数来减小角速度的变化率，阻止虚拟转子角速度的增加。第二阶段可以减小虚拟转动惯量，增大阻尼系数，使角加速度幅值增大，使角速度迅速减小。第三阶段需要较大的虚拟转动惯量，减小阻尼系数减缓角速度增加。第四阶段取较小的虚拟转动惯量、较小的阻尼系数，迅速减小角速度。

4. 参数 Bang-Bang 控制策略

由动态过程中的参数分析可以得到 VSG 虚拟转动惯量和阻尼系数 Bang-Bang 变化控制策略，控制策略如下。

对虚拟转动惯量的取值：

$$J=\begin{cases} J_{\max}, & \Delta\omega\left(\dfrac{\mathrm{d}\omega}{\mathrm{d}t}\right)>0 \cap \left|\dfrac{\mathrm{d}\omega}{\mathrm{d}t}\right|>C_J \\ J_{\min}, & \Delta\omega\left(\dfrac{\mathrm{d}\omega}{\mathrm{d}t}\right)<0 \cap \left|\dfrac{\mathrm{d}\omega}{\mathrm{d}t}\right|>C_J \\ J_0, & \Delta\omega=0 \cup \left|\dfrac{\mathrm{d}\omega}{\mathrm{d}t}\right|\leqslant C_J \end{cases} \tag{16-40}$$

对阻尼系数的取值：

$$D=\begin{cases} D_{\max}, & \Delta\omega>0\cap\left|\dfrac{\mathrm{d}\omega}{\mathrm{d}t}\right|>C_D \\ D_{\min}, & \Delta\omega<0\cap\left|\dfrac{\mathrm{d}\omega}{\mathrm{d}t}\right|>C_D \\ D_0, & \Delta\omega=0\cup\left|\dfrac{\mathrm{d}\omega}{\mathrm{d}t}\right|\leqslant C_D \end{cases} \tag{16-41}$$

式中，J_0 和 D_0 分别表示虚拟转动惯量和阻尼系数正常运行时的取值；C_J 和 C_D 分别表示控制算法虚拟转动惯量和阻尼系数的触发阈值。

VSG 参数的 Bang-Bang 控制具体步骤如下：

(1)初始化，确定仿真步长，给定潮流计算初始值，计算微电网潮流分布，得到各节点电压、相角、有功功率、无功功率的初始值，计算 VSG 的初始虚拟功角和虚拟电势。

(2)更改导纳矩阵参数设置扰动。

(3)根据虚拟功角按 16.1 节所述方法求解 VSG 电磁功率。

(4)根据 VSG 电磁功率求解微分方程。得到 t 时刻各 VSG 的频率 $f(t)$ 和电压角偏差 $\Delta\theta(t)$。根据式(16-40)和式(16-41)更新下一时刻的 J 和 D。如果 $|\Delta\theta_i|>\theta_{\max}$，仿真结束，输出不稳定。

(5)根据求解的 VSG 输出频率更新虚拟机械功率，更新电压幅值，$t=t+h$，返回步骤(3)。仿真设置时长完成，进入步骤(6)。

(6)仿真结束，输出各 VSG 频率变化情况以及各 VSG 的 VAD。

5. 算例分析

本节以 IEEE 33 节点系统作为微电网进行仿真，参数见表 16-3，在其中接入分布式电源及无功补偿装置，同时将电源的有功功率和无功功率等效为负的负荷，情况如表 16-4 所示。

表 16-3 IEEE 33 节点配电系统参数数据

节点 i	节点 j	支路阻抗/Ω	节点 j 负荷/(kW、kvar)	节点 i	节点 j	支路阻抗/Ω	节点 j 负荷/(kW、kvar)
1	2	0.0922+j0.047	100+j60	17	18	0.3720+j0.5740	90+j40
2	3	0.4930+j0.2511	90+j40	18	19	0.1640+j0.1565	90+j40
3	4	0.3660+j0.1864	120+j80	19	20	1.5042+j1.3554	90+j40
4	5	0.3811+j0.1941	60+j30	20	21	0.4095+j0.4784	90+j40
5	6	0.8190+j0.7070	60+j20	21	22	0.7089+j0.9373	90+j40
6	7	0.1872+j0.6188	200+j100	22	23	0.4512+j0.3083	90+j50
7	8	0.7114+j0.2351	200+j100	23	24	0.8980+j0.7091	420+j200
8	9	1.0300+j0.7400	60+j20	24	25	0.8960+j0.7011	420+j200
9	10	1.0440+j0.7400	60+j20	25	26	0.2030+j0.1034	60+j25
10	11	0.1966+j0.0650	45+j30	26	27	0.2842+j0.1447	60+j25

续表

节点 i	节点 j	支路阻抗/Ω	节点 j 负荷/(kW、kvar)	节点 i	节点 j	支路阻抗/Ω	节点 j 负荷/(kW、kvar)
11	12	0.3744+j0.1238	60+j35	27	28	1.0590+j0.9337	60+j20
12	13	1.4680+j1.1550	60+j35	28	29	0.8042+j0.7006	120+j70
13	14	0.5416+j0.7129	120+j80	29	30	0.5075+j0.2585	200+j600
14	15	0.5910+j0.5260	60+j10	30	31	0.9744+j0.9630	150+j70
15	16	0.7463+j0.5450	60+j20	31	32	0.3105+j0.3619	210+j100
16	17	1.2890+j1.7210	60+j20	32	33	0.3410+j0.5362	60+j40

表 16-4　分布式电源及无功补偿接入情况表

电源类型	节点处理类型	有功功率	无功功率	接入节点
风电	PQ	1200kW	功率因数 0.95	13
风电	PQ	1150kW	功率因数 0.98	23
光伏	PV	1000kW	—	31
无功补偿	PQ	0	400kvar	6
无功补偿	PQ	0	400kvar	19
无功补偿	PQ	0	400kvar	26

仿真中储能装置在节点 24 和节点 32 上，并采用 VSG 控制策略进行暂态稳定控制。两台储能设备的滤波电抗为 1mL 和 0.5mL，功率参考值均设置为零，有功下垂系数分别为 5×15^{-7}Hz/W 和 1×15^{-6}Hz/W，无功下垂系数分别为 1.31255×15^{-4}V/kvar 和 2.6255×15^{-4}V/kvar，初始状态下的虚拟转动惯量取值分别为 20p.u.和 40p.u.，阻尼系数均为 1p.u.。为方便表述，将节点 24 的储能 VSG 称为 VSG1，将 32 节点的储能 VSG 称为 VSG2。

仿真设置时长为 6s，仿真步长设置为 0.001s，功率基准值 S_{base} 为 1MW，电压基准值 V_{base} 为 10.5kV。并网运行时 PV 节点 31 电压的标幺值设置为 1.0015，设置节点 0 为平衡节点，电压相角的标幺值分别设置为 1 和 0。假设微电网在 0.4s 时通过节点 0 与节点 1 之间的静态连接开关与电网断开。

如图 16-14(a)所示，并网时微电网频率为 50Hz，微电网解列时储能装置向微电网提供功率支撑，同时由于下垂关系，频率迅速下降，最终收敛至新的稳态。在图 16-14(b)中显示了微电网 VAD 的变化情况。微电网解列后，两台储能 VSG 之间的相对功角呈摆开的趋势。最终微电网趋于平稳以后，VAD 不再变化。图 16-14(c)显示了微电网储能设备有功功率输出的变化情况，并网时储能系统不参与微电网调节，其中功率参考值和输出为零。微电网解列后储能系统立刻参与功率调节，功率突然增加，在 VSG 惯性作用下出现减幅振荡，最终趋于稳定。

图 16-15 给出了相同情境下，采用参数 Bang-Bang 调节的储能 VSG 与前述 VSG 在微电网解列的各项参数对比。通过对比发现，在 Bang-Bang 控制的作用下，微电网解列过程更加平缓，能够迅速进入稳态。在此过程中各储能 VSG 参数的取值如图 16-16 所示。

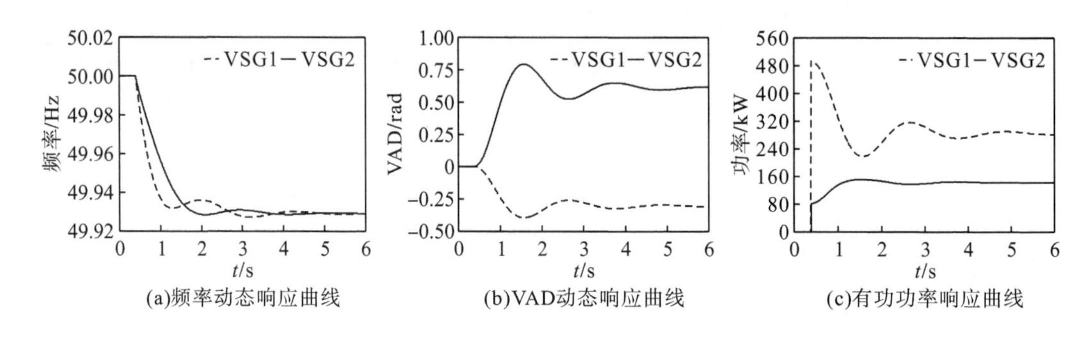

(a)频率动态响应曲线 (b)VAD动态响应曲线 (c)有功功率响应曲线

图 16-14 动态响应曲线

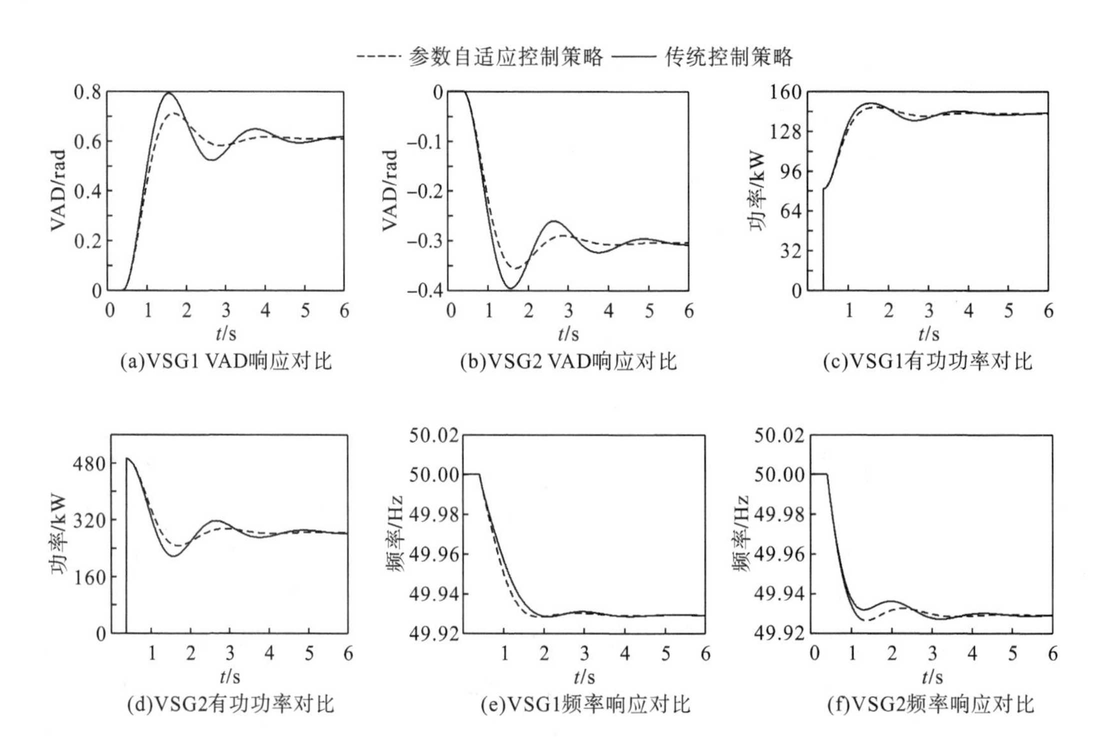

(a)VSG1 VAD响应对比 (b)VSG2 VAD响应对比 (c)VSG1有功功率对比

(d)VSG2有功功率对比 (e)VSG1频率响应对比 (f)VSG2频率响应对比

图 16-15 参数 Bang-Bang 控制响应对比

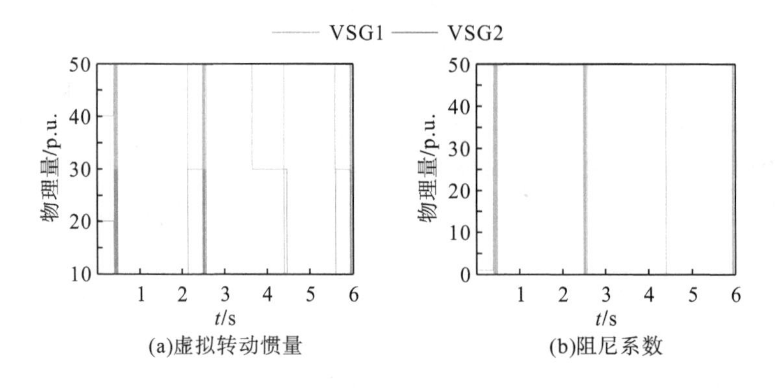

(a)虚拟转动惯量 (b)阻尼系数

图 16-16 参数取值变化情况

16.2.3　基于优化协调控制策略的微电网主动解列

微电网的解列过程分为主动解列和被动解列，到目前为止微电网解列的研究多集中在解列时逆变器的运行模式切换导致的暂态冲击上。本节将从微电网系统层面对微电网协调控制主动解列开展研究。

1. 目标函数

微电网解列前和解列后的优化方法都是多目标优化问题。最终控制策略的目标函数应由解列前与解列后两部分组成。

1）解列前的优化策略

主动解列前优化策略主要是为了保证联络线功率绝对值尽可能减小，因此该目标所占权重应当较大，则本节优化策略所采用的多目标目标函数为

$$\min J_1 = \alpha|P_c| + \beta P_{cut} + \chi(\Delta U)^2 \tag{16-42}$$

式中，P_c 为微电网与大电网之间联络线的有功功率；P_{cut} 为微电网解列前的微电源功率调节量或切负荷量；ΔU 为功率优化前后各节点电压差的总和；α、β、χ 分别为目标函数各目标的权值，且三者的和为 1。

无功功率和有功功率按照比例同时改变，具体计算公式如下：

$$Q_{cut} = \eta_P Q_{cutmax} \tag{16-43}$$

式中，Q_{cut} 为优化控制策略无功功率随有功功率变化的控制量；η_P 为调节比率；Q_{cutmax} 为该节点能够调节的无功功率最大值。调节比率 η_P 的表达式为

$$\eta_P = \frac{P_{cut}}{P_{cutmax}} \tag{16-44}$$

式中，P_{cutmax} 为该节点有功调节的最大值。

2）解列后的动态过程

考虑到描述微电网的动态特性指标为频率和电压，解列后的目标函数由解列后的频率和电压的变化值的积分来描述：

$$\min J_2 = \int_0^t (\Delta f + \Delta U_{VSG})\,\mathrm{d}t \tag{16-45}$$

式中，Δf 表示微电网解列后动态过程中的频率差；ΔU_{VSG} 表示解列后 VSG 的电压差；t 表示积分时间，选取与微电网动态时间常数相匹配的值，由于微电网中的逆变器等电力电子装置动态过程较快，可考虑 t 取 3s。

将两个目标函数合起来可得到优化控制策略的目标函数，如下所示：

$$\min J = aJ_1 + bJ_2 \tag{16-46}$$

式中，a、b 为决定两个目标函数比重的权值。

2. 等式约束条件

等式约束指的是并网运行时微电网中和解列后的潮流方程约束，其具体表达式为

$$\begin{cases} P_{is} - U_i \sum_{j \in i} U_j (G_{ij} \cos\theta_{ij} + B_{ij} \sin\theta_{ij}) = 0 \\ Q_{is} - U_i \sum_{j \in i} U_j (G_{ij} \sin\theta_{ij} - B_{ij} \cos\theta_{ij}) = 0 \end{cases} \tag{16-47}$$

式中，P_{is} 和 Q_{is} 分别为计及微电源与负荷后节点 i 注入的有功功率和无功功率；U_i 和 U_j 分别为节点 i 和节点 j 的电压幅值，$j \in i$ 表示包括 i 节点在内所有与节点 i 有电气连接的节点的集合；G_{ij} 和 B_{ij} 分别为节点导纳矩阵中的电导和电纳部分；θ_{ij} 为 i-j 支路的电压相角差。

3. 不等式约束条件

不等式约束主要包含微电网正常频率范围约束、微电网各节点电压幅值约束、微电网支路电流约束和控制变量取值约束。

1) 微电网正常频率范围约束

根据《分布式电源接入电网技术规定》(国家电网公司 Q/GDW 1480—2015) 第 8.1 条规定，正常运行范围在 49.5～50.2Hz，则要对动态过程中的频率差进行约束：

$$\begin{cases} f > 50\,\text{Hz}, & \Delta f \leqslant 0.2\,\text{Hz} \\ f < 50\,\text{Hz}, & \Delta f \leqslant 0.5\,\text{Hz} \end{cases} \tag{16-48}$$

2) 微电网各节点电压幅值约束

根据《分布式电源接入电网技术规定》(国家电网公司 Q/GDW 1480—2015) 第 5.3 条规定，20kV 及以下的三相公共节点电压偏差不超过±7%，因此需要对电压差进行约束：

$$0.93U_{\text{N}} \leqslant U_i \leqslant 1.07U_{\text{N}} \tag{16-49}$$

式中，U_i 为微电网中各节点的电压；U_{N} 为微电网电压基准值。

3) 微电网支路电流约束

微电网支路电流约束为

$$I_{\min} \leqslant I_{ij} \leqslant I_{\max} \tag{16-50}$$

式中，I_{ij} 表示节点 i 和 j 之间的支路电流；$I_{\max}$ 和 $I_{\min}$ 分别表示各支路电流的最大值和最小值。通常支路电流最大值根据所用线路型号来进行选择。本章线路型号选择 YJV-70，线路允许通过的最大电流为 230A。

4) 控制变量取值约束

控制变量取值约束为

$$P_{\text{set}} \leqslant P_{\text{cut}} \leqslant P_{\text{cutmax}} \tag{16-51}$$

式中，P_{set} 表示避免切除负荷或电源过小而导致的不合理情况。

4. 算例分析

本部分基于 MATLAB 编程，采用的微电网算例基于 IEEE 33 节点系统的扩展系统，

其系统结构及参数如表 16-3 所示，通过在节点并入微电源和无功补偿装置等，模拟微电网运行状态。接入情况如表 16-5 所示。

表 16-5　微电源及无功补偿设备接入情况

电源类型	节点处理类型	有功功率	无功功率	接入节点
微型燃气轮机	PQ	1200kW	功率因数 0.91	13
风电	PQ	1200kW	功率因数 0.98	23
光伏	PV	1000kW	—	31
无功补偿	PQ	0	400kvar	6
无功补偿	PQ	0	400kvar	19
无功补偿	PQ	0	400kvar	26

将储能设备接入节点 24 和节点 32，在并网运行时假设储能已充满，不参与微电网功率调节，仅用于补偿解列后的功率差额。节点 24 和节点 32 储能 VSG 的滤波电抗分别为 1mL 和 0.5mL，功率参考值均设置为 0，有功下垂系数分别为 5×15^{-7}Hz/W 和 1×15^{-6}Hz/W，无功下垂系数分别为 1.31255×15^{-4}V/kvar 和 2.6255×15^{-4}V/kvar。初始状态下的虚拟转动惯量取值分别为 2p.u.和 4p.u.，阻尼系数均为 1p.u.。为方便表述，将节点 24 的储能 VSG 称为 VSG1，将 32 节点的储能 VSG 称为 VSG2。

考虑到逆变器等设备的动态特性较快，解列动态计算时间设置为 3s，仿真步长设置为 0.001s，功率基准值 S_{base} 为 10MW，电压基准值 V_{base} 为 10.5kV。并网运行时光伏节点 31 电压的标幺值设置为 1，设置节点 0 为平衡节点，电压相角的标幺值分别设为 1 和 0。

采用第 10 章所述粒子群优化算法对优化问题进行求解，取群体规模为 50，最大进化代数为 40，初始惯性权重和迭代至最大次数时的惯性权重分别为 1.4 和 0.4，速度更新参数 c_1 和 c_2 均取 2，目标函数权值 α、β、χ 分别取 0.9、0.05、0.05，a 和 b 取 0.9 和 0.1。

这里设置了两个对比情况，其一采用直接从线路拓扑最长的节点切除一定负荷后解列的功率平衡策略，其二未采用任何优化策略。联络线功率平衡策略节点选择节点 15～17，各情况下主要指标对比如表 16-6 所示。

表 16-6　优化控制策略实施前后各指标对比

指标类型	采用优化策略	功率平衡策略	无优化策略
联络线功率/(kW、kvar)	0.059+j0.528	0.059+j3.200	372.548+j156.060
优化后电压偏差/(kW、kvar)	2.9128×15^{-3}	1.0318×15^{-2}	—
控制量/(kW、kvar)	384.678+j164.800	411.072+j182.292	—
J_1/(kg·m^2)	2.0743×15^{-3}	2.5757×15^{-3}	3.5392×15^{-2}
J_2/(kg·m^2)	3.3879×15^{-5}	7.7966×15^{-5}	2.4199×15^{-2}

由表 16-6 可以看出，采用优化控制策略的控制量比功率平衡策略更小，电压偏差比

功率平衡策略更小，充分体现了优化策略给微电网带来的扰动和影响更小。各策略解列之前的控制量对比如表 16-7 所示。

表 16-7　各策略解列之前的控制量对比　（单位：kW、kvar）

节点	采用优化策略	功率平衡策略	无优化策略
1	0	0	0
2	0	0	0
3	0	0	0
4	0	0	0
5	0	0	0
6	0.213+j0.107	0	0
7	0	0	0
8	12.753+j4.251	0	0
9	0	0	0
10	0	0	0
11	0	0	0
12	32.433+j18.919	21.072+j12.292	0
13	0	120+j80	0
14	37.357+j6.226	60+j10	0
15	0	60+j20	0
16	15.536+j5.179	60+j20	0
17	30.900+j13.734	90+j40	0
18	83.932+j37.303	0	0
19	3.645+j1.620	0	0
20	0	0	0
21	0	0	0
22	0	0	0
23	0	0	0
24	0	0	0
25	17.908+j7.462	0	0
26	0	0	0
27	0	0	0
28	0	0	0
29	0	0	0
30	150+j70	0	0
31	0	0	0
32	0	0	0

比较目标函数 J_1、J_2 的值可以看出，采用优化策略的微电网主动解列方法在减小暂态振荡的同时还能保证控制代价更小。目标函数适应度值收敛情况如图 16-17 所示。

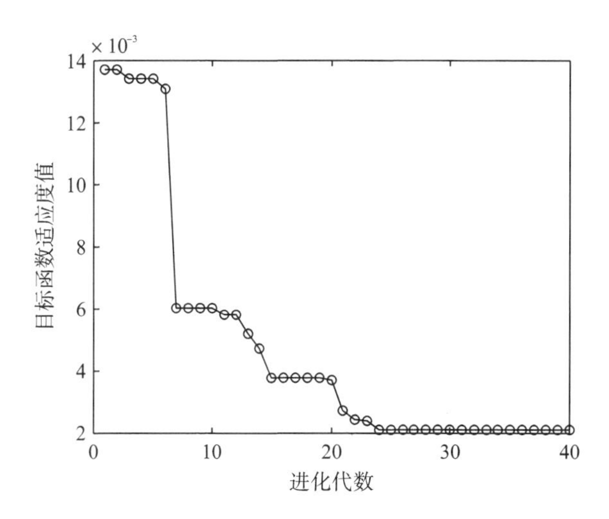

图 16-17 目标函数适应度值收敛情况

16.3 本 章 小 结

微电网运行模式平滑切换是研究微电网运行与控制的重要问题之一，其中由并网到离网的微电网解列过程，需要通过采取一定的控制策略，达到减小振荡的目的，保证微电网平滑解列顺利完成。对于本章的主动解列，可以通过优化控制策略在解列之前，优化联络线功率，从而减小微电网解列时的功率差额，减小微电网振荡。通过研究分析，可以得到如下结论：

(1) 基于优化协调 VSG 控制策略研究微电网解列问题，提高系统的暂态稳定性。通过改变无功功率参考值对 VSG 暂态稳定性的影响，采用 VSG 协同控制策略，提高 VSG 的暂态稳定性，保证解列顺利进行，并减小系统振荡。

(2) 基于多 VSG 参数 Bang-Bang 控制理论研究了多 VSG 微电网解列控制策略，改善了微电网解列的暂态稳定性。通过分析 VSG 动态过程中虚拟转动惯量和阻尼系数对动态过程的影响，得到多 VSG 参数 Bang-Bang 控制策略的参数取值方法，推导出控制策略的表达式。最后通过仿真验证了参数 Bang-Bang 控制在抑制解列振荡中的有效性。

(3) 基于优化协调控制策略研究了微电网主动解列，从系统层面给出了主动解列的具体解列方法。建立了以联络线功率、切机切负荷量、优化前后微电网电压差以及解列过程中微电网频率差与 VSG 电压差的积分为目标函数的优化模型，设置约束条件，采用粒子群优化算法进行优化，得到控制量的优化取值。

参 考 文 献

[1] 国家能源局制定《可再生能源发展“十三五”规划》[J]. 能源研究与利用, 2017(2): 11.

[2] 张宪昌. 中国新能源产业发展政策研究[D]. 北京: 中共中央党校, 2014.

[3] Lasseter R H. Smart distribution: Coupled microgrids[J]. Proceedings of the IEEE, 2011, 99(6): 1074-1082.

[4] Puttgen H B, MacGregor P R, Lambert F C. Distributed generation: Semantic hype or the dawn of a new era?[J]. IEEE Power & Energy Magazine, 2003, 1(1): 22-29.

[5] Ma Y J, Yu M, Zhou X S. The research on the current situation of micro-grid[J]. Advanced Materials Research, 2014, 940: 329-332.

[6] 马勇飞, 王沧海, 何艳娇, 等. 微电网研究综述[J]. 科技展望, 2016, 26(25): 117.

[7] 窦晓波, 晓宇, 袁晓冬, 等. 基于改进模型预测控制的微电网能量管理策略[J]. 电力系统自动化, 2017, 41(22): 56-65.

[8] 吴雄, 王秀丽, 刘世民. 微电网能量管理系统研究综述[J]. 电力自动化设备, 2014, 34(10): 7-14.

[9] 张海涛, 秦文萍, 韩肖清, 等. 多时间尺度微电网能量管理优化调度方案[J]. 电网技术, 2017, 41(5): 1533-1542.

[10] 包宇庆, 王蓓蓓, 李扬, 等. 考虑大规模风电接入并计及多时间尺度需求响应资源协调优化的滚动调度模型[J]. 中国电机工程学报, 2016, 36(17): 4589-600.

[11] 余涛, 周斌, 甄卫国. 强化学习理论在电力系统中的应用及展望[J]. 电力系统保护与控制, 2009, 37(14): 122-128.

[12] Xi L, Chen J F, Huang Y H, et al. Smart generation control based on multi-agent reinforcement learning with the idea of the time tunnel[J]. Energy, 2018, 153: 977-987.

[13] 刁浩然, 杨明, 陈芳, 等. 基于强化学习理论的地区电网无功电压优化控制方法[J]. 电工技术学报, 2015, 30(12): 408-414.

[14] Mbuwir B V, Spiessens F, Deconinck G, et al. Distributed optimization of energy flows in microgrids based on dual decomposition-ScienceDirect[J]. IFAC-PapersOnLine, 2019, 52(4): 500-505.

[15] Zhang X S, Bao T, Yu T, et al. Deep transfer Q-learning with virtual leader-follower for supply-demand Stackelberg game of smart grid[J]. Energy, 2017, (15): 348-365.

[16] 曾嘉志, 赵雄飞, 李静, 等. 用电侧市场放开下的电力市场多主体博弈[J]. 电力系统自动化, 2017, 41(24): 129-136.

[17] 李帅, 王先培, 王泉德, 等. 基于 SMDP 强化学习的电力信息网络入侵检测研究[J]. 电力自动化设备, 2006, 26(12): 75-78.

[18] Sutton R S, McAllester D, Singh S, et al. Policy gradient methods for reinforcement learning with function approximation[C]. Proceedings of the Advances in Neural Information Processing System, 1999: 1057-1063.

[19] Sutton R S, Barto A G. Reinforcement Learning: An Introduction[M]. Cambridge: MIT Press, 1998.

[20] 张倩, 李明, 王雪松, 等. 一种面向多源领域的实例迁移学习[J]. 自动化学报, 2014, 40(6): 1176-1183.

[21] Meng J N, Lin H F, Li Y P. Knowledge transfer based on feature representation mapping for text classification[J]. Expert Systems with Applications, 2011, 38(8): 10562-10567.

[22] Gao J, Fan W, Jiang J, et al. Knowledge transfer via multiple model local structure mapping[C]. Proceedings of the 14th ACM SIGKDD International Conference on Knowledge Discovery and Data Mining, 2008: 24-27.

[23] Mihalkova L, Huynh T, Mooney R J. Mapping and revising Markov logic networks for transfer learning[C]. National Conference on Artificial Intelligence, 2007: 1-6.

[24] Dai W Y, Yang Q, Xue G R, et al. Boosting for transfer learning[C]. Proceedings of the 24th International Conference on Machine Learning, 2007: 193-200.

[25] Pan S J, Tsang I W, Kwok J T, et al. Domain adaptation via transfer component analysis[J]. IEEE Transactions on Neural Networks, 2011, 22(2): 199-210.

[26] 庄福振, 罗平, 何清, 等. 迁移学习研究进展[J]. 软件学报, 2015, 26(1): 26-39.

[27] 瞿凯平, 张孝顺, 余涛, 等. 基于知识迁移 Q 学习算法的多能源系统联合优化调度[J]. 电力系统自动化, 2017, 41(15): 18-25.

[28] Zhang X S, Yu T, Yang B, et al. Approximate ideal multi-objective solution $Q(\lambda)$ learning for optimal carbon-energy combined-flow in multi-energy power systems[J]. Energy Conversion & Management, 2015, 106: 543-556.

[29] 韩传家, 张孝顺, 余涛, 等. 风险调度中引入知识迁移的细菌觅食强化学习优化算法[J].电力系统自动化, 2017, 41(8): 69-77, 97.

[30] François Lavet V, Taralla D, Ernst D, et al. Deep reinforcement learning solutions for energy microgrids management[C]. European Workshop on Reinforcement Learning, 2016: 1-4.

[31] 黄伟, 李宁坤, 李玟萱, 等. 考虑多利益主体参与的主动配电网双层联合优化调度[J].中国电机工程学报, 2017, 37(12): 3418-3428, 3669.

[32] Fan L Q, Zhang J, He Y, et al. Optimal scheduling of microgrid based on deep deterministic policy gradient and transfer learning[J]. Energies, 2021, 14(3): 584.

[33] 舒晗. 能源互联背景下区域广义需求侧资源接入模式研究[D]. 北京: 华北电力大学, 2018.

[34] 曾鸣, 成欢. 兼容广义需求侧资源的配电网经济运行研究[J]. 黑龙江电力, 2014, 36(6): 471-476, 481.

[35] 陈蓉珺. 计及广义需求侧资源的网荷互动机制设计及效果评价[D]. 北京: 华北电力大学, 2019.

[36] 肖斐, 艾芊. 基于模型预测控制的微电网多时间尺度需求响应资源优化调度[J]. 电力自动化设备, 2018, 38(5): 184-190.

[37] 张恒, 张靖, 肖迎群, 等. 基于模型预测的微电网日内分层调度研究[J]. 电力科学与工程, 2021, 37(4): 1-10.

[38] 吴成辉, 林声宏, 夏成军, 等. 基于模型预测控制的微电网群分布式优化调度[J]. 电网技术, 2020, 44(2): 530-538.

[39] 晓宇. 基于模型预测控制的微电网能量管理策略研究[D]. 南京: 东南大学, 2018.

[40] Zhang J, Qin D, Ye Y C, et al. Multi-time scale economic scheduling method based on day-ahead robust optimization and intraday MPC rolling optimization for microgrid[J]. IEEE Access 2021, 9: 140315-140324.

[41] Guan Y P, Wang J H. Uncertainty sets for robust unit commitment[J]. IEEE Transactions on Power Systems, 2014, 29(3): 1439-1440.

[42] 邱明伦. 求解非线性方程组的方法研究[D]. 成都: 西南石油大学, 2012.

[43] 覃岭, 林济铿, 戴赛, 等. 一种改进轻鲁棒优化模型及其线性对应式[J]. 中国电机工程学报, 2016, 36(13): 3463-3469, 3365.

[44] 张倩文, 王秀丽, 杨廷天, 等. 含风电场电力系统的鲁棒优化调度[J]. 电网技术, 2017, 41(5): 1451-1463.

[45] 刘小聪, 王蓓蓓, 李扬, 等. 计及需求侧资源的大规模风电消纳随机机组组合模型[J]. 中国电机工程学报, 2015, 35(14): 3714-3723.

[46] 刘畅, 卓建坤, 赵东明, 等. 利用储能系统实现可再生能源微电网灵活安全运行的研究综述[J]. 中国电机工程学报, 2020, 40(1): 1-18, 369.

[47] 刘一欣, 郭力, 王成山. 微电网两阶段鲁棒优化经济调度方法[J]. 中国电机工程学报, 2018, 38(14): 4013-4022, 4307.

[48] 李兴莘, 张靖, 何宇, 等. 基于改进粒子群算法的微电网多目标优化调度[J]. 电力科学与工程, 2021, 37(3): 1-7.

[49] Li M Q, Yang S X, Liu X H. Shift-based density estimation for Pareto-based algorithms in many-objective optimization[J]. IEEE Transactions on Evolutionary Computation, 2014, 18(3): 348-365.

[50] Tian Y, Zheng X T, Zhang X Y, et al. Efficient large-scale multi-objective optimization based on a competitive swarm optimizer[J]. IEEE Transactions on Cybernetics, 2020, 50(8): 3696-3708.

[51] Zhang X, Tian Y, Cheng R, et al. An efficient approach to non-dominated sorting for evolutionary multi-objective optimization[J]. IEEE Transactions on Evolutionary Computation, 2015, 19(2): 201-213.

[52] 朱辉. 基于多目标遗传算法的微电网优化调度研究[D]. 上海: 上海电机学院, 2020.

[53] Neri F, Cotta C. Memetic algorithms and memetic computing optimization: A literature review[J]. Swarm and Evolutionary Computation, 2012, 2: 1-14.

[54] 吴高扬. 基于混合储能的交直流微网功率控制策略分析[D]. 济南: 山东大学, 2020.

[55] 崔杨, 姜涛, 仲悟之, 等. 考虑风电消纳的区域综合能源系统源荷协调经济调度[J]. 电网技术, 2020, 44(7): 2474-2483.

[56] 胡鹏, 艾欣, 张朔, 等. 基于需求响应的分时电价主从博弈建模与仿真研究[J]. 电网技术, 2020, 44(2): 585-592.

[57] 王科峰. 基于近稀疏响应面的区间不确定性优化方法研究及应用[D]. 广州: 广东工业大学, 2019.

[58] 朱雪莲. 不确定需求下快递车辆路径鲁棒优化方法及支持系统设计[D]. 重庆: 重庆大学, 2019.

[59] 张超, 白建波, 刘演华, 等. 基于肋片强化散热的相变光伏电池性能研究[J]. 可再生能源, 2018, 36(5): 676-681.

[60] Lu X, Zhou K, Yang S. Multi-objective optimal dispatch of microgrid containing electric vehicles[J]. Journal of Cleaner Production, 2017, 165(1): 1572-1581.

[61] 魏亚龙, 张辉, 孙凯, 等. 基于虚拟功率的虚拟同步发电机预同步方法[J]. 电力系统自动化, 2016, 40(12): 124-129, 178.

[62] Guerrero J M, de Vicuna L G, Matas J, et al. Output impedance design of parallel-connected UPS inverters with wireless load-sharing control[J]. IEEE Transactions on Industrial Electronics, 2005, 52(4): 1126-1135.

[63] 王扬, 张靖, 何宇, 等. 虚拟同步发电机暂态稳定协同控制[J].电力自动化设备, 2018, 38(12): 181-185.

[64] 赵平, 姚伟, 王少荣, 等. 一种基于协同控制理论的分散非线性 PSS[J]. 中国电机工程学报, 2013, 33(25): 115-122.

[65] Wang R, Zheng T W, Chen L J, et al. State feedback exact linearization control of virtual synchronous generator to improve transient performance[C]. IEEE International Conference on Power System Technology, 2016: 1-6.

[66] Alipoor J, Miura Y, Ise T. Stability assessment and optimization methods for microgrid with multiple VSG units[J]. IEEE Transactions on Smart Grid, 2018, 9(2): 1462-1471.

附　　录

表 A1　IEEE 14 节点系统的相关系数矩阵

	L2	L3	L4	L5	L6	L9	L10	L11	L12	L13	L14	W4	W5	PV9	PV10
L2	1.0	0.6	0.8	0.7	0.0	0.0	0.0	0.0	0.0	0.0	0.0	−0.7	−0.7	0.0	0.0
L3	0.6	1.0	0.7	0.6	0.0	0.0	0.0	0.0	0.0	0.0	0.0	−0.6	0.0	0.0	0.0
L4	0.8	0.7	1.0	0.5	0.0	0.6	0.0	0.0	0.0	0.0	0.0	−0.8	−0.6	0.8	0.0
L5	0.7	0.6	0.5	1.0	0.9	0.0	0.0	0.0	0.0	0.0	0.0	−0.7	−0.8	0.0	0.0
L6	0.0	0.0	0.0	0.9	1.0	0.0	0.0	0.8	0.7	0.6	0.0	0.0	0.5	0.0	0.0
L9	0.0	0.0	0.6	0.0	0.0	1.0	0.3	0.0	0.0	0.0	0.7	−0.6	0.0	0.8	0.6
L10	0.0	0.0	0.0	0.0	0.0	0.3	1.0	0.5	0.0	0.0	0.0	0.0	0.0	0.7	0.8
L11	0.0	0.0	0.0	0.0	0.8	0.0	0.5	1.0	0.7	0.0	0.0	0.0	0.0	0.0	0.6
L12	0.0	0.0	0.0	0.0	0.7	0.0	0.0	0.7	1.0	0.9	0.0	0.0	0.0	0.0	0.0
L13	0.0	0.0	0.0	0.0	0.6	0.0	0.0	0.0	0.9	1.0	0.4	0.0	0.0	0.0	0.0
L14	0.0	0.0	0.0	0.0	0.0	0.7	0.0	0.0	0.0	0.4	1.0	0.0	0.0	0.6	0.0
W4	−0.7	−0.6	−0.8	−0.7	0.0	−0.6	0.0	0.0	0.0	0.0	0.0	1.0	0.6	−0.7	−0.7
W5	−0.7	0.0	−0.6	−0.8	0.5	0.0	0.0	0.0	0.0	0.0	0.0	0.6	1.0	−0.6	−0.6
PV9	0.0	0.0	0.8	0.0	0.0	0.8	0.7	0.0	0.0	0.0	0.6	−0.7	−0.6	1.0	0.8
PV10	0.0	0.0	0.0	0.0	0.0	0.6	0.8	0.6	0.0	0.0	0.0	−0.7	−0.6	0.8	1.0

注：L 代表负荷；W 代表风电场；PV 代表光伏电站；L、W 和 PV 之后的数字代表相应的节点编号。

表 B1　IEEE 118 节点系统的相关系数

		负荷	风电场	光伏电站
在同一区域	负荷	0.7	—	—
	风电场	−0.5	0.6	—
	光伏电站	0.6	−0.4	0.4
不在同一区域	负荷	0.5	—	—
	风电场	−0.3	0.3	—
	光伏电站	0.3	−0.2	0.3